软件研发效能
提升实践

茹炳晟 张乐 等著

ENGINEERING
PRODUCTIVITY

电子工业出版社
Publishing House of Electronics Industry
北京·BEIJING

内 容 简 介

在数字化转型、软件"吞噬"世界的时代，软件研发效能已成为企业的核心竞争力。本书系统地阐述软件研发效能的框架，以及有关管理实践、工程实践、组织实践、技术实践、度量实践、规模化实践和工具落地等方面的内容。本书通过良好的框架设计和组织，详细介绍了前沿颇有成效的软件研发效能改进和提升案例。

本书适合 IT 行业的各类从业人员阅读，无论是技术人员、项目经理、产品经理，还是团队管理人员、资深专家和高层管理者，都能从本书中得到启发。

图书在版编目（CIP）数据

软件研发效能提升实践 / 茹炳晟等著. —北京：电子工业出版社，2022.4

ISBN 978-7-121-43188-3

Ⅰ．①软… Ⅱ．①茹… Ⅲ．①软件开发－研究 Ⅳ.①TP311.52

中国版本图书馆 CIP 数据核字（2022）第 048617 号

责任编辑：李淑丽　　　　　特约编辑：田学清
印　　刷：天津千鹤文化传播有限公司
装　　订：天津千鹤文化传播有限公司
出版发行：电子工业出版社
　　　　　北京市海淀区万寿路 173 信箱　　　邮编：100036
开　　本：720×1000　　1/16　　印张：34.75　　字数：641 千字
版　　次：2022 年 4 月第 1 版
印　　次：2023 年 3 月第 4 次印刷
定　　价：158.00 元

推荐语

降本增效是任何一个行业的核心命题，在过去的一二十年中，互联网等数字企业因时代机遇迅猛发展，效能问题往往被掩盖，但现在看来，这样的超高速发展显然已不可持续，数字企业也急需降本增效。但在超高速发展之下，数字企业没有经过多年的精耕细作，降本增效的经验并不多。面对这一市场需求，本书汇聚了来自腾讯、阿里巴巴等互联网企业及多家金融机构和 IT 咨询公司的众多专家的实践经验，内容涉及管理、技术、组织、行业案例等多个方面，为研发效能提升提供了全面参考，可谓恰逢其时！

汪源　网易副总裁、杭州研究院执行院长、网易数帆总经理

从"跑马圈地"式的粗放前进到精细化的发展，是每个行业演变的必经之路，互联网行业也同样如此，并在这个过程中逐步摸索出提高软件研发效能的各种方法。这本书系统性地介绍了研发效能的理论和实践，有方法、有案例，内容非常接地气，对数字化转型中的各行各业都有借鉴作用。

李大海　知乎 CTO

这是一本及时、全面和实用的图书。在整个社会都在数字化转型的今天，这本书的作者从研发效能的视角审视了互联网软件研发的方方面面。这种全新且独特的视角辅助以真实有效的案例和架构设计范式，为我们所有的互联网从业者带来了提升研发效能最实用的建议。

郭东白博士　瓜子二手车集团 CTO

技术战略逐渐成为组织演进的主要战略，越来越多的公司将技术力量作为新的生产力，近十年出现的，以技术驱动为代表的技术型公司受到追捧，我们总能听到互联网+，以及用互联网的做法重构每个行业，我想这背后是速度、效率、规模、体验，也是对产研团队提出的更高的交付要求、工程挑战！只有不懈地追求卓越的工程能力，才能为企业带来稳健的技术力量，才能为每个客户（或用户）乃至整个社

会创造高效价值。那么，如何打造产研团队的研发效能、卓越工程能力，成为所有技术管理者、创新带头人的课题。本书的作者们正是在这样的背景下碰撞出共识并结成联盟，其中茹炳晟、张乐带头提出为研发效能而战，研发效能领域的其他人士一呼百应。这本《软件研发效能提升实践》集结了技术型公司产研团队的提效之道，汇聚了二十余位知名研发效能带头人的真知灼见、实践操盘总结，希望能帮助那些正在推动研发效能、汲取技术力量的产研带头人迈向成功。

刘付强　msup 创始人兼 CEO

更高效、更高质量、可持续地交付业务价值，是研发效能工作一直追求的目标。在倡导"降本增效"的今天更是如此。围绕着效能提升这一目标，需要完整的、体系化的研效方案，推动研效平台、最佳实践、工程师文化的落地，还要通过研效数据的度量和分析，形成效能改进的闭环。

本书的出版可以说是恰逢其时，汇集了行业多位一线技术专家的经验。本书既有体系化的理论高度，又能结合国内实际场景落地的最新实践经验总结，可以说是一种突破，相信会对该领域的实践者大有裨益。

邹方明　腾讯技术工程事业群 基础架构部助理总经理

相比制造业和建筑行业，软件工程在标准化、工程化方面还落后一大截。本书非常深入地剖析了当今软件工程的困境，究竟是什么阻碍了研发效能的提升？通过对当前互联网企业和传统大型企业研发实践的案例分析，本书提出了真正落地DevOps、研发效能、工程度量等概念的方法论、组织管理理念，以及相关的工具。在软件工程变革，特别是云原生变革的时代，本书为每一位软件行业从业者系统性地提供了理论和实战信息，值得细细品读。

张海龙　腾讯云 DevOps 负责人，CODING CEO

随着企业数字化转型时代的到来，事实上研发工程师已经成为企业的核心生产力，而持续提升研发工程师的交付效率、交付质量、产品品质也成为企业研发部门的竞争力。本书作者都是效能领域的专家，可谓实践出真知。本书结构化地从持续交付、质量、数据洞察等维度分享了各个企业的最佳实践及沉淀的方法论，非常具有学习和借鉴的价值。

董必胜　字节跳动研发效能产品总监

在移动互联网兴起十多年后，大家纷纷开始提起研发效能，但是对于什么是研发效能、研发效能具体包含什么、研发效能团队的职责等问题，业界并没有形成共识，这说明研发效能在国内还处在初级发展阶段。本书从实践出发，由相应子领域公认的专家进行撰写，能帮助读者解决很多研发效能方面的问题。当然，一个复杂的问题不可能通过一本书，或者几个人就能简单搞定，更需要大家一起来解决。真心祝福本书的读者能站在这些专家的肩膀上看得更高、更远！

丰畾 《iOS 测试指南》作者，快手游戏生态测试负责人

结束"野蛮扩张"、追求高质量增长正在成为互联网行业的共识，研发效能提升正是在这样的时代背景下出现的，且已成为技术团队适应新时代、响应新挑战的必然选择。本书既有对研发效能核心理念和价值追求的系统阐述，又有丰富的工程技术和组织管理实践总结，相信必将对研发效能变革的深入化开展起到无可替代的推动作用。

李永刚 美团优选测试团队负责人

在数字化时代，效率是公司最核心的竞争力，特别是软件研发领域，其存在非常明显的杠杆率。在此背景下，研发效能应运而生，让互联网真正成为技术密集型行业。本书由各个公司研发效能专家的实践经验总结而来，在管理、工程、技术、组织、度量、规模化、案例等方面进行了深入的剖析。无论你从事哪种岗位，相信都可以从中有所收获，强烈推荐大家学习。

朱仕智 去哪儿旅行高级技术总监

研发提效是一个经久不衰的话题，本书的作者从工具、协同、技术实践、组织文化等多方面对此进行了实践总结，给各层级管理者与技术人员以启发和思考，也给身处数字化变革和敏捷转型浪潮中的从业人员以指引。建议读者将本书作为伴手工具书，常读常新。

毛倩影 平安科技研发管理副总工程师

2022 年，软件研发效能成为业界热点，这往往意味着一轮科技行业扩张周期的结束。外部业务指标开始失灵，组织进而转向内部指标，希望提升效能并降低成本，这一过程往往是痛苦并充满风险的。因为前几年行业的快速发展、业务的高速成长掩盖了许多问题，现在水低石现。解决问题，是一个痛苦的过程，但是做好了也可

以为下一阶段的快速发展打下良好的基础。然而，在改进研发效能的过程中，也是充满风险的，必须要警惕确定性思维的回潮，认为一切可以精准度量，每个人都可以精准度量。基于这种思维框架下的效能提升，必然会给组织带来巨大的伤害。本书凝结了效能提升领域专家们的最新实践成果，希望能够帮助读者建立正确的效能管理思维，打好基础，提升企业内功，为下一阶段的业务发展打下坚实的基础。

　　吴穹　Agilean 首席咨询顾问

本书作者将"来自一线"的效能提升实践为大家娓娓道来，内容翔实，涵盖了管理实践、工程实践、技术实践、组织实践、效能度量、规模化、效能平台等多个方面，并结合多样化的行业案例进行了详细阐述。

　　徐毅　中国敏捷教练企业联盟副秘书长，EXIN EPG 专家智库成员

如果说研发效能是一门上乘武学，那么"心法"（理论）和"招式"（实践）缺一不可，本书通过"言传身教"的案例式教学，围绕研发效能的全领域实践进行了细致入微的拆解。深入研读本书，书中的真知灼见对我而言收获颇丰，相信对一线研发效能实践者来说，同样大有裨益。让我们一起在成就他人的过程中，收获自我的成长。

　　石雪峰　京东零售工程效能专家

如何提升软件研发效能一直是 IT 行业的热点问题，尤其在数字化的浪潮下，软件研发效能已经成为企业的核心竞争力。研发效能提升并不能一味地求快，而是要在有限的资源限制下，在速度、质量与成效之间持续寻找平衡和最优解。本书集众多领域引路人的思想于一体，内容完整系统、翔实可用，是不能错过的著作。

　　王健　Thoughtworks 首席咨询师，企业架构咨询总监

作者简介

（按照章节顺序排序）

茹炳晟

业界知名实战派软件研发效能和软件质量双领域专家，硅谷先进研发效能理念在国内的技术布道者，中国计算机学会（CCF）TF 研发效能 SIG 主席；现任腾讯 Tech Lead，腾讯研究院特约研究员，腾讯技术委员会委员。研发效能宣言发起人，中国商业联合会互联网应用技术委员会智库专家，IT 图书年度最具影响力作者；多本技术畅销书的作者，著有《软件研发效能提升之美》《测试工程师全栈技术进阶与实践》《高效自动化测试平台设计与开发实战》等图书，主持编写多本软件技术白皮书，团体标准《软件研发效能度量规范》核心编写专家；国内外各大软件技术峰会的联席主席、技术委员会委员和专题出品人。

张　乐

腾讯技术工程事业群 DevOps 与研发效能资深技术专家,前百度工程效率专家、前京东 DevOps 平台产品总监与首席架构师，曾任埃森哲、惠普等全球五百强企业咨询顾问、资深技术专家。长期工作在拥有数万人研发规模的一线互联网公司，专注于研发效能提升、敏捷与 DevOps 实践落地、DevOps 工具平台设计、研发效能度量体系建设等方向，是 DevOpsDays 国际会议中国区核心组织者，国内多个 DevOps、工程生产力、研发效能领域技术大会的联席主席、DevOps/研发效能专题出品人，是《研发效能宣言》发起人及主要内容起草者，EXIN DevOps 全系列国际认证授权讲师、凤凰项目沙盘授权教练。译著《独角兽项目：数字化转型时代的开发传奇》。

刘　真

平安科技 DevOps 研效领域产品团队负责人，DevOps、数字化研效领域专家。

在数字化效能提升领域耕耘多年，提出的效能提升公式推动了金融行业"业、产、研"一体化变革及敏捷研发协作，实现了研效管理全流程贯通。擅长金融行业 DevOps 本地化解决方案的研发与落地，主导了平安集团、招商证券、厦门银行、湖南财信等多家大型金融企业的研发效能管理变革及实施落地，有丰富的一线实战经验。规划搭建的"E 敏捷（神兵 wizard）"研效工具，获得金融行业首家全域可信云 DevOps 平台认证。多次受邀参加 QECon、msup 等行业峰会并发表主题演讲，分享实践案例及心得，是敏捷行业的砥砺践行者。

付晓岩

极客邦副总裁，双数研究院院长，资深企业架构独立顾问。曾在国有大行工作 20 余年，是业务和技术复合型人才，曾亲身经历国有大型银行的长期企业级转型实践。著有《企业级业务架构设计：方法论与实践》《银行数字化转型》和《聚合架构：面向数字生态的构件化企业架构》等图书。曾参与央行数字人民币研发、区块链行业标准起草等工作。

任晶磊

清华大学计算机系博士，微软亚洲研究院前研究员，斯坦福大学、卡内基梅隆大学访问学者，《软件研发效能度量规范》专家组核心专家。在软件系统、软件工程领域从事前沿研究多年，具有丰富的经验。曾在 FSE、OSDI 等国际学术会议上发表多篇论文，参与过微软下一代服务器架构的设计与实现，同时也是一位积极的开源贡献者。现任思码逸 CEO，专注打造深度代码分析技术和研发大数据平台。

张宏博

字节跳动资深测试开发工程师，负责字节跳动线下测试环境的整体研发流程建设，主要职责包括推进公司众多重要业务的研发流程改造、构建环境治理成熟度度量体系、规范布道等。曾任职于百度凤巢部门，负责基础广告检索系统质量保障；受邀参加 QECon 和 DevOpsDays 等技术峰会并发表主题演讲；曾获首届 QECon 的"Top10 明星讲师"和字节跳动 2021 年度最佳作者等荣誉。

刘　冉

Thoughtworks 首席软件测试和质量咨询师，拥有 18 年软件开发和测试工作经验。对 Web 应用测试、Web 服务测试、服务器性能测试、移动测试、安全测试、敏捷测试、测试驱动开发（TDD）、测试分层一体化解决方案，以及代码管理（SCM）、持续集成（CI）、持续交付（CD）和 DevOps 等有深入理解。曾在 QCon、TICA、TiD、IEEE ICST 等多个业界会议中发表主题演讲。著有《代码管理核心技术及实践》和《软件测试实验教程》。

孟凡杰

腾讯云容器技术专家，原生技术栈中调度、弹性、混部等降本产品研发负责人，致力于打造 FinOps 产品，辅助企业上云的降本增效。在 IBM、EMC、eBay 等担任过云计算资深架构师，先后负责集群作业调度产品、混合云、网络和多集群的系统架构设计和开发，推动 Kubernetes 在互联网企业的落地和生产化，助力业务服务网格化。全球运维技术大会、全球互联网架构大会、IstioCon 讲师，极客时间云原生训练营讲师。

和　坚

Thoughtworks 企业架构师，带领团队完成多个大型企业数字中台项目的规划和落地实施，曾任某互联网金融公司 CTO，有十多年 IT 从业经验。从技术到金融，从金融到风控，从风控到互联网，从互联网到咨询，不断走出舒适区，体验多维的人生。

熊小龙

Agilean 资深顾问，规模化敏捷转型专家、程序员、Adapt 规模化敏捷讲师，数据治理工程师、EXIN DevOps Professional、Kanban 管理专家、JIRA 认证管理专家、PMP、ACP 等。曾服务于国内大型金融保险公司，主导组织转型、数据治理、研发流程基线与度量体系建设规划、协同工具导入。编写"Adapt 规模化敏捷"方法论，参与撰写多篇文章。

单虓晗

字节跳动资深研发效能架构师，软件研发、工程技术、系统工程专家，曾在华为公司工作 8 年、蚂蚁集团工作 3 年，主导研发数字化建设，首创研发洞察体系。擅长高可靠性&分布式软件架构设计、研发项目&团队管理、研发模式&工程技术设计与落地、研发工具链建设与推广等领域。

赵　卫

京东首席敏捷 DevOps 布道师、首席研发效能专家。国内最早、最有经验的规模化敏捷框架 SAFe 咨询师之一，SAFe 官方贡献者。拥有丰富的大规模组织（超过 500人）敏捷 DevOps 转型经验，曾为通信、银行、保险、金融、汽车、快消、电商及电器等行业的客户提供精益敏捷咨询服务。2014—2021 年连续 8 年在敏捷中国/TID 演讲。著有图书《京东敏捷实践指南》和《DevOps 三十六计》。

王子嬴

CODING 战略发展部总监，负责 CODING 团队战略规划及生态合作，长期关注软件工程领域的模式及产品创新。信通院云原生产业联盟 DevOps 工作组专家成员，参与编写信通院《研发运营（DevOps）解决方案能力分级要求》文本。

刘　淼

华为数据存储与机器视觉产品线研发工具链专家，EXIN DevOps Professional 与 DevOps Master 认证讲师，曾担任 HPE GD China DevOps & Agile Leader，为企业级客户提供 DevOps 咨询培训及实施指导。熟悉 DevOps 研发工具链，有从设计 DevOps 研发工具链产品到企业应用的完整经验，著有《企业级 DevOps 技术与工具实战》。

裴泽良

在腾讯就职 10 多年，先后参与了腾讯云 CDB、腾讯海量文件存储系统 TFS，以及腾讯 CDN 直播点播等服务的运营体系建设。2018 年后深度参与腾讯研发运营基础设施升级建设，负责公司的软件源（镜像制品统一管理）、七彩石（服务配置统一远程管理）、北极星（服务间调用路由统一管理）、iSearch（内部文档资料统一搜索）、智研（一站式研效平台），积累了丰富的领域建设与推广落地实施经验。

陈展文

招商银行总行信息技术部 DevOps 资深专家和 DevOps 推广负责人。在招行服务近 19 年，见证了招行信息技术部从 200 多人发展到 6000 多人的规模，获得了 PMP、CSM、CSPO 等认证。全程参与 CMMI 三级体系的建立和认证，以及招行 CC、CQ、BuildForge、RTC 和 Git 等全平台配置管理工具的落地实施。2015 年牵头研究和推进 DevOps 持续交付实践落地，更好地支撑招行的精益化转型。2018—2019 年牵头招行 25 个项目并参与编写《DevOps 持续交付标准 3 级评估》。2020 年开始参与招行精益管理体系的建设、推广和赋能工作，该体系融合 CMMI、精益思想、精益产品开发、DevOps 等先进方法实践，能大幅提升交付速度和效能，是招行数字化转型的重要支撑。

周　麟

Agilean 高级咨询顾问，专注于组织敏捷与数字化转型，为企业量身定制敏捷流程与管理体系，已为平安银行、宁波银行、长沙银行、深信服公司等多家单位成功交付敏捷部落制。为项目交付管理赋能，促进业务和 IT 协同交付业务价值，培养具备实战能力的内部教练。

洪永潮（舍卫）

阿里巴巴研发效能专家，具有 10 年以上敏捷精益方法的实践和落地经验，专注于赋能企业实现研发效能的提升，在阿里巴巴先后负责天猫、淘宝、阿里云、饿了么、新零售等多个事业部的敏捷转型和效能提升。目前主要负责阿里巴巴外部合作企业的研发效能提升，涉及电商、金融、游戏、速递、电力、地产、零售和医疗等行业。

秦　巍

2014 年加入阿里巴巴，目前任职于阿里巴巴集团基础效能工具团队，负责集团内部几万名研发"小二"的 Devops 产品建设。曾担任"阿里云—云研发—集团效能"解决方案负责人、菜鸟集团效能支撑团队负责人等，负责推动菜鸟产研团队的数字化转型，帮助阿里云最核心 BU 提效，并获得效能优化奖，主导集团某超大规模核心中台型 BU 系统的效能优化。

前　言

我们正身处数字化时代的关键节点上，数字化正在对每一个行业进行着深刻的变革。

自第一次工业革命以来，大约每几十年就有一场新技术主导的革命，从而形成新的技术管理范式与具有社会影响的经济形式。而在每一个时代，都有与之相匹配的工作方式，这种工作方式也会随着时代的变迁而不断演进。人类每一次的努力和进步，都以提高生产力为最终目标，从工厂系统转向泰勒主义和福特主义，随后在石油和大规模生产时代开始推行精益方法。

现在，我们已经进入数字化时代，可以说基本上每家公司的发展都离不开信息技术，无论是金融支付、移动通信、疫苗研究，还是新的电动汽车设计等，几乎所有的创新和产品开发都需要信息技术，在这个背景之下，软件研发效能的提升就成为企业发展的重中之重。

目前，在全球市值最高的 10 家公司中，有 7 家是互联网软件公司，包括微软、谷歌、脸书、亚马逊，以及中国的腾讯和阿里巴巴。相信读者对这些公司并不陌生，可以说我们每天都在使用这些公司的产品。这些公司有一个共同的特点，就是非常重视软件研发效能或工程生产力的改进提升，关注这个领域的读者应该看到过不少与之相关的技术和实践分享。的确，我们不仅应该关注这些公司在做什么，更应该关注它们是怎么做的，以及采用了怎样的研发效能提升实践。

在国内，软件研发效能正处在快速发展阶段。从百度指数的统计数据来看，2021年"研发效能"这个词逐渐成为热搜词，并在更多的场合被提及，也得到了各大公司和实践者越来越多的重视。但行业中还有一系列非常重要的问题需要回答：研发效能有没有明确的定义？它的内涵是什么？有没有系统性的指导框架？有没有纲领式的价值观和指导原则？有哪些关键的落地实践？效能平台应该如何建设？效能度量应该如何开展？组织结构应该如何设计？有没有本土化的成功案例？有没有落地过程中的避坑指南？

带着以上这些问题，我们一起策划并编写了本书。

本书主要内容

本书分为 9 篇，共 24 章。

第 1 篇　概述篇，介绍了软件研发效能提出的背景、头部公司的情况，给出了研发效能的定义，进而提炼出研发效能的"黄金三角"，并对 2021 年业界专家一起发布的研发效能宣言进行解读。

第 2 篇　管理实践篇，介绍了以敏捷为基石的研发效能管理实践，对传统行业如何看待敏捷进行了探讨，并提出数据驱动的组织效能提升实践框架。

第 3 篇　工程实践篇，介绍了以持续交付为基础的研发效能工程实践，并对软件测试如何提效进行了详细分析。

第 4 篇　技术实践篇，介绍了微服务下的效能提升实践，并对云原生趋势下的 DevOps 创新进行了详细说明。

第 5 篇　组织实践篇，介绍了变革领导力和个人能力模型，并对规模化研发效能的部落制组织结构及其落地过程进行了详细探讨。

第 6 篇　效能度量篇，聚焦研发效能度量的难点、关键原则和实践框架，并对度量指标体系设计、效能分析方法和度量落地过程进行了全面的阐述，然后分享了蚂蚁集团智能研发洞察实践的完整案例。

第 7 篇　规模化篇，介绍了具有一定规模的企业如何推进敏捷落地及研发效能提升，并对研发效能中台建设实践进行了展开说明。

第 8 篇　效能平台篇，介绍了开源、自研两种模式下研发效能工具平台的建设思路；介绍了腾讯 TEG 智研一站式研发效能平台的设计思路与实现过程和招行支持精益管理体系落地的工具平台建设过程两个案例。

第 9 篇　综合案例解析篇，对 5 个研发效能深度案例进行了详细介绍，分别是银行业的数字化研发管理转型案例、互联网金融 App 研发效能提升案例、游戏业的研发效能突破案例、电信行业的研发效能提升综合案例、互联网大厂中台型团队的效能提升案例。

致谢

首先，感谢参与本书编写的多位技术专家，正是你们对研发效能行业的热情、源于一线工作的思考和实践，以及无私的分享与贡献精神，才让我们以较快的速度完成本书的策划、编著和出版。

其次，感谢本书的编辑李淑丽，由于本书由多位作者完成，难免在叙述方式和行文风格上存在差异，正是因为你才让本书以较高的质量出现在读者面前。

最后，感谢所有致力于软件研发效能研究和提升的同行，本书中的一些灵感也来自行业中的一些公开分享，整个行业的发展需要大家一起努力，让我们一起加油！

希望读者能够喜欢这本书。由于编著时间所限，本书中难免存在一些不完美之处，恳请广大读者多提意见。

另外，在创作本书的后期，我们同时启动了研发效能领域更为体系化的梳理和更为广泛的实践案例研究，已经有了很多不错的成果，这些内容预计会在下一本书中与读者见面。毕竟作者水平有限，很多认知也在实践过程中持续深化，但请读者相信我们的热情与真诚，持续关注我们后续的分享及相关活动，谢谢！

茹炳晟　张乐

2022 年 3 月

目　　录

工程实践篇

规 模 化 篇

概　述　篇

第 1 章 研发效能简述

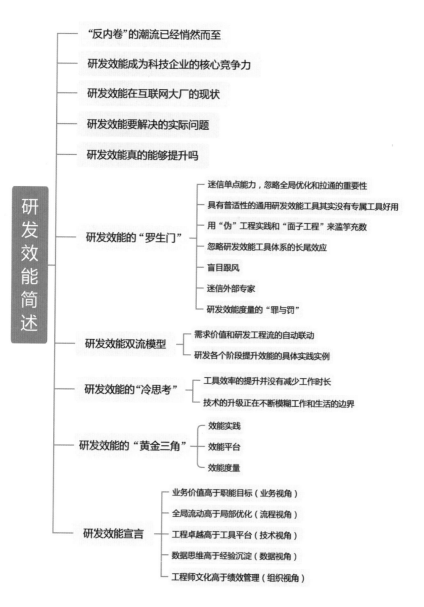

- 研发效能简述
  - "反内卷"的潮流已经悄然而至
  - 研发效能成为科技企业的核心竞争力
  - 研发效能在互联网大厂的现状
  - 研发效能要解决的实际问题
  - 研发效能真的能够提升吗
  - 研发效能的"罗生门"
    - 迷信单点能力，忽略全局优化和拉通的重要性
    - 具有普适性的通用研发效能工具其实没有专属工具好用
    - 用"伪"工程实践和"面子工程"来滥竽充数
    - 忽略研发效能工具体系的长尾效应
    - 盲目跟风
    - 迷信外部专家
    - 研发效能度量的"罪与罚"
  - 研发效能双流模型
    - 需求价值和研发工程流的自动联动
    - 研发各个阶段提升效能的具体实践实例
  - 研发效能的"冷思考"
    - 工具效率的提升并没有减少工作时长
    - 技术的升级正在不断模糊工作和生活的边界
  - 研发效能的"黄金三角"
    - 效能实践
    - 效能平台
    - 效能度量
  - 研发效能宣言
    - 业务价值高于职能目标（业务视角）
    - 全局流动高于局部优化（流程视角）
    - 工程卓越高于工具平台（技术视角）
    - 数据思维高于经验沉淀（数据视角）
    - 工程师文化高于绩效管理（组织视角）

2021 年对国内互联网软件行业和一些科技企业而言，注定是不平凡的一年。

一方面，我们已经习惯看到各种大事件的发生，如某公司上市折载了、某公司遭遇反垄断调查了、某公司的 App 被下架了、某公司要进行裁员等；而另一方面，我们也能从巨头们近期的各种动作中识别出一些风向的变化，从积极的角度来看，大家正朝着一种更科学、更可持续的方向发展。在软件研发领域，正在经历一场从"内卷"到"反内卷"的变革。

1.1　"反内卷"的潮流已经悄然而至

"内卷"是这两年的热词，是指持续投入资源，但不产生价值的内部竞争。在我们日常工作中，内卷就表现为公司或部门的内部竞争越来越激烈，但业务和业绩却没有什么突破。

随着内卷的不断加剧，很多人学会了"表演型"加班。当加班文化盛行时，身处其中的每个员工都容易被裹挟其中，即便没有工作安排，也宁愿下班后留在公司继续"磨洋工"，而过度加班会降低工作效率，让员工患上严重的"拖延症"。另外，也有声音指出，把提高员工效率寄托在延长工作时间上，本来就是管理上的"懒政"行为。

当然，"996"的话题由于其巨大的争议性，难免会受到一些网友的断章取义、过度吐槽。比如，一些网友把"加班"和"奋斗"混为一谈，然后发出各种更不理性的言论。然而在 2021 年年中，风向突然发生了转变。

一夜之间，互联网大厂似乎都在忙着"反内卷"，"大小周"和类似的工作传统终于要成为过去式了。无论何种因素导致了互联网行业的这次转变，未来更多企业跟进"反内卷"的潮流几乎成为必然。

那么，我们需要思考一下，这一阵"反内卷"的底层逻辑究竟是什么？笔者认为肯定有互联网行业在监管日趋严格的背景下寻求工作合规化的诉求，当然还有更重要的，就是如何让互联网真正成为一个技术密集型产业，而不是劳动密集型产业。

在这种趋势下，公司已经不能一味地靠堆砌劳动时间来获得工作成果，切实提高工作效率才是良药，那么"研发效能"就成为一家科技公司的核心竞争力。

1.2 研发效能成为科技企业的核心竞争力

在"反内卷"成为潮流之后，我们要回答的一个问题是：不加班意味着工作时长变短，但事情还是那么多，应该怎么办？

很多公司通常会将 KPI 或 OKR 作为团队和员工的绩效衡量指标，如果目标没有发生变化，那么工作量也不可能大幅度减少。这就意味着，原本要依赖加班才勉强完成的工作，现在需要在正常的工作时间内完成。

在这种情况下，提升研发效能注定是我们要走的必由之路。说到这里，也许你会问："研发效能究竟是什么？"

研发效能就是更高效、更高质量、更可靠、可持续地交付更优的业务价值的能力。

- 更高效：更高的效率代表更快和更及时的交付，这样就能更早地进入市场，进而更早地学习、调整、降低风险、锁定进展和价值，这是敏捷和精益思想的核心。

- 更高质量：我们研发的产品都有一定的质量要求。快速交付给客户有质量问题的产品不但不会产生任何价值，还会引起投诉。质量是内建的，不是事后检验出来的。

- 更可靠：我们要的是敏捷，而不是脆弱，研发在安全和合规方面要有保障。就像开车一样，只有车子更可靠，刹车性能更好，你才敢开得更快。

- 可持续：短期的取巧，"快、糙、猛"和小作坊式的开发，只会带来更多的技术债和持久的效率低下。软件研发不是"一锤子"买卖，我们应该用"长线思维"来思考问题。

- 更优的业务价值：我们经常说"以终为始"，提供给客户的内容应该是有价值的，这是做所有事情的根本出发点。

可能有人会有疑问，上面的描述好像都是针对组织而言的。那么，研发效能的提升对个人有什么好处呢？答案如下。

- 强调功劳而不是苦劳：不再按加班时长进行排名，而是让大家的目标聚焦在对结果有帮助的事情上，即交付业务价值；着眼点从局部产出过渡到整体结果上。

- 强调更聪明地工作：就是我们常说的"好钢用在刀刃上"，通过一系列对工作流程、协作方式、角色职责、系统架构、技术平台的优化，对工具建设和自动化程度的提升，让大家能够摆脱冗长、无聊的各类会议和重复、机械的手工操作，把时间花在真正有创造性的事情上。

- 强调个人能力成长：组织要给大家留出一些空闲时间，用于个人的学习和提高，成长的机会也许比晋升和绩效更能吸引人。优秀的企业会侧重培养员工的技术能力、软件工程能力和业务领域能力。

组织是由个人组成的，只有个人的效率提升了，能力增强了，整个企业的研发效能才会更好。

1.3　研发效能在互联网大厂的现状

在互联网大厂中，研发效能其实并不是一个新鲜事物，大家都早有布局，基本上都有专门的部门或团队来负责。

在百度，有个部门叫作"工程效率部"，后来改名为"工程效能部"，使命是"用领先的工程平台和服务，让产品研发更高效"。通过持续设计研发基础设施和研发工具，让百度所有工程师的工作更高效，体验更快乐。

在阿里巴巴，之前有个部门叫"研发效能事业部"，作为阿里巴巴集群生态系统的重要支撑平台，为集团各大业务群的研发、测试和运维工作提供高效的系统，提升阿里巴巴集团的研发效率。

在腾讯，各个事业群基本上都有类似的负责研发效能的部门或团队，通过构建DevOps或研发效能工具链、研发效能度量、敏捷教练赋能等方式提升企业的研发效能。另外，成立了公司级的研效技术委员会，对公司的研效领域进行顶层规划，加强底层基础设施协同共建，促进平台间串联打通，建设成熟的工程文化。

美团和快手也都有类似的职能部门或团队，只是名字和隶属关系有所差异。

国外的互联网大厂更是如此，很多成功的公司都有名为 EP（Engineering Productivity）的部门，目的是让 3%～5%的开发者专注于提升开发生产力。其中，

Google 有超过 1500 人，微软有超过 3000 人在专注于这件事情。

研发效能要解决的问题，包括工程师个人生产力的问题，也包括产品和团队效能的问题，还包括最终提升整个企业组织绩效的问题。研发效能的提升是一个系统性的工程，涉及组织、流程、工具、文化等方面。

1.4　研发效能要解决的实际问题

最近几年，各大行业的龙头企业都纷纷开始在软件研发效能领域发力，而且步调一致，我们认为背后的原因有以下几方面。

首先，很多企业存在大量重复造"轮子"的现象。有的规模大一些的企业产品线非常多，其中存在大量重复的"轮子"，而前一阵热度非常高的"中台"其实就是为了解决这些问题。如果我们关注业务上的重复轮子，业务中台可能就是解决方案；如果我们关注数据建设上的重复轮子，数据中台可能就是解决方案；如果我们关注研发效能建设上的重复轮子，研效平台可能就是解决方案。其实研效平台在某种程度上也可以被称为"研发效能中台"，其目标是实现企业级跨产品和跨项目的研发能力复用，避免每条产品线都在做研发效能所必需的"从 0 到 1"，而没人去关注更有价值的"从 1 到 n"。现代化的研效平台是统一打造组织级别通用研发能力的最佳实践平台。

其次，从商业视角来看，现在 To C 产品已经趋向饱和，过去大量闲置时间等待被 App 填满的红利时代已经一去不复返。以前，业务发展极快，用"烧钱"的方式（粗放式研发、人海战术）换取更高的市场占有率，达到赢家通吃是最佳选择，那时关心的是软件产品输出，研发的效率都可以用钱填上。而现在 To C 产品已经逐渐走向红海，同时研发的规模也比以往任何时候都要大，是时候要"勒紧裤腰带过日子"了，当开源（开源节流中的开源）遇到瓶颈，节流就应该发挥作用了。这里的节流就是研发效能的提升，即投入同样的资源和时间，获得更多的产出。

最后，从组织架构层面看，很多企业都存在"谷仓困局"（见图 1-1），在研发的各个环节内部可能已经做了优化，但是跨环节的协作可能会产生大量的流转与沟通成本，从而影响全局效率。基于流程优化，打破各个环节看不见的"墙"、去除不必要的等待、提升价值流动速度正是研发效能在流程优化层面试图解决的一类问题。

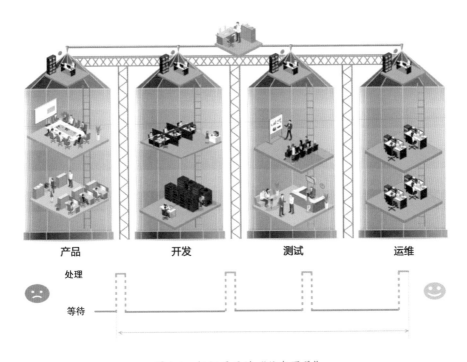

图 1-1　组织层面的"谷仓困局"

1.5　研发效能真的能够提升吗

既然研发效能如此重要，那么研发效能是否真的能提升呢？

根据"熵增定律"，在一个孤立系统中，如果没有外力做功，其总混乱度（熵）会不断增大。

那么，随着软件越做越多，越做越复杂，研发效能的绝对值会随着以下因素的变化变得越来越小，研发效能的鸿沟会越来越大，如图 1-2 所示。

（1）软件架构的复杂度提升（微服务、服务网格等）。

（2）软件规模不断扩大（集群规模、数据规模等）。

（3）研发团队的规模不断扩大，引发沟通协作的难度增加。

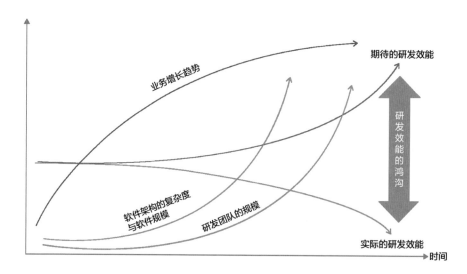

图 1-2　研发效能的鸿沟

　　因此,我们对研发效能工作最基本的要求是,尽可能减缓研发效能恶化的程度,使其下降得不至于太快,在软件规模和软件架构的复杂度不断提升的同时,努力保持高效。当然,研发效能的持续提升是我们追求的终极目标,需要不断地尝试和努力,我们一直在路上。

1.6　如何促进研发效能提升

　　在看清研发效能的本质后,如何减缓研发效能的恶化,并使之获得持续的提升呢?

　　研发效能涉及的范围很广,软件研发的每个阶段都有研发效能需要关注的问题。比如,腾讯一些研发团队所采用的"研发效能双流模型"可以很好地诠释这一说法,如图 1-3 所示。研发效能双流模型从软件研发的各个阶段提出了研发效能提升的各种工程实践,并且倡导需求价值流和研发工程流的自动联动。

　　需求价值流和研发工程流的自动联动是指需求状态不需要通过手工的方式来完成流转,而是会跟随代码的实际完成情况自动流转。比如,当开发工程师在本地分支完成了某个需求的开发和测试时,他只需要将分支合并进主干,对应需求的状态就自动从"开发中"转为"待测试"。

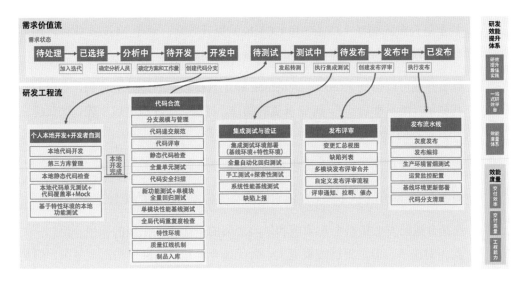

图 1-3　研发效能双流模型

关于研发各个阶段提升效能的具体实践，下面的举例供读者参考，希望起到抛砖引玉的作用。常用的效能提升实践可以从以下几方面入手。

● 通过 All-in-one 的开发环境可以降低每位开发人员准备开发环境的时间成本，同时又能保证开发环境的一致性。更高级的做法是使用云端集成开发环境 IDE，实现只要有浏览器就能改代码，国内典型的代表是腾讯云 CODING 旗下的 CloudStudio，以及 GitHub 目前处于 beta 测试阶段的 CodeSpaces。

● 借助 AI 代码提示插件，大幅度提升 IDE 代码的开发效率。输入一段相同的代码，如果不借助 AI 代码提示插件，需要敲击键盘 200 次，而启用 AI 代码提示插件可能只需要敲击键盘 50 次，这样可以更容易让开发工程师进入"心流"状态，实现"人码合一"。

● 代码的静态检查没有必要等到代码递交后由 CI 中的 Sonar 流程来发起，那时候发现问题再修复为时已晚，完全可以通过 SonarLint 插件结合 IDE 实时发起本地的代码检查，有问题直接在 IDE 中提示，直接修复，这样开发工程师会更愿意修复问题，因为成本低，也不会引起修复后的再次发版。

● 单元测试比较耗费时间，可以借助 EvoSuite 等工具降低单元测试的开发工作量。

● 对于规模较大的项目，每次修改后的编译时间比较长，可以采用增量编译，甚至是分布式编译（Distcc 和 CCache）提升效率。对于 Maven 项目，还可以通过缓存 pom 依赖树进一步减少编译时间。

- 前端开发可以借助 JRebel、Nodemon 等工具使预览的体验更流畅，实现前端代码的"所见即所得"，避免重复的编译、打包、部署和重启步骤，以此提高开发过程的流畅度。

- 选择适合项目的代码分支策略对提升效率大有帮助。

- 构建高度自动化的 CI 和 CD 流水线将会大幅提升价值的流转速率。

- 选择合适的发布策略会对效能和风险之间的平衡起到积极的作用。比如，架构相对简单，但是集群规模庞大，则优选金丝雀；如果架构比较复杂，但是集群规模不是太大，则蓝绿发布可能更占优势。

- 引入 DevSecOps 与 DevPerfOps 实践，使安全和性能不再局限在测试领域，而是形成体系化的全局工程能力，让安全测试成为安全工程，让性能测试成为性能工程。

1.7 研发效能的"罗生门"

在理解了研发效能的概念之后，我们再回来看看研发效能在实际落地过程中是一番什么样的景象。

可以说"理想很丰满，现实很骨感"，下面一起看看国内研发效能的各种乱象。

（1）迷信单点能力，忽略全局优化和拉通的重要性。研发效能的单点能力其实都不缺，各个领域都有很多不错的垂直能力工具，但是把各个单点能力横向集成与拉通，能够从一站式全流程的维度设计和规划的成熟的研发效能平台还是凤毛麟角。现在，国内很多在研效领域有投入的公司其实都还在开发，甚至是重复开发单点能力的研效工具，这个思路在初期可行，但是单点改进的效果会随着时间递减，企业往往缺少从更高视角对研发效能进行整体规划的能力。很多时候局部优化并不能带来全局优化，有时候还可能是全局恶化。

（2）具有普适性的通用研发效能工具其实没有专属工具好用。既然打造了研发效能工具，就需要到业务部门进行推广，让这些研发效能工具被业务部门使用起来。

其实，很多比较大的业务团队在 CI/CD、测试与运维领域都有自己的人力投入，也开发和维护了不少能够切实满足当下业务的研发工具体系。此时，要用新打造的研发效能工具替换业务部门原来的工具，肯定会遇到很强的阻力。除非新工具比旧工具好很多倍，用户才可能愿意更换，但实际情况是，由于考虑到普适性，新打造的工具很有可能没有原来的工具好，再加上工具替换的学习成本很高，因此除非是管理层强压，否则推广成功的概率几乎为零。即使是管理层强压，实际的执行也会大打折扣，接入但实际不使用的情况不在少数。

（3）用"伪"工程实践和"面子工程"来滥竽充数。如果你去比较国内外的研发效能工程实践，就会发现国内的公司和硅谷的公司的差距还是相当明显的。但是当你逐项（如单元测试、静态代码扫描、编译加速等）比较双方开展的具体工程实践时，会惊讶地发现从实践条目的数量来说，国内的公司一点都不亚于硅谷的公司，在某些领域甚至有过之而无不及。那么，为什么这个差距还会如此明显呢？我们认为其中最关键的点在于，国内的很多工程实践是为了做而做，而不是从本质上认可工程实践的实际价值，比较典型的例子就是代码评审和单元测试。虽然很多国内互联网大厂都在推进代码评审和单元测试的落地，但是在实际过程中往往都走偏了。代码评审变成了一个流程，而实际的评审质量和效果无人问津，评审人的评审也不算工作量，评审人也不承担任何责任，这种代码评审的效果可想而知。单元测试也沦为一种口号，都说要贯彻单元测试，但是在计划排期的时候根本没有给单元测试留任何时间和人力资源，可想而知这样的单元测试根本无法成功开展。因此，国内的公司缺的不是工程实践，而是工程实践执行的深度，不要用"伪"工程实践和"面子工程"来滥竽充数。

（4）忽略研发效能工具体系的长尾效应。再回到研效工具建设的话题上，很多时候管理团队希望能够打造一套一站式普遍适用的研效平台，希望公司内大部分业务都能顺利接入，这种想法的确非常好，但是不可否认的是，研效平台和工具往往具有非标准的长尾效应，我们很难打造一套统一的研效解决方案，来应对所有的业务研发需求，各种业务研发流程的特殊性是不容忽视的。退一万步说，即使我们通过高度可配置化的流程引擎实现了统一的研效解决方案，系统也会因为过于灵活、使用路径过多，使易用性变得很差，两者的矛盾很难调和。

（5）盲目跟风。再来看一些中小型研发团队，他们看到国内大厂在研发效能领域不约而同地重兵投入，也会盲目跟风。他们往往试图通过引进大厂的工具和人才来作为开展研发效能的突破口，但实际的效果可能不尽如人意。大厂的研发效能工具体系固然有其先进性，但是是否能够适配你的研发规模和流程却有待商榷，同样的药给大象吃可以治病，而给小白鼠吃可能直接致命。很多时候，研发效能工具应该被视为起点，而不是终点。

（6）迷信外部专家。引入大厂专家其实也是类似的逻辑，笔者常常会被问及这样的问题："你之前主导的研发效能提升项目都获得了成功，如果请你过来，多久能搞定？"这其实是一个无解的问题。在某种程度上，投入大，周期就会短，但是，实施周期不会因为投入无限加大而无限缩短。专家可以帮你避开很多曾经踩过的坑，尽量少走弯路，但是适合自己的路还是要靠自己走出来，"拔苗助长"只会损害长期利益。

（7）研发效能度量的"罪与罚"。最后再来看研发效能的度量。一直以来，研发效能的度量都是很敏感的话题。在科学管理时代我们奉行"没有度量就没有改进"，但是在数字时代这一命题是否依然成立，需要反思。现实事物复杂而多面，度量正是为描述和对比这些具象事实而采取的抽象量化措施，从某种意义上来说，度量的结果可能是片面的，反映部分事实，而且没有"银弹"，也没有完美的效能度量。数据本身不会骗人，但数据的呈现和解读却有很大的空间值得探索。那些不懂数据的人是糟糕的，而最糟糕的人是那些只看数字的人。当把度量当作一个指标游戏时，永远不要低估人们在追求指标方面的"创造性"。总之，我们不应该纯粹地面向指标去开展工作，而应该看到指标背后更大的目标，或者了解这些指标背后的真正动机。

总体来看，对于研发效能，我们认为最重要的不是技术升级，而应该是思维升级。我们身处数字化的变革之中，需要转换的是自己的思维方式，需要将"科学管理时代"的思维彻底转换为"字节经济时代"的思维。

1.8　研发效能的"冷思考"

回到研发工程师层面，研发效能的提升对他们而言又意味着什么？

（1）工具效率的提升并没有减少工作时长。新工具、新平台在帮助开发工程师提升效率的同时，也不断增加他们学习的成本。以前端开发为例，以全家桶为基础的前端工程化大幅度提高了前端开发的效率，但与此同时前端开发工程师的学习成本在成倍增加，"又更新了，实在学不动了"在某种程度上反映了前端开发工程师的悲哀和无奈。

（2）技术的升级正在不断模糊工作和生活的边界。早期，工作沟通除了面聊主要靠邮件，在非工作时段老板给你发邮件，你有各种正当理由不用及时回复，可是现在及时通信工具 IM 再结合各种 ChatOps 实践，已经让开发工程师无法区分什么是工作，什么是生活了，这难道是我们想要的吗？

随着在研发效能领域的不断投入，会有越来越多的研发效能工具诞生，所有这些工具都使人与工作之间的连接更加紧密，人越来越像工具，而工具越来越像人。我们之所以创造工具是想减轻自己的工作量，但现实很可能发展成：我们最终沦为亲手创造的工具的奴隶。我们致力于做的研发效能，究竟会成就我们，还是毁了我们？这值得我们深入思考。

1.9 研发效能的"黄金三角"

这些年，笔者一直在拥有数万名研发人员的大型互联网公司做 DevOps 和研发效能的相关工作，做过敏捷和持续交付实践的大规模推广，组建并带领团队从零开始建设服务于全公司的、一体化的、一站式的 DevOps 平台，发起公司级效能度量委员会并制定度量指标体系。另外，在技术社区持续活跃，在各类综合性/专业性技术大会中担任出品人等角色，对互联网大厂的研发效能提升思路和做法有一定的理解，把这些经验总结起来，形成了一个具有增强回路效果的研发效能提升体系，我们称之为研发效能的"黄金三角"，如图 1-4 所示。

研发效能的"黄金三角"由三部分组成，分别是效能实践、效能平台和效能度量，它们彼此独立，又相互关联。其关联关系如下。

- 效能实践中的优秀实践可以固化、沉淀到效能平台；反过来，效能平台支撑效能实践的落地。

- 效能平台产生的大量研发数据形成了效能度量中的效能洞察；反过来，效能度量可以持续观测效能平台中产生的数据，进行下钻和深入分析。

- 效能度量中的洞察和分析结果可用于针对性地优化效能实践；反过来，效能实践可以给效能度量更多的输入，帮助其完善度量指标集和分析方法。

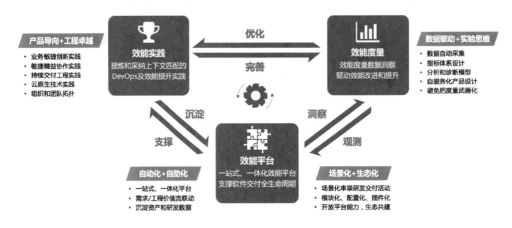

图 1-4 研发效能的"黄金三角"

因此,效能实践、效能平台和效能度量形成了一个彼此增强、迭代优化的回路,有效利用好这个增强回路可以帮助企业持续提升研发效能。

下面我们分别从目标、价值主张、实践分类和实施建议几个维度展开讨论。

1. 效能实践

研发效能实践地图如图 1-5 所示。

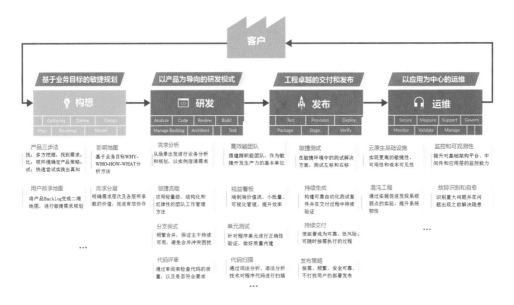

图 1-5 研发效能实践地图

目标：提炼和采纳与上下文匹配的 DevOps 及效能提升实践。

价值主张：产品导向+工程卓越。

- 产品导向：区别于项目导向的交付模式（在特定时间内，以相对确定的预算和人力交付预先计划的内容），我们更倾向于以产品导向的交付模式组织相关效能实践。产品导向可以让我们面向长期的业务价值，组织长期稳定的敏捷团队，持续迭代和优化产品。我们承认需求的不确定性，要持续改进产品，而不是简单地遵从既定计划；我们要考虑长期产品和团队能力的建设，而不是把短期项目做完了事；我们要考虑持续为客户创造价值，而不是看项目有没有超过预算；我们要面向工作结果进行响应，而不是盯着一些局部的工作产出。

- 工程卓越：我们必须持续关注工程和技术的卓越性，而不仅仅是交付了多少需求或特性。比起多完成几个小功能，也许工程和技术上的提升所带来的价值会更大。就像微软 CEO 萨蒂亚·纳德拉所说："每一天我都在开发新特性和提升我们的生产力之间进行权衡。"我们要追求用工程化的方法持续把确定性、重复性、机械性的任务自动化，从而在提升效率的同时让工程师有更多时间花在有创造性的事情上。用工程化的思路解决问题，追求工程卓越就是一种"反内卷"的表现。

实践分类：业务敏捷创新实践、敏捷精益协作实践、持续交付工程实践、云原生技术实践、组织和团队拓扑等。

实施建议：业界一致认为，DevOps 领域和研发效能领域从来没有"一刀切"的解决方案，不要迷信某个成熟模型或某种规模化框架就一定能对你有帮助。正确的实践选择一定要基于上下文，找出价值流中最大的障碍，选取工具箱中适当的实践，从小范围开始，纵向进行实验，应用敏捷思维来提升组织效能，逐个解决瓶颈问题，循环往复。

2. 效能平台

效能平台框架如图 1-6 所示。

目标：打造一站式、一体化的效能平台，支撑软件交付全生命周期。

价值主张：自动化+自助化、场景化+生态化。

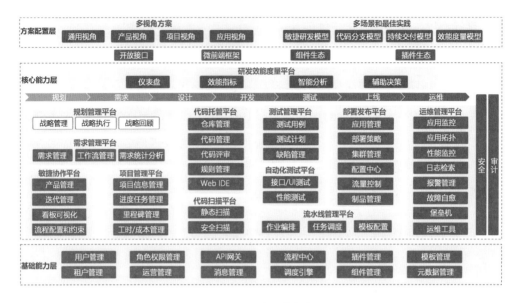

图 1-6　效能平台框架

- 自动化：自动化很好理解，DevOps 讲究"自动化一切"，这正是 DevOps 的精髓"CALMS"中的 A（Automation），研究表明高效能的企业在自动化构建、自动化测试、自动化环境创建和部署、自动化监控和可观测性等方面要远远好于中低效能的企业。

- 自助化：自助化代表上下游角色可以通过平台紧密衔接，在工具平台被某种角色创建出来之后，上下游的其他角色应该都可以按需、自助地使用，降低了对某种角色或者某个人的依赖，这样组织协作效率才能提升。

- 场景化：我们经常看到很多所谓的"一站式、一体化"，是按功能领域进行划分并展现相关能力的，或者说是一个"拼凑"起来的平台。而真正让管理者和工程师使用顺手的、易用的平台一定是按研发场景进行组织的。比如，以某一产品为主线贯穿 DevOps 流程，方便用户管理产品的相关需求，创建特性分支，迭代开发和交付。同样，以应用为主线对运维人员来讲会更加友好。

- 生态化：在互联网大厂搭建效能平台时，遇到的普遍难点是业务复杂、规模庞大、业务独特、场景众多，很难通过一个团队的努力满足整个公司的需求。但是如果各个业务部门什么都自己做、重复造"轮子"，甚至相互进行恶性竞争就更不好了。因此，平台建设者应该更加开放，分离平台底座和原子能力的建设，即通过生态合作伙伴关系，促进公司效能平台的良性发展。从公司角度来看，减少重复建设和避免内耗，也都是"反内卷"的表现。

实施建议：效能平台的建设切忌开始就追求"大而全"，所谓的"一站式、一体化"只是手段，不是目的，最终以能满足研发场景的诉求为主。尤其是在平台建设初期，不妨以支持 To B 客户的思维来运营平台，深度绑定和跟进种子团队，深刻理解业务痛点和需求，这样做出来的平台马上就会有人用，然后收集反馈，像滚雪球一样越做越完善。另外，还要注重需求价值流和工程价值流之间的联动，而不要将其分裂成毫无关联的两个系统。

3. 效能度量

目标：在正确的方向上开展研发效能度量和数据洞察，指导和驱动效能改进和提升。

价值主张：数据驱动+实验思维。

- 数据驱动：我们经常遇到的现象是，一个组织或者团队在消耗了大量的"变革"时间成本和人力资源后，却无法回答一些看似本质的问题。比如，你们的研发效能到底怎么样？比别的公司或团队的好还是差？瓶颈和问题是什么？采纳了敏捷或 DevOps 实践之后有没有效果？下一步应该采取什么行动？我认为，效能度量的目标就是让效能可量化、可分析、可提升，通过数据驱动的方式更加理性地评估和改善效能，而不要总是凭直觉感性地说"我觉得……"。用真实和有效的数据说话，勇于挑战现有流程和规则，直指研发痛点和根本原因，也是一种"反内卷"的表现。

- 实验思维：研发效能提升没有"一招鲜，吃遍天"的万能招式，而是要基于上下文进行有针对性的实验和探索。比如，想提升线上质量，降低缺陷密度，经验告诉我们应该去加强单元测试的覆盖，完善代码评审机制，做好自动化测试案例的补充。但是，这真的有效吗？我们通过数据来看，很可能没有任何效果！并不是说这些实践不该做，而是可能做得不到位。比如，只是为了指标好看，编写缺少断言的单元测试，找熟人走过场通过代码评审，覆盖一些非热点代码来硬凑测试覆盖率目标等。因此，我们需要实验思维，找到真正有用的改进活动及其与结果之间的因果关系，有的放矢才会更有效率和效果。

实施建议：效能度量本身也是一个比较复杂的体系，包含自动采集效能数据、度量指标体系、度量分析模型、度量产品建设、数据驱动和实验思维等多个方面，将它们整理后，称为"研发效能度量的五项精进"，如图 1-7 所示。

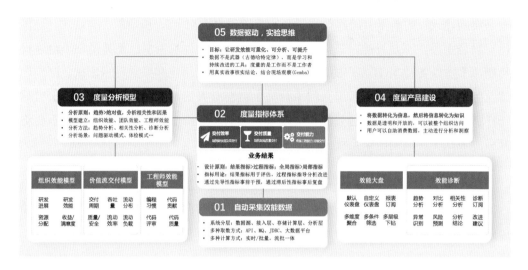

图 1-7　研发效能度量的五项精进

（1）构建自动采集效能数据的能力。通过系统分层处理好数据接入、存储计算和数据分析。

（2）设计效能度量指标体系。选取结果指标用于评估能力，选取过程指标用于指导分析改进。

（3）建立效能度量分析模型。这里的模型是指对研发效能问题、规律进行抽象后的一种形式化的表达方式。模型有很多种，如组织效能模型（战略资源投入分布和合理性）、产品/团队效能模型、工程师效能模型等。我们还要合理采用趋势分析、相关性分析、诊断分析等方法，分析效能问题，指导效能改进。

（4）设计和实现效能度量产品。首先将数据转化为信息，然后将信息转化为知识，让用户可以自助消费数据，主动进行分析和洞察。

（5）实现有效的效能数据运营体系。要避免不正当使用度量而产生的负面效果，避免将度量指标 KPI 化而导致"造数据"的短视行为。效能改进的运作模式也很重要，如果只是把数据报表放在那里，效能不会自己变好，需要有团队或专人负责推动改进。

与研发效能相关的话题是不是很有意思？这里还有很多值得展开和深度思考的内容，比如：

- 研发效能提升的实践应该如何选择？管理和工程技术实践都有哪些？

- 研发效能度量指标体系应该如何设计？效能数据如何分析？

- 促进高效能的组织、结构和个人能力提升的模型是怎样的？

- 研发效能如何进行规模化扩展？

- 研发效能的支撑工具如何选择和落地？

- 各个行业研发效能提升的综合案例有哪些？

以上每个问题都值得单独探讨，我们会在后续的章节中一一分享。

1.10　研发效能宣言

研发效能在国内尚处于快速发展阶段，我们在与一些专家和实践者沟通的过程中，发现大家在思路上其实有很多共同点。大家通过一些专项研讨，在提升研发效能的许多重要方面达成了一致。于是，我们希望把这些内容沉淀下来，这些内容既能提纲挈领地阐述我们认同的内容，又能成为行业持续前进的催化剂。我们决定将其称为"研发效能宣言"，既是对敏捷宣言的致敬，也是对我们的信念和价值观的呼吁和声明，它代表了我们的立场，以及我们认为对研发效能而言什么才是最重要的。

2021 年 10 月，国内首届卓越工程生产力大会（Excellent Engineering Conference）在北京举办。会议期间，大会组委会联合业界数十位研发效能和工程生产力专家重磅发布了如图 1-8 所示的"研发效能宣言"，该宣言从业务、流程、技术、数据及组织等视角，针对研发效能提升给出了价值观方面的指导，接下来我们会对核心价值观进行系统性解读。

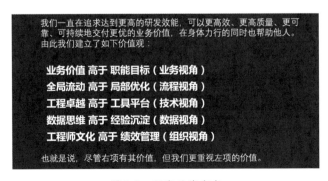

图 1-8　研发效能宣言

1.10.1　业务价值高于职能目标（业务视角）

一切不以达成业务价值为导向的研发效能提升都是"耍流氓"。效能为业务价值服务，效率主要为职能目标服务。可以说效能是方向，效率是速度，如果方向错了，速度再快也没用，这就是我们经常会听到的"高效交付无法确保业务成功"的原因。

效能是让你做更接近目标的事，而效率是以尽量经济的方式完成特定任务。从这个角度来讲，"瞎忙"也是某种形式的懒惰，说明你懒得思考，不加选择地行动。举个例子，你可以高效率地划着船原地打转，但高效能的人绝对不会做无用功，一定明确知道自己要去哪里。"不要用战术上的勤奋来掩盖战略上的懒惰"说的也是这个道理。

"思辨胜于执行"在本质上也表达了类似的思想。先看"思辨"和"执行"两个词的释义：思辨是指思考辨析，其结果是指导思想；执行是指贯彻施行指导思想。可见，思辨决定了执行的方向。

对于研发团队生产力的提升，思辨首先要找到"真正"的需求。对于某一个需求，到底要不要做，多花点时间研究是值得的，因为一旦需求决策形成，其成本在几十倍甚至上百倍地增加。产品经理的一个决策背后是研发团队、测试团队、运维团队的大量工作。

作为产品经理，需要在资源有限的情况下，决定优先满足哪些用户的需求。每增加或者调整产品的一个功能，其实都是在权衡取舍，决定哪一类用户优先、哪一类场景优先。因此，从本质上讲，产品经理并不只是盲目地追求"用户价值最大化"，而是在选择性地找到"性价比高"的用户价值，这样研发团队的业务价值输出能力才会被放大。

另一个值得分享的例子是，当业务价值处于快速上升期的时候，需要的是更快的业务能力交付，用"堆人、堆时间"的方式可以解决短期效率不足的问题，同时技术上也可以选择先主动负债（不求完美只求能用），此阶段这种"快、糙、猛"的研发模式其实是有效的。我相信，对此一定有人会持反对意见，但这恰恰体现了"业务价值高于职能目标"的价值观。

但是在用户群体规模大了之后，就不能这么做了。一方面，用户群体规模已经变得非常庞大，高质量、业务稳定和业务连续性成为主要矛盾；另一方面，团队的内耗（随机复杂性）不断变大，此时要开始寻求工程卓越，追求研发效能提升，本质上还是为了更好地实现业务价值。

可见，业务发展的不同阶段对业务价值的追求方式是不一样的，效能提升的方式也各不相同。

另外，在业务发展初期，先采用"快、糙、猛"的研发模式快速占领市场，验证产品的业务能力和商业模式；等业务试水成功后再另起炉灶，采用低技术负债的研发模式重构，甚至重新开发一套系统也是一种不错的做法。

最后，特别需要注意的是，很多时候业务失败不是效能的问题，而是业务本身不行，但往往会让效能变革"背锅"。仅仅关注效能并不能成就业务，只能减少业务成功路上的阻力。

1.10.2　全局流动高于局部优化（流程视角）

流动是精益思想的五大原则之一，是精益思想的关键部分，其目标是让价值不间断地流动起来。在软件研发场景中，全局流动的含义是聚焦 IT 系统的整体价值流，进行全局优化，从而确保价值从上游到下游的快速流动。相对地，局部优化一般是指针对研发过程的某一部分或某个环节，通过一些管理或技术手段进行调优，这虽然也带来了局部效率的提升，但是从整个研发过程来看，其效果可能只是很小的一部分。

在研发效能提升的初期，局部优化是有用的，如编译时间从 10 分钟缩短到 2 分钟，自动化测试执行时长从 30 分钟缩短到 10 分钟等，看起来有一些效果，但是局部优化的效果会随着时间的流逝递减。在进入深水区后，能够带来效率大幅度提升的往往是对全局流动的优化。在软件研发中，经常使用的度量指标是流动效率，即在软件交付过程中，工作处于活跃状态的时间（无阻塞地工作）与总交付时间（活跃工作时间+等待时间）的比值。有资料统计，很多企业的流动效率只有不到 10%，也就意味着需求在交付过程中的大部分时间里处于停滞、阻塞、等待的状态，以至于看似热火朝天的研发工作，很可能只是虚假繁忙。大家只是因为交付流被迫中断才切换到其他工作，从而并行开展了很多不同的工作而已，但从业务和客户的视角来看，研发的交付效率其实很低。在很多情况下，优化全局流动带来的改进效果是非常巨大的，常常远远好于局部优化所带来的效果。

有时候，过度的局部优化还会带来全局劣化。比如，过度优化某个职能部门的人力资源利用率，就是一种局部优化，其从传统的、以资源效率为中心的角度来看可能有一定价值，但这样高的资源利用率势必会造成研发交付过程中多个部门之间协作效率的降低，用户的需求总是要等待排期、无法被及时处理，这样全局的流动效率就会受到非常大的影响。因此，我们需要站得更高，从全局来分析问题。

1.10.3　工程卓越高于工具平台（技术视角）

工具平台应该简单、易用，向下屏蔽复杂的实现过程，向上提供易于使用的能力，在不增加工程师学习成本的前提下，默默地优化研发过程的各个环节，提升整个工作的效率。在一定程度上，工具平台体现了"成全别人（用工具的人），死磕自己（工具开发者）"的设计哲学，但是工具平台并不是效能提升的全部，拥有工具和拥有能力是截然不同的两件事。很多公司采购了研效工具，就以为自己拥有了这样的能力，其实购买装备只能让你看起来显得专业而已。这就好比你买了一辆跑车，但这辆跑车并不能让你成为赛车手。

工程卓越是内在的能力，需要时间积累；工具平台是外在的表现，可以花钱购买（能花钱解决的其实都不是问题）。工具是工程卓越的载体，脱离了工程卓越，工具是没有灵魂的存在。

同样的工具，因为用的人不同，能够发挥的作用存在较大的差异。用一块物理白板外加一些便利贴，同样可以实现真正意义上的敏捷开发，全套的敏捷工具也可以被用作"披着敏捷外衣的瀑布模型"。

另外，工具侧的"抄作业"是没用的，适合才是最重要的。比如，A 公司用某个工具取得了巨大的成功，B 公司很有可能会用不起来。

还有一个有趣的现象，行业内单点效能工具做得好的有不少，但是特别优秀的一站式的体系化平台却很稀有。实际上，大多数企业用着顺手的工具链体系往往是以自研或二次开发为主的，很少能通过采购直接达到效果，这是因为自研工具中更容易融入定制化的工程卓越的最佳实践。

总体来看，工程卓越中的优秀实践可以固化、沉淀到工具中；反过来，工具也支撑了工程卓越的落地，但后者无法取代前者。

1.10.4　数据思维高于经验沉淀（数据视角）

在数字化时代，销售、财务、新媒体运营等行业已经不依赖个人经验来做决策了，而是更多地依赖数据。但是数字化程度原本就很高的软件研发行业依然高度依赖人的经验，这点值得我们反思。

经验沉淀固然重要，但是其成功很难被批量复制。我记得，有一次我看到一位员工在面对复杂性能调优场景时，非常熟练地使用各种工具查看数据，并且在多个工具间切换分析下钻，定位到了性能瓶颈，最终修复了问题。我当时第一反应就是"这样的成功不可复制"。

我们需要做的是把个人的、局部的成功经验提炼出来，形成数据思维能力，然后在团队内部快速扩散、批量复制，实现研发效能的"聚沙成塔"。让"专家经验"通过数据思维沉淀下来，实现标准化，进而实现工业化才是正道。

经验沉淀有些类似于静态思维，看的是过去，而数据思维则更偏向于动态思维，看的是未来。从这个层面上说，经验沉淀更像是"萃取过去"，而数据思维更像是"赋能未来"。

数据思维可以给过去沉淀的经验加上一根时间轴，然后观察事情在时间轴上的动态变化及背后深层次的逻辑，这样更有利于做出当下正确的决策。丘吉尔有一句名言："你能看到多远的过去，就能看到多远的未来"。因此，过去项目的推进方式，实际上决定了我们看待未来的方式。

拥有数据思维的人，总能站在更高的位置动态地思考问题，看到更大的格局，从更高的视角解决问题。通过数据思维可以从"事后复盘"进化为"风险管控"。

数据思维将为社会科学带来一场革命，就像显微镜和望远镜彻底改变了自然科学一样。

需要特别注意的是，拥有数据思维并不是要完全依赖数据，经验在很多时候依然能发挥很大的作用。就像 Jeff Bezos 所说："当传闻和数据不一致时，传闻通常是正确的。"丰田的大野耐一也曾经说过："那些不懂数字的人是糟糕的，而最最糟糕的是那些只盯着数字看的人。"盯着数据，就等于站在病房里盯着监护仪上的数字，而病人最后却因为吃三明治噎死了。

总结起来就是，数据思维固然重要，但是全信数不如无数。

1.10.5 工程师文化高于绩效管理（组织视角）

绩效管理只是一个达成目标的工具，而工程师文化是一个体系，有着更广泛的内涵。

管理学大师彼得·德鲁克曾经说过："文化能把战略当早餐吃掉。"在统一员工的价值观和行为准则、激发创新和变革等方面，企业文化有时候比企业战略更重要。如果没有企业文化的有效支撑，无论是多么高瞻远瞩的企业战略，多么完备的方法论和流程规范，多么费尽心思设计出来的创新想法，最终都可能只是一纸空文。

在软件研发领域中，很多优秀的公司都非常推崇工程师文化。比如，Google 的创始人佩奇多次在公司内部明确讲道："在 Google，工程师是处于金字塔顶上的人，在公司的地位是最高的。"工程师文化提倡用理性思维来创造性地解决问题，要给工程师最大的空间，提倡深入研究技术、钻研问题、持续不断地改进产品。另外，还要尊重客观事实、淡化权威，一切的想法、判断及思路都要以数据为支撑，对同一个问题的不同看法，不按职位的高低来出结果，而是通过数据的不断验证来证明对错。工程师需要有敏捷思维，小步快跑，并且在过程中不断试错，不断进行摸索和创新。

我们经常看到，一些企业研发效能的优化方向是面向管理者服务的，如制定各种流程规范、强化项目和研发过程管理、出具各式各样的度量报表、使用各种绩效管理手段等。当然，这些也很有价值，但是有时却忘记为研发过程中最庞大的群体——工程师提供服务。研发效能的提升要拥抱开发者体验，给工程师提供更明确的目标对齐、更人性化的工作环境、更优秀的研发工具、更精简的协作流程，但千万不要过度控制，而是要尊重和发挥个体的智慧，把工程师全方位服务好，只有这样才会获得更强大的创造力和创新力。

管理实践篇

第 2 章　研发效能的管理实践

 本章思维导图

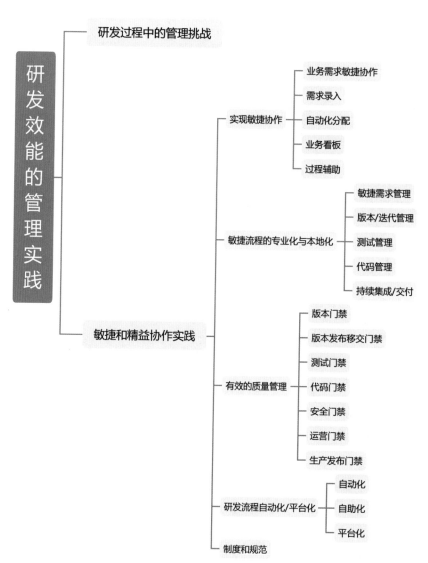

在过去的十几年中，我们不仅看到腾讯、阿里巴巴这样的龙头公司的兴盛，也见证了诸多中小互联网企业的繁荣发展，国内整个互联网产业日渐兴旺。

巨大的人口红利既给企业带来富含营养的市场环境，也带来了一些隐患和风险，其中粗放式增长就是重要风险之一。企业掌舵者坚信，只要投入资源，就一定会有更多的产出。殊不知这是产业发展的特殊阶段才会有的结果。

随着产业升级及人口红利减弱，投入-产出模型的边际效益逐渐递减，越发不可持续。同时，简单的资源投入，也将使企业缺乏核心竞争力，导致企业在未来的竞争中更为乏力和被动。

时代的问题必然由时代来解决，在数字化转型升级的浪潮下，业态、企业组织都在被检视和重构，以便更好地支撑变化的敏捷研发管理模式逐步进入各个团队的视野。

2.1　研发过程中的管理挑战

敏捷开发与其说是一种模式，不如说是一种理念。它着眼于业务的实际需要，以企业数字化为依托，以效能提升为准绳，从更高维的视角帮助企业的运营能力得到提升，从而取得产品与市场的成功。Meta、Google 等在开发协作领域有强烈需求的企业，均已开始采用敏捷开发模式，而且随着开发者在行业中的流动，敏捷开发已经不再是大企业的"独宠"，那些优秀的开发者既是敏捷理念的实践者，也是敏捷模式的布道者。很多研发规模达到百人以上的公司开始组建专门的效能团队，以着手提升企业的整体效能，优秀的方法总是具有极强的生命力。在这个过程中，各种开源工具及研发管理工具（如 Scrum、看板、DevOps 等）被不断讨论、打磨与实施，使得敏捷模式的适用性也越来越强，并形成 DevOps 理论体系。如今，敏捷开发既是一种底层思维，也是提高效率的良好工具，是所有 IT 从业人员都需要具备的技能。

虽然 DevOps 体系极其优秀，但也颇为复杂，尤其是在其实施和推进过程中，相关从业者会处于有"道"无"术"的状态。具体表现在以下几点。

（1）知道应该做，但不知道从何处下手。

（2）花了时间和精力，投入了资源，却看不到效果。

（3）产出抵不上投入，效果不佳。

这些都是在引入方法论及理念实践时，没有科学的指导所产生的副作用。因此，我们必须注意：

（1）DevOps 领域和研发效能领域从来就没有"一刀切"的解决方案，要因地制宜，结合自身业务进行相关部署。

（2）不要直接套用某个模型和框架，没有绝对的工具或绝对的方法，要灵活选用符合实际需要的工具。

那么，引入敏捷开发又能帮助我们解决哪些具体的问题呢？

在回答这个问题之前，试想我们在研发过程中是否曾经或者一直受到以下问题的困扰？

（1）业务部门常提出"一句话"需求，需求表述不清晰，沟通成本高，效率低。

（2）交付的产品效果与用户需求偏差过大，用户满意度低。

（3）业务部门变更频率高，开发阶段的需求变更不可控，开发周期长，成本高。

（4）业务部门与研发部门存在严重的协作鸿沟，业务部门吐槽研发部门进展缓慢，研发部门吐槽业务部门需求过多，无法形成团队合力。

（5）研发资源分布情况处于盲盒状态，利用度不清晰，投入大量成本，却仍然长期处于人力缺乏状态。

（6）研发团队加班严重，但需求发布仍然常常延期，产品在发布上线后问题频发。

（7）代码库使用与管理混乱，常在产品版本发布时爆发合并冲突。

（8）开发质量依赖测试环节，测试资源峰谷波动明显。

（9）自动化程度不高，重复性工作的人工操作提高了问题发生的概率。

（10）回归测试重复率高，工作量大，效率低，测试覆盖度不清晰，品质不可控。

（11）产品发布受环境和人为因素的影响大，发布异常频发，成功率不可控。

（12）开发人员疲于应付业务需求，没有精力去精进技术，士气低迷，工作效率低下。

上述问题的出现本质上是开发团队的效能出现了问题。没有效能，资源投入会使管理成本同比上升，从而无效或产生负效。

从实践来看，绝大部分问题的动因源于业务部门、开发部门和运维部门之间存在严重的协作鸿沟。这些鸿沟导致了目标、资源、时间等诸多信息的不对称，它们相互交叉，重叠干扰，导致互相不能理解对方的价值和必要性，从而陷入低效僵局。因此，协作效能是敏捷开发要解决的本质问题，只有解决好这个本质问题，才会使业务事半功倍。

经过多年的实践，我们探索和总结出"业产研一体化研发交付体系"。此体系从需求提出、评估分析、排期开发、测试验收、上线研发等各环节进行了全覆盖，对整个研发的过程、数据、人力资源均实现了透明化。业务部门的需求可以快速得到反馈，不再天马行空。研发部门也能深刻理解业务部门的本质需求，从而做出更准确的评估及更优的方案。协作节奏全面优化，研发资源得到合理利用，团队不再疲于奔命，形成从输入到输出的全价值链交付。

不仅如此，其模块化部署模式，还能为未来业务线增强或升级留出拓展空间，使团队可以聚焦在业务本身，更好地实现自身价值。

我们可以考虑从如下方向进行突破：

1. 实现敏捷协作

打通业务部门与研发部门的协作障碍，将需求从概念提出到上线研发等各个环节都实现数据化，并通过相关的看板进行展示，实现透明化，从业务本身的视角强调各阶段事件的核心内容。

2. 流程专业化与本地化

通过精益/敏捷/DevOps 方法论和理念，科学制定从需求分析到产品发布的相关流程，因地制宜，并结合自身的业务特色落实和实施。

3. 有效的质量管理

在敏捷研发流程的环节中，设置合理的门禁管理，使代码的测试、入库、发布等核心事件都能得到有效管控，从而保障研发质量。

4. 建设自动化/平台化能力

对于高度重复化的事件，建立机器自动化机制，以提升效率并降低人工误操作的概率；同时在此基础上形成工具组件，并依托其形成平台能力，使不同业务部门之间建立生态合作伙伴关系，共同助力效能提升。

5. 形成制度和规范

根据实际需要制定灵活的监管策略，并将其形成制度和规范，这样既能补充难以流程化或工具化的时间，也能通过它们发现效能洼地，从而优化系统迭代，循环提升。

接下来，我们将深入讲解这五个部分的实践核心点。

2.2 敏捷和精益协作实践

2.2.1 实现敏捷协作

如何理解敏捷协作？具体而言，敏捷协作就是打通业务部门与研发部门的协作障碍，避免让敏捷研发局限在技术团队内部。因此，在研发的开端——提出需求的环节就要让敏捷模式介入。

通过高效的电子流，业务部门应使用标准化的引导型需求模板，准确和有重点地提出业务需求，形成需求任务，并使开发人员能够快速、精准地理解。多个需求任务会形成需求池，此时应该对池内的需求进行价值评估或初步清洗，将无效需求去除。

对于保留下来的有效需求，需要根据相关字段进行自动化分配。由技术专家从专业维度预估需求的复杂度及完成时间，这些评估信息会反馈给需求提出人，以帮助业务部门了解成本与困难度，同时也能识别项目团队的工作优先级、拥有的人力资源成本等。

而在开发环节，业务部门也可以随时查看需求的整体进展，了解项目的潜在风险，在必要的时候进行催办。

在最后的验收与上线环节，平台可以建立规范化的准出标准并集中验收；同时建立信用评分体系，使业务部门与研发部门互评互鉴，以监督低效行为的复盘与改进，促进业务迭代提升。

在整个研发过程中，不管是业务部门还是研发部门，都能够全流程融入，对项目资源、进度、人员、风险都有清晰的认知，将所有非敏感信息透明化，将精力腾出来更好地思考业务本身的提升。

在这个过程中，要注意以下关键节点。

1. 业务需求敏捷协作

业务需求的管理模式与研发需求的不同，其特别需要关注数据安全及数据隔离，即根据人员扮演的角色配置数据可见性权限。在业务需求落地过程中，常见的业务视角的角色分工如下。

创建人：录入需求的人员。

评估人：业务需求初审人员。

提出人：需求真实提出人。

干系人：需求上下游关联人。

分析人：研发方参与需求可行性评估及需求实施方案的产品人员或者技术专家。

说明：对需求的可行性做初步评估，因业务人员更加熟悉业务真实诉求，能快速、有效地还原业务实际场景，判断需求的可行性，建议评估人按照业务领域统筹划分，区域化管理，为业务需求的创建提供便利性，解决业务层面不知道找谁评估需求的疑惑。

2. 需求录入

由于业务最大的痛点在于需求如何录入，因此需要由业务方与研发方协商定义"需求录入模板"，双方约定需求录入的重点内容、必填信息，以及双方可接受的需求模板类型；同时，可以根据业务人员的能力层级来分层，如分为简易模式、专业模式、紧急模式等，保障需求录入的质量，从源头上避免无效需求或"一句话"需求。

3. 自动化分配

需求拟好了，提交给谁是一个非常常见的问题，此时就需要平台建立一些自动化分配机制。比如，平安神兵 wizard 平台在业务方提出需求后，先对需求进行评估分析，屏蔽无效需求，同时根据需求的领域标签及大数据将需求自动投递给对应的评估专家。评估专家评估后，通过电子流反馈需求的复杂度及完成时间。

4. 业务看板

应该为业务方提供独立的业务看板，包括"我评估的、我分析的、我创建的、与我有关系的"等数据分类，以从不同维度管理需求进展，了解项目的预期风险，在必要的时候进行催办。同时，还应该提供业务简易语言，从业务方的角度，以高度的同理心帮他们尽快获取关键信息。

5. 过程辅助

应增加必要的过程辅助，比如，强调优先级的"一键催办"，或者特殊标记功能"领导关注""紧急项目"等；又比如，打通平台和企业内部的通信消息，直接将平台事件快速通知到项目相关人。通过使用这些简单的小方法，我们可以从用户视角优化平台的可用性，从而提升效率。

把握以上关键节点，相信能够很好地使业务部门与研发部门共同携手，使研发敏捷升华为业务敏捷。

2.2.2 敏捷流程的专业化与本地化

在解决了业务部门与研发部门的协作障碍后，接下来就要关注敏捷研发落地的过程，即敏捷流程的专业化与本地化。

专业化，是指通过精益/敏捷/DevOps 方法论和理念，科学制定一系列管理流程。由于项目管理中存在"木桶效应"，因此我们需要运用科学的方法对流程进行全覆盖，实现一站式研发全生命周期管理。

本地化，是指结合自身业务特色，因地制宜，设计敏捷研发实施流程。就常规项目来说，敏捷研发治理通常从"敏捷需求管理""版本/迭代管理""测试管理""代码管理""持续集成/交付"等几个方面着手，接下来我们一一讲述。

1. 敏捷需求管理

敏捷需求管理是为保障需求的流动有序、变更可控、实现有效而服务的，它对需求的梳理、排期研发、上线或变更过程进行端到端管理。这里重点讲述需求规划/方案设计、需求评审、需求追踪、需求变更等影响效能的事项。

（1）需求规划/方案设计。应根据业务特点制定规范化的需求模板，确保需求文档的统一性，减少团队不同成员的学习成本，提高阅读效率。

对于已经规划好的需求序列，应通过 Roadmap、用户故事地图等图形化的方式进行展示，这样不仅一目了然，也方便后续追踪与管理，如图 2-1 所示。

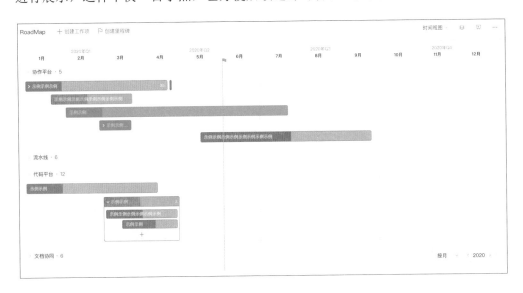

图 2-1　Roadmap 示例

（2）需求评审。规范需求评审制度，建立可追踪的评审模式和灵活的评审专家池。评审维度要覆盖体验交互、技术可行性、方案容错性等各个方向，最大限度地在实施前将需求剖析清楚。

建立更广泛的评审渠道，尤其是线上的评审渠道。线上管理需要具备阅/改/查评审内容和评审结论的功能，能够管理评审跟进项，分享需求评审结论给相关人员并同步需求评审进展。

（3）需求追踪。在需求被提出后，需求追踪便开始了。需求追踪是项目管理中的常见行为，具有短频的特点，故一定要通过图形化的方式来追踪需求进度。常见的图形化的追踪需求进度的工具包括 Roadmap、甘特图等。在 Roadmap 和甘特图的视图展示层面可设定进度规则，通过既定规则来展示需求完成率、达标率、延期率等基础数据信息，辅助需求管理。

（4）需求变更。"唯一不变的，就是变化本身"，因此我们要以平常心对待需求变更，项目一旦启动，变更就可能随之而来。变更会产生影响，我们需要做的就是确认是否一定要变更。如果一定要变更，则以最小的代价完成它。

在执行变更时，变更行为一定要规范。如果变更管理不合理、不规范，影响评估不到位，就会影响成本、进度或者质量，从而降低效能。因此，我们需要使变更管理规范化，尤其是电子化、书面化及可追溯。其重点包括以下内容。

（1）识别变更：设定需求的变更范围、变更标准、变更节点及冻结点。

（2）评估变更影响：从项目成本、进度、质量等方面逐一评估变更产生的影响。

（3）备选方案：明确变更处理方案，以及新方案预计的影响。

（4）紧急程度：明确需求变更的紧急程度，如一般、紧急、非常紧急等。

（5）变更申请：正式提出书面的变更申请。

（6）变更知会：通知并征求所有与变更有关的项目干系人的意见。

（7）变更审批：将变更提交给相关项目管理人员进行审批。

（8）变更追踪：在变更被批准后，跟踪变更的执行情况且登记进度管理。

2. 版本/迭代管理

提到版本迭代规划，不少产品经理或业务管理者就会产生无力感。究其原因会发现问题复杂且多样：有的是众口难调，计划难以确定下来；有的是计划赶不上变化，变更无数；还有来自组织的变更、原定流程难以实施等。种种问题无时无刻不在影响版本迭代规划，从而使规划难以确认。

解决以上问题的大致思路如下。

首先，在项目初期，我们需要对产品整体规划有一个全局的把握，定义一套完整的用户体验方案或者价值流导向。

其次，制订分阶段计划，对每个版本/迭代定制可交付产品增量，并根据实际资源投入做出适时调整。

最后，制定实施路线。可以根据企业的 KPI/OKR，围绕核心目标，层层分解，按照不同的时间颗粒度划分制定完整的产品路线图（Roadmap），从而明确产品的实施路线。

按照以上思路，团队就可以形成研发节奏，创建版本/迭代计划。在敏捷管理中，因公司管理理念的差异，部分公司将此类研发周期性计划称为版本计划或者迭代计划，也有将两者结合使用的，即迭代用于管理阶段性开发计划，版本用于生产发布计划。

通常按如下具体节奏来实施：

（1）用户故事地图展示需求的关联关系。收集业务部门的需求，辨识需求的关键背景与核心目标，以便准确地评估可行的产品方案或者技术方案。在可行的背景下，先将需求拆分成不同数量的"特性"，然后根据"特性"拆分出不同数量的"用户故事"，形成最小可交付的颗粒度。再将拆分的内容以良好的关联关系形成一个二维视图，即最终的用户故事地图。

（2）产品路线图排布迭代周期计划。通常，产品路线图已综合考虑商业价值、市场现状、实现难度等因素，将其按照季度划分，规划出每个季度需产出的业务价值及发布内容，可以将用户故事地图与产品线路图结合，规划出每一个季度的月度 Sprint 图，其包含需要完成的用户故事及优先级排布，这样就一目了然，也更容易适时进行调整。

（3）快速估算人力消耗。在用户故事创建好后，我们可以对不同于 Sprint 中的用户故事进行快速估算，以便能够知道整个 Sprint 要发布产品需求所需的大概工作量，可以用"人"或者"小时"等单位进行估算。

（4）需求看板实时监控研发进度。将用户故事拆分成多种不同的状态，如新建、开发中、showcase、开发完成、测试进行中、产品验收、归并 master、测试复测、完成、生产发布等。再用可视化流程的方式来展示进展，这样既可以快速获取信息，也方便设置固定的自动化流程或质量检查点，从而提升效率。

用户故事的状态如图 2-2 所示。

（5）制订版本发布计划发布生产版本。在确定开发时间后，就可以开始制订版本发布计划了。根据开发策略，可以选择不同的项目驱动模式与版本发布模式。

常见的项目驱动模式有两种，分别为功能驱动模式和时间驱动模式。功能驱动模式关注需求完成度，在功能质量验收完成后发布；时间驱动模式关注时间周期，在通过版本门禁检查后发布。

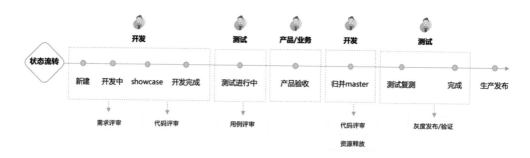

图 2-2　用户故事的状态

常见的版本发布模式有三种，分别是项目制发布模式（Project Release Mode）、版本火车模式（Release Train Mode）、城际快线模式（Intercity Express Mode）。

《持续交付 2.0》一书对这三种模式做了很好的解释。

项目制发布模式是指在软件研发规划中，预先规划一个集合版本包含所需功能和特性的数量，在该集合版本内的所有特性全部开发完成，并且达到相应的发布质量标准后，才能发布该版本。

版本火车模式是指发布火车模式，常见于大型套装分发类软件。大型传统软件企业通常有多条产品线，各产品线之间存在非常复杂的相互依赖关系。为了使各产品线协同发布，这些企业通常会为每条产品线都制定好每个版本的发布周期，即每个版本就像一列火车，事先制定好发车时间。

城际快线模式包括固定时间和质量两个维度，并且时间周期相对较短（如一个星期，甚至一天，或更短），针对那些在发布时间点已达到固定质量标准的特性进行一次发布。

城际快线模式是《持续交付 2.0》一书所提倡的模式，目前越来越多的企业开始使用这种模式。同时，一些业务周期长的企业会使用项目制发布模式+城际快线模式这种混合方法，即在项目周期内加入固定时间的迭代，并要求在每个迭代结束时都能得到处于可交付状态的产品。这里的可交付状态是指软件可以正常运行，并且已完成的特性达到生产发布质量标准，可以进行非商业化生产版本发布。

除了版本发布模式的选择差异，我们还可以配合"版本依赖""模块依赖"等辅助手段，细化同版本内不同需求的发布节奏。比如，可以将版本按照多模块的方式，生成不同的流水线，同版本下的流水线按照自定义策略来发布。

切记不能一刀切，一定要结合业务、成员技能、基础设施水平，综合地选择适合自己的版本发布模式。

（6）版本日历看板。在版本发布计划制订好后，产品经理或项目的所有利益相关者都可以在版本日历上实时查看版本发布情况。版本日历提供管理者视角，汇总版本整体情况，呈现统计日历周期范围内的当天在行版本数量、待发布版本数量、风险版本数量、版本详细风险分析、测试计划基本情况、流水线的部署情况及制品扫描情况。

通过掌握以上内容，管理者（即"掌舵人"）可以适时调整版本管理策略，如人力资源、部署资源、版本发布等方面，将版本风险指数降低，如图 2-3 所示。

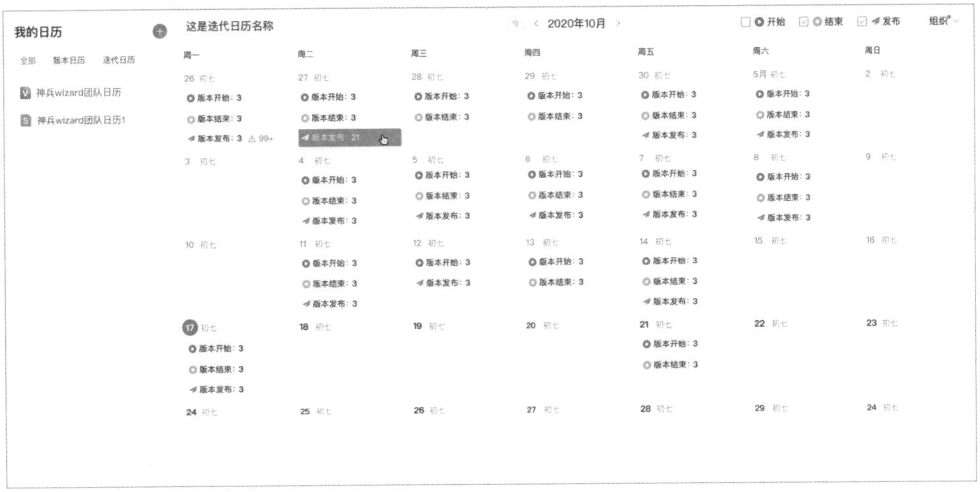

图 2-3 适时调整版本管理策略

3. 测试管理

在版本/迭代启动后，或者在需求明晰后，测试人员就要建立测试用例，并明确测试用例与需求的关系、版本/迭代与测试计划的关系，然后配合版本/迭代内的需求进行相关的测试验证和质量把控，形成有力的测试质量管控。

测试管理的子流程主要包括输出测试用例、用例评审、测试计划、测试报告、测试进展、权限管理等。

（1）测试用例。测试用例包括手工用例和自动化用例。手工用例需要人工标记执行结果，在执行过程中，可随时上报缺陷并自动与需求关联；自动化用例主要来源于 API 接口和 power 性能测试，由系统自动生成执行结果，常用于回归测试。我们可以通过提升自动化用例的占比，来提升研发测试效率。同时根据版本需求的内容，引用符合条件的用例来覆盖需求，以提升测试覆盖率。

（2）测试计划。测试计划通常基于版本/迭代计划创建，包括冒烟测试、系统测试、回归测试、UAT 测试、灰度测试等几种测试计划类型。测试人员应提供测试计划的详情信息，以快速了解测试计划进度、执行情况、用例通过率、用例覆盖率、缺陷数量等。

不同的测试计划类型应使用不同的测试用例来验证，生成不同类型的测试报告。同时为了关注测试计划的执行情况，我们也应该给测试计划设置进度节点，如按照总的测试计划周期，设置完成进度比等。此外，我们还可以设计一些自动触发机制，如按天发布测试进度情况、同步测试进度达标率等，快速获取计划进度情况及计划健康度。

测试计划也可以通过自动化流程设置，与需求计划和版本计划进行上下游打通，提升研发效率及效能。

（3）测试报告。为适配不同的业务场景需求，测试报告应该可以根据报告模板来自定义，包括设置不同类型的出口达标标准、报告发布的触发条件等。

4. 代码管理

项目在启动后，将创建不同数量的代码库（GIT/SVN），代码库将对项目产生的代码进行独立管理。代码管理的敏捷实践整体包括仓库管理、分支管理、文件管理、代码质量管理、数据隔离、代码规范等多个方面。其中，实践过程中最为核心的是代码质量管理。接下来我将重点讲述代码质量管理。

要实现良好的代码质量，我们可以从代码的新增、合并、规范、缺陷扫描、漏洞扫描等各个方向进行管控。

（1）在制度方面，要建立良好的代码规范，它将引导评审时的权威评价体系建立，以提升代码质量与代码互助传承。

（2）在风险防控方面，要建自扫描机制，在 commit 提交时能触发安全漏洞及 sonnar 扫描等相关的内容，提前做到自动预防、自测拦截。

（3）在权限管理方面，要控制权限范围，设定核心代码审核人、关键代码负责人等，对不同代码文件内容的新增、合并等进行评审管控，防止新增技术债，逐步净化代码。

在代码评审方面，除了要支持基于合并请求（MR）的代码评审方式，还可以将协作平台、流水线打通，支持基于需求视角的代码评审。

常见代码评审在全量评审完才能入库（MR 成功），这会带来非常大的工作量，同时为了能快速持续集成，需将代码评审提前完成，这就会给工作安排带来混乱。从需求视角发起代码评审，通过快速拉出当前需求提交的所有代码版本文件，发起代码评审（兼容多库提交的场景），批量发起，快速审核。

同时，在代码评审过程中可以同步将该代码的单元测试、自动化测试、安全扫描等结果数据同步，为代码评审提供数据参考和辅助。在这种模式下代码可先入库，在发布之前再检测代码评审是否通过，这样减少了代码评审的工作量，提升了评审效率。

除了以上重点内容，需求层面的代码评审也可以配合后续提到的代码入库门禁、合并请求（MR）、代码入库后评审等方法一起使用，实现更全面的代码质量管理。

除代码质量管理以外，代码与上下游的数据信息协同也可以帮助我们实现一定程度的效能指引。比如，通过划分独立的 commit workspace，呈现与每一次 commit 相关的需求列表及需求详情，同时兼顾版本信息、开发状态、部署/发布状态等，使研发协作过程及流水线的信息数据互通，从而加快信息流转，实现质量与效能双提升。

5. 持续集成/交付（CI/CD）

CI/CD 是敏捷实践中的一个重要核心，包括持续集成、持续交付、持续部署等。

- 持续集成（CI）：频繁的代码合并、自动化编译打包部署和测试。
- 持续交付（CD）：在持续集成的基础上，把部署到生产环境中的过程自动化。
- 持续部署（CD）：在持续交付的基础上，将集成后的代码部署到更贴近真实运行环境的类生产环境（如 CI 环境、STG 环境、Gray 环境），随时随地交付，达到交付即部署的效果。

常见流水线的编排模式如图 2-4 所示。

图 2-4　常见流水线的编排模式

在将代码提交到代码仓库（Git/SVN）后，我们可以选择以下流水线编排模式。

（1）触发源：流水线触发源为多个或者单个，触发模式一般分为手动触发、自动触发、定时触发。

（2）编译：编译阶段生成的制品将会被部署到不同环境中。

（3）扫描：通过串/并的方式配置各种扫描，如安全扫描（Fortify）、代码扫描（Sonar）、DB 扫描、BlackDuck 扫描等，帮助开发工程师快速检查问题，扫描结论也可以作为版本质量门禁管控。

（4）测试质量：常见的测试包括单元测试、自动化 API 测试、性能测试等，高效保证每次集成的质量。

（5）环境部署：编译制品包，可以部署到不同的环境中，如 STG、CI、Gray 等，一次编译多次部署，缩短部署时长。

（6）生产门禁：通过配置生产门禁策略，在版本门禁达标后自动化部署生产环境，实现版本的自动化、可持续化、高效且高质量的生产发布。

在项目实践中，我们建议做到如下几点。

（1）提交代码：代码至少每天集成一次。合适的代码集成频率能帮助团队更好地协同，原则上每个工作日至少集成一次。在集成时，要以最小可交付颗粒度来提交，减少合并冲突，同时增加提交备注，方便后续改查。

（2）触发模式：优先自动触发。流水线编排的触发模式一般分为手动触发、自动触发、定时触发。

- 手动触发：即由开发人员自由控制编译的流水线，通常用于防止新代码或者未评审代码被部署到环境中。

- 自动触发：即当提交代码时，持续集成服务器一旦监控到有新代码入库，就会触发自动流水线编译。在条件满足的情况下，这是最为高效的触发模式。

- 定时触发：即配置某种触发策略在某个时间点自动触发。在常规开发中，每项服务应对应一个代码库和一条流水线，若流水线执行时间在 15 分钟内，建议采用自动触发模式。

（3）编译：编译制品及环境解耦。编译后的制品包是一个可执行程序，它包含程序的二进制码和配置文件，将会被部署到最终环境中。为了减少编译次数，可以一次编译多次部署，这样也可以确保不同环境中的制品保持一致，减少问题出现。

（4）扫描质量：平衡扫描的时间与质量。不同视角的代码扫描可以发现不同类型的问题。比如，Sonar 发现代码复杂度问题，Fortify 发现安全问题，黑鸭子扫描发现组件及协议漏洞，等等。因此，可以将扫描任务前置，帮助团队更早地发现问题。但扫描会存在时间成本，其与文件包大小成正比，所以需要在效率和质量之间找到一个平衡。比如，平安神兵 wizard 支持制定 job 任务，可以在完成某个任务后，进入下一个阶段的任务执行，两个阶段并行执行，提高流水线的执行效率。

（5）测试质量：优先快测试，分离慢测试。测试含单元测试、接口测试、UI 测试等，但不同测试类型的执行效率相差比较大。单元测试一般按秒计算，接口测试按分钟计算，它们属于快测试。UI 测试以小时计算，耗时较长，属于慢测试。在日常测试中，应该优先运行快测试，白天的流水线任务默认运行快测试（如单元测试、接口测试），晚上的流水线任务默认运行慢测试（UI 测试），以充分利用时间，提升效率。

2.2.3　有效的质量管理

什么样的代码能够进入下一个环节，这是保障研发质量的一大重点。我们通过"门禁"这种形式进行管控，通过它来配置检查项，实施过程检测，从而确保交付高质、高效。

基于不同的实施方式，存在多种不同的质量门禁管理，包括版本门禁、版本发布移交门禁、测试门禁、代码门禁、安全门禁、运营门禁、生产发布门禁等。我们一一来看。

（1）版本门禁：重点检查需求纳入版本的条件，在将需求纳入版本时触发门禁检查项。比如，"需求已评审""需求方案业务已确定""需求已审批"等环节必须通过，才可以将需求纳入版本。

（2）版本发布移交门禁：它在版本发布移交时触发，重点点检"测试已通过""版本测试报告已达标""版本内高级别缺陷无遗留""需求代码追溯率已达标"等，保障版本移交时的质量。

（3）测试门禁：重点点检测试用例的准入情况，在将测试用例纳入测试计划时触发，如"用例已评审"等环节必须通过，才能通过门禁。

（4）代码门禁：重点点检代码入库时的相关过程，包括代码合并、评审等。在不同关卡设置不同的门禁检查项，可以严格管理新增代码的质量、分支代码质量及master 主干质量。

（5）安全门禁：它重点点检安全制度的执行情况，包括安全漏洞扫描、缺陷扫描、安全需求评审等，保障版本内容符合公司安全管理制度。

（6）运营门禁：重点点检运行制度的执行情况，包括运营资源审核、运营评审、运营验收等。它一般在版本发布生产时触发，我们也可结合企业的内部管理制度，灵活地设置触发点。

（7）生产发布门禁：重点点检版本生产发布的状态情况。它是生产发布前的最后一个环节门禁，需要确认需求已全部处于待发布状态、测试已通过、是否包含最新代码、安全门禁通过、运营门禁通过、版本生产发布审批通过、版本内高级别缺陷无遗留等点检项来保障生产发布质量。

2.2.4　研发流程自动化/平台化

将重复性的工作自动化，可减少操作频次、提升效率，同时也可以降低人工误操作的概率。但这样做需要业务场景相对稳定，如果业务复杂、场景众多，就需要多套流程来满足，如果强行合并为一套流程，就会造成复杂性增强、可用性降低的情况。

针对这种情况，实施平台战略，通过建立共生共存的生态合作伙伴关系，来平衡自动化的效率和业务的灵活性。

（1）自动化。在 DevOps 敏捷研发流程实践中期，"一切皆可自动化"是一个核心观点。它将自动化能力覆盖到整个研发过程，包括从需求创建伊始到版本生产发布的全过程。经过对比观察，自动化能力强的企业的效能远高于自动化能力弱的企业。

因此，我们应该释放一切可自动化的能力，让不同业务场景根据不同的业务背景，灵活地配置自动化的触发项、执行项。

自动化应该能覆盖研发过程中的核心场景，包括创建、变更、发布、部署等。不仅如此，系统也应该通过消息队列、监听器、分析器、控制器、执行器、检查配置清单等，提供灵活的触发手段。这样就可以尽可能地减少风险和隐患，提升项目迭代的效率。

（2）自助化。所谓一站式开发平台，并不是按照领域划分拼凑起来的平台。真正让开发者易用的平台，一定是基于业务场景来提供一系列的平台能力，将 DevOps 流程贯穿于场景主线之中，以实现上下游角色紧密衔接，权限层次有序，数据灵活隔离，模块自助、按需使用的平台，从而减少对个体及运维的依赖，使研发效能逐步提升。

（3）平台化。中大型企业的规模大、场景广、业务杂、独特性强。如果让业务部门各自突围，必然会导致重复造"轮子"，产生不必要的内耗和浪费。但如果整合成一套流程，又将存在系统庞大臃肿、易用性降低的情况。此时，平台开发者应该实施开放平台战略，通过引入精益、敏捷、DevOps 等优秀实践，建立共生共存的生态合作伙伴关系，来满足公司业务和效能的要求。

建立基于 DevOps 生态的开放平台，可以通过 OPENAPI、Webhooks、插件等方式支持平台开发者接入，满足不同企业的定制化需求。

通过模块化或插件化，在业务平台后端可以调用 DevOps 生态中广泛的 API，直接拓展和改变系统功能。在前端，可以在已有页面的内容区域进行扩展，展示插件的内容块，实现增加页面、扩展功能菜单、监听系统内发生的事件、读写系统已有数据等功能，满足企业业务多元化的开发需求。

2.2.5　制度与规范

在企业研发效能管理中，工程文化培养及员工素养建设非常重要。通过制定研发效能基本法及研发过程管理规范，正确引导员工对敏捷研发及效能层面的认识。同时规范软件研发过程，提高研发效率，优化研发管理结构。

- 在制度制定方面，企业应结合自身情况，建立基于不同产品开发形态及不同开发模式的指引规范。

- 在实施落实方面，可以将制度工具化，通过固化流程将研发管理规范落地，确保执行到位。

- 在管控监察方面，可以同步搭建监督体系，通过它保障研发流程、规范的真正落实，并推动其升级迭代，确保研发管理的有效性和适宜性。

根据过往的实践，企业在制度建设方面要关注如下细节。

（1）需求管理：含需求提出、需求审批、需求分析、需求评审、需求变更、需求排期、需求追溯等方向的规范管理。

（2）设计管理：含架构设计、系统设计等。

（3）开发管理：含编码标准、版本门禁、风险评估、质量管理等。

（4）代码管理：含仓库托管、代码权限、代码变更、权限清理、代码外出等。

（5）测试管理：含测试用例、测试计划、测试执行、兼容性测试、测试质量等。

（6）缺陷管理：含缺陷追踪、缺陷遗留、缺陷回顾、缺陷分析等。

（7）测试达标标准：含测试达标方向规范等。

（8）版本发布管理：含发布计划、发布风险、生产验证、灰度发布、环境搭建、变更管理等。

（9）生产验证及生产问题管理：含生产问题管理、生产验证、追踪等。

总之，精益、敏捷、DevOps 等一切的方法论及实践经验，都是为了想尽一切办法去高效、高质量、可持续地交付更优的业务价值。

第 3 章 传统企业如何对待敏捷

📡 本章思维导图

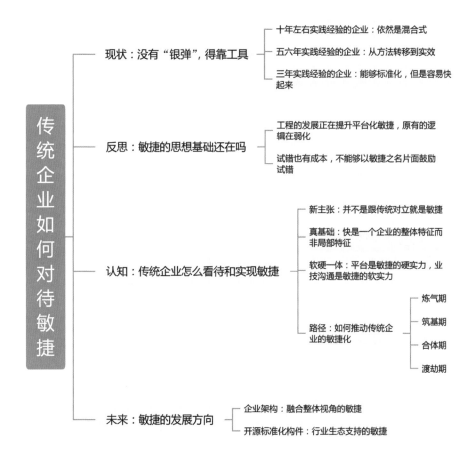

```
                  ┌── 现状：没有"银弹"，得靠工具 ──┬── 十年左右实践经验的企业：依然是混合式
                  │                              ├── 五六年实践经验的企业：从方法转移到实效
                  │                              └── 三年实践经验的企业：能够标准化，但是容易快
                  │                                   起来
                  │
                  │── 反思：敏捷的思想基础还在吗 ──┬── 工程的发展正在提升平台化敏捷，原有的逻
  传               │                              │    辑在弱化
  统               │                              └── 试错也有成本，不能够以敏捷之名片面鼓励
  企               │                                   试错
  业               │
  如               │                              ┌── 新主张：并不是跟传统对立就是敏捷
  何               │                              │
  对 ──────────────│── 认知：传统企业怎么看待和实现敏捷 ├── 真基础：快是一个企业的整体特征而
  待               │                              │    非局部特征
  敏               │                              │
  捷               │                              ├── 软硬一体：平台是敏捷的硬实力，业
                  │                              │    技沟通是敏捷的软实力      ┌── 炼气期
                  │                              │                            ├── 筑基期
                  │                              └── 路径：如何推动传统企 ──────┤
                  │                                   业的敏捷化                ├── 合体期
                  │                                                            └── 渡劫期
                  │
                  └── 未来：敏捷的发展方向 ──┬── 企业架构：融合整体视角的敏捷
                                           └── 开源标准化构件：行业生态支持的敏捷
```

2021 年 6 月，中金财富内部下发的一份《关于中金财富敏捷转型敏捷团队长内部竞聘通知》引发了业界的关注。这份通知指出，中金财富将推行敏捷开发提倡的方式之一——"部落制"改革，拟在总部新设客群发展、产品与解决方案、全渠道平台三大部落，以及运营与客服和数字化能力发展两大中心。按照该方案，中金财富在敏捷组织转型完成后将拥有 31 个敏捷团队。

无独有偶，2021 年 8 月，华林证券也出台了"6+2 部落制"的架构调整方案，将财富管理中心、固定收益部、资产管理事业部、金融同业部、金融科技中心与运营中心改成财富部落、债券部落、资管部落、票据部落、科技运营部落，并增设乡村振兴部落、FICC 部落和基础平台部落。

其实，近些年随着科技公司带来的技术潮流，很多传统企业也在尝试改变自己的 IT 管理模式乃至企业管理模式，作为科技公司特点之一的"敏捷"，也成为传统企业在转型中必备的目标。

但是，业界对敏捷的评价并非只有一边倒的夸赞，也是在 2021 年 8 月，著名的 IT 论坛 CSDN 发布了一篇译文——《敏捷 20 周年：一场失败的起义》，作者是一名经过认证的国外 Scrum Master，在敏捷团队工作 15 年，并阅读了该领域大量的畅销图书。作者在文章中鲜明地指出："敏捷，作为一个标签，赢了，人人都想套上敏捷这个标签；敏捷，实践的结果与创始人革命性的思想相去甚远。"并反问："我们是如何走到这一步的？每个人都说他们采用了敏捷，但几乎没有人是敏捷的。"

其并非一篇否定敏捷的文章，尽管标题犀利，而是多年从业经历的反思，也正因为如此，该文章一经发布，引发了不少国内敏捷从业者的关注和探讨。

任何方法在历经实践的淬炼后，都会褪去最初的浮华，沉淀为实用的工具。那么，如今的传统企业该如何看待和萃取敏捷的精华呢？下面笔者以银行业的实践为例，介绍银行业已有的敏捷推广，并阐述自己对敏捷未来发展的一些粗浅认识。

3.1　银行业敏捷现状

银行业是较早开展信息化建设的行业，经历了从算盘到键盘的过程，也深刻体会到信息技术的支撑作用，是金融科技的积极践行者，也是今日数字化转型的先锋行业之一。银行的开发体系多数是偏传统型的，这与其信息化历程较长有一定的关系，算是一种由历史因素转化而来的习惯性力量。

但是随着科技企业带来开发方式的转变，银行或主动或被动，都在尝试引入敏捷方法，以提升开发效能，满足日益增长的软件需求。在银行业中，有的银行较早引入敏捷开发，已经有近十年的时间，几乎与主流科技企业引入敏捷开发的时间相差无几。也有引入五六年时间的，更短的则是最近两三年的事情。无论时间长短，这些力图用好敏捷方法的银行，都形成了各自的理解和模式。

为方便读者比较，笔者从敏捷过程、开发体系、业务融合三个方面，介绍几家银行的敏捷开发应用情况。

1. 某个采用敏捷模式十年左右的样本

目前，该银行已经有十年左右的敏捷实践经验，但是其在项目上依然会根据实际需要，采用敏捷和传统开发模式并存的方式。笔者相信，对多数企业而言，两种模式并存还是比较现实的，毕竟用一种工具完全替代另一种工具属于主观愿望，但是项目的管理属于客观现实，我们需要根据现实匹配工具。

从敏捷过程方面来看，该样本最初也采用了形成统一方法的策略，引入了敏捷方法论、敏捷教练等，但是时间长了之后，也会逐渐"发散"。毕竟，现在敏捷大旗下的方法和工具很多。另外，在不同时期，外部的咨询顾问、敏捷教练也会推荐不同的内容，再结合不同领域的实践特点，确实会出现"发散"的可能。毕竟，敏捷的核心是提升效能，而不是为某种过程打标。由于实施时间较长，推广较为充分，粗略估计，该样本的敏捷项目占开发项目的比重可以达到 70% 左右。但是在项目需求管理方面，需求还是要经过严格评审的，一定预算金额以上的项目也必须要经过严格的立项审核。从项目执行过程来讲，各个周期的项目都会有，如单周、单月、三个月的周期，并非一个特定周期。对敏捷项目的执行也有后评价或者复盘之类的管理。在敏捷项目执行期间，也会出现多项目协同的情况，并非因为敏捷项目就会变成孤立的小"烟囱"，项目的协同管理已经由项目管理平台提供了一定的支持。

从开发体系方面来看，对于规模较大、信息化历程较长的银行，一般都会有多种开发体系并存的现象，该样本也一样，传统的集中式主机开发体系和新兴的分布式开发体系共存，给敏捷能力提供支撑的容器化、微服务、DevOps、CI/CD 等技术或工具也都齐全。从业务融合方面来看，敏捷开发的确可以更好地响应业务需要，尽管也有一些面向业务的推广和宣传，但是业务侧显然对工期的关注大于对方法的关注。

总体而言，尽管笔者介绍的内容有限，但是读者可以发现，就算这家银行已经实践了十年，也未必一定要用敏捷彻底替换传统开发模式。对企业而言，开发模式是一道应用题而非证明题，以怎么做更能解决问题为主。

2. 某个采用敏捷模式五六年的样本

该样本是一家全球性银行，推广敏捷开发的时间也不算短，内部应用效果也很好，而且与上例类似的是，该样本内部也采用敏捷和传统开发模式并存的方式，甚至在具体项目上这两种模式经常是混合的，并非很纯粹的单一过程，这也是非常关注实用性的一种表现。

从敏捷过程方面来看，该样本也尝试形成统一的敏捷方法，但是效果不甚理想，最终演变成各个团队对各种敏捷工具的灵活运用，而不是追求方法上的简单一致。企业设有专门的团队进行敏捷方法的训练和改进，但是影响力有限，团队在实践中的摸索和改进比较重要。企业从对方法的关注转移到对实效的关注，虽然没有把发布频率翻倍、周期减半等目标当作考核指标，但经过多年的努力，开发效率实际上提升了接近 3 倍。目前，在该样本的总体应用中，不停机发布的部分也达到了 60% 左右，在发布机制上可以支持每日多次发布，而非必须集中在特定时间发布。

在项目管理方面，需求的评审有严格要求，也会在评审中区分敏捷和传统项目，而确定敏捷项目的关键是看方案是否真的做到敏捷。另外，在确定为敏捷项目之后，会拥有随时发版的权力。在实际项目执行过程中，两种模式往往是混合的，传统项目也可能采用 Scrum 方式进行分段，而敏捷项目也未必在每个迭代中一定会有交付。对于较复杂的项目，即便采用 MVP（Minimum Viable Product，最简化可实行产品）方式，周期也可能会很长，由此可见做敏捷确实没有"一定之规"。对于敏捷项目，没有统一的评价机制，有复盘会议但是对会议的落实没有明确的追踪机制。从组织上来看，也有部落制，但是在部落制执行方面，条线的考核权力实际上还是大于部落负责人的考核权力。

从开发体系方面来看，容器化、微服务、DevOps、CI/CD 等机制也都比较完善。内部都采用了 K8s 平台和公有云 K8s 平台，可以使用大部分主流的 DevOps 工具栈，企业也有统一的 DevOps 流水线服务，开发团队可以选择直接使用统一的平台或者自建平台。从业务融合方面来看，经过多年的持续宣贯，业务人员也经常把敏捷挂在嘴边，敏捷思想的传播效果比较理想。在项目中，业务人员主要扮演产品负责人的角色，需要配合拆分用户故事、澄清故事内容和确定验收条件等。但由于业务部门比较分散，项目执行通常需要多个部门协作，因此产品负责人的履职还是具有一定挑战的。

从该样本的情况看，敏捷和传统开发模式之间未必"水火不容"，专注于提升开发效能而不是专注于方法之争反而更有意义。在该样本的实际工作中，也曾出现过一个案例：由于该项目涉及大量厂商协同开发，因此最初没有采用敏捷模式执行，但是厂商的资源调配和行方的项目推动都做得很辛苦。后来在项目中采用了看板方法，根据资源匹配分阶段的需求，关注如何让厂商的交付变快，将项目变成以周为反馈周期的敏捷模式。尽管在项目中没有明确说明采用敏捷模式，也没有做相应的动员和培训，只是灵活地根据资源选定每周执行的需求，开周计划会、日例会，但这实际上已经转变成了 Scrum 过程，很好地推动了项目的进行。由此说明，只要能合理地执行，也不必一定进行敏捷洗脑，只要聚焦在如何实施，对具体问题进行针对性的改善，不"声张"也可以敏捷，毕竟敏捷的目的也只是"正确"地做事。

3. 某个采用敏捷模式三年的样本

该样本是一家城市商业银行，属于近年来国内业绩增长较快的城商行，对科技能力发展与业技融合非常关注。虽然此样本推广敏捷的时间不长，但是对敏捷的发展有自己的思路，开发效率的提升在行业内也是有目共睹的，形成了良好的正向循环。

从敏捷过程方面来看，该样本尝试形成了统一的敏捷方法，在银行内确定转型方向和思路之后，通过引入外部咨询公司进行敏捷方法的导入，开始从零售领域进行试点，然后再转入对公领域并逐渐向全行推广。银行内专门设置了敏捷教练和转型办公室，并采用部落制方式进行组织变革，加强业务人员和技术人员在项目中的融合与共创。尽管比较重视敏捷的推广，但目前该行依然是传统开发模式与敏捷模式并存的状态。在实行部落制的领域中，敏捷项目的占比可以达到 70%～80%。开发效率的提升在银行内还是非常有感知的，总体而言，零售领域的推行效果暂时优于对公领域，而零售领域中的存款和理财领域优于个贷领域。从特征上来看，易于标准化的领域的推行效果反而比不易于标准化的领域好。在对公领域中，联调联测的情况较多，各个项目之间可能会出现等待的情况，为了便于管理，银行会在多个项目中指定"主单"项目，负责整体进度的协调。迭代周期多数为两周，通常会安排一个迭代开发和一个迭代测试，开发迭代是滚动的，并保留一定的工作量冗余，以进行问题修改。在项目管理方面，需求的评审也同样有严格要求。

从开发体系方面来看，敏捷开发常用的"底座"基本齐全，建立了 DevOps 平台，需求管理适配开发体系，需求提出人的需求文档经过 OA 评审后进入 DevOps 平台，拆解用户故事、确定开发任务、评估点数、组织开发、测试等过程都可以通过平台进行管理。从业务融合方面来看，业务人员担任产品负责人或者商业分析的角色，当需求分析涉及多个系统和小组时，通过平台外的即时通信工具通知相关小组进行沟通即可。对业务和技术融合而言，部落制确实起到了积极作用。在部落制环境下，前端销售人员、中后台业务人员、技术开发人员之间可以直接面对面交流。

从该样本的情况来看，其与一般理解不同的是，敏捷并非因为提倡快速反馈而更适合于需要提高试错效率的不确定性环境，对于能够形成标准化开发的产品领域，传统企业的敏捷推广反而效果更好。究其原因，可能是因为敏捷本身并不会带来额外的思考优势，易于标准化的领域之前可能欠缺一个"快速迭代"的推手来帮助其完成可以提升效率的标准化设计，而这个时候，敏捷的加入恰恰加快了这一进程，使效果直接显现出来。而对于对公领域，尤其是在面向大客户的个性化需求时，对解决方案设计能力的要求甚至高于对开发速度的要求，因为没有方案，速度是不起作用的，而大客户也不是可以轻易用 MVP 等宽容度较高的产品交付方式去试错的，在这种环境中，最需要的可能是"脑袋"的敏捷。

4. 另一个推广敏捷模式三年的样本

该样本是一家大型银行，众所周知，大型银行推广敏捷模式并不容易，但是近些年，大型银行实行敏捷模式的意愿是非常强烈的，毕竟"时间不等人"。大型银行从来不乏业务痛点，需要进行的改革也很多，也都希望尽快见到改革成果，因此敏捷几乎是每个人的"愿景"。

从敏捷过程方面来看，由于管理体系复杂，项目工程量巨大，因此该样本先采用小范围试点验证，再考虑大范围推动的策略。经过一段时间的推广，敏捷项目的覆盖度有了一定的提高，但是总体而言，传统项目占比依然较高，效率提升主要体现在传统项目的开发周期缩短等方面。其实，就结果而言，这种提升也是企业可以接受的，毕竟这不是"站队"的问题。该银行规模很大，对重要项目和系统的改造自然也很慎重，这符合企业自身的特点。在项目管理方面，需求依然需要经过较为严格的评审，项目分为重点项目和非重点项目，前者需要走完整的立项流程，后者可以采用资源池的方式进行管理，在年度资源预算可覆盖的情况下，可以直接进入开发过程，以加速项目进度。

从开发体系方面来看，作为每年有庞大开发工作量的企业，项目研发管理平台或者以 DevOps 为目标的开发管理平台都是必须要做的，但是开发流程适配的还是较为快速的传统开发模式。随着开发队伍的不断扩大，该银行通过对业务人员与技术人员之间的结合机制进行探索，采用了将技术条线的人员向业务部门派驻或尝试延伸其工作范围的方式，但总体上，结合方式还是偏传统模式，其实这一点倒无须特意关注，只要能提升开发响应的速度就是"双赢"。

5. 样本小结

通过对样本的分析，可以发现试图推广敏捷模式的银行很多，包括大型银行和中小银行、国内银行和外资银行，可见敏捷理念是被广为接受的。从实践情况来看，有的试图建立完整的敏捷方法，有的应用敏捷理念，有的保持敏捷与传统开发模式共存，而从实际来看，共存是较为普遍的。

由于敏捷项目通常主张较短的实施周期和尽可能独立的实施范围，因此也存在建立"小烟囱"的可能，这会使系统或功能总量的增长速度变快，并导致一定的"竖井"问题，各个银行对此都很关注。比如，采用敏捷模式近十年的样本曾在更早的时候引入 TOGAF（The Open Group Architecture Framework，开放组架构框架）、DoDAF（Department of Defense Architecture Framework，国防部架构框架）等企业架构工具或者理念，虽然一直没有明确介绍过相应的实践，但是还是关注了"竖井式开发"；采用敏捷模式五六年的样本其实已经意识到需要整体 IT 视图的支持，这种需求既包括开发侧，也包括运营侧。应该说，整体 IT 视图对传统行业的敏捷转型还是有帮助的，毕竟，微服务开发多了，也需要熟悉服务调用关系才能做好新功能设计。随着银行的经营越来越强调多条线联动，这种联动关系也需要越来越多地体现在系统设计上，这种复杂性是需要架构工具来辅助驾驭的。

敏捷的效果离不开平台工具的支持，同样离不开人员的能力，需求和代码的质量都是影响敏捷效果的重要因素，敏捷并不能很好地弥补能力的不足。

软件工程没有"银弹"，这个道理依然是颠扑不破的，关注工具对不同目标的适用性比关注它们之间是如何相互排挤的更有实际操作价值。

3.2　对敏捷的认知存在较大差异

敏捷似乎已经无处不在，无论是传统企业还是科技企业，都想具备敏捷能力，但是，为什么对敏捷的认知会有那么大的差异呢？因为敏捷是从价值主张开始"名声大噪"的，但是在实操上，不同企业的敏捷又有一定的差异，很难有一个公认的标准来评估敏捷方法的成熟度。那么，企业为什么需要一个如此让人"似懂非懂"的东西呢？下面我们来探讨发展敏捷的动力，通过适当回顾"初心"，也许可以解释敏捷尽管被说得"千人千面"，但又让人不能"割舍"的原因。

1. "敏捷"是对传统的反思吗

作为"敏捷宣言"的起草人之一——杰夫·萨瑟兰，在《敏捷革命》一书中将敏捷方法视为解决传统工程弊端的一剂良药，将传统方法的窘境描述为在一大堆文档和需求中不知所措，不知道从何开始，也不知道如何处理纷繁复杂的需求关系，所以需要敏捷方法来突破困境。从方法的诞生动机来看，这确实是对传统的反思，而这种反思就像一盏明灯吸引着被难以驾驭的工程"折磨"的企业和工程师。

但是问题在于，传统方法是彻底失败的吗？显然也不是，目前在企业端应用的大多数软件依然还是用相对"传统"的方式来生产的。比如，大多数银行还是采用"瀑布式"的项目运作方式，科技实力较强或者做了一定敏捷推广的银行，其项目周期已经大大加快，如果多数项目的实施周期可以控制在三个月到六个月，这时传统方法与敏捷方法之间的差异就不是非常明显。因为敏捷侧重基于反馈的迭代，单纯就软件开发过程来讲，并不意味着一定可以把需要六个月实施周期的项目压缩到一个月。

敏捷是对传统方法的反思，但是随着工程管理能力的增强、软件从业人员数量的增加、技术平台支撑能力的提升，支持这种"反思"的历史条件正在变弱，而传统方法与敏捷方法在多数项目上并不一定存在极大的差异，尤其是在处理较为明确的需求方面。此外，敏捷需要导入的理念和工具还是不少的，加上部落制等方式还需要对组织结构、考核方式进行调整，这些都是造成额外"复杂度"的因素，也会让人对如何评价敏捷感到为难。

2. "敏捷"是时代的诉求吗

"快鱼吃慢鱼"曾经是非常流行的说法，"天下武功，唯快不破"也是当前商业竞争领域的"口头禅"。的确"快"能够赋予的优势是有目共睹、不容置疑的，在军事领域也同样重视"兵贵神速"。整个社会的节奏都在持续加快，从农业社会"日出而作，日落而息"的慢节奏，到工业时代人歇机器不歇的"倒班制"，再到现在充满争议的"996"和"007"，不仅节奏在变快，甚至在用消耗人力的方式维持速度，一时间，技术人是"工具人"的说法也带着几分无奈，甚嚣尘上。

时代在加速，而软件作为信息时代和数字时代最重要的生产工具，其生产速度势必也要加快。微软公司预计未来五年需要的软件数量很可能达到过去四十年开发的软件的总和，如果开发速度上不去，如此巨大的软件需求量如何满足、如何推动数字化的全面发展，因此"快"不只是企业的要求，也是社会的要求，更是时代的诉求。

但是，时代的诉求并不只是单纯的"快"，还要有"效率"。今天，敏捷依然被很多企业尤其是传统企业从"快"这个特点来强调，对变化的反应快、适应快，产品设计快、上线快，但是在这些"快"的遮盖下，很多无用的系统、缺乏创意的产品，伴随大量的资源消耗也同时上线了。对于这些未经论证、简单用线性增长"推算"，甚至是"拍脑袋"决定的产品，它们的失败与浪费不能用"试错"一笔带过。敏捷提供了对"试错"的良好支持，但并不是可以为了"快"而减少思考，仅仅用"试"去代替思考，很多传统企业的业务创新面对的并不是当年爱迪生寻找合适的灯丝材料时的那种"无助"，只能不厌其烦地尝试。

即便在电商领域也一样，笔者认为"社区团购"也是如何看待"试错"的一个例子，这种商业模式看起来似乎有其合理性，尤其是在抗击新型冠状病毒肺炎疫情期间表现出了一定的商业潜力，但是在其靠着各种补贴、优惠迅速发展起来之后，却表现出了严重的模式问题，尤其是在疫情缓解、老百姓方便购物之后，进入此领域的厂商在"烧钱"后不仅没有经济回报，还因为与小商贩的逐利引起了舆论的"反弹"，可谓得不偿失。这也印证了能"试错"未必就是一件好事，不要将希望压在"试错"上，该思考的东西还是要思考。

综上，敏捷的初心是好的，也是社会节奏发展的使然，但是敏捷如今是不是还能像当初期望的那样将传统模式远远地抛在身后就未必了，而时代对"快"的诉求也正在被赋予新的含义，这也是企业需要重新认知的。

3.3　到底如何认知敏捷

既然企业关注"敏捷"，但是对"敏捷"的认知又需要发展，那么什么样的敏捷才是值得企业追寻的？

1. 敏捷到底主张什么

众所周知,敏捷有一套非常著名的价值观,产生于 2001 年,也就是"敏捷宣言"。敏捷的世界观主要包括个人与互动胜过流程与工具、可用的软件胜过复杂的文档、与客户合作胜过合同谈判、响应变更胜过遵循计划,以及对这四项价值观的注解,即"尽管右项有其价值,我们更重视左项的价值",此外,还有支持价值观的 12 项原则。

敏捷的价值观没有错,而且它并不是刻意否定"右项",因此批评这些主张是没必要的。只是从"敏捷宣言"的提出到今天,"右项"的价值并没有"止步不前",甚至有的跑得比"左项"还快。比如,DevOps 能力平台的发展,使得很多传统企业可以通过平台引进敏捷来提升开发效率,对它们来讲,引入平台的速度通常比对人的培养快;复杂的文档也有价值,尤其是对于复杂项目,其开发责任界定和知识的传承需要文档支持。可以说,在部分传统行业中,随着业务复杂度和系统复杂度的同步提升,对文档的质量要求也应该提升,当然,这是需要工具支持的,尤其是协同工具的支持,这也是目前科技企业常见的做法。

因此,敏捷主张对传统模式弊端进行"修正",并基于这些"修正"实现更快速的开发,只不过在今天,我们不一定需要深度"修正"那些"弊端",也一样可以提升开发速度。

2. 业务上需要什么样的敏捷

这个问题的答案通常很直接,就是"快",能"秒杀"最好。如果是这个答案,那以今天的开发能力而言,此题无解。由于技术上是难以为不知道的需求做出适当的"可扩展"准备的,业务人员对业务发展的预见能力也是有限的,因此无极限的"快"谁也做不到。

业务上的"快"应该有一个合理的预期,这个预期是基于对企业竞争环境、市场变化及企业自身能力的判断,而非抢占市场的"冲动"做出的。其中,尤其以对企业自身能力的判断为重。这也是当前的企业管理者需要了解 IT 管理的原因,企业管理者不清楚 IT 管理就如同不了解部队的战斗力,会做出不符合实际的决策,结果就是事倍功半。

从业务支持的角度看,良好的模块化和参数化设计可以满足业务快速上线的需要,就业务而言,这一点可能比 DevOps 的支持能力还重要,因为这是真正反映 IT

对业务变化理解程度的东西，虽然不是所有业务都能如此设计，但是每个业务系统在设计过程中都要进行积极尝试，才有可能为业务的快速变化提供充分支撑。

不过，模块化和参数化能力的形成是很费工夫的，尤其是对这方面不足的企业而言，需要对系统最初的模块化和参数化进行能力提炼，对业务进行深入研究，这靠的不是敏捷，而是洞察力和适当的周期，在这方面 MVP 提供的支持有限。业务侧也需要认识到这一点，"快"都是有基础的，不能只是努力提要求，不负责提供支持。

业务上的"快"一定会把对市场和客户的响应放在首要位置，因而要求 IT 侧做出更快的响应也在情理之中，但是一定要清楚，"快"是一个企业的整体特征而非局部特征，只有在业务和技术深度融合之后形成的"快"才是可以行稳致远的"快"，而在这一方面，拥有靠谱的业务想象力才能实现真正的"快"，靠谱的业务想象力是打开市场空间的能力，而不是钻市场夹缝的能力。

3. 技术上需要什么样的敏捷

针对技术上的敏捷，我们一般可以找到一连串的答案，并能围绕项目管理的全生命周期将这些答案串联起来。需求的快速澄清、功能点的快速定位、立项流程的快速审批、任务分包的快速下达、开发环境的快速建立、代码的快速提交、评审的快速完成、测试的自动化、集成的快速、发布的快速、故障定位的快速、修复的快速等，构成了一个周而复始的全方位快速响应闭环。这些都是实现技术侧的敏捷必不可少的环节，少了其中任何一个，整体都快不起来。如果企业和团队规模小，"通信基本靠吼"，可以在条件不充分的情况下实现一定的"敏捷"，但是一旦企业发展起来，系统大起来，人员多起来，没有工具支持的敏捷将是难以想象的，手忙脚乱的加班只会"忙中出错"。

因此，针对技术侧的敏捷，"硬实力"是内化在技术平台中的基础能力，通过 DevOps 平台可以提升团队整体的效能管理水平，而效能的提升自然就是敏捷；"软实力"则是软件行业中一贯提倡的，即对业务的理解能力和自身的技术水平。

从技术侧走出来做好业务的人员和从业务侧走出来做好技术的人员都属于稀缺的复合型人才。企业不能忽视稀缺人才的领军作用，但是也同样要注意团队整体能力的建设，业务理解力就是基于整体建设的能力形成的。业务可以模型化形成业务资产，其是技术人员学习业务的好帮手，也是提升业务人员和技术人员沟通效率的支持工具。

4. 传统企业该如何引入敏捷

传统企业最关心的还是如何引入敏捷，但是笔者认为要做好这件事，不要纠结于什么是敏捷会更好。

敏捷是通过一些先行者各有特色的实践总结出价值观进而发展起来的，因此，一开始，它就没有一种特定的形式，不像被批评了多年的"瀑布"模型有明确的过程。

敏捷过程一直在演化，现在最被人认可的是加入了 DevOps 的敏捷体系，究其原因可能是，需要创建明确的平台，企业反倒容易实施。这些年来，业界一直不乏各种帮助企业导入敏捷的策略，在此笔者提供自己的企业级敏捷化建议，供读者探讨。这个过程大致可以分为"炼气期""筑基期""合体期""渡劫期"。

（1）炼气期。炼气期指的是对技术人员能力的培养，因为无论是传统模式还是敏捷模式，交付质量最终都是以技术人员的技术能力为基础的，技术能力不行，任何模式也无法决定性地提升开发效能，所以不要小看这个阶段，没有这口"气"在，敏捷就走不远。未来的大多数企业都是数字化企业，都需要一定的开发队伍，这就需要持续提升队伍的技术能力，否则这支队伍就失去了存在的意义。

除了技术修炼，还必须让技术人员有更多的"业务意识"，即让他们清楚地认识到，企业雇佣的首先是一个员工，然后才是技术人员。技术人员也是企业的一员，企业的一切都与技术人员有关，只有他们具备了这种意识才会有深入的业技融合。未来企业的组织结构可能会越来越松散化，如果他们没有这种意识，企业很难留住人才。当然，这不是仅靠"洗脑"就能解决的，而是能够让企业的业务发展与个人利益结合起来，无论是利用股份还是其他绩效考核形式，只有将员工的利益与企业的利益更好地结合起来，才能实现双方的共同发展，才能让敏捷发展起来。

（2）筑基期。"人巧不如家什妙"，传统企业要想做敏捷转型，可以从建立 DevOps 平台入手，从基础设施上提升对技术团队的支持，不然就算工作热情和开发速度都上来了，如果测试、发布和运维都跟不上，仅仅是写代码快了，那么也是毫无意义的。没有坚实的技术管理底座，不会有稳定、敏捷的技术输出，这是筑基期想要强调的。

针对 DevOps 平台，可以选择自建、外购或者采用云服务，根据企业自身的资源和能力决定。对于规模比较小的企业，可以不采用这种复杂的平台化模式。事实上，也没有严格的标准来判断平台的规模临界点，但企业是有感知的。当企业感知到人力管理达到极限时，是否上平台就不要只看成本如何覆盖了，因为早晚有一天，开发工作的复杂性会让企业付出难以承受的代价。

（3）合体期。在有了平台或者工具支持技术侧的敏捷后，就是要解决业务和技术如何融合的问题了。比如，部落制通过组织跨领域的敏捷部落，打破组织界限，提高沟通效率。但是部落制是否适合所有企业？涉及组织结构、考核机制的问题如何处理？很遗憾，这些问题都要自家摸索，并无统一答案。在上面的案例中，有推行部落制的，也有不推行的，所以部落制本身并非必选项，必选的是部落制要实现的目标，即如何让业务人员和技术人员坐在一起澄清问题和解决问题，这就要求传统企业改变业务和技术内部甲乙方的现状。

炼气期要让技术人员提升"业务意识"，合体期要让业务人员提升"工程"意识。业务人员有必要提高自己思维的结构化水平，使自己能够更加结构化地看待业务和需求，这是建立良好沟通的基础。以现代的教育水平，大多数业务人员具备结构化思维的基础，只是未必习惯于结构化表达，企业可以统一结构化表达方法，让整个企业内部的结构化思维模式互相趋近，提升内部沟通效率。在此基础上，业务人员必须意识到，企业的业务拓展、产品创新都是一个"工程"，最终可能都需要通过软件去实现，因此，提升企业的工程效率就是提升业务效率，业务和技术是不分家的。

没有"工程"意识，企业级敏捷很难实现，"人心齐，泰山移"，这与是否采用特定的敏捷过程无关，而是企业如何在管理层面倡导和改进业务与技术两者之间合作关系的问题。企业级的敏捷不能只落实在技术侧，而是落实在整个企业的敏捷建设上。比如，很多企业觉得传统开发模式比较慢，那么，是因为业务侧或者企业层面还没有转变管理模式吗？还是因为业务侧转变后技术侧没有同步调整造成的技术反应慢？其实未必，传统的"瀑布"模型慢不一定完全是因为自己的模式，而可能是因为整个企业的运转模式。

对一些大型企业而言，合体期还意味着如何处理集中开发与分散开发的模式布局问题，也就是如何处理企业级业务系统与区域特色应用之间的关系，这也是影响整体敏捷的一个问题。通常的做法是，企业级业务系统由企业级开发团队统一开发，但是总体架构应该是服务化的；区域特色应用可以由区域所在分支机构组织开发，但是由企业级业务系统提供的服务应通过调用企业级系统服务的方式实现，避免重复开发，并保证其数据定义与企业级的一致，否则区域特色应用开发很可能带来数据和功能上的混乱，造成企业整体和区域之间的割裂。

合体期重要的是让业务人员和技术人员的意识都统一到企业上来，让两侧的模式匹配，充分发挥技术敏捷带来的优势。

（4）渡劫期。你是不是认为达到以上三个阶段，敏捷转型就算完成了？还不是，如果你的认知只是停留在前三个阶段，说明你在意识里对企业的重视还不够。敏捷最终是为企业服务的，那么为企业服务的最高境界在哪里？当然是企业的成功。只有企业越过渡劫期，敏捷才算真的发挥了作用，不然，可以说是试错，也可以说是加速了企业的终结。而在企业的生命周期中，这样的"渡劫期"可能不止一次，其中每一次都是企业提升自己的机会，也是检验敏捷价值的机会。每一次渡劫期都是企业发展敏捷实践的最佳机会，而对渡劫期的复盘是改进敏捷实践最宝贵的经验。

观察其他企业渡劫期的表现也很有价值，尤其要注意成功者容易出现的问题，也就是"幸存者偏差"。比较著名的例子就是，美军在"二战"期间想通过研究被击中的飞机弹着点分布情况，来改善飞机装甲布局。这本来是为了提高飞行员的生还率，但是由于研究对象都是侥幸飞回来的飞机，因此弹着点主要集中在机翼、尾翼等部位，而实际上，加厚这些部分的装甲不仅不会提高飞行员的生还率，还会造成机动性下降，影响作战能力。这属于观察了错误的对象，得出了错误的结论，因为被击中而造成致命伤的飞行员都坠机牺牲了，飞机没有飞回来，这些飞机被击中的部位主要是驾驶舱。我们必须注意对实例的分析是否深入完整，不要轻易借鉴，这也是基于实践进行总结的必要性。想要不被各种理论轻易左右，通过理论升华所产生的认知能力是非常必要的，这也是企业对渡劫期乃至"无人区"最强大的无形支撑。

3.4 敏捷的未来

企业级的敏捷还不是我们真正追求的未来，因为企业级的敏捷依然意味着在社会层面有更多的重复建设，而这些重复建设不像工厂的厂房和设备那样必须由自己建设，复用或者二次开发都可以节省很多社会资源，这本身就是软件的特性。因此，更高层次的敏捷是行业级共用，是广泛采用行业级的 SaaS 或者开源构件库。

为了应对数字化时代企业软件需求量的大幅度上升，以及软件数量上升造成的大量升级工作，企业必须要逐渐接受降低需求定制化程度的发展趋势，这样才能将有限的开发资源集中在真正的业务特色上，把通用构件的开发精力节省出来才是战略层面的"敏捷"选择，无论敏捷建设开展得如何，"战术"层面的敏捷都无法抵消"战略"层面的浪费。在企业软件中，不能让 70%通用的功能继续耗费此比例的开发资源，而无法保证 30%真正有差异的部分得不到 30%的资源，这无法打造差异化的竞争能力。

在国家"十四五"发展规划的指引下，行业云、专有云、团体云等各种形态的云设施建设将会逐步展开，企业上云的步伐也会加快，而上云自然要利用云上的资源，加强数据的共享，节省 IT 建设的成本。因此，如何利用外部云资源实现战略层面的"敏捷"，是企业当前需要考虑的问题。

当然，云资源的建设还要逐步增强，其中有两件比较重要的事情要做。

1. 企业架构方法论的发展

企业架构方法论并非只针对一家企业或者企业内部，还面向行业和生态，只是现有的实践中缺乏这样的例子，但是如果希望通过云的方式提高行业级 SaaS 的应用水平，那么自然就需要方法论协助推动行业级 SaaS 的发展，而通常来讲行业级 SaaS 又从基石客户扩展到行业范围，因此企业架构方法论，尤其是对流程标准化和数据标准化的操作，就成为非常重要的部分。现有的 SaaS 企业已经受到了这些标准的困扰，未来的数字化转型和敏捷能力的总体提升，都需要将其作为基础的标准化工作进一步加强。

企业架构方法论可以在这方面发挥作用，但这不意味着现有的企业架构方法论不经进一步发展就能直接担此大任。企业架构方法论在业务架构与数据架构的融合、业务架构与应用架构的紧密结合、资产的灵活组合，以及对开放式设计能力的支持等方面，都有待进一步提升，需要实践者多多关注。

2. 国家对开源软件发展的进一步支持

国家"十四五"规划中也包含了对开源的关注，并鼓励大企业带头推动开源的发展。如果能够建立国家运营的行业级开源标准化构件库，形成类似开源社区的机制，则可以进一步推动社会对开源的认可。优秀程序员的价值既然可以通过现有开源社区的影响力来体现，就可以通过对行业级开源构件库的贡献来建立，因为他们的价值并不是依靠对现有成果的封闭式保护来体现的。

开源标准化构件库模式的建立需要"第一推动",该模式建立的前提条件之一是先提供一套可以运行的软件作为起点(根据行业划分,当然也可以是多套),然后再通过社区化方式不断发展为更具生命力的标准体系,这个"第一推动"应该是公益性的,或者是由国家支持的。

企业不会因为开源而使竞争力下降。对自主开发内部软件的企业而言,软件保护本就不应该是其业务的核心,软件代码不是可乐配方,一成不变的代码不会为企业带来持久的竞争力,只会随着时间的变化快速衰减。此外,架构并不是可以简单照搬照抄的东西,开放架构设计未必会让竞争对手快速赶超。

综上所述,完整的敏捷能力建设涉及人员能力、技术平台、组织文化、管理决策等多个方面,而更高层次的敏捷赋能还会来自方法论和社会环境的变化,因此企业的敏捷最终源于时代的进步和企业管理能力的跃迁,敏捷建设的视野不要太过局限。

第 4 章　数据驱动的组织效能提升实践

本章思维导图

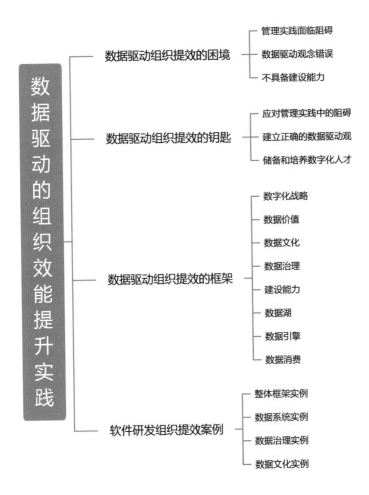

　　数据驱动组织提效是企业数字化转型的一种体现形式，越来越多的数字化企业在从流程驱动转变为数据驱动。而组织的研发效能，是一般组织效能的一个重要方

面。本节聚焦数据驱动的、组织层面的研发效能提升，将从数据驱动和组织提效的大背景中汲取经验，探讨我们可能面临的困境及其解决方案。

今天，数据已经成为最重要的生产资料之一，这是全球数字化转型的必然结果。数字化并不是近年来才开始的，早在 20 世纪七八十年代，沃尔玛就已经使用计算机跟踪存货，并发射卫星联通全美的仓库和门店了。今天，数字化经济深入各行各业，主要的推动力是云计算、大数据、人工智能的日益成熟。中国信息通信研究院 2017 年发布的《中国数字经济发展白皮书》预测，2030 年数字经济占 GDP 的比重将超过 50%，我国将全面步入数字经济时代。在技术发展的推动下，数据正在成为流入企业运营各个环节的源头活水，不断灌溉旧业务使其实现升级改造，滋润新的数字业务茁壮成长。然而，尽管数字化有诸多益处，不少创新企业通过数据驱动实现弯道超车，我们依然看到很多企业数字化转型失败的例子。

那么，究竟是什么原因导致企业数字化转型失败？有效实现数据驱动的团队做对了什么？接下来，我们将面向软件研发，讨论数据驱动面临的困境、如何利用数据驱动框架进行实践、怎样进行数据治理并最终实现数据增长。

4.1 数据驱动组织提效的困境

我们希望在 4.1 节中对数据驱动的本质问题进行剖析，并在后续内容中尝试回答如何避免踩坑。企业在转型数据驱动上面临的挑战，大体可以归纳为 3 个方面：管理实践面临阻碍、数据驱动观念错误和不具备建设能力。

1. 管理实践面临阻碍

具体来说，管理实践中的阻碍包括重要但不紧急的事情得不到资源、数据标准兼容困难、指标体系设计不科学和不可持续，分别对应着缺少战略规划、建设周期长、达成共识难这几个关键性的卡点问题。

（1）重要但不紧急的事情得不到资源。当下，研发效能对许多企业而言仍然是重要但不紧急的事情。每当业务压力增加，研发效能建设和数据驱动转型就会被推迟。我们大家都理解，保证生存是企业的第一要务，如果核心业务在短期内出现问题，后果将是灾难性的。可是研发效能对企业保持竞争力来说无疑也是至关重要的。但很遗憾，不少企业和团队还处在"温水煮青蛙"的状态中，缺乏"跳出去"的意识和动力。

（2）数据标准兼容困难。现实中经历数字化转型的企业，往往每隔一段时间就会上一套新的系统，即便是同一个品类的系统。随着时代的发展，技术架构和产品选型也会出现更迭，不同部门和团队也会有不同的选择。因此，多数企业的研发数据和业务数据普遍存在标准不统一、"数据孤岛"、数据不清洁、数据不完整等问题。

（3）指标体系设计不科学和不可持续。从 2005 年到 2010 年，全球居民死亡率因空气污染上升了 4%。"唯 GDP 论"导致生态环境遭到严重破坏，雾霾给人们的生活造成了致命的威胁。类似案例还有某银行账户数造假，员工为达标召集全家开户，每个人多达 21 个账户；某汽车公司为制造省油产品，减轻车身重量，致使安全性降低，引发车祸数百起，不得不大规模召回。度量不能以偏概全，不能没有文化引导，不能把数据驱动作成"唯数字论"。一旦组织文化只关注数字增长，忽略创造用户价值，必将引发管理灾难。

2. 数据驱动观念错误

人们普遍对数据驱动存在一些误解和认知偏差，致使团队不愿意实施数据驱动，造成数字化转型困境。反对的说法包括：度量什么就得到什么，数字决定行动难以做出合理判断，数据驱动是又一道枷锁。没有度量就没有管理，数据驱动始于度量。人们认为存在两个问题：一是度量可能会引发个体造假，致使数据失去观察价值；二是过度关注数据就会陷入指标陷阱，从而忽略组织的真正目标是创造用户价值。

3. 不具备建设能力

数字化建设能力需要两方面的基础：数字化人才战略和持续的资金投入。凯捷与领英发布的《数字化人才缺口报告》显示，每一个受访企业均表示数字化人才缺口正在不断扩大。此外，一半以上的企业认为，数字化人才缺口阻碍了企业数字化转型项目的发展，企业因缺乏数字化人才而失去了竞争优势。对于复杂业务的数字化转型，企业还需要外部采购软件系统和云服务、人才培训、咨询服务等项目，这些都需要持续的资金投入。美的数字化转型连续 8 年投入已超过 100 亿元，我国数字化转型投入超过年销售额 5% 的企业占比为 14%。当然，研发领域的数字化和数据驱动转型并不一定是资金密集型项目，但同样需要组织给予足够的资源投入和支持。

4.2　数据驱动组织提效的钥匙

针对 4.1 节总结的组织向数据驱动转变的三个困境，我们提出了相应的解困之道。

4.2.1　应对管理实践中的阻碍

我们应当正视管理实践中的困难，建立有效的系统应对挑战。

1. 重要但不紧急的事情得不到资源

在处理业务与数字化转型的冲突方面，华为提供了一个成功的范例。华为的一个基本原则是"业务与数据双驱动"。华为在 2007 年就开始启动数据治理，很早就建立起一套华为数据管理体系，如设立数据管理的专业组织、建立数据管理框架、发布数据管理策略、统一信息架构与标准、建立数据质量度量改进机制等。这些措施为后来华为的数字化转型打下了坚实的基础。在面对业务优先级与研发效能的"两难"选择时，我们也可以主张"双驱动"。我们的组织应该从上到下制订战略级研发数据规划，尽早设立独立的效能部门或负责人，专门主导研发数据建设工作。哪怕队伍小，只要他们足够专注，也能给组织效能提升带来巨大的价值。

2. 数据标准兼容困难

为了达到统一的数据治理能力，企业必须引入先进的数据处理技术，才能做好支撑。数据湖是众所周知的用于汇聚海量数据、统一进行管理的优秀解决方案。在实施层面，组织需要首先根据自己的需要制定入湖标准和流程，保证入湖数据的清洁、完整。其次是数据源的同步策略，以确保数据更新策略满足数据使用的要求。

数据湖的建设需要专业的数字化技术人才，组织可以根据自己的数字化战略诉求，选择从零搭建，也可以采购成熟的或开源的数据湖产品。数据湖产品可分为两种：一种是通用数据湖，如主流云厂商提供的数据湖产品，以及 Hadoop、Spark、ELK Stack 等开源工具组合；另一种是面向研发数据的专业数据湖，如研发大数据平台 DevLake，内置对 JIRA、Jenkins、GitLab 及各类 DevOps 工具链的数据接入能力和面向研发效能度量指标体系的数据分析能力。

3. 指标体系设计不科学和不可持续

当我们在探讨指标体系时，实质上是在讨论团队共识。我们知道每一次度量都是对现实世界的数字化映射，也是组织内部对共识的反观和检查。指标体系必须设计得科学合理，使组织得到平衡发展和可持续发展。

每一个指标定义背后都关联着被度量对象的生产行为。指标体系的设计需要以自上而下、自下而上、横向连接的方式在组织内部形成深层次的共识，这样才能让重要指标有效地落实。浅层共识停留在个体认知层面，对组织结果产生的实际影响有限。深层共识则不仅仅停留在个人认知层面，还深入群体实践，产生对组织的实际影响。比如，有些组织在内部推广研发度量指标体系，会一次性发布几十个指标，但还没等组织成员理解全部指标，度量就已经影响到他们了。这种未经深度思考、没有实际体验的"假性认同"即为浅层共识，而深层共识需要组织通过群体实践达成群体认知的对齐。我们往往缺少的不是一套指标体系，而是对指标体系的深层共识。

4.2.2　建立正确的数据驱动观

我们应当坚定数据驱动的价值，掌握正确的认知。

数据驱动的意义不是控制而是赋能。度量的重点是改进，不是监督。通过度量系统的数据反馈，我们能够选择如何调整自己的行为，一步步朝着既定的目标前进。如果指标设计不合理，我们就会对度量的公平性质疑，从而不会依据度量系统的反馈做出调整。如果度量是公平的，度量结果是我们期望改善的，那么我们就会非常积极地希望通过度量系统了解自己的现状。

我们很多人都使用过运动手环。手环提供的运动数据对佩戴者掌握当前的运动状况十分有帮助。那么手环的佩戴者会产生"我被监督了"的想法吗？会认为手环的度量不公平吗？答案是否定的。手环的佩戴者至多质疑手环能否在任何情况下完全准确地反映自己的行走步数。

因此，度量是加强反馈的手段，不是监控行为的工具。度量旨在改进。对崇尚公平性的团队而言，数据驱动下的度量，必须是科学的指标体系。某些指标的不当使用，会造成团队成员的博弈行为。数据生产者如果最终不能成为数据使用者，数据驱动的赋能作用就会大打折扣。

通过指标体系的制定，积极在组织内部建设共识。不可否认度量不当的例子时有发生，但我们应该尝试进行"怎么做度量"的思考，而不是停留在"做不做度量"的问题上。对于不具备数据驱动经验的新手，用"衡量什么就得到什么"这句话来回答"做不做度量"的问题，答案是封闭的，只有一个结果，那就是"不做"。这样过早得出结论，显然会错过更全面的认知。如果将这句话用于引发回答"怎么做度量"的问题，则可以帮助我们打开思路，获得更多关于如何实践数据驱动的信息。

如果软件公司以"代码行数"衡量产出效率，工程师就会为了体现"效率"，硬生生敲出许多无用的冗余，将本来可以用 100 行写完的代码变成 200 行。发生这种"劣码驱逐良码"的案例，实属组织的不幸。为了避免成为这样的组织，我们需要采取三项措施。首先，推行健康的团队文化，促使个体关注成长，而非数字决定论。其次，设计一套维度丰富、专业度高、科学完善的度量指标体系，使团队成员认可度量价值。最后，通过技术手段提高制造劣码的难度，使造假成本提高。

类似的案例在研发领域之外也屡见不鲜。每一次度量都是对现实世界的数字化映射，也是组织内部对共识的反观和检查。不当的度量关系到个体的生存，个体进行本能的保护在所难免，因此组织应该尽量"求之于势，不责于人"。度量不能以偏概全，不能没有文化引导，不能把数据驱动跟数字画等号。一旦形成只关注数字的刻板认知，就会导致组织管理机械化，引发管理灾难。

数据驱动可以提高决策质量。数据驱动的目的是实现组织认知的进化。我们可能听说过"企业如人"的说法，企业认知水平的高低影响了决策的质量。数据驱动的目标就是通过剥离高智能个体的限制，实现高效的认知拷贝，从而规模化地提高认知能力。

比如，一个人在烧开水时被水壶烫了，从而得到一个认知："装开水的水壶烫人"。他通过文字来记录被烫的事情，将经验传递给后人。这其中并没有用到数据，也达到了使人避免被烫的目的。这是大多数人认为不需要数据驱动的原因之一。如果事情变得复杂起来，烫人的不只是开水壶，那么穷举所有烫人的物品显然是不明智的。而与之形成对照的是，另一个人没有通过文字进行经验的传递，他的好奇心促使他对"烫"的识别产生了兴趣。他通过不断地进行实验，找出了识别热源的方法，发明了温度传感器。人们翻开温度传感器使用手册，里边记录着"70℃时人在 1 分钟内会被烫伤，44℃时人体组织在 6 小时内开始损伤"。这样，其他通过复制温度传感器就可以达到避免各类烫伤的目的。

两种方式：第一种依靠人，第二种依靠数据。依靠数据有利于将经验稳定可靠地进行复制，达到组织认知能力的进化，提高组织效能。虽然数据驱动的表象是数字决定行为，实质上却是构建科学的认知能力。

4.2.3　储备和培养数字化人才

组织必须认识到，数字化人才的市场缺口大、竞争激烈，特别是研发数据人才，应尽早制定数字化人才发展战略。企业发展数字化能力，包括营销数字化、研发数字化等，都离不开数字化的专业人才。国内外大厂在研发效能和数据分析方面有很多人才招聘动作。关于数字化人才的划分，华为曾推出数字化人才顶层设计方案，自上而下地将数字化人才分为数字化领导者、数字化应用人才和数字化专业人才。

数字化领导者是指能够打破固有思维，带领团队在认知层面转型，连接组织各个环节，建设信任型团队文化，打造更强的组织适应力，利用互联网、大数据、人工智能等技术，帮助组织成功转型为数字化企业的人才。

数字化应用人才是指深耕场景或者行业，具备行业专家知识，能够挖掘数据价值、应用数据驱动的人才。应用领域包括营销数字化、研发数字化等。在企业内部，此类人才通常就职于具体职能部门，如市场、销售、研发和人力资源等。

数字化专业人才是指具备各种数据库、大数据、数据挖掘、机器学习、云计算、应用开发等专业技术能力的技术型人才。目前，需求量最大的相关人才包括数据科学家、数据工程师、数据分析师和全栈工程师等。

组织的认知能力是组织个体的认知能力之和。组织在缺乏数字化人才时，可能无法做出有效行动，进而导致数字化转型本身受挫。如果企业暂时不具备数字化人才的建设能力，也可以通过市场寻找垂直的数字化应用提供商，如数字化营销领域的神策数据、数字化研发领域的思码逸等，这是一条加速数字化转型、降低转型风险的有效途径。

4.3　数据驱动组织提效的框架

通过此前章节的讨论，我们了解了数据驱动可能面临的困境和解困之道，也认识到数据驱动的价值。为了更好地实施数据驱动以提升组织效能，我们提供一套数据驱动组织效能提升的框架供读者参考，如图 4-1 所示。

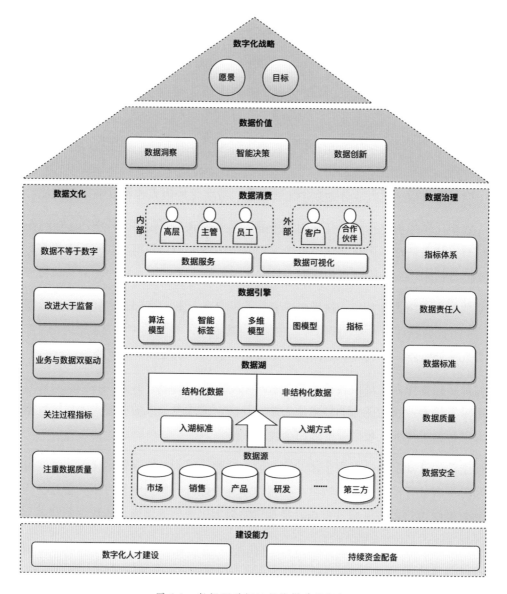

图 4-1   数据驱动组织效能提升的框架

在图 4-1 中，数据驱动的开端是数字化战略。在高层管理者意识到数据价值对组织的重大意义，从人才到资金都给予充分支持之后，数据驱动才能开始落实。在建设初期，组织首先需要就数据价值、数据文化、数据治理方式展开充分的讨论，并评估组织内部的数字化人才是否满足建设数据湖、数据引擎的要求。如果不具备这样的技术实力或者希望提升建设本身的效能，组织应考虑外采的形式补充建设能力。将这些数据基础设施搭建起来只是第一步，组织内外部的用户需要通过数据消费，不断从数据中提炼信息、沉淀知识，以此达成认知进化，提升决策力、洞察力、创新力，通过数据反哺业务，提升组织运转效率。

为了加深读者的理解，下面我们对此框架中的各个部分逐一进行解释。

1. 数字化战略

数字化战略是指组织制定的数字化的愿景和目标。愿景是数字化转型的终极图景，只能有一个，并且通常是稳定的。比如，华为数据工作的愿景是"实现业务感知、互联、智能和 ROADS 体验，支撑华为数字化转型"。而目标可以有一个或多个，可分为短期目标、中期目标、长期目标。企业根据实际情况和路线图来制定目标，并在实际发展过程中进行调整。

2. 数据价值

数据价值是指通过对数据的分析、思考和总结，以实现数据洞察、数据创新，以及智能决策。图 4-2 所示是 DIKW（Data，数据；Information，信息；Knowledge，知识；Wisdom，智慧）模型的一个应用，通过应用我们可以看出数据、信息、知识和智慧是如何发生关联的。

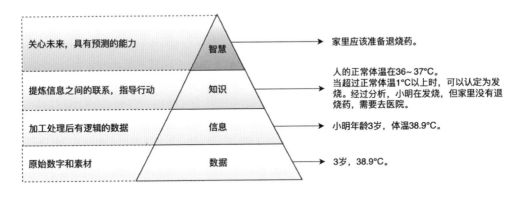

图 4-2　DIKW 模型示例

我们不难发现，数据是客观的、离散的、未经处理的事实描述，通过原始观察或度量获得，本身没有任何意义。信息是关于事件的、相关联的、有意义的数据。信息可以回答一些简单的问题：谁？什么时候？在哪里？怎么了？所以信息也可以被看成被理解了的数据。知识是经过实践证明的、有意义的、可用来决策和行动的信息，是将信息化为行动的能力。知识的获得依赖对信息认知、分析和确认的过程，这个过程结合了经验、上下文、诠释和反省。可以说，知识是派上用场的信息。智慧是对知识进行独立的思考分析而得出的某些结论。与前述几个阶段不同，智慧关注的是未来，试图理解过去未理解的东西、过去未做过的事。

3. 数据文化

数据文化是指组织内部与数据驱动相关的思想、观念和规范，以及使用习惯。图 4-1 中列举了 5 种思想，供读者参考（部分在上一节进行过详细讨论）。

数据不等于数字。数据的"数"很容易让人误以为是数字，实际上数据不仅包括数值类型，还包括图片、视频、地理信息等类型；更重要的是，数据驱动的含义不是通过简单的数字做出机械化的判断，而是通过数据还原业务现场，以帮助组织管理者做出高质量的决策。

改进大于监督。在现代知识型组织中，管理者应利用数据驱动，将可重复的组织活动自动化，以改进组织运营效率。在成功进行数字化转型的企业中，员工的主要工作应该是生产知识，帮助组织实现自动化、智能化。

业务与数据双驱动。业务是当下，数据是未来，业务与数据不能偏废。很多组织面临的不是做与不做的问题，而是投入多大成本（人力、资金、时间）去做的问题。这方面建议参考华为的"业务与数据双驱动""以用促建"的思路，从实际出发解决业务问题。如此一来，业务部门得到实际利益自然会积极支持，加快组织的数字化转型。

关注过程指标。所有不能被行动影响的指标都不是好指标。组织应该重点关注那些可以被行动影响的指标，避免过分依赖复合指标、衍生指标，或者单纯看结果指标进行考核，引起团队扯皮。比如，"留存率"是一个综合多部门努力的结果指标，指标上升时都在邀功，指标下降时都在"甩锅"。只有配合过程指标，才能理解获得结果的原因。

注重数据质量。数据质量是数据驱动的生命线。如果没有高质量的数据做保证，数据驱动只能是空中楼阁，不能带给组织应有的价值。自动化地获得客观数据，往往是保证数据质量的有效手段，这依赖于软件工具的使用。当然，数据中一定包含噪音，我们不必吹毛求疵，可以采用统计学方法，透过噪音观察到本质特征。

4. 数据治理

指标体系。 指标体系是帮助团队达成共识的重要工具。指标体系应本着科学、可持续的原则进行设计，避免度量不当引起的管理灾难，如"唯 GDP 论"只关注经济增长，而忽略了保护生态环境，致使空气污染。企业如果不具备指标定义的经验，应参考成熟的度量规范。比如，中关村智联软件服务业质量创新联盟、中国软件协会过程改进分会发起的《软件研发效能度量规范》，制定了交付价值、交付速率、交付质量、交付成本、交付能力 5 个认知领域的指标建议，可用于平衡软件研发的各个方面。

数据责任人。 数据责任人应根据企业组织架构分层设立。数据责任人是公司数据战略的制定者、数据文化的营造者、数据资产的所有者和数据争议的裁决者，拥有数据日常管理的最高权限。比如，华为在各业务领域建立了实体化的数据管理专业组织，实线向 GPO（各业务领域的最高主管）汇报，承接并落实 GPO 的数据管理责任，虚线向公司数据管理部汇报，遵从公司统一的数据管理政策、流程和规范要求。

数据标准。 数据标准是组织确保数据一致性的关键。数据标准定义了组织在多数据源情况下，对数据含义和规范的统一理解，一旦制定下来需要组织中的成员共同遵守。比如，"单元测试覆盖率"可以按行、函数或语句三种方式计算，可以采用静态或动态的采集方法。如果不对数据术语进行定义，不同团队的理解就会出现偏差，导致数据不一致、不可用。

数据质量。 数据质量是指数据具备满足应用需要的可信程度。数据质量不能追求绝对，而应从数据使用者的角度定义，满足业务、用户需要的数据就是好数据。具体而言，数据质量可关注的方面如下。

- 完整性：指数据在创建、传递过程中无缺失和遗漏。比如，结构化数据应保证实体完整、属性完整、记录完整和字段值完整。

- 及时性：指及时记录和传递相关数据，满足业务对信息获取的时间要求。数据交付时间过长可能导致分析结论失去参考意义。

- 准确性：指真实、准确地记录原始数据，无虚假数据及信息。比如，工时填报系统的记录不能被恶意篡改。

- 唯一性：指同一对象应只有唯一的标识符。体现在一个数据集中，不论是否来自多种数据源，一个对象有且只有一个标识符，从而可以进行数据间的关联和映射。比如，使用公司邮箱作为员工的唯一身份标识，所有任务、代码提交、评论和其他开发行为记录都应与之关联。

- 有效性：指数据的值、格式和展现形式符合数据定义和业务定义的要求。

数据安全。数据安全如果没有做好，组织的经营成果可能付之一炬。据业界对数据泄露原因的统计分析，随着数字化技术和能力的普及，数据泄露的路径越来越多元，已经不再限于黑客攻击，更多的是企业内部员工、离职员工、第三方外包的泄露行为。因此，我们应该为组织的数据制定安全管理准则。比如，华为对数据进行分层分级管控，对入湖的数据定义密级、隐私分级，实行数据审批制度，加强数据安全管理。

5. 建设能力

在建设能力方面，组织应该首先制定数字化人才策略，重视数字化人才的招聘和培养，以及外部资源的引入。与此同时，对数字化建设应秉持长期主义，持续为数字化转型提供资金支持。

6. 数据湖

数据湖的主要能力是对企业中特定领域的所有数据进行统一存储和管理，将原始数据转换为可用于分析、机器学习和可视化等数据处理任务的目标数据。数据湖中的数据包括结构化数据（关系型数据库的数据）、半结构化数据（如 CSV、XML、JSON 等）、非结构化数据（如电子邮件、文档、PDF 等）和二进制数据（如图像、音频、视频），从而形成一个容纳所有形式数据的集中式数据管理系统。

数据源。数据源分为内部数据源和第三方数据源。为确保数据的唯一性和一致性，减少不同团队的对账成本，提高数据的质量，应保证设立统一的数据对象身份，并且对象的每个属性由一个应用系统进行创建、更新。

入湖标准。数据入湖需要遵守数据规范，保证入湖数据有明确的责任人、可理解，同时能够在符合安全保证的前提下进行消费。

入湖方式。入湖方式分为物理入湖和虚拟入湖两种。其中，物理入湖包括批量集成、数据复制同步、消息集成、流集成等，而虚拟入湖是指数据以虚拟化的方式归入数据湖进行管理，但其物理存储不在数据湖中。

结构化数据与非结构化数据。入湖的数据分为结构化数据与非结构化数据两类。结构化数据是指由二维表结构来表达的数据，严格遵循数据格式与长度规范，主要通过关系型数据库进行存储和管理。如表 4-1 所示，我们可以清楚地看到每一列的具体含义。

表 4-1　结构化数据示例

提交哈希值	作者姓名	作者邮箱	提交者姓名	提交者邮箱	…
cbce78f	Jonathan O'Donnell	joncodo@merico.dev	Hezheng Yin	hezheng@merico.dev	…
3c6eb6e	Jinglei	jinglei@merico.dev	Hezheng Yin	hezheng@merico.dev	…

广义的非结构化数据包括结构化数据以外的其他数据，如无格式的文本、文档、图像、音频、视频等。半结构化数据虽然达不到结构化数据的严格范式，但包含特定的语法结构，如代码，也可归入此类。非结构化数据更难让计算机理解。

7. 数据引擎

数据引擎通过分析、关联、特征识别、算法、模型等数据处理方式将数据转换为信息乃至知识。数据引擎是将数据从"原材料"加工成"半成品"和"成品"的过程。

算法模型。算法模型是数据引擎的核心，包括统计方法、人工智能、机器学习等，可能是多种技术的综合。比如，思码逸深度代码分析系统实现了用于反映代码复杂度和工作量的"代码当量"指标，通过程序分析算法将源代码编译成抽象语法树（AST），进而使用 tree diff 算法计算 AST 间的编辑距离，建立了当量的模型，同时加入重复代码、自动生成代码去除等算法。

智能标签。智能标签分为事实标签、规则标签和模型标签。智能标签可以帮助我们把分散的多方数据进行整合，对这些数据进行标准化的细分，以及结构化的组织和管理。其实标签在生活中也很常见，如商品标签、个人标签、行业标签。我们可以通过数据标签建立员工、用户的画像。比如，可以根据程序员调用了哪些第三方库及调用的频率，绘制程序员的技能画像，如图 4-3 所示。

多维模型。多维模型是指依据业务需求，建立基础数据相互关联的模型，实现多角度、多层次的数据查询和分析。比如，代码库提交表记录了基础的提交数据，管理者可以根据业务需求按不同团队和项目等多个维度统计提交的次数。

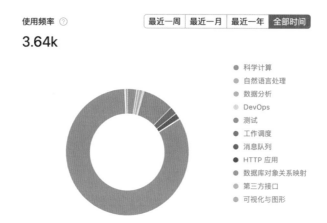

使用频率 ⑦

3.64k

最近一周 最近一月 最近一年 **全部时间**

- 科学计算
- 自然语言处理
- 数据分析
- DevOps
- 测试
- 工作调度
- 消息队列
- HTTP 应用
- 数据库对象关系映射
- 第三方接口
- 可视化与图形

图 4-3　程序员的技能画像

图模型。图模型由节点和边组成，节点表示实体概念，边由属性或关系构成。比如，在函数调用图中，函数是节点，函数间的调用是边。这样的图可以帮助我们认知函数影响的范围，以及系统架构设计和执行的质量。

指标。指标是衡量数据总体特征的统计量，是能表现组织业务状况的指示器。比如，研发效能指标是为解决研发效能问题、获得研发效能认知、产生研发效能价值而设计的一种可量化的概念和相应的计算方法。指标间可以相互组合衍生出新的指标，形成指标体系。我们应根据业务需求选择度量哪些指标。

8. 数据消费

在完成了数据的汇聚、整合、连接之后，我们还需要保证用户能够安全、便捷地访问数据，获得数据价值。数据消费的主要方式是数据服务和数据可视化。

数据服务。数据服务通过提供数据分发渠道，满足用户的数据使用需求。数据服务通常提供推送和拉取两种调用方式。按数据域划分，还可细分为用户数据服务、销售数据服务等。通过对数据服务的治理，可以将错综复杂的数据集成关系整合为公共数据服务，让用户按需获取各类数据。

数据可视化。数据可视化是一种数据的表达方式，能帮助用户获得新发现。比如，通过可视化展示趋势、模式和离群值，帮助业务部门了解现实状况，预测未来发展，对变化的业务做出及时的响应和决策。

4.4　软件研发组织提效案例

软件研发组织的效能提升有哪些特殊之处？如何利用数据进行驱动？如何对图 4-1 所示的框架进行裁剪？对于这一系列问题，我们将以一个 50 人规模的开发团队为例，分享思考和实践，为读者提供参考。这个规模的研发团队也是更大组织中的基本单位。

1. 整体框架实例

首先，我们根据团队的具体情况将图 4-1 所示的框架进行实例化，如图 4-4 所示。

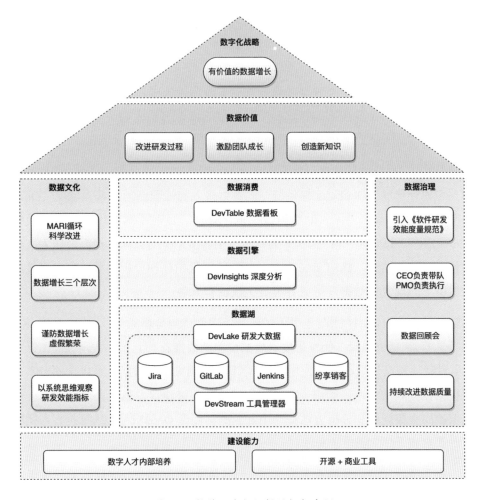

图 4-4　软件研发组织提效框架实例

团队将数字化战略定为有价值的数据增长。我们不鼓励"为了增长而增长"。虚假增长对企业而言只不过是浪费资源的"数据自嗨"。只有那些在数据上增长、在团队共识上增长、也在价值交付上增长的增长才是有价值的增长。具体的数据价值体现在通过数据洞察研发过程中的问题，为改进提供依据，激励团队成长，并且将有效的实践或改进方法内化为团队的新知识，持续积累。基于当前团队的规模，我们在建设能力这个底座部分重点采用内部培养数字人才的策略，并与之配套地引入以开源为主、以商业为辅的工具和系统，增强组织能力，同时控制好投入成本。

接下来我们先从涵盖数据湖、数据引擎、数据消费的数据系统入手，然后再介绍数据治理和数据文化在案例中的实践。

2. 数据系统实例

数据的源头是 DevOps 工具链。今天可供开发者使用的 DevOps 工具众多，开发者可参考 DevOps "元素周期表"进行工具选型。很长的 DevOps 工具链需要整合在一起，才能更好地服务开发者提升研发效能，而选择一家大而全的 DevOps 工具链解决方案提供商，会迫使团队放弃各个环节上的最佳工具或者使用习惯。所以，团队采用开源 DevOps 工具管理器 DevStream 来进行工具链的整合。

工具中存留的大量数据，包括代码分析数据，都统一放入开源研发数据湖 DevLake 进行管理。DevLake 提供统一的数据接入和管理能力，其领域层（Domain Layer）可对不同数据源流入的数据做规范化处理。目前团队使用的研发工具包括 GitLab、JIRA、Jenkins 等；正在计划将纷享销客 CRM 的数据也接入，作为交付价值的体现。与此同时，DevLake 内置了基本的度量指标和分析模型，可以直接应用于领域层下的规范化数据，生成各类数字报表和大盘。

除了基础分析能力，团队还引入了商业版深度代码分析系统，获得交付效率（如代码当量等）、交付质量（如复用度、测试覆盖函数推荐等）和人才画像（如第三方库、语言特性和设计模式等的使用情况），多方面洞见。该数据引擎包含的专家系统能够根据数据异常情况，给出一定的观察结论和改进建议。虽然是商业产品，但这部分依赖的主要规则和分析方法在一个开源的文档库 OpenMARI 内维护，为团队带来行业认知和最佳实践。

不论开源数据湖还是商业分析引擎，信息最终通过 DevTable 展示组件供组织中的各类角色（如管理者、项目经理、产品经理、技术经理、工程师）消费，并提供不同范围（如项目、团队、周期）的数据聚合。多个指标可以按场景和信息需要组合成可配置的视图，回答特定的问题。

3. 数据治理实例

为了避免数据分析与度量出现"偏科"，团队引入了由中关村智联软件服务业质量创新联盟、中国软件协会过程改进分会发起的《软件研发效能度量规范》（以下简称《规范》）。《规范》贯穿软件研发全生命周期的不同实践域，进行多维度量，避免局部优化。《规范》定义了研发效能的 5 大认知域，支持不同场景下的效能提升需求，可涵盖研发团队的不同角色和组织模式。

如图 4-5 所示，我们从《规范》定义的 70 多个指标中选择了 19 个作为团队当前的"北极星指标"，并为每个指标编写了选取理由、数据渠道、数据说明等文档，帮助团队成员理解指标的含义、了解数据来源和当前数据情况，为数据治理做好准备。

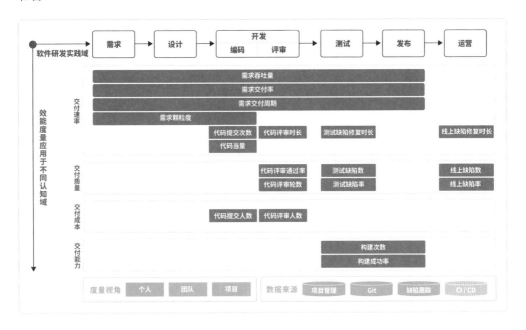

图 4-5　团队选取的研发效能度量指标

经过指标筛选，团队已形成初步共识。为了保证数字化项目的顺利实施，CEO为组织描绘了数字化战略的前景，并作为 Owner 负责数字化项目；成立 PMO 组织，专业化实施数字化项目的日常管理和推动工作。PMO 负责拟定指标体系，制定数据标准，加强数据文化，挖掘数据价值，实施数据治理，建设数据看板，带领团队创造性地进行数据驱动，最终在各部门的通力合作下提升组织的整体效能。PMO 应该具备跨部门的影响力，才能顺利组织各部门进行团队协作，如图 4-6 所示。

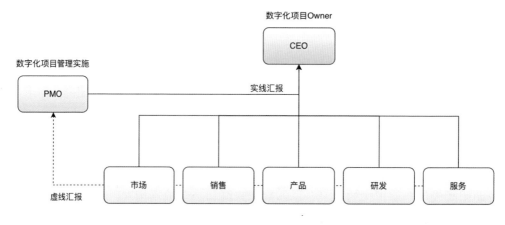

图 4-6   团队组织架构

下一步我们设置了专门的项目和负责人，定期对指标的数据情况进行回顾，加深对指标的共识。也可以将敏捷开发流程中的迭代回顾会升级为"数据回顾会"，请团队成员用数据说话，效果显著好于以往轮流发言谈感受的形式。通过逐步的共识建设，团队成员深刻认知到指标如何关联研发结果、如何对公司业务产生影响，从而达到数据驱动的最终目标。

在我们的实践中，数据普遍存在源头不一致的现象，即不同团队有自己的数据源和统计方式。在交流同一个数据现象时，虽然名词一致，但数据意义却不尽相同，导致组织成员需要额外花费精力进行数据对账。除了要解决数据的一致性问题，我们关注的重点还包括数据的准确性、及时性。为此，团队起草了数据标准，对数据的更新频率、字段含义、责任人、数据来源等进行定义，并在每周举行的数据回顾会上同步数据治理进展，持续提升并最终保证数据质量。

4. 数据文化实例

加强数据文化的一个关键点是落实"改进大于监督"。为此，团队推行"MARI"循环，这是一种量化改进研发效能的有效方法，包含度量（Measure，M）、分析（Analyze，A）、回顾（Review，R）、改进（Improve，I）4 个步骤，如图 4-7 所示。

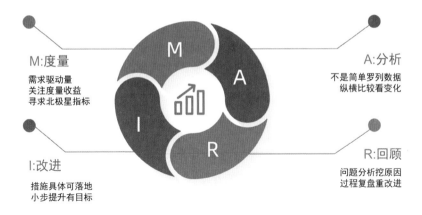

图 4-7　MARI 循环方法

首先，任何改进活动都需要结合团队实际需求，通过量化数据对过程及目标进行刻画，并统一数据及指标的采集方法，即建立度量。其次，有了量化指标，运用统计分析方法，对数据的趋势、分布、规律性等结果进行分析，得到对现状的量化理解。再次，基于分析结果，对达成目标的影响因子进行调研，回顾产生目标偏差的根本原因，定位关键问题。最后，针对关键问题，建立可落地的改进措施，通过调整影响因子，最终促进目标的达成，并进入下一轮度量验证。这 4 个步骤共同组成一轮完整的优化迭代。在大部分情况下，问题改进需要经历多个迭代，持续度量改进效果，不断校准改进的方向和方法。MARI 循环强调数据和人的判断相结合。

我们通常认为数据增长是好事，然而，数据的增长并不一定就代表组织运转良好。一方面，我们不应关注单一的虚荣指标，致使团队被数据蒙蔽；另一方面，所谓"好"的数据表现为组织成员提供了一层"安全保护网"，应避免团队成员舒适地躺在"达标区"。虚荣指标是《精益创业》提出的概念，指那些反馈表面数据的指标。它们让效果看起来很好却不能告诉我们具体价值。这就需要我们回到指标制定的部分，调整指标体系的设定，并以系统的视角进行观察。

数据增长分为三层：数字增长、共识增长和知识增长。数字增长是指单纯的数字层面的增长。数字增长可体现在两种方式的比较中：一种是"自我比较"，用于持续改进，发现自己的变化；另一种是"横向比较"，即与其他团队或项目比较，或对比行业数据，激励提升。共识增长是指组织成员在共识层面的增长。在一个软件研发组织里，数据不仅仅是对象和手段，更重要的是可以用来统一对目标的认知。通过数据回顾会，组织成员应该更加确信指标之间的联系，明白数据对目标的影响，从而对数据增长的意义达成更深层面的共识，刺激团队深层次合作。知识增长是在数据驱动研发效能改进的过程中，逐步积累团队管理和协作的最佳实践。每次通过MARI 循环发现的问题和改进措施，都可以文档化，并进行月度、季度等更高层次的总结。

缺乏度量会使效能问题无法被发现，但度量时试图依赖单一标尺得出精确结论，甚至削足适履，可能更加危险。团队需要系统性地理解度量，降低度量中的噪音，设计制衡机制，合理使用度量指标。比如，一位工程师测试的缺陷率落在安全范围内，但每需求或每故事点代码当量却异常偏高，说明代码规模可能有冗余；从缺陷的修复时长看，一般需要很长时间才能定位并解决问题，说明维护成本偏高；从软件工程质量的角度看，代码中可能有大量可复用逻辑没有被抽象，在架构上也有优化的空间；从评审环节看，代码要经过的平均评审轮次也可能偏多，这些指标需要综合起来看。

4.5　总结

至此，我们已经了解到，数据驱动组织提效需要观念、能力和行动。

- 在观念上，许多人因为对"度量什么就得到什么"的担忧而裹足不前，度量的目的也有失偏颇。度量首先是服务于改进而不是监督。数据驱动不是数字驱动。数据的目标是以科学的方法验证实践，提高组织的认知水平。

- 在能力上，一些尚不具备数字化能力的组织应着手制定人才战略，培养数字化人才，并在资金储备上做好长期规划，持续建设。

- 在行动上，为了避免业务部门对数字化建设项目的资源占用，应该从上到下制订战略规划，设立专门负责人。数据复杂、兼容困难也是行动上较难跨越的障碍，组织可以选择数据湖对数据进行归集。指标体系需要系统性的设计，才能使组织健康、可持续地发展。

我们为大家设计了数据驱动组织效能提升的框架，包含数字化战略、数据价值、数据文化、数据治理四个"知"的方面，以及数据湖、数据引擎、数据消费、建设能力四个"行"的方面。

- 认知数字化战略，从上到下进行顶层设计，为企业实现数字化转型绘制终极蓝图。

- 认知数据价值，从根本上理解数据、信息、知识、智慧的区别，将重心放在从数据中挖掘知识，生成智慧。

- 认知数据文化，诚恳地就数据不等于数字、改进大于监督、业务与数据双驱动、关注过程指标、注重数据质量等观念与团队进行交流，达成组织共识。

- 认知数据治理，要知道数据治理的第一步是建设指标体系，设立责任人对数据专项负责，制定数据标准，提升数据质量，保障数据安全。

- 实行数据湖，将数据源按入湖标准、入湖方式的要求，归集结构化数据与非结构化数据，为进一步数据分析做好数据底座。

- 实行数据引擎，通过算法模型、智能标签、多维模型、图模型和指标设计等，深度挖掘数据价值，产生新知识，为组织决策提供有力支撑。

- 实行数据消费，在数据引擎的基础上，打造按需获取数据的数据服务，提高数据利用率；丰富数据可视化表达方式，使数据更加鲜活地支持认知。

- 实行能力建设，在对企业的人才情况进行判断之后，制定数字化人才策略和资金投入策略，保证项目的资源充足。

在应用案例中，我们分享了软件研发组织实践数据驱动组织效能提升的框架的案例。

- 对如上框架进行裁剪和适配。

- 引入《软件研发效能度量规范》。

- 引入 DevStream 和 DevLake 系列开源工具。

- 采用 MARI 循环持续改进研发效能。

工程实践篇

第 5 章　持续交付工程实践

本章思维导图

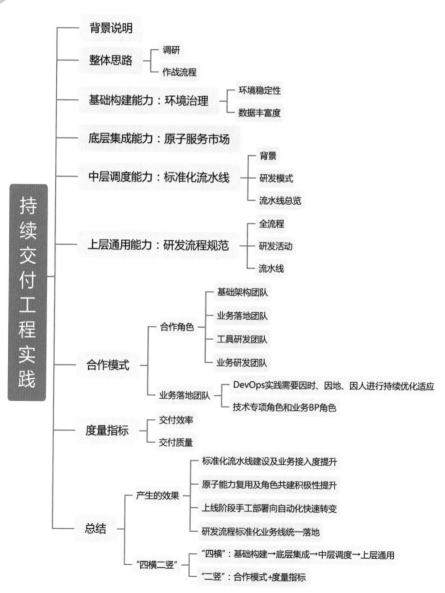

持续交付工程实践
- 背景说明
- 整体思路
  - 调研
  - 作战流程
- 基础构建能力：环境治理
  - 环境稳定性
  - 数据丰富度
- 底层集成能力：原子服务市场
- 中层调度能力：标准化流水线
  - 背景
  - 研发模式
  - 流水线总览
- 上层通用能力：研发流程规范
  - 全流程
  - 研发活动
  - 流水线
- 合作模式
  - 合作角色
    - 基础架构团队
    - 业务落地团队
    - 工具研发团队
    - 业务研发团队
  - 业务落地团队
    - DevOps实践需要因时、因地、因人进行持续优化适应
    - 技术专项角色和业务BP角色
- 度量指标
  - 交付效率
  - 交付质量
- 总结
  - 产生的效果
    - 标准化流水线建设及业务接入度提升
    - 原子能力复用及角色共建积极性提升
    - 上线阶段手工部署向自动化快速转变
    - 研发流程标准化业务统一落地
  - "四横二竖"
    - "四横"：基础构建→底层集成→中层调度→上层通用
    - "二竖"：合作模式+度量指标

5.1　背景说明

今日头条是一个通用信息平台，致力于连接人与信息，让优质丰富的信息得到高效、精准的分发，帮助用户看见更大的世界。目前，其拥有推荐引擎、搜索引擎、关注订阅和内容运营等多种分发方式，包括图文、视频、问答、微头条、专栏、小说、直播、音频和小程序等多种体裁，并涵盖科技、体育、健康、美食、教育、"三农"、国风等 100 多个领域。因此，今日头条 App 上有许多子业务，而这背后又对应了很多团队及众多微服务。不同团队的研发习惯不同，导致持续交付的模式不一样。其主要存在以下几个问题。

1. DevOps 流水线接入率低

当时，已经有少量业务开始使用 DevOps 流水线进行代码的部署上线，但只有 20% 的服务进行了流水线接入，剩余的 80% 仍旧使用先本地开发，提交编译平台，再手动去平台上线的模式。在这种模式下，很多质量保证能力和指标监控手段都无法介入并发挥作用，同时过多的人工操作也存在较大的误操作风险。

2. 维护角色各异，流水线非标准化

虽然当时已有 20% 的服务使用流水线部署上线，但因为团队众多，维护流水线的角色也不相同，有的团队由 QA（质量保证）来统一提前进行流水线的创建和维护，有的团队由 RD（研发工程师）随用随建流水线，导致废弃的流水线越来越多，而且大多数只用过一两次，维护成本很高。另外，团队不同的研发习惯造成流水线的编排也不同，有的通过增加质量卡点来提高质量，有的通过增加原子并发执行来提高效率，"八仙过海，各显神通"，没有统一的标准。

3. CI/CD 原子能力复用率低

在业务迭代开发及测试过程中，各个团队中的 RD 和 QA 通常都会通过开发脚本或接口方式解决所遇到的问题。这样，A 团队之前遇到的问题，很可能 B 团队也会遇到，但 B 团队并不知道 A 团队已开发过解决问题的脚本或接口，而会重复开发，造成人力资源的浪费，并且随着业务的不断增加和团队的不断扩大，这个问题会越来越严重，导致整体 CI/CD 原子能力复用率很低。

4. 度量指标建设不完善

管理大师彼得·德鲁克说过："没有度量就没有管理。"试想，若不能对工作目

标进行量化，则不能准确地估算成本，不能合理地投入资源，也不能有效地安排进度计划。如果没有一套指标来度量研发流程各阶段的效果或问题，也就无法了解接入和不接入流水线究竟有何差异。在不同团队的流水线上，原子能力及编排标准化对效率和质量究竟有怎样的帮助？当前各个团队所处的持续交付阶段及下个阶段的重点事项是什么？另外，没有度量，就没有客观的数据来支撑我们进行下一步的规划。

5. 平台割裂，整体流程不顺畅

当时，公司内有很多平台，如需求平台、代码仓库、编译平台、接口自动化测试平台、安全扫描平台、效能平台、云平台等，但各个平台之间是割裂的，导致整个研发活动也是割裂的，即需要特定时间在 A 平台操作，完成后再去 B 平台操作……这不但影响开发测试效率，而且对新原子能力接入也是一个阻力。比如，在小流量阶段，我们要求观察应不少于 X min，但因为平台是割裂的，代码提交、编译、上线（小流量、单机房、全流量）这些动作都需要在不同平台触发进行，所以无法自动监控和控制。另外，带给用户的整体体验也不友好。

基于这些问题，接下来我们对整体解决方案进行规划，推进对落地动作的拆解。

5.2 整体思路

在制定整体解决方案前，我们还要从各处挖掘一些输入，以便更高效地制订合理的规划。

5.2.1 调研

在最初介入研发流程标准化落地时，你会发现各种各样的问题，难免会有不知从何入手的感觉，这时曾经出现的线上问题就是一盏"指路灯"。通过对线上问题的分析，我们能够快速发现质量薄弱或破坏力大的点出现在哪里。

分析线上问题的主要步骤如下。

● 将线上问题进行归类，确立质量痛点。

● 从归类中提炼问题种类及质量效能优化点。

通过对一年内的线上问题进行汇总及分析，我们从质量和效能方面提出了对应的解决方案，以此确定对解决当前业务 Top 问题最有效的方案集合。

1. 线上问题 Top 归类

- 接口/脚本复用影响其他业务逻辑。

- 技术方案设计问题。

- 分支代码自测时未覆盖。

- 上线误把测试代码带到线上。

线上问题归因分布如图 5-1 所示。

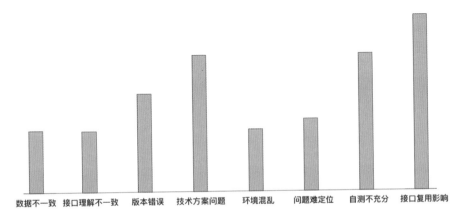

图 5-1　线上 Top 问题归因分析

在分析出线上 Top 问题后，我们针对性地构建了对应的质量保证能力。

2. QA 侧质量保证能力 Top 归类

- 接口测试。

- 上线流程规范。

- 单元测试。

- 代码覆盖率。

- 研发流程规范。

这时，得到的结论并不是最终结论，也不能直接把这些 Top 质量效能手段作为接下来行动的优先级，因为保质提效不仅需要从 QA（质量保证）的视角产出方案，而且需要 RD（研发工程师）的配合协作，所以接下来还应该采取如下措施。

- 与研发主管和业务 RD 讨论，确定优先级。

- 需要大家对目标形成一致的认知，打配合战。

通过与研发人员的密切沟通，获知 RD 视角的 Top 方案。

3. RD 侧 Top 痛点需求建议

- 研发流程规范：通过对研发流程进行规范，可以提高 QA 介入的程度，如在上线前，需要 QA 在确认、设计评审、上线发布步骤、自动化测试通过、版本发布控制等环节介入。

- 线下测试能力补充：单测和接口测试如何保证有效地发现真实问题；核心接口 case、自动查找上游服务、安全等原子能力的建设。

- 线上监控：QA 牵头梳理现有监控及代码覆盖率的情况，保证监控指标的完整度（如数据不一致、信息不展示等问题），能否通过自助/辅助排查工具进行问题定位等。

将 QA 侧 Top 优先级事项和 RD 侧 Top 痛点需求进行整合，就明确了需要提高优先级的事情，如下。

- 研发流程规范（研发流程和上线流程）。

- 线下 CI 能力建设。

由此，我们通过对线上问题的综合分析，与各个业务人员密切沟通，确立了后续重点跟进项，以此展开，即可搭建整体研发流程的标准化方案。

如果我们把这次对研发流程的标准化比作一场"战役"，则整体规划就可以被理解为"战役作战图"。

5.2.2 作战流程

在推进研发流程标准化的过程中，"作战图"如图 5-2 所示。

图 5-2 研发流程标准化的"作战图"

1. 建城池——测试环境建设

在研发流程标准化这场"战役"中，第一步要做的就是构建一座城池，即构建测试环境，因为后续的各种研发流程规范和 CI 原子能力建设，都需要在测试环境中执行才能发挥作用，所以在关注测试环境服务的完整性外，也要特别注意稳定性。

2. 打造核心武器——CI 能力建设

下面我们需要去打造"武器"，这里指的就是 CI 原子能力建设。其主要有两种渠道：一是在公司内寻找合适的平台方进行合作，将平台方提供的 OpenAPI 封装成原子，并接入原子市场，需要考虑避免重复造"轮子"，因为在原子市场中能力可以复用；二是通过原子自主研发补充原子市场的能力。

3. 武器使用规范——流水线建设

在打造强有力的"武器（CI 原子能力建设）"后，我们需要规范"武器"的使用，就是使流水线标准化。早期，流水线由不同的角色维护，我们统一改为由 QA 接口人维护，并将编辑权限进行收敛，同时为了适应多种开发场景，根据实际情况创建多种标准化流水线模板，并在各团队达成共识。

4. 遵守纪律——制定流程规范

在"兵强马壮"之后，我们准备召开战前动员会。在动员会上我们主要强调组织纪律，在什么阶段打什么仗，以及怎么打。这里，组织纪律指的是整体流程规范，主要包括需求流程规范、研发流程规范、上线流程规范，规范用于说明在需求阶段、研发阶段、上线阶段分别要做的事情、准入和准出的标准，以及三者的状态流转机制。

5. 协同作战——合作机制

终于准备齐全发兵了，在几场"战役"后，你会发现还有其他"部队"和你的攻击目标相同。这时，为了节约兵马，缩短"作战"时长，提高成功率，你们决定协同作战，成立"盟军"。这里的协同作战指的是合作机制，因为没有角色或者团队能够独立制定、执行和推进整个产品的研发流程标准，会涉及很多角色，如业务 RD、业务 QA、架构、SRE（网站可靠性工程师）、中台等，而良好的合作机制会起到事半功倍的效果。

6. 清缴战利品——度量指标

在终于赢得了这场"战役"之后，我们要清缴战利品，这里是指度量指标。在研发流程中，有效的度量能发挥极大作用：①指明我们在推进各种能力后所取得的效果，其不仅说明各种能力可以为当前试点业务赋能，而且对接下来想要推进的业务也能起到标杆和对照的作用，有了数据的支撑，沟通协作会更为顺畅。②通过度量指标分析哪些资源需要快速推进、哪些方案需要再回炉打磨，同时度量数据也能帮助我们制定双月决策。

整体思路如图 5-3 所示，下面我们会进行详述。

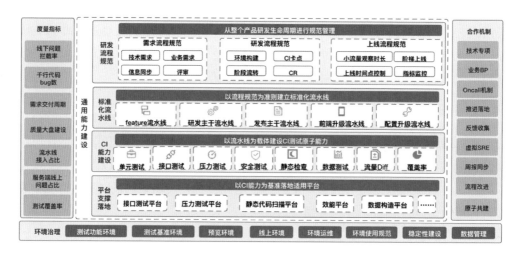

图 5-3　研发流程标准化整体思路

5.3　基础构建能力——环境治理

本节主要介绍环境治理中线下测试环境治理。线下测试环境主要分为线下基准环境和线下功能环境两种。

（1）线下基准环境：所有的微服务都需要部署在基准环境中，其主要用于配合其他业务进行联调测试，而非自身业务的迭代测试。基准环境运行的服务代码和线上代码需要一致，以保证最新状态。如果基准环境不稳定，则会影响其他业务联调测试，故基准环境的稳定性非常重要。

（2）线下功能环境：随着业务的快速迭代，可能会出现一个服务上同时有多个需求并行的情况，若只有一套环境，则会出现代码相互覆盖的情况，影响测试，因此还需要线下功能环境的存在，以满足业务自身的迭代测试，这里主要使用线下功能环境的多泳道属性。

当端上发请求时，我们利用泳道的隔离能力来区分这两种环境，如图 5-4 所示。

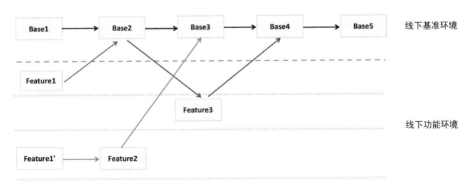

图 5-4　泳道隔离能力说明

在两种环境创建后，为了更好地确保高效地完成测试任务，还需要保证环境的稳定性和数据的丰富度，我们采取的措施如图 5-5 所示。

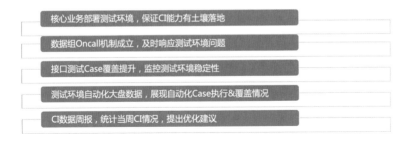

图 5-5　测试环境治理措施

5.3.1　环境稳定性

1. 接口自动化测试实例覆盖率提升

为了保证环境的稳定性，及时发现测试环境中的问题，首先使用接口自动化实例对 RPC 接口和 HTTP 接口进行覆盖，通过定时执行的方式对测试环境进行可用性检测。这里存在一个问题，即为了检测环境的可用性和稳定性，开始采用手工抓包、补充接口实例的方式比较耗费人力，同时随着业务的迭代，无法保证新的接口自动化实例能够及时跟进补充，因而后续采用流量录制和回放方式来构建测试环境稳定性监控大盘，按周对环境的稳定性进行分析。

2. 数据组 Oncall 机制

在环境使用初期，通常会出现各类问题，如环境不稳定、依赖服务未部署测试环境、组件能力不支持等。如果在环境使用初期没有满足试点业务的需求，就会逐步流失信任感，影响后续的推动。因此，我们创建了数据组 Oncall 机制，每个试点业务都会有专门的群组和 Oncall 机器人。在遇到环境问题时，@Oncall 机器人就会有专门的人员进行高效跟进，保证环境的使用体验。与此同时，Oncall 数据也可以作为分析业务在测试环境中使用痛点的有效佐证。

如果说环境稳定性的提升解决了"温饱问题（即有环境可供测试）"，那么数据丰富度就是达到"小康"的关键所在，不但要可用，更要好用。

5.3.2 数据丰富度

1. 核心业务落地

因为业务形态复杂，微服务架构在保证灵活性的同时也暴露出一个现状，即一个功能需要多个微服务配合实现，而这些微服务很可能由不同的业务团队进行迭代维护。如果只推进一个子业务落地测试环境，则这个子业务在测试过程中所依赖的其他服务，只能通过 mock 形式进行联调，就会出现部分业务逻辑不可验证的问题，而这也是业务方绝对不能接受的。因此，我们梳理了试点子业务所依赖的上下游的核心服务，推进依赖服务的落地，即从一个点出发，不断推进和扩大接入版图，每周统计不能满足的能力和所依赖的业务，持续迭代优化。

2. 数据构造平台

过去，在线上测试能够保证有各种题材和数量庞大的数据，而将测试任务转移到线下面临的一个重要挑战是，如何在线下构造丰富的数据（如 1000 万+的粉丝账号、推荐流刷出短视频、广告卡片、100 万个视频等）。另外，每类题材的数据构建方式都不一样，每个业务在测试时所需要的题材也不相同，我们无法事先构造出全量类型的数据。由于业务方最懂得业务数据构造，因此我们将目标从构造数据转为提供构造数据的工具，帮助业务方快速构造数据，开发出数据构造平台，以便通过页面拖曳方式构建场景数据，降低数据构造门槛。

在满足环境的稳定性和数据的丰富度后，业务可以在测试环境中进行功能测试和执行自动化任务，我们也会定期输出 CI 周报，统计当周业务测试环境的稳定性及未满足的场景，以此来确立后续重点事项。在完成基础构建能力——环境治理后，就要在这片"土壤"上构建对业务流程起关键作用的 CI 原子能力，即原子能力市场。

5.4 底层集成能力——原子服务市场

在构建了线下测试环境后，如何更好地发挥测试环境的作用是我们要考虑的问题。针对业务迭代，主要通过手工测试来保证质量，同时也会在测试环境中执行各类任务，以自动化手段提升效率和质量。而如何获取有效的自动化手段涉及 CI 原子服务的建设。当时，在构建 CI 原子服务前，主要存在内部重复造"轮子"和 CI/CD 能力不统一的问题。

基于上述问题，我们构建了原子服务市场，由效能部门统一提供服务市场底层逻辑，这样能达到三种效果。

（1）让开发者可以自行扩展流水线原子能力，完善自身业务研发模式。

（2）让用户和平台可以复用扩展能力，提升落地业务研发模式的效率。

（3）让优质平台能够脱颖而出，更便捷地在 DevOps 活动中输出价值。

目前，原子服务市场按照环境、开发、测试、上线、工具五个阶段进行划分。

- 环境类：包括测试环境的初始化、更新、回收、线上环境部署更新。
- 开发类：包括开发阶段用到的能力，如创建代码仓库、编译库、依赖代码库配置。
- 测试类：汇聚公司内各测试平台的能力，如静态扫描、接口测试、安全测试、数据测试、性能测试、Diff 等。
- 上线类：上线阶段拆解为各项能力，如创建升级工单、审核单、集群选择、单机房升级、小流量升级、全流量升级等。
- 工具类：在环境、开发、测试、上线四个阶段都会使用的通用能力，如通知 BOT、人工卡单、状态同步、WebHook、拉群周知等。

原子服务市场的各项能力还在不断扩展中，如图 5-6 所示。

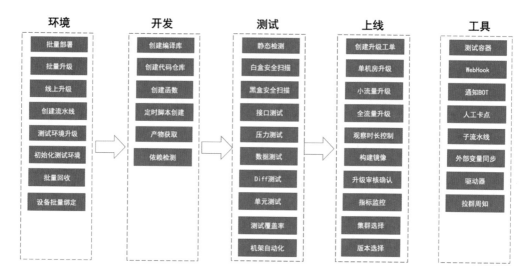

图 5-6　原子服务市场

通过原子服务市场的构建，可将公司各个业务的已有能力进行复用，也提高了业务方人员将定制原子能力不断完善并在公司进行推广使用的积极性。在效能平台、第三方平台和个人的通力合作下，原子市场中的原子能力丰富度也在不断扩充和完善。

目前，我们构建了底层集成能力——原子服务市场。接下来，如何有效发挥原子服务市场的能力，如何将其中的原子服务合理编排，就涉及中层调度能力——标准化流水线的落地实践。

5.5　中层调度能力——标准化流水线

5.5.1　背景

在构建了高稳定性测试环境及包含各类原子的服务市场后，因为不同原子有不同的适用场景，为了在各业务中进行统一，所以下一步要构建中层调度能力——标准化流水线。

构建标准化流水线是研发流程标准化中很重要的一环，相当于一条线将 CI/CD 的各项能力串联起来顺利执行。流水线属于中间层，其标准化和模板化能够方便地将业务流程管理起来，降低黑盒化的门槛，也使之后的指标度量分析更方便。

5.5.2　研发模式

流水线建设基于研发模式进行，不同研发模式所需的流水线及 CI 原子节点不同。研发模式包括单主干研发流程和双主干研发流程。

1. 单主干研发流程

（1）研发人员将开发代码 push 到分支，先在代码仓库进行部分 CI 能力检测，之后调起流水线进行其他 CI 能力检测和测试环境部署（环境用于 RD 自测和 QA 测试）。

（2）在本次迭代业务测试完成后，将代码合入发布分支进而触发上线发布流水线，进行 CI 能力检测、测试基准环境部署和线上环境部署升级，完成整个流程。详细流程可如图 5-7 所示。

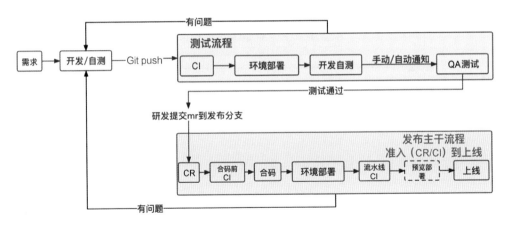

图 5-7　单主干研发流程

2. 双主干研发流程

（1）研发人员将开发代码 push 到研发主干分支调起流水线，进行 CI 能力检测和测试环境部署。

（2）将代码合入 master 触发研发主干发布流水线，并进行 CI 能力检测和测试环境部署。

（3）定时或主动触发上线发布的主干流水线，进行 CI 能力检测、测试环境部署和线上环境部署升级。详细流程如图 5-8 所示。

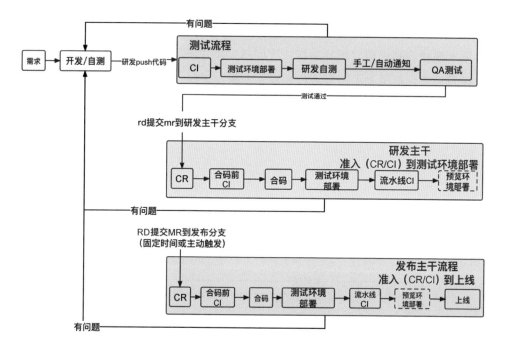

图 5-8 双主干研发流程

5.5.3 流水线总览

针对上述开发模式，我们梳理了以下几种标准化流水线的模板。

1. 自测联调阶段

（1）研发分支流水线。

作用：主要用于 RD 分支开发进行自测。

触发方式：push 代码自动部署指定测试环境。

原子能力：CI 检测能力（接口测试和安全测试）。

（2）研发主干流水线。

作用：用于日常主干开发合码（非上线流水线）和发布主干流水线配合使用。

触发方式：代码合入 master 自动触发。

原子能力：CI 检测能力（接口测试和安全测试）。

2. 部署升级阶段

（1）紧急上线流水线。

作用：在紧急情况下快速部署代码上线，节省上线流程的时长。

触发方式：手工执行或代码合入紧急分支执行。

原子能力：跳过 CI 测试能力，直接自动部署上线。

（2）上线发布主干流水线（分段上线版）。

作用：解决小流量阶段观察时长不足导致的线上问题。

触发方式：通过代码合码触发，执行 CI 能力检测，自动部署上线。

原子能力：在小流量阶段设置最短观察时长为 x min。

（3）上线发布主干流水线（可选集群版）。

作用：满足部分业务上线需要升级特定集群而非 Default 集群的需求。

触发方式：通过代码合码触发，执行 CI 能力检测，进行上线集群选择，自动部署上线。

原子能力：指定升级上线的集群，实现自定义集群上线。

通过流水线的标准化建设，将研发流转的动作进行固化，保证每个环节都能自动执行，并配有适合流水线场景的 CI 原子，将流程规范进行落地。上述模板可见图 5-9，标准化流水线编排如图 5-10 所示。

图 5-9　标准化流水线模板

流水线将原子服务市场中能力的使用进行了规范化，其本身也是一个个阶段，那么我们如何对每个阶段进行合理的编排并及时感知呢？下面我们介绍上层通用能力——研发流程规范。

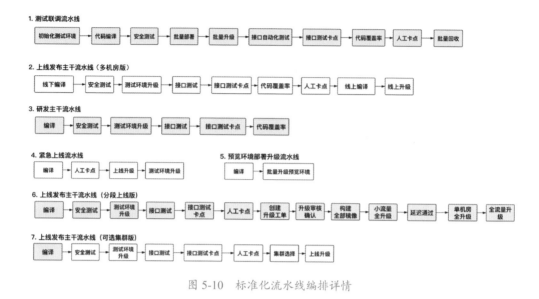

图 5-10　标准化流水线编排详情

5.6　上层通用能力——研发流程规范

在研发流程规范中，为了将研发视角和需求管理视角相结合，我们将整个研发流程规范分为全流程、研发活动和流水线 3 层，下面重点介绍全流程如何定义落地。

5.6.1　全流程

在最上层确立整个产品生命研发周期的关键节点，这样在需求管理维度上可以直接观察到当前需求所处的环节、负责人及停留时长、存在的风险等信息。

在全流程中我们定义了阶段规范，即需求流程规范、研发流程规范和上线流程规范。

1. 需求流程规范

执行步骤：

（1）RD 在需求平台建立需求工单，填写服务、分支、环境标识等信息。

（2）需求平台自动调用效能平台部署相关流水线，进行自测环境部署并附加一些 CI 检测能力。

（3）每次代码 push 会触发代码仓库的单元测试和静态代码扫描检测能力。

（4）在自测流水线测试完成后，RD 通知 QA 进行测试。

（5）在 QA 测试和 CI 自动化测试都通过后，才可以合入代码进入主干部署阶段。

需求平台涉及的前后端需求如图 5-11 所示。

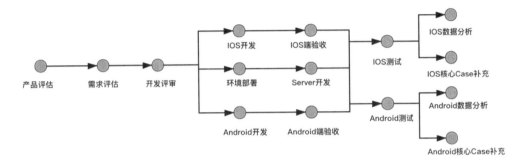

图 5-11　前后端需求流程

需求平台涉及的纯服务端需求如图 5-12 所示。

图 5-12　后端需求流程

2. 研发流程规范

执行步骤：

（1）在将代码合入 master 后进行触发。

（2）编译最新代码，执行测试环境部署。

（3）执行 CI 检测能力（接口测试、安全测试和代码覆盖率）。

（4）在基准环境部署成功和 CI 检测通过后才可以进入发布上线环节。

研发流程规范中的 CI 检测能力如表 5-1 所示。

表 5-1   研发流程规范中的 CI 检测能力

CI 检测能力	部署位置	阶段
接口测试	主干流水线	代码合入 master 后
安全测试	主干流水线	代码合入 master 后
代码覆盖率	主干流水线	代码合入 master 后

准出标准：

（1）接口测试实例通过率为 100%。

（2）安全测试实例通过率为 100%。

（3）代码覆盖率为 80%。

3. 上线流程规范

执行步骤：

（1）RD 点击通过人工卡点，以确定本次代码需要部署上线。

（2）触发上线部署各个节点：小流量、单机房和人工卡点。

上线流程规范中的 CI 检测能力如表 5-2 所示。

表 5-2   上线流程规范中的 CI 检测能力

CI 能力	部署位置	阶段
小流量观察时长	发布流水线	上线卡点通过后
单机房观察时长	发布流水线	上线卡点通过后
接口自动化测试	发布流水线	代码合入发布分支后

准出标准：

（1）小流量升级完成后至少观察指标大盘 10min。

（2）单机房升级完成后至少观察指标大盘 10min。

（3）小流量阶段接口测试通过。

通过对需求流程规范、研发流程规范和上线流程规范进行准入准出的标准建设，我们将产品的全生命周期流转进行了统一。

5.6.2　研发活动

研发活动层属于中间层，主要作用是将全流程层和流水线层进行绑定并使其状态同步，以满足全流程层可以在特定阶段调起流水线部署测试环境或者上线。比如，在全流程中的服务开发阶段，会自动调起测试流水线部署测试环境供 RD 自测和 QA 测试，在上线阶段则会自动调起发布流水线，按照编译、小流量、单机房、全流量的顺序进行上线部署。同时，流水线各种 CI/CD 原子执行的状态最终也会展现在全流程的某个节点中，以帮助研发人员更好地判断当前项目的情况。

5.6.3　流水线

流水线层已经详细介绍。

整个研发流程规范落地如图 5-13 所示。

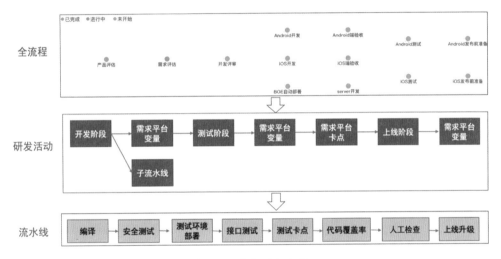

图 5-13　整体研发流程

通过全流程、研发活动和流水线，即可完成需求管理维度和研发维度的绑定及状态同步，至此中间四层能力的构建完成。通过它们的相互协作可以进行业务需求的持续测试和交付，但要注意的是，它们涉及很多角色，如业务 RD、QA、SRE、架构、BP 等，只有大家通力合作才能让四层能力稳定、流畅地执行起来，这时就涉及合作模式了。

5.7　合作模式

5.7.1　合作角色

在研发流程标准化建设中，只有多团队和多角色相互配合才能真正将标准化落地到业务并产生实际效果，其中主要包括以下四种角色。

1. 基础架构团队

基础架构团队主要维护一体化的效能平台。在流水线构建方面，他们提供基础的流水线模板，如前端、后端、配置变更等流水线模板，通过将各个平台串联起来实现整个流程流转。在 CI 原子服务市场方面，他们属于整个市场的搭建方，提供标准化服务底座，方便各平台方或个人基于服务底座开发自己的定制化原子，入驻原子服务市场，同时也将优秀原子服务推广到公司其他业务中。

2. 业务落地团队

业务落地团队主导落地 DevOps 最佳实践，通过对业务深入调研了解业务当前所处的阶段，按照业务的实际需求构建适用场景，定制研发规范及流水线方案；同时，将各业务方的诉求汇总、梳理，统一反馈给基础架构团队或工具研发团队，推进其进行迭代优化，在推进业务落地过程中产生最佳实践方案，并在全公司进行推广。

3. 工具研发团队

工具研发团队主要提供高质量的平台和工具，如接口测试平台、压力测试平台、静态代码扫描平台、安全测试平台、服务部署平台等，每个平台都会提供一种或几种专项能力，为业务解决相应场景的问题。与此同时，工具研发团队也需要将平台能力进行原子化，以方便效能平台统一调用，串联整个研发流程。

4. 业务研发团队

业务研发团队主要进行 DevOps 能力的使用，将业务落地团队提供的整体方案在自己的业务中进行落地，提出对方案的优化建议，同时从业务角度出发及时反馈针对 DevOps 的需求和痛点。

不同角色之间的关系如图 5-14 所示。

不同角色的工作重点如下所示。

- 基础架构团队：维护一体化的效能中台，提供标准底座和开放能力。

- 业务落地团队：主导落地 DevOps 实践，感知效能现状，为业务按需配置和定制场景。

图 5-14　不同角色之间的关系

- 工具研发团队：提供高质量的平台和工具，并做到可集成、可定制。

- 业务研发团队：实践 DevOps，及时反馈和提出优化建议。

DevOps 实践并不是一成不变的，需要因时、因地、因人持续优化。

在整个 DevOps 实践落地过程中，业务落地团队属于中间层，在基础架构团队和业务研发团队之间起到桥梁的作用，下面我们着重介绍业务落地团队的合作模式。

5.7.2　业务落地团队的合作模式

业务落地团队主要有技术专项和业务 BP 两种角色，他们的工作方向一致，包括全流程规范管理、CI 能力建设、度量指标，但具体内容有所不同。

1. 技术专项角色

技术专项角色的工作内容偏向于基础架构团队的工作内容，侧重于提供整体方案。

全流程规范管理：

（1）提供全流程规范管理方案。

（2）跟进规范落地实践效果。

（3）解决试点业务规范使用问题。

（4）收集业务痛点，推进平台迭代优化。

CI 能力建设：

（1）提供 CI 测试能力的配套使用说明。

（2）根据业务需求定制化建设对应的 CI 能力。

（3）处理 CI 能力落地过程中的问题。

度量指标：

（1）建立公共数据看板。

（2）根据业务需求建立定制化的数据看板。

（3）提供整体成熟度度量标准。

2. 业务 BP 角色

业务 BP 角色的工作内容偏向于业务研发团队的工作内容，侧重于方案实践。

全流程规范管理：

（1）让流程规范在业务中推广落地。

（2）收集使用痛点及使用效果。

CI 能力建设：

（1）CI 自动化能力接入。

（2）通过效果，反馈业务使用的问题。

（3）自研 CI 节点并入驻原子服务市场。

度量指标：

（1）调研并梳理定制化度量指标。

（2）根据成熟度确立业务提升计划。

下面就要盘点"收获的果实"了，即度量指标。

5.8　度量指标

在研发流程标准化过程中，度量指标是极为重要的一环。有效地度量指标不仅能对已经落地的能力进行效果衡量，获取真实的效果数据，激励团队继续前进及推进其他团队的落地接入，而且能对已有方案进行客观的评价和查漏补缺，不断对方案进行迭代完善。

研发流程标准化建设的终极目标是提效保质，我们将指标分为交付效率和交付质量两种类型，它们都对应需求、开发、测试、发布四个阶段。

5.8.1　交付效率

（1）交付效率（需求）：主要关注需求阶段的需求吞吐效率，包括需求落地平台数、需求交付周期、需求交付吞吐量，以此衡量业务团队在需求维度上的事件处理效率。

（2）交付效率（开发）：主要关注开发阶段的相关指标，对应的角色是 RD，包括代码提交次数、服务接入测试环境概率、每次提交行数等。

（3）交付效率（测试）：主要相关角色是 QA 和 RD，主要关注测试阶段的相关指标，包括测试用例数量、CI 测试任务执行时长、漏洞解决时长等。

（4）交付效率（上线）：上线阶段会对每个工单进行审查，查看步骤是否符合规范，包括使用功能环境进行测试比例、使用流水线部署环境比例等。

5.8.2　交付质量

（1）交付质量（需求）：主要关注需求评审阶段的需求通过率和变更率。

（2）交付质量（开发）：主要相关角色是 RD，关注技术方案评审通过率、代码提测成功率、代码提测打回次数分布、自动化任务执行成功率、RD 自测时的环境稳定性。

（3）交付质量（测试）：测试阶段的指标分为过程指标和结果指标两种。

① 过程指标：可理解为"苦劳"，指业务接入了哪些能力，如接口自动化的覆盖率、单元测试接入率和指标卡点的开启率、静态代码检查接入率和卡点率、安全测试接入率、代码覆盖率等；也可指做事的过程，用来衡量业务各项能力接入的程度。

② 结果指标：可理解为"功劳"，指接入过程指标中对应的各项能力，能真正保证质量，为业务带来真实收益，如接口自动化测试线下问题拦截率、单测问题拦截率、静态代码检查问题拦截率、安全测试问题拦截率、千行代码漏洞率等，用来

衡量 CI/CD 能力接入后带来的实际效果。

（4）交付质量（上线）：上线阶段会关注部署次数、线上问题平均解决时长、上线异常率、单位时间的线上问题数等，以此来衡量上线过程的质量。

度量指标是一个动态过程，不同阶段关注的重点也不同。

5.9 总结

5.9.1 产生的效果

在推进研发流程标准化落地后，业务产生的效果如下。

（1）业务在最初阶段只有不到 20%的服务接入了流水线，目前 95%以上的业务都接入了标准化流水线。

（2）流水线原子能力标准不统一的问题，通过构建多条标准化流水线予以解决，各个团队的业务使用同种研发流程，方便对能力的统一管理及数据收集。

（3）在 CI 能力未补齐阶段，线下发现漏洞主要依靠手工测试，随着原子服务市场的构建，以及各部门的 CI 原子服务逐渐入驻市场，流水线上的检测能力也在不断完善。在线下拦截有效问题的占比中，利用自动化手段发现问题的占比不断提升，我们也在逐步推进无人测试流水线的落地，期望能通过自动化能力更好地保证质量。

（4）原来，代码的变更上线大部分都通过手工完成，随着流水线的不断推进落地及相应规范的培训，80%的服务在部署测试环境及上线过程中都使用流水线进行，而通过流水线对上线各阶段的指标观察时长的控制，也降低了因上线流程不规范导致的线上问题的比例。

整体而言，研发流程标准化给业务带来了实实在在的收益，我们在推进中也有几点感悟。

（1）研发流程没有最佳实践，最佳实践是一个不断优化的过程。根据不同业务的形态、团队、公司基建，甚至是推进负责人的方案，最终产生的研发流程都不同，只能说目前的研发流程是在当前状态组合下较为合适的一种方案。

（2）不要有完美主义。在研发流程的整个推进过程中，在很大程度上都是"摸

着石头过河",走一步才能知道下一步该怎么走。如图 5-15 所示,我们的研发流程
不应该是一开始就造汽车,如果按照先做轮子再做底盘,最后组装成车的方式,可
能一年后业务才能使用,这时会发现有很多问题。如果再在汽车上改动,成本就会
增加几倍,也会消磨大家的信任感。我们更希望研发流程是一个个通关小游戏,找
两个轮子就能交付一辆滑板车,给业务试用,有问题再改进,用好了再迭代新能力,
使之变成自行车、摩托车,最后才是汽车,甚至超预期做出飞机。在这期间,业务
要不断地根据反馈收集效果,更正方案,持续迭代,以更加契合现状。

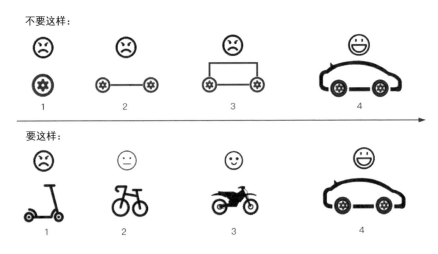

图 5-15   研发流程比较

5.9.2   "四横二竖"

我们将整个思路进行总结,即为"四横二竖",如图 5-16 所示。

图 5-16   整体思路回顾

1. "四横"

（1）基础构建能力——环境治理：这是整个研发流程落地的底座，通过环境治理可以提供一套稳定性好、数据丰富度高的测试环境，以保证后续原子、流水线、规范有"土壤"来落地。

（2）底层集成能力——原子服务市场：构建一个开放的原子服务市场，公司内部各平台合作提供原子入驻原子服务市场，其他业务可以进入其中挑选适用的原子，拼接组建流水线。

（3）中层调度能力——标准化流水线：通过构建多条标准化流水线模板，将流水线的编辑权限进行收敛，保证流水线的统一性，方便能力配置和更新及数据度量。

（4）上层通用能力——研发流程规范：包括全流程、研发活动和流水线三层，分为需求流程规范、研发流程规范和上线流程规范，同时将需求维度和研发维度进行关联，实现状态同步。

2. "二竖"

（1）合作模式：研发流程标准化需要多个团队、多种角色共同配合执行，主要分为基础架构团队、业务落地团队、工具研发团队、业务研发团队，大家各司其职，通力配合。

（2）度量指标：分为交付效率和交付质量两个方面，它们在需求、开发、测试、上线四个阶段分别制定指标，以指标去衡量效果，也为后续方案优化做数据支撑。

以上就是整个研发流程标准的落地过程，DevOps 没有最佳实践，我们始终在路上。

第 6 章 软件测试效能提升实践

🌐 本章思维导图

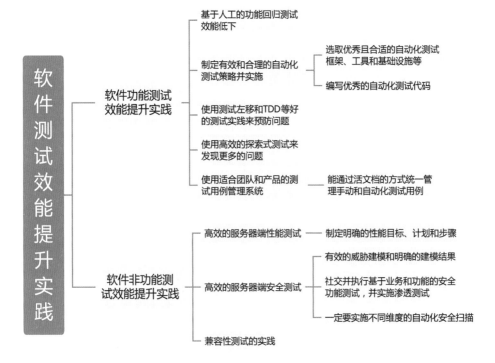

随着软件开发的规模越来越大，复杂度越来越高，软件测试也越来越困难和复杂，成本也越来越高。因此，提升软件测试效能就成为提升软件整体开发效能的关键一步。影响软件测试效能的主要因素包括：

（1）测试策略和测试管理的合理性。

（2）测试用例的有效性和覆盖率。

（3）自动化测试代码的质量、执行速率和稳定性。

由此可见，我们可以通过制定合理的测试策略和测试管理流程，提高测试用例的有效性和覆盖率；还可以通过提升自动化测试代码的质量、执行速率和稳定性，来提升软件测试的效能。软件测试一般分为功能测试和非功能测试。对于这两类测试，只要能充分优化上面的主要因素，都可以有效提升其效能。其中，测试策略、测试管理和测试用例的有效性都需要扎实的理论知识和丰富的经验，自动化测试也需要丰富的软件开发知识与经验。提升软件测试效能是一个复杂的系统工程，只有从多个方面进行思考和实践，才能真正达到目的。

6.1 软件功能测试效能提升实践

要想提升测试效能，首先要提升软件功能测试的效能，因为其是软件测试的核心。如果功能测试无法完成，就无法确认软件功能是否正常，团队就缺少交付软件的信心，甚至不敢交付。在中大型系统中，功能测试的数量是很庞大的，如果功能测试工作的效能很低，则一定会影响整个软件的研发效能。因此，对于中大型系统，提高软件功能测试的效能势在必行。

软件功能测试主要是指通过测试软件业务的功能，尽可能地证明软件业务功能没有问题，在正常运行，增加大家的信心。当前，功能测试主要分为两类，即基于API 的接口功能测试和基于 UI 的界面功能测试，而其实施体系主要有以下 3 种。

（1）在大部分以传统业务为主且技术能力不高的企业中，软件功能测试主要是在功能开发完成后，靠人工执行的全量功能测试。

（2）在不少新兴的中小型互联网企业，或者技术能力好一些的传统企业中，软件功能测试主要是在功能开发完成后，对核心功能及主要的功能实施的自动化测试，以确保在持续开发过程中主要功能不会被破坏，而在发布某个版本之前，做全量手动回归测试。

（3）在一些技术能力很强且质量需求和意识很高的软件企业中，功能测试主要以测试前移为主，再加上 TDD（测试驱动开发），以实施高覆盖率的自动化测试为主，辅助做一些手工探索式测试，从而实现持续交付高质量的软件系统。

这 3 种实施体系是非常典型的做法，还有不少公司介于它们之间，其核心区别只是自动化功能测试覆盖率不同，编写的时机和人员不同。

首先，要实施自动化功能测试，需要有设计好的测试用例。一般不能让自动化测试开发者自由发挥，一边想用例，一边写自动化测试代码。因为这样不但容易出现重复测试，或者测试遗漏，还很难计算测试覆盖率，特别是在多人协同开发自动化测试时，所以最好是在完成功能测试用例设计后，再实施自动化功能测试。

其次，设计和使用功能测试用例的时机可以在开发人员开始开发之前，也可以在开发人员开发过程中或者开发完成之后。现在，大部分软件开发项目都是在开发过程中开始设计测试用例，或者在功能开发完成之后，只有少部分项目是在功能开发之前。如果能在开发之前设计测试用例，就可以使用这些用例实施 TDD 中的 ATDD（验收测试驱动开发），帮助开发人员更加深入地理解验收条件，并驱动开发人员开发出符合验收条件的软件系统。因此，在实施 ATTD 的情况下，功能测试用例应该先在开发过程中被开发人员使用，然后加入持续流水线被持续使用。

如果没有使用 ATTD，功能测试用例则是在功能开发完毕之后被使用，延长了它们的反馈周期。如果最后在手动测试完也没自动化它们，那么在未来的持续交付和维护过程中只能持续手动执行，而不能在构建流水线中持续执行。对于开发和维护周期较短的小规模项目，只使用手动执行功能测试用例就可以满足测试需求。但是对于开发和维护周期长且规模大的项目，手动执行功能测试用例的成本是巨大的。对于这样的项目，自动化测试是必须的，而且一般情况下越早实施收益越高。但是收益高的前提是团队有足够的能力实施自动化测试，如果自动化开发人员的能力不足，则会导致投入过多的开发时间。如果自动化测试的架构和代码质量也差，就和产品代码一样，在产生大量的技术债后导致自动化测试代码腐化，从而导致自动化测试的维护十分困难。

因为自动化功能测试覆盖率常规的计算方法是自动化功能测试用例数/功能测试用例总数，所以功能测试用例的有效性和数量直接影响自动化功能测试的覆盖率，故不能为了追求高覆盖率而故意减少测试用例的数量或者降低测试用例的有效性。对于测试的代码覆盖率，现在已经有成熟的技术进行度量，但是对于功能和验收条件的覆盖率，以及自动化测试的有效性，则难以进行度量。不过，最近几年出现的变异测试（Mutation Test），在一定程度上可以对自动化测试的功能覆盖率和测试有效性进行一定的度量。

最后，对于探索式测试，其实其在大部分情况下主要是功能测试，发现的主要也是功能的问题。但是由于探索式测试很难被度量，因此其很难得到管理人员的认可，从而很难被实施。这都源于我们对探索式测试的误解，因为探索式测试的落地实践可以被度量，并且落地实施也有明确的步骤。但是对质量要求不高的项目没有必要投入资源实施探索式测试，而对质量要求相对较高的项目则有必要实施探索式测试。在敏捷开发项目中，探索式测试是必不可少的组成部分，并且贯穿敏捷软件开发的整个生命周期。

如果想有效地提升测试效能，优秀的自动化测试是最主要的实践。除了自动化测试，测试前移和测试驱动开发、高效的探索性测试、适合团队的测试用例管理系统，以及全程持续化的测试流程等，也同样可以有效提升测试效能。

6.1.1　有效的自动化测试策略

自动化测试是影响测试执行效率最为主要的因素，而良好的自动化测试策略是实施自动化测试的第一步。因为好的策略可以帮助团队排好测试任务优先级，合理分配测试资源，在有限的时间和人力资源的情况下，提高自动化测试实施的价值。

首先，对于小规模的自动化测试，测试策略就是全做，而对于大规模的自动化测试，测试策略则极为重要，因为规模较大时，开发和维护的成本就和软件开发一样快速增加。其次，对于规模较大的项目，在大部分情况下测试资源都是不足的，需要对测试工作划分优先级和权重，如经典的测试金字塔模型、钻石模型等。这些模型都是在理想情况下的测试策略模型，而在真正的实践过程中，它们只能作为一个参考。在真实的项目中，我们需要根据不同质量需求的优先级、不同的资源情况、被测系统类型等因素定制自动化测试策略，从而可以更加有效地实施自动化测试。下面是针对两个不同类型的软件系统，定制的自动化测试策略。

自动化测试策略一：Web 应用系统示例，如表 6-1 所示。

表 6-1　Web 应用系统的自动化测试策略

质量需求优先级	质量需求	测试类型	限制	实施	测试优先级
1	功能正确	功能测试、接口测试	有一个第三方服务没有测试环境，只能在线测试	•基于功能点或者故事卡进行独立的手动测试； •根据功能流程的重要程度和影响确定优先级，并根据优先级编写自动化测试； •暂定使用 Cypress 和 Hoverfly	1
1	持续交付	单元测试、集成测试	开发人员不熟悉单元测试技术和测试驱动开发，需要时间学习	•尽量使用测试驱动开发，如果无法进行，则需要在功能开发完之后补上单元测试； •团队目标是前端单元测试覆盖率大于 40%，后端测试覆盖率大于或等于 90%； •针对发现的缺陷添加额外的单元测试； •暂定使用 JUnit 和 Mocha	1

续表

质量需求优先级	质量需求	测试类型	限制	实施	测试优先级
1	快速响应依赖服务的变化	契约测试	服务端不同意进行契约测试，只能先做服务端的集成测试	•通过自动化测试框架对每一个服务至少写一个集成测试，对于重要的服务需要覆盖其主要流程； •暂定使用 Pact	2
2	安全很重要	安全测试	团队人员不熟悉安全测试，需要聘请第三方安全测试人员	•做一些简单的基于代码的安全扫描； •做一些基于业务的安全测试，如跨用户访问、跨部门访问等； •工具为 ZAP 或者 Burp	2
2	性能需求较高	性能测试	硬件资源有限，无法做超高并发	•各种性能需求指标； •暂定 Gatling	2
3	稳定性需要考虑	Monkey Test，FIT	需要额外的资源来做这些测试	通过基于整个系统角度的探索性思考来设计异常测试用例； • 开发一款 Fuzzing 或者 Monkey Tool	3

自动化测试策略二：移动应用软件示例，如表 6-2 所示。

表 6-2　移动应用软件的自动化测试策略

质量需求优先级	质量需求	测试类型	限制	实施	测试优先级
1	功能正确	功能测试	有一个第三方服务没有测试环境，只能在线测试	基于功能点或者故事卡进行独立的手动测试； 根据功能流程的重要程度和影响确定优先级，并根据优先级编写自动化测试； 暂定选用 Appium 或者 Macaca	1
1	持续交付	单元测试，集成测试	开发人员不熟悉单元测试技术和测试驱动开发，需要时间学习	尽量使用测试驱动开发，如果无法进行，则需要在功能开发完之后补上单元测试； 团队目标是移动端单元测试覆盖率大于30%，服务端单元测试覆盖率大于 85%； 针对发现的缺陷添加额外的单元测试； 暂定使用 JUnit	1
2	快速响应依赖服务的变化	契约测试	服务端不同意进行契约测试，只能先做服务端的集成测试	通过自动化测试框架对每一个服务至少写一个集成测试，对于重要的服务需要覆盖其主要流程； 暂定使用 JUnit 和 Pact	2
2	安全很重要	安全测试	团队人员不熟悉安全测试，需要聘请第三方安全测试人员	做一些简单的基于代码的安全扫描； 做一些基于业务的安全测试，如跨用户访问； 工具待定	2

续表

质量需求 优先级	质量需求	测试类型	限制	实施	测试优 先级
2	需要兼容 10款手机	兼容性测 试	硬件资源有限，需要 使用第三方云测试 服务	购买第三方云测试服务； 工具暂定Testin或者Testbird	2
3	稳定性和 性能需要 考虑	Monkey 测试、异 常测试、 性能测试	需要额外的资源来 做这些测试	通过基于整个系统角度的探索性思考来 设计异常测试用例； 暂定使用Android Monkey和Profiler	3
3	易用性也 需要考虑	易用性测 试、用户 测试、UI 视觉测试	开始用户量小，易用 性测试和用户测试都 可以使用众测方式获 取测试结果和测试用 例数据。在产品上线 并有一定用户量时团 队可以自己做	使用第三方众测； 暂定使用第三方APPlitools	3

根据这样的测试策略，结合项目的开发周期和流程管理，可以制订合适的自动化测试计划，从而更加合理且顺利地实施自动化测试。在流行的敏捷开发流程中，由于具有持续迭代开发的特点，持续自动化测试已成为其中最为重要的自动化测试策略和实践。下面分别是敏捷开发中两个典型的测试模型。

1. 典型实践模型

典型实践模型的结构如图6-1所示。

敏捷测试的生命周期（经典模型）

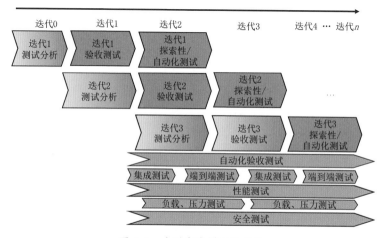

图6-1　典型实践模型的结构

目前，很多团队的自动化都是按照典型实践模型来实施的，因为资源和时间有限，往往迭代的末期都比较忙，特别是在自动化测试不足的时候，所以在很多情况下，迭代 1 的探索性测试和自动化测试会放在迭代 2 的开始阶段补充。这样做的缺点是在迭代结束时可能无法交付迭代产出给用户，从而无法实现每个迭代的持续交付。因此，对于资源充足和技术能力足够的团队，还是建议在当前迭代完成所有的测试工作。

2. 最佳实践模型

最佳实践模型的结构如图 6-2 所示。

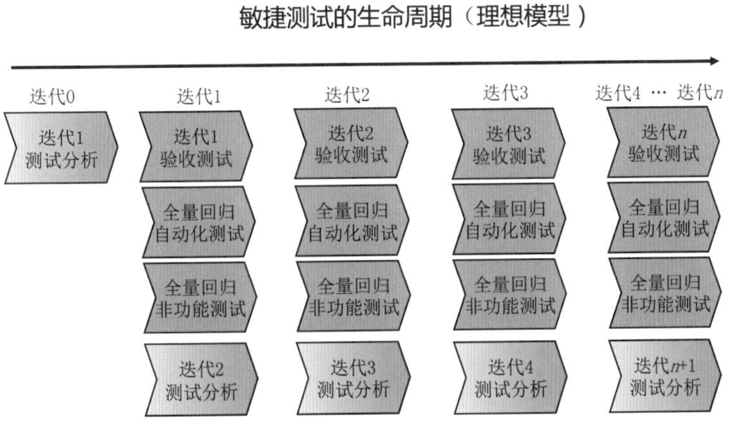

敏捷测试的生命周期（理想模型）

图 6-2　最佳实践模型的结构

在理想的情况下，自动化开发人员的技能满足自动化测试开发，并且开发资源（包括人力资源和时间资源）能够保证当前迭代中所有故事卡的所有自动化测试开发完成，并且还要保证全量自动化回归测试全部通过。但是在实际情况中，往往会出现开发人员技能差和开发资源不足等情况，因此需要根据实际情况选择并定制典型、适用的实践模型来实施自动化测试。

6.1.2　自动化测试的框架和工具分类

业界有很多自动化测试的框架和工具，但是真正好用的都需要自己编写代码，这类自动化测试的本质就是软件开发。而好的软件代码都具有高内聚、低耦合、易扩展、易调试的特点，因此好的自动化测试也需要具有这些特点。因为自动化测试的框架和工具很多，所以选择适合团队和产品的框架和工具是比较困难的。自动化测试的框架和工具的分类往往基于测试类型进行,如分为单元测试框架、API 测试框架、Web UI 测试框架、Mobile 测试框架等。但是这样的分类很难指导对同一类型的测试框架进行选择,我们根据自动化测试代码的呈现方式和管理方式将其分为四种类型:函数型、单领域语言型、多领域语言型和富文档型,从而帮助大家更容易地对同一类型的测试框架进行选择。

1. 函数型

函数型自动化测试框架是第一代自动化测试框架,也是最轻量级的测试框架。它通过函数的方式来定义测试用例,并且通过管理这些函数的调用来管理测试用例,从而快速实现自动化测试,如 xUnit 等。

2. 单领域语言型

由于函数型的自动化测试框架很难通过函数名去描述一个测试用例的内容,因此为了更清晰和容易地描述测试用例,出现了单领域语言型的自动化测试框架,如 RSpec、Jasmine、Mocha、Robot Framework 等。

3. 多领域语言型

由于单领域语言型的自动化测试框架对每个测试用例只能使用一句 DSL(领域特定语言)来描述,不能很好地体现测试用例场景,如测试的前提、行为和结果等。为了能在测试用例层更清晰地描述测试用例的行为和测试数据等信息,出现了多领域语言型的自动化测试框架,如 Cucumber、JBehave、SpecFlow、Robot Framework 等。

4. 富文档型

对于一些十分复杂的场景,需要通过富文档的方式来描述软件测试场景,甚至需要一些业务流程图或者系统用户界面等,如 Concordion、FitNesse、Guage 等。

自动化测试的代码实现层一般与编程语言强相关,而主流的编程语言比较少,选择起来比较容易。一般建议选择团队大部分成员都熟悉的编程语言,这样可以促使整个团队来对自动化测试进行开发和维护,或者选择有特定测试库的编程语言,如需要使用 Scapy 时就只能选择基于 Python 的自动化测试框架。在确认自动化测试开发语言后,真正的问题是如何在众多的自动化测试框架里面选择合适自己的自动化测试框架。你可以根据以上四种类型来进行选择,从而缩小选择范围。

如果团队只是需要快速实现自动化测试,没有知识的传递问题,也不需要与业务分析人员和产品经理等非技术人员进行协作开发，那么可以选择函数型自动化测试框架。

如果需要解决知识传递问题，让测试用例更可读和易懂，并且没有非技术人员参与协作开发，这时可以选择单领域语言型自动化测试框架。

如果需要进一步解决和非技术人员协作开发的问题，并且想有一套简版的活文档，那么可以选择多领域语言型自动化测试框架。

如果想让测试用例拥有更为丰富的表现力，如包含一个流程图来说明被测场景的流程，或者使用不同的格式或者表格来描述用例的细节，以及拥有一套丰富的活文档，这时就可以使用富文档型自动化测试框架。因为当前的富文档型测试框架在编写用例时需要一定的技能，所以非技术人员很难直接参与编写，并且其编写及维护成本很高，可能会使自动化测试开发人员使用的意愿不是很高。

不管选择哪种类型的自动化测试框架，都需要编写高内聚、低耦合、易扩展、易调试的自动化测试代码，并且需要持续重构改进，防止代码腐化，以便自动化测试可以更容易地持续开发和维护。除了实用和适用的测试框架，还需要选择并建设良好的自动化测试基础设施，如选择并使用虚拟化、容器化、Serverless 化、测试服务化等技术和方法，让自动化测试的基础设施可以更加高效地被建设和维护，从而全面地提升实施自动化测试的效能。

6.1.3　使用好的测试实践

在众多测试实践中，最能有效地预防功能性问题，并且能帮助提升功能测试有效性的是测试左移和 TDD。测试左移主要是指将测试工作（如测试分析和测试设计等）在软件开发生命周期中向左移动到开发之前和业务分析工作中去，然后在业务分析和软件设计工作中，通过相关的测试实践去发现软件业务和软件设计中的问题，并修复问题，这样有助于设计出有效性和准确性更高的验收标准和测试用例。这样的验收标准和测试用例还可以用于驱动开发，从而可以有效地提高 TDD 的实施效率。而 TDD 本身也是一种很好的测试和开发实践，首先，它有一种正确的软件开发套路，它通过测试先行，尽可能保证需求的正确性，并且在代码编写过程中通过正确的测试用例来确保代码的正确性，从而尽可能确保开发出来的软件能满足正确的需求。其次，它是一种正确的软件可视化设计方法，因为测试用例一定是在设计和编写出来后可以被阅读的，并且在编写代码的过程中执行测试，通过测试结果的红/

绿（Fail/Pass）可视化来判断代码是否满足需求。最后，它还是一种提高软件认知能力的方法，通过分析大量的业务知识，设计大量的测试用例，尽可能地深入理解被开发的软件，从而提高对软件的认知能力。

　　根据业界的定义和经验，TDD 可以分为 UTDD 和 ATDD。在实施 TDD 的时候，需要根据项目的实际情况，如质量需求、技术能力及资源情况来选择。无论是选择 UTDD 还是 ATDD，核心实践都是测试先行，并用测试驱动软件开发。图 6-3 所示为 TDD 的实施过程。

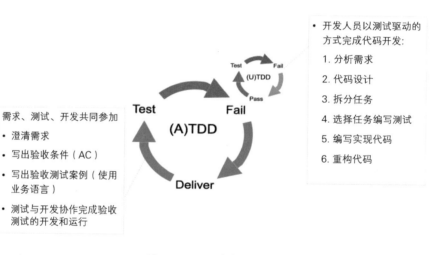

图 6-3　TDD 的实施过程

　　成功实施 TDD 最为核心的两项能力是自动化测试开发能力和代码重构能力。其中，自动化测试开发能力是指熟练使用各种自动化测试框架，将前面设计出来的测试用例进行自动化。UTDD 常用的自动化测试框架有 JUnit、Jasmine 等，ATDD 常用的自动化测试框架有 Cucumber、Robot Framework 等。只有将测试用例自动化之后，才能快速地进行回归测试，从而进行代码重构。而良好的代码重构能力，是代码质量内建、防止代码腐化，以及保障代码易于维护的关键因素之一。如果没有能力或者不愿意对代码进行重构，就很难持续实施 TDD。

　　要想实施一套完整的 TDD，还需要具有持续改进的能力，不仅需要对代码进行持续改进，即代码重构，还需要对自动化测试的代码、测试用例设计和业务分析进行持续改进。只有对 TDD 各个步骤和环节都进行持续改进，才能更好地实施 TDD。

　　在实际工作中，要想实践 TDD，首先要转变思维——测试前移（即测试左移），将测试用例分析、设计和实现前移到编写代码之前。这里的测试可以是基于代码单元的单元测试，也可以是基于业务需求的功能测试，还可以是基于特定验收条件的验收测试。其次要帮助开发人员，主要是帮助开发人员理解软件的功能需求和验收条件，帮助其拆分任务、思考和设计代码，从而达到驱动开发的目的。因此，TDD可以帮助开发人员分析和理解需求，并且有效地减少过度设计，获得大量有效的测试用例（手动/自动），以及快速获得反馈，从而有效减少返工，提高代码的内在质量，最终提升研发效能。

6.1.4　使用高效的探索式测试

1. 历史与简介

早在 1984 年，Cem Kaner 就提出了探索式测试（Exploratory Testing），并首次定义它是"一种测试风格，主要强调个人的自由与责任，让独立的测试人员可以持续地通过相关学习、测试设计、测试执行等活动来改善测试工作的质量"。

到 20 世纪 90 年代，Cem Kaner 又在 *Testing Computer Software* 一书中第一次正式发布了探索式测试方法论，从此探索式测试正式进入测试领域，并且引起了业界的关注，很多测试人员也开始实践这种测试方法。

从 Cem Kaner 给出的定义可以看出，探索式测试的提出主要是为了解决当时测试成本高、效率低、僵化和墨守成规的问题。因此，探索式测试最主要的目的是节约测试成本，以最少的资源投入发现更多的缺陷与问题，从而实现快速测试，并获得较高的测试投资回报比。但是，当时定义的探索式测试最大的问题是难以知道测试过的用例，从而难以度量产出。

后来，James Bach 根据自己的理解重新定义了探索式测试，他将传统的测试行为分为检验（Verification）和测试（Test）。所谓检验，就是使用确定的测试步骤或者测试脚本来检验系统，而测试则是通过对未知的探索、学习和实验等一系列科学手段，发现并设计出新的测试用例，最后执行这些测试用例来验证系统。因此，他认为真正的测试都需要探索，而探索式测试的核心是测试分析和测试设计，如果要度量探索式测试的产出，则应该和测试工作一样，度量测试分析和测试设计的产出，即测试用例。不过很多测试人员在实施探索式测试时并不会产出测试用例，导致探索式测试很难度量。良好的、可度量的探索式测试需要产出测试用例或者测试点，其中测试用例也分为多种类型，一般探索式测试产出的用例会使用场景式（Scenario），而不是步骤式（Step），从而可以节约一定的成本。

说明：本文后面都假设资源足够，以测试用例作为产出进行讨论。如果是资源不足的项目，将后文中的测试用例替换成测试点即可。

2. 当前现状

在瀑布式开发流程中，探索式测试一般都是在功能开发完成之后，甚至在回归测试完成之后，在有额外资源和时间的情况下由测试人员专门安排时间进行的。如果没有足够的资源和时间，一般不会进行探索式测试。除了测试人员专门安排时间进行的探索式测试，还有由非专业测试人员进行的一些测试活动，是一种非专业性的探索式测试，如 Bug Bash、用户测试等。因为由非专业测试人员进行测试产出的测试用例都非常随机，重复度较高，有效性较低，所以很难度量测试的覆盖率和有效性。不过因为 Bug Bash 和用户测试的投入成本相对较低，所以使用也比较广泛。由专业测试人员实施的探索式测试，投入成本相对较高，并且很难度量产出，实施得并不广泛和深入。

在敏捷开发中，敏捷测试的实践核心是快速反馈，这与探索式测试中的快速测试不谋而合，并且敏捷测试中的很多实践和探索式测试相似，如注重测试分析和设计、避免烦琐的测试管理、不需要包含详细操作步骤的测试用例等。在敏捷测试中，非常注重探索式测试，不管是测试前移实践中对业务需求和验收条件的测试分析，还是 Desk Check 和故事验收中的快速测试，或者故事测试和系统测试中的探索式测试，都是探索式测试在敏捷测试中的实践。因此，探索式测试在敏捷开发中是非常重要的一个实践，能有效地发现各种问题。

当前，探索式测试之所以难以实施，是因为有两个最大的难点：第一个是难以度量产出和收益，在大部分项目中，管理层都不愿意对探索式测试投入；第二个是没有明确的实施步骤，测试人员难以系统化地实施，做起来感觉像随机测试，很容易迷失方向，不知道下一步该怎么做。不过，在敏捷开发的敏捷测试中，实施探索式测试有天然的优势，不管是实施步骤，还是度量管理，都十分适合使用探索式测试。

3. 敏捷开发中的实践

在敏捷开发的敏捷测试中，首先通过对业务需求和验收条件的测试分析，以及和其他角色的合作，设计出覆盖率更高、有效性更好的探索式测试用例；其次根据故事卡生命周期明确给出探索式测试的实施步骤，从而系统化地实施探索式测试；最后通过测试用例度量探索式测试的产出。

4. 探索式测试的测试分析和测试设计

探索式测试最重要的是测试分析与测试设计，但是这两部分也最容易被忽略和误解。没有良好的测试分析和测试设计，不可能做好探索式测试，因此能做好探索式测试的一般都是测试经验和技能丰富的测试人员，因为只有专业的测试人员才能在短时间内很好地完成测试分析和测试设计的工作。

图 6-4 中的高频高危探索区主要是指验收条件的外延部分和风险较高的业务，而针对这部分业务进行探索式的测试分析，可以获得很多高价值的测试用例。低频普通探索区主要是指重要性和价值很低的业务，或者是一些很难执行到的场景，或者是就算出错也不会影响用户正常使用的业务等。

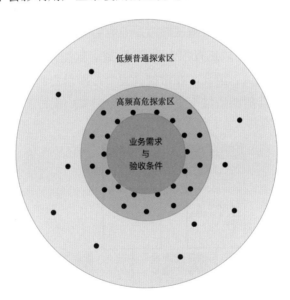

图 6-4　测试用例分布图

除了明确的业务需求和验收条件，所有的测试用例都可以通过探索式测试得到，其中，基础的用例可以使用外延关联法得到，而高级一点的测试用例可以用系统风险法，以及其他测试分析与设计方法得到。但是资源都是有限的，我们不可能在一个项目中针对所有的业务都实施各种类型的探索式测试方法，因此笔者总结了基础的外延关联法和系统风险法，用以指导在常规情况下快速地实施探索式测试。

外延关联法，是指根据已有的业务需求和验收条件，梳理每个需求验收点，并且通过扩展和打破这些需求验收点来设计测试用例，或者通过关联这些测试用例来进行测试。这部分用例大部分在高频高危探索区。

系统风险法，是指通过梳理整个系统的所有业务场景和技术架构，找到最为重要且风险最高的场景和技术点，并测试这些场景和技术点是不是符合预期。这部分用例大部分也在高频高危探索区。

其他的探索式测试方法还有很多，这里不再详细叙述，学习这些方法并且能融会贯通可以极大地帮助测试人员设计出更好的测试用例。如果能熟练地使用外延关联法和系统风险法，则可以满足敏捷开发对探索式测试的基本要求。

5. 探索式测试的执行

在传统的"瀑布"模型中，因为测试往往由独立的测试部门的测试人员在专门的测试阶段进行，所以探索式测试一般也在这个专门的测试阶段进行，但是在敏捷开发的敏捷测试中，没有专门的测试部门，专业的 QA 人员参与软件开发的整个生命周期，并在每个阶段都可以进行探索式测试，或者赋能其他角色，如 BA、Dev 等，让他们自己做探索式测试。因此，在敏捷开发中，探索式测试可以由不同角色的人在软件开发的整个生命周期的每个阶段进行，如图 6-5 所示。

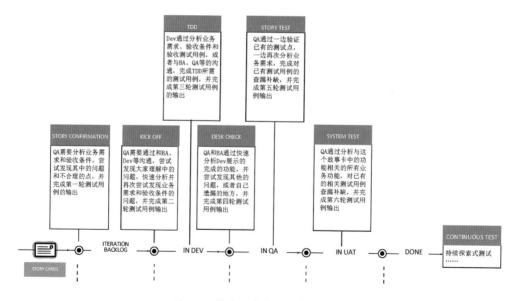

图 6-5   敏捷开发中的探索式测试

在测试的每个阶段，都包含以下部分或者全部步骤。

- 测试分析和测试设计。

- 测试用例记录。

- 测试用例执行。

- 测试结果记录。

其中，有些阶段只有测试分析、测试设计和测试用例记录，如 STORY CONFIRMATION 和 KICK OFF，因为这些阶段软件还没有开发出来，只能对需求进行测试，并帮助实施 TDD 和需求的传递。而在 STORY TEST 和 SYSTEM TEST 中，则需要执行上面的所有步骤，完整地实施探索式测试，并且一般这四个步骤同时在做，如针对一个验收条件或者业务场景，一边分析设计，一边测试，一边记录，再分析设计、测试、记录，直到很难再分析和设计出重要的测试用例，就可以针对下一个验收条件或者业务场景进行探索式测试了。

其中，测试分析和测试设计按照外延关联法可以有效地完成基础的探索式测试。但是如果要进一步做深入的探索式测试，则需要使用系统风险法。对于测试用例执行，则通过手动或者自动的方式来进行，最终的测试结果主要是详细记录没有通过的用例和发现的问题。

6. 探索式测试的产出度量

在通常情况下，探索式测试的度量主要是发现了多少缺陷。而缺陷其实只是测试的副产物，测试用例才是探索式测试的主要产物。通过探索式测试中的测试分析和测试设计，可以产出相应的探索式测试用例，而这些新的测试用例就是探索式测试最为重要的产出，也是度量探索式测试的主要依据。比如，可以度量单位时间内探索并设计的新测试用例，或者新的测试用例增加的测试覆盖率，或者通过探索获得的新的自动化测试用例等。但是要注意一点，如果对同一个项目持续并且多次做探索式测试，新产出的测试用例应该会逐步减少，因此度量的指标随着探索式测试的持续进行需要适当减少。

7. 总结

探索式测试的度量和落地一直都是其最大的两个问题，而测试分析和测试设计就是解决这两大问题最有效的方法。通过有效的测试分析和测试设计，产出的测试用例是度量的基础。所以如果想做好探索式测试，需要熟悉与测试相关的各种分析和设计方法，然后在持续迭代、各方协作且思维自由的状态下不断地探索并产出高质量的测试用例，从而可以使用这些测试用例来帮助团队完成各种与测试和质量相关的工作，更好地实施质量内建，开发出高质量的软件。

最后，让我们一起持续探索、持续测试吧！

6.1.5　使用适合团队和产品的测试用例管理系统

测试用例管理是一项烦琐的工作，现在业界存在 4 种经典方法，分别是文件管理、系统管理、代码活文档和系统活文档。与编写用例一样，没有一种测试用例管理方法适合所有的团队和项目。因此，先了解各种测试用例管理方法的特点，再根据自己团队和项目的实际情况选择适合自己的，才是最佳实践。

1. 文件管理

此方法是中小型项目中比较常见的测试用例管理方法，如 MindMap、Excel 等。其优势是简单易用，劣势是需要自己对测试用例模板进行定制，并且当测试用例过多时，管理成本会急剧增加。另外，对于本地文件模式，很难让多人进行协作编写，但是 Google Sheets 在线文档没有这个问题。下面是一个 Excel 的实例，如图 6-6 所示。

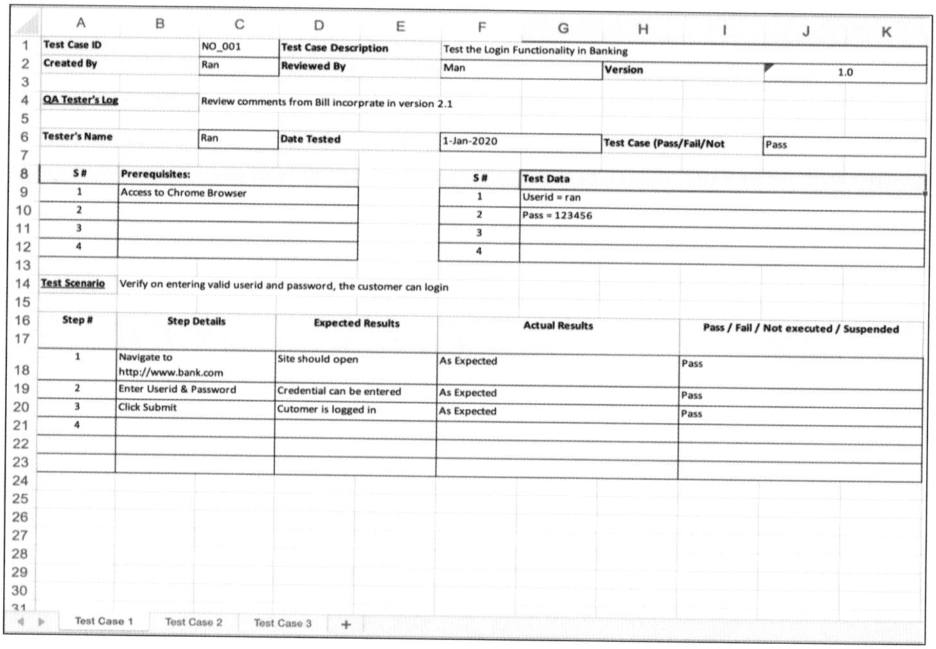

图 6-6　Excel 的实例

2. 系统管理

此方法一般是中大型项目中最为常用的管理方法，如 TestLink、iTest 等。其优势是管理系统提供了强大的管理和协作功能，如协作编写用例、协作执行用例、测试步骤管理、截图管理、测试迭代管理，以及丰富的测试用例和测试结果报表等。因此，它有一定的学习曲线，并且基本上都是界面操作，相对比较烦琐，有些修改很难跟踪，如测试步骤、测试数据的更改等。另外，这种方法一般需要一个独立的服务器来部署和运行，如 TestLink、iTest，相对成本比较高。下面几张图是 iTest 最为典型的支持执行管理和用例管理的界面。

iTest 支持执行管理的界面如图 6-7 所示。

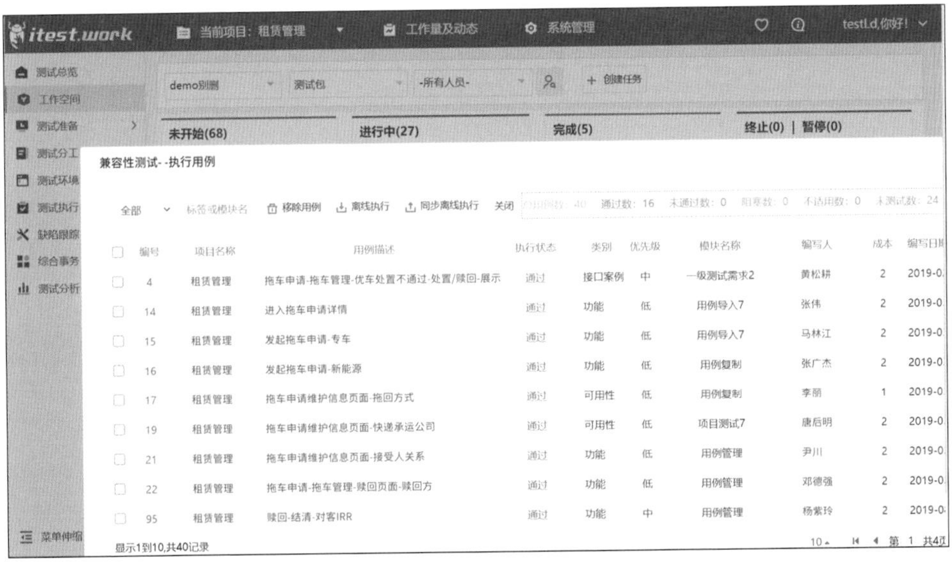

图 6-7　iTest 支持执行管理的界面

iTest 支持用例管理的界面（一）如图 6-8 所示。

iTest 支持用例管理的界面（二）如图 6-9 所示。

3. 代码活文档

此方法适合有足够软件技术工程实践的团队和个人，如 Cucumber、Robot Framework、SVN 和 GIT 等。因为其需要使用代码版本管理工具，集成开发环境（IDE）、自动化测试框架、持续流水线等实践才能高效编写、维护、执行和管理测试用例、测试日志和测试结果。此方法的优势是可以同时管理自动化测试用例和手动测试用例，并且更容易跟踪测试用例和测试数据的更改；劣势是需要测试工程师有足够的工程技术能力来实现。图 6-10 所示是用 Cucumber 写的 Demo 的截图，左边是集成开发环境中测试用例的管理文件，每个 Feature 文件就是一套测试用例，右边是通过 Jenkins 生成的测试用例活文档（Test Scenario Living Documentation），通过它可以统一展示手动测试用例和自动化测试用例的测试结果。

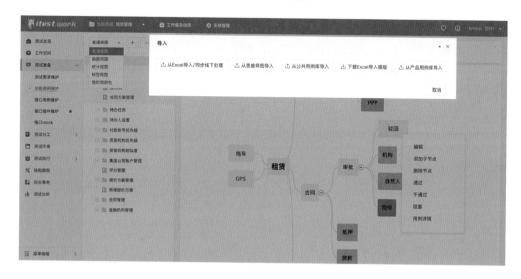

图 6-8　iTest 支持用例管理的界面（一）

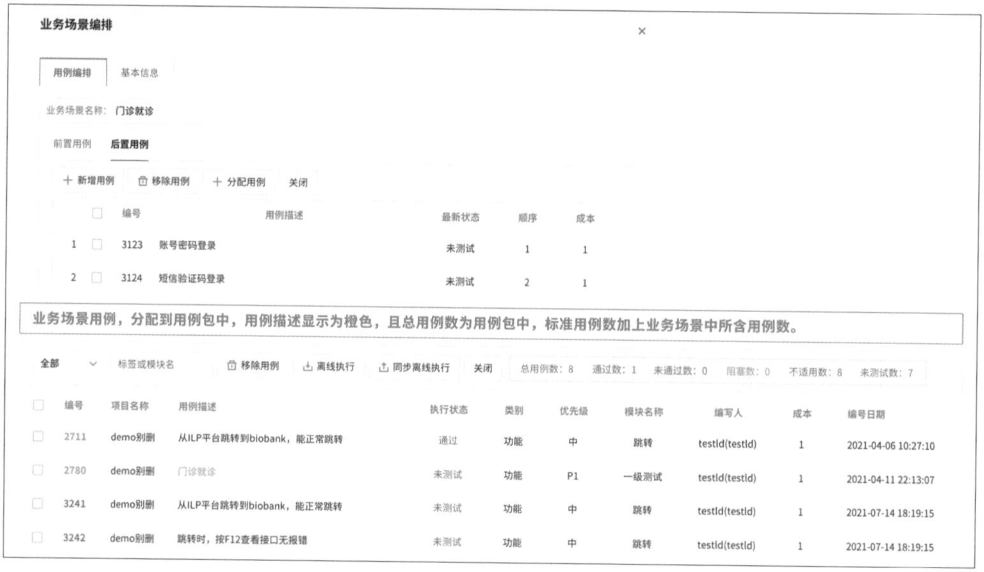

图 6-9　iTest 支持用例管理的界面（二）

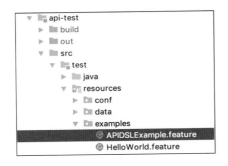

图 6-10　用 Cucumber 写的 Demo 的截图

Cucumber 测试用例管理和活文档示例图如图 6-11 所示。

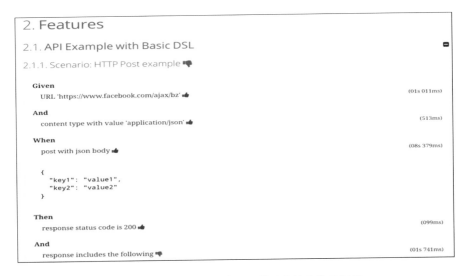

图 6-11　Cucumber 测试用例管理和活文档示例图

4. 系统活文档

此方法是将代码活文档和系统管理结合，可以通过测试管理系统编写和管理测试用例，然后自动生成代码模式的测试用例；也可以只编写代码模式的测试用例，然后自动同步到测试管理文档中。自动化测试在持续集成流水线执行，通过流水线进行展示并同步到测试管理系统中。在手动测试人员执行手动测试后，将测试结果通过测试管理系统或者在测试代码中进行记录，并最终汇总到测试管理系统进行统一展示，从而让不同人员可以一起进行分析、设计、管理和执行测试用例的工作。

这 4 种方法都有相应的优点和缺点，适应不同类型的团队。比如，文件管理和系统管理适合没有技术能力、不能编写自动化测试用例的团队；代码活文档和系统活文档适合技术能力强、能编写自动化测试用例的团队。因此，不同的团队需要根据自己的情况选择适合自己的方法，这样才能提升测试效率，从而提升研发效能。

6.2 软件非功能测试效能提升实践

软件功能测试主要验证软件的功能是否能够正常运行，以及结果是否满足业务需求。但是由于软件运行的环境复杂，软件的功能及结果很有可能会发生变化，并且用户类型众多，使用软件的方法和流程也不同，可能会触发系统的各种异常情况或者边界条件等，导致系统出现非预期的问题。对于各种功能测试，业界已经有大量的自动化测试工具和框架，如果按照正确的策略、方法和流程使用它们，可以有效地提高功能测试的效率。而对于非功能测试，按照正确的策略、方法和流程使用相应的自动化测试工具，同样可以有效地提高其效率。

非功能测试和功能测试相比，测试类型更多，学习和实施的要求也相对高一些，从而导致在很多资源有限的项目中很少做或者不做非功能测试。但是对于对鲁棒性要求高的项目，非功能测试是必不可少的。

非功能测试的类型比较多，其中最为重要的且很多项目都可以做到的 4 种非功能测试是性能测试、安全测试、兼容性测试和可用性测试。其中，性能测试相对来说做得最多，安全测试最为困难，兼容性测试主要在移动和 Web 应用中会用到，可用性测试在有特殊用户时做得比较多，如针对盲人的 Accessibility 测试、针对不同分辨率的界面功能测试等。

6.2.1 服务器端性能测试

总体来讲，服务器端性能测试具有以下 3 个特点。

- 需求比较困难。

- 技术相对简单。

- 过程十分烦琐。

性能需求的获取一般都十分困难，因为很少有人能明确提出性能需求，要么是对于新系统不知道生产环境的性能需求是多少，要么是不懂技术，无法提出正确、合理的性能需求等。对于无法获得性能需求的项目，通常只能通过压力测试找到系统的性能极限,反过来把实际的性能指标给客户,从而确认是不是能满足客户需求。性能测试的技术层面一般都相对比较简单,只要不是需要上百万个并发测试。业界多款开源的性能测试工具都可以很容易地实现性能测试,如 Gatling、Locust、JMeter、K6 等。但是过程十分烦琐,包括环境和数据的准备、确认、重置等,各种第三方依赖服务准备或者模拟等,以及测试结果分析和确认等。

服务器端性能测试的 3 个主要目标如下。

● 验证性能。

● 发现性能和功能问题。

● 辅助性能调优。

3 个主要目标都十分容易理解,其中功能问题可能很多人没遇到过。比如,在一个购物系统中,在结算以后需要更新商品状态为已经结算。如果存在漏洞,客户 A 在某个特定的情况下结算失败,同时由于并发没有控制好,也会让正在购物的客户 B 的商品结算失败。

服务器端的性能测试包含以下几种类型。

● Load Testing(负载测试)。

● Stress Testing(压力测试)。

● Soak Testing(耐久测试)。

● Spike Testing(瞬压测试)。

很多人认为性能测试只是负载测试或者压力测试,但是只要是专门验证系统性能并以发现性能问题为主要目的的测试就是性能测试,故耐久测试和瞬压测试也都属于性能测试。

服务器端性能测试的 3 个难点分别是验收需求的获取、测试模型的建立和测试环境的搭建。在大部分项目中,一般验收需求的获取的难度大于测试模型的建立,而测试模型的建立难度大于测试环境的搭建。

提升性能测试效能需要明确的性能测试步骤,不同的项目可能略有不同,性能测试的步骤如下。

（1）确定性能需求（可选）。

（2）准备测试环境和测试数据。

（3）选择性能测试工具/平台。

（4）制定性能测试模型，编写性能测试代码。

（5）运行性能测试。

（6）分析测试报告，根据不同的情况重复前面的步骤。

（7）性能调优或修复问题，根据不同的情况重复前面的步骤。

其中，如果第（1）步能获得性能需求，则是最好的情况；如果不能，则需要在完成第（6）步的性能分析后，重新做第（1）步来确定性能需求。如果在第（7）步进行性能调优，也需要重新运行性能测试和分析性能测试报告。

性能测试的核心包括网关、应用系统和数据库。比如，项目 1 是一个并发十万级别数据读取的服务系统。虽然测试环境通过优化应用系统和数据库可以支持十万并发，但是在产品环境中还是出现了性能问题，发现产品环境网关中的防火墙无法支持这么高的并发。再如，项目 2 是一个购物系统，在数据库的数据量小的情况下，没有任何性能问题。但是当数据库中的数据量达到几百万条时，系统的性能就十分差，发现数据库表中的主键用的是 UUID，从而导致查询速度非常慢。因此，在做服务系统性能测试时，不仅要关注应用系统和数据库的性能，还要关注以上 3 个核心各自的性能，只有这样才能在产品环境中获得性能合格的系统。

性能测试的理想目标是核心的性能分别最优，并且全链路在长时间内能正常运行。对于服务端系统的性能，性能测试的目标就是和开发人员一起把核心的性能优化到能满足业务需求，而最理想的情况是优化到最优，在全链路高压时能正常运行，就算遇到 DDOS，网络被堵塞，系统也不应该崩溃或重启等。

性能提升的终极目标：核心都能动态地、平滑地水平扩展。应用系统的动态扩展相对容易一点，但是网关则比较难以实现。对于数据库的性能优化，通常以分表、分库、读写分离的形式进行，但是这些方法都很难使数据库动态地、平滑地水平扩张。最近几年分布式 NewSQL 数据库的出现，已经较好地解决了这个难题，因此我们离性能提升的终极目标已经不远了。

　　性能规划：通过性能测试来规划产品环境的规模，并用以支撑不同的业务需求。对于性能保证的辅助手段，流量控制是最有效的方法，主要在网关层实施。另外，对多服务系统来讲，熔断和服务降级可以有效地保证点单故障影响整体系统的服务和性能。

6.2.2　服务器端安全测试

　　软件安全测试的目标是通过安全攻击验证被测软件系统是否满足其安全需求，而安全需求需要在软件设计的过程中或者开发之前定义好，让开发人员将安全需求内建到开发过程中，尽可能防止不满足安全需求的安全漏洞产生。当软件开发完毕进入测试阶段时，这些安全需求就是安全测试中最为重要的攻击面（Attack Surface）和攻击向量（Attack Vector）。安全测试需求的例子包括：所有用户都必须通过认证授权后才能获取"机密数据"；互联网用户不能直接搜索数据库中的数据；所有用户存储到数据库中的数据必须经过安全验证。

　　攻击面和攻击向量是软件安全领域的两个专业术语。攻击面是指被攻击软件系统中的某一个或多个攻击点，即一段可以被执行并进被攻击的代码。在找到可以攻击的攻击面以后，还需要确定攻击向量，而攻击向量就是执行攻击的方法，如发送一封电子邮件、发送一个 HTTP POST 等。CAPEC（Common Attack Pattern Enumeration and Classification）就是一个总结了很多软件系统的攻击面和攻击向量的模型库。

　　安全测试首先需要通过威胁建模找到并确定攻击面和攻击向量。然后在确定攻击面和攻击向量之后，通过各种安全攻击的方法、工具及实践对被测系统进行测试。在完成安全测试之后，还需要对其结果进行度量，确定安全测试的有效性。度量的指标包括以下几项。

　　（1）发现的安全漏洞的数量。这是最为重要的安全测试指标之一。案例漏洞的数量在一定程度上决定了安全测试的有效性。理论上，发现的安全漏洞越多，证明安全测试的有效性越高，但是反过来安全漏洞越少，不能证明安全测试的有效性不好。因此，这个指标是一把"双刃剑"，可以在安全漏洞多的情况下判断安全测试的有效性；在安全漏洞少的情况下，虽然这个指标不能判断安全测试的有效性，但是可以配合其他指标度量被测系统的安全性。

　　（2）发现的安全漏洞的危险级别。这是另外一个重要的安全测试指标，安全漏洞的危险级别越高，安全测试的有效性就越高。安全漏洞的危险级别可以由公司内部的安全专家来制定，也可以根据一些安全社区或者咨询公司定义的级别来确定，如《OWASP Top 10》（2017）和《CWE TOP 25》，如表 6-3 和表 6-4 所示。

表 6-3　《OWASP Top 10》（2017）

等级	名字
1	注入
2	失效的身份认证
3	敏感信息泄漏
4	XML 外部实体（XXE）
5	失效的访问控制
……	……

表 6-4　《CWE TOP 25》

等级	评分	名字
1	93.8	Improper Neutralization of Special Elements used in an SQL Command　（'SQL Injection'）
2	83.3	Improper Neutralization of Special Elements used in an OS Command　（'OS Command Injection'）
3	79.0	Buffer Copy without Checking Size of Input　（'Classic Buffer Overflow'）
4	77.7	Improper Neutralization of Input During Web Page Generation　（'Cross-site Scripting'）
5	76.9	Missing Authentication for Critical Function
…	…	…

（3）整个安全测试的成本，如人力、时间等。除了安全测试的有效性，安全测试的成本也非常重要。因为在很多产品的开发周期中，安全测试的成本是非常有限的，所以安全测试很难覆盖所有的攻击面和攻击向量。因此，根据安全测试的成本，可以大概度量安全测试的覆盖率。

（4）安全漏洞的修复成本。安全漏洞的修复成本是安全测试的又一个重要指标，因为在一般情况下，修复成本越高，说明安全漏洞越复杂、越困难。结合安全漏洞的优先级，可以有效地制订安全漏洞的修复计划，并且在一定程度上度量安全测试的有效性。

除了以上这些关键指标，不同的团队还可以根据自己的情况制定一些度量指标，如攻击面的覆盖率和优先级、用户满意度等。不管使用哪种度量指标，最终的目的都是辅助团队进行安全测试，并度量安全测试的有效性。

1. 安全测试的分类

当前，大量的安全测试主要是指手动或者使用某些工具进行安全扫描、渗透测试等。由于渗透测试和安全扫描需要丰富的经验和技术，而使用特定的工具来进行安全扫描和渗透测试也需要特殊的技能，导致安全测试只有少量专业人员可以做。其实，常规的安全测试可以借助大量的工具，以自动化的方式进行，并且可以集成 CI 服务器，从而让开发团队中的所有人员都可以在 CI 流水线完成之后，第一时间发现软件系统的常规安全漏洞，不必等到上线前由安全专家来发现后，再来加班修复。

2. 代码静态扫描

因为通过人工评审发现代码中安全漏洞的成本非常高，并且随着项目代码规模的增加，评审难度和成本也随之增加，所以可以利用静态代码扫描工具自动对代码进行扫描，在静态代码层面上发现各种漏洞，包括安全漏洞。而且自动化扫描工具还可以加入 CI 服务器，伴随着流水线进行自动扫描，保证每天提交的代码都能经过安全检查，从而实现快速反馈，降低发现漏洞的成本和修复成本。

比如，可以使用 Fortify 统一扫描 Android、iOS 和 Web 系统的所有代码，但是由于 Fortify 等类似的静态代码扫描工具会发现各种级别的安全漏洞，因此评审漏洞需要花费一些时间。如果以项目成本优先，则可以先关注高危漏洞，有些低优先级的漏洞可以暂缓修复。

3. 第三方依赖安全扫描

由于当前应用依赖的第三方库和框架越来越多，也越来越复杂，如 SSL、Spring、Rails、Hibernate、.Net，以及各种第三方认证系统等，而且系统开发在一般选定某个版本后，很长一段时间内不会主动去更新，因为更新的成本一般都比较高。比如，新库和新框架更改了 API 的使用方法和使用流程，可能导致系统需要进行大规模的重构，但是这些依赖为了添加新的功能和修复当前的各种漏洞，包括安全漏洞，往往会经常发布新版本。这些依赖库和框架的安全漏洞只要被发现，通常都会被公布到网上，如 CVE、CWE、乌云等，导致很多人都可以利用这些漏洞去攻击使用这些依赖的系统。

依赖扫描就是通过扫描当前应用使用的所有依赖（包括间接依赖），并和网上公布的安全漏洞库进行匹配。如果当前某个依赖存在某种危险级别（需要自己定义）的漏洞，就立即发出警告（如阻止 CI 编译成功等）来通知开发人员或者系统管理员，从而在最短的时间内启动应对措施，修复漏洞，达到防止攻击、避免或者减少损失的目的。

比如，可以使用 OWASP Dependency Check 来自动扫描 Android 应用和 Web 服务器系统的第三方依赖库是否存在安全漏洞，然后加入流水线中，并配置为只要检测到高危漏洞，流水线就会失败，以此阻止生成应用的编译和构建，并发出警告，如图 6-12 所示。

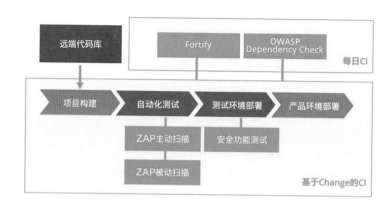

图 6-12 持续构建流水线中的自动化安全测试与扫描

持续的自动化安全扫描主要替代以前人工效率最低的部分，以达到高效的目的。虽然当前绝大部分安全扫描工具并不能发现所有的安全漏洞，但是它们可以在较小投入的情况下持续发现系统的大部分基础安全漏洞，从而防止大部分中级和几乎所有初级黑客的攻击。但是 BSI（Build Security In）不能完全省去人工的工作，如果人工审查自动化安全测试的报告有安全漏洞，就需要人工分析。

4. 系统动态扫描

静态代码扫描可以发现代码中的安全漏洞，但是当软件系统的各个组件集成到一起或者系统部署到测试环境后，仍然可能会产生系统级别的安全漏洞，如 XSS、CSRF 等安全漏洞。因此，在这个时候对系统进行动态安全扫描，可以在最短的时间内发现安全漏洞。系统动态扫描一般分为主动扫描和被动扫描两种类型。

主动扫描是首先给定需要扫描的系统地址，然后扫描工具通过某种方式访问这个地址，如使用各种已知漏洞模型进行访问，并根据系统返回的结果判定系统存在的漏洞；或者在访问请求中嵌入各种随机数据（模糊测试），进行一些简单的渗透性测试和弱口令测试等。对于一些业务流程比较复杂的系统，主动扫描并不适用。比如，一个需要登录和填写大量表单的支付系统就需要使用被动扫描。

被动扫描的基本原理是将扫描工具设置为一个代理服务器，功能测试通过这个代理服务器访问系统，扫描工具可以截获所有的交互数据并进行分析，通过与已知安全漏洞进行模式匹配，发现系统中可能的安全缺陷。在实践中，为了更容易地集成到 CI，一般会在运行自动化功能测试时使用被动扫描的方法，从而实现持续安全扫描。

虽然自动扫描工具可以发现大部分基本的安全漏洞，如 XSS、CSRF 等，但是不能发现业务逻辑、身份认证、权限验证等相关的安全漏洞，针对这些漏洞则需要开发相应的自动化安全功能测试。

5. 安全功能测试

安全漏洞中有一部分是由业务设计漏洞、流程逻辑错误，或者在某些场景下没有做身份认证和权限验证等造成的。这部分漏洞很难通过代码静态扫描、第三方依赖安全扫描和系统动态扫描来发现。而针对这部分漏洞的测试用例（Evil Scenarios），首先可以由业务分析人员在分析业务时进行设计，或者由开发人员在架构设计或者在 DDD 事件风暴工作坊中进行设计，或者由测试人员通过威胁建模的信息进行设计；然后作为验收测试的一部分，由开发或者测试人员进行测试；还可以将这些测试用例加入自动化测试中；最后，在项目流水线中嵌入这些自动化扫描和测试，从而保证代码提交以后可以持续性地自动运行这些安全扫描和测试。

6. 渗透测试

在经过以上各种扫描，以及安全功能测试并修复其发现的中高危险级别的漏洞后，软件系统可以达到中等级别的安全程度，可以抵御大部分中低级别黑帽的攻击。但是要抵御中高级别黑帽的攻击，还需要做渗透测试，并且需要用中高级的白帽做测试。

渗透测试需要依赖大量的经验和专业的工具，以及对被测试系统的深入了解和分析。传统的渗透测试将被测系统当作一个黑盒来进行测试，但是由于现在系统的复杂性越来越强，成本控制也越来越严，因此为了提升渗透测试的效率，需要测试人员在开始测试前对系统进行深入的了解，包括业务流程、软件架构、基础软件的信息、威胁建模的信息，以及已经做过的各种安全测试的信息等。这样，可以节省渗透测试系统调查的时间，帮助测试人员更快地找到更容易攻击的攻击面和攻击向量。

渗透测试人员一般会通过使用以后的漏洞库对系统进行扫描，或者先通过模糊测试的方法攻击系统，并结合系统的各种详细信息筛选攻击面和攻击向量，然后尝试使用不同的方法对系统进行攻击，并尝试获取未授权的数据，或者通过提升权限来控制系统等。

以上这些安全测试方法只能找到大部分安全漏洞金字塔中的"已知常规基础软件漏洞和应用层业务和技术漏洞"，仍然有少部分难以发现，或者发现不了没有在漏洞库中的漏洞。而对于"底层基础系统漏洞"，几乎发现不了，只有少量的可能会被资深的渗透测试安全专家发现。

7. 安全测试的一些实践

针对不同类型的项目，安全测试的相关实践也有所不同，一般可以分为服务器端系统安全测试和客户端系统安全测试，这两种安全测试的攻击面和攻击向量也有所不同。

服务器端系统安全测试的攻击面主要是服务器端的各种服务，以及操作系统中的各种基础软件，使用的主要攻击向量是网络访问。其中，一些攻击类型如下。

- SQL/Command 注入攻击。

- 会话重用。

- 内存溢出。

- DOS/DDOS。

客户端系统安全测试的攻击面主要是本地文件系统和内存系统，以及应用本身的代码（包括源代码、中间代码和二进制代码）等。其中，攻击类型如下。

- 认证失窃。

- 会话劫持。

- 敏感数据泄漏。

在安全测试领域中还有一个比较特殊的领域，即社会工程学。它是社会学和计算机安全的交叉领域，主要是指通过人与人之间的合法交流，使特定的人受到特定的心理影响或者欺骗，然后自愿或者无意地泄漏一些机密信息，让攻击者可以入侵其计算机系统的行为。利用社会工程学进行攻击的类型如下。

- 钓鱼攻击。

- 中间人攻击。

- 弱密码攻击。

8. 提升安全测试效率的一些建议

安全测试是软件测试中技术覆盖面最广和最深、难度系数最高的一种测试。不过对于普通的测试人员，它也不是遥不可及的，因为安全测试包含多种类型，难易程度也不同。对于一个通用的软件系统，可以参考以下步骤进行安全测试。

- 一定要参与威胁建模或者审查威胁建模结果。

- 了解被测软件的技术架构和业务流程。

- 分析并制定系统的攻击向量和攻击面。

- 针对重要的攻击面，一定要做相对应的安全测试（攻击）。

- 尽量做代码静态扫描、第三方依赖安全扫描、系统动态扫描及渗透测试。

安全测试只是软件安全保证体系中的一步，在软件系统上线后，还有许多安全实践可以保护软件系统的安全，如关闭不需要的服务、对打开的服务限制访问的 IP 等。做好安全测试，可以最大限度地从软件的角度防止漏洞发布到产品环境，从而帮助软件和团队实现软件内建的安全开发。

6.2.3　兼容性测试

兼容性测试也是一种常规的非功能测试，主要用于 To C 的软件系统中，因为这种类型软件的用户众多，所以使用的操作系统、浏览器、硬件设备等类型和版本会有所不同。比如，Web 系统需要支持 IE、Edge、Chrome 和 Safari，其中 IE 需要支持 IE8 和 IE9，并且需要支持 Windows、macOS、iOS 上的 Chrome；iOS 需要支持 iPad Pro、iPad Mini 及 iPhone 上的 Safari 等，都属于兼容性测试。如果想要实施一个全面的兼容性测试，不管是设备成本还是人力成本都非常高。因此，现实中大部分项目的兼容性测试只是选择几个最为流行的浏览器或者设备，手动执行相关的功能测试。只有资源相对丰富，并且软件用户对兼容性要求很高的项目，才可能做全面的兼容性测试。

随着各类自动化测试框架和工具的发展，以及各种基于云的测试服务的出现，兼容性测试的效率得到了极大的提升。由于兼容性测试的本质也是看功能是否能正确执行、UI 是否能正确显示，因此自动化兼容性测试主要测试这两个方面。目前，最常见的兼容性测试是基于浏览器的 Web 系统和基于移动操作系统（Android 和 iOS）的移动应用。最容易提高兼容性测试效率的两种方法如下。

（1）编写 E2E 自动化测试，分别基于多个浏览器（针对 Web 系统）或者基于多个不同型号和厂商的移动设备（针对移动应用）执行自动化测试，并且将测试中的每个 UI 进行截图，将不同浏览器和不同设备之间的截图对比。这个比较可以是手动的，也可以是自动化的。如果需要全自动化比较，就必须要确保截图时被测系统 UI 的分辨率相同。

（2）同时运行多个不同类型的浏览器或者多台不同型号或者厂商的移动设备，首先通过技术手段将这些浏览器或者移动设备串联起来，测试人员操作其中一个浏览器或者一台设备，其他的浏览器或者设备就会联动地执行同样的行为。然后通过人工检测浏览器或者设备上的被测软件系统是不是按照功能和 UI 的预期执行，从而实现半自动化的探索式测试。

针对方法（1），有大量的云服务可以购买，从而节约大量的基础设施管理和搭建的成本，甚至可以节约测试脚本的开发时间，提高兼容性测试的效率。但是由于云服务必须运行在服务商的机器上，因此方法（1）对一些安全要求非常高、只能在企业内网中开发和测试的软件系统不适用。

提升软件测试效能是提升软件研发效能最关键的一步，质量需求和意识越高的软件公司越需要重视测试左移、TDD、高效探索式测试，以及各类自动化测试等实践，因为这些实践都能有效地提高测试工作的正确性和效率，确保团队对系统质量有持续的、高效的关注和保证。在这些实践中，合理并有效地实施自动化测试是软件测试效率提升最为重要的实践。而如何有效地实施自动化测试，不是一件简单、轻松的事情，需要团队有明确的测试、好的测试实践、适合的测试框架、优秀的测试代码、适合的测试管理系统，以及全程持续测试的概念。只有这样，才能将软件功能测试的效能提升到一个全新的高度，因为只有质效合一，才能真正提升软件研发效能。

技术实践篇

第 7 章　微服务下的效能提升实践

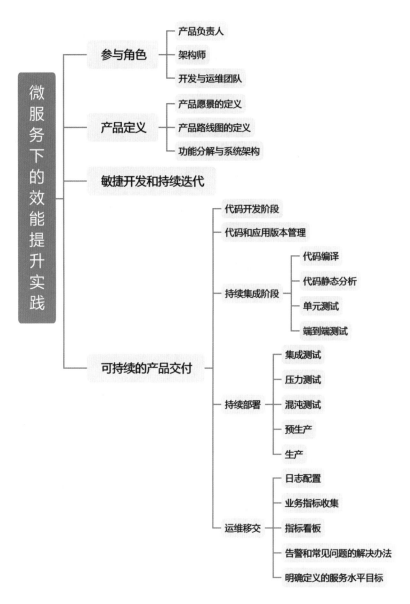 本章思维导图

初期的系统多采用分层架构，通常一个应用会被划分为表现层、业务逻辑层和数据访问层等，而为了适配这种架构模式，人员配备也会被分为前端开发人员、后端开发人员、数据库管理员等，如图 7-1 所示。

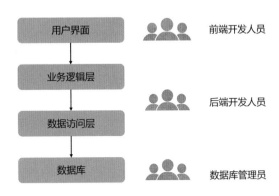

图 7-1　分层架构与人员配备

分层架构并不复杂，配置也较简单，自动化部署需求不强烈。不同应用通常配置在不同的专用主机服务器上，这些服务器的 IP 地址固定，即使某台服务器出现故障，也可以通过人工操作替换硬件设备，同时保留配置不变。

随着互联网技术的不断迭代，单体应用（Monolithic）架构逐步转变为微服务架构（Microservice），应用被拆解成多个子系统，为确保高可用，每个子系统又需要运行多个实例，故系统管理员需要管理数量庞大的应用实例，传统的手工运维已变得不可能。越来越多的场景需要对计算资源抽象，需要自动化的应用部署和运维，这使得云计算变得越来越重要。

微服务架构的核心是应用模块化，每个模块拥有独立的资源需求、生命周期、部署模式，原来的单体应用转变成由成百上千个子系统相互调用形成的生态系统，其最大优势是降低了系统不同组件之间的耦合度，提升了大型系统的可维护性。

在微服务架构下，开发人员被按照业务域划分，每个团队全权负责特定的子服务。在此模式下，开发团队不仅需要为代码开发负责，而且每个成员都需要具有产品思维。团队需要负责微服务完整的生命周期，倡导"谁开发，谁运维"的开发运维一体化方式，如图 7-2 所示。

随着微服务架构的引入，系统复杂度得到极大提升，原来单体系统的本地调用都变成网络调用。为保证复杂系统的变更频率，降低变更风险，提升变更效率，必

须打造自动化代码集成和部署平台。DevOps 是微服务架构下唯一的出路，本章介绍
在微服务架构下通过自动化流水线，以及 DevOps 流程提升效能的实践案例。

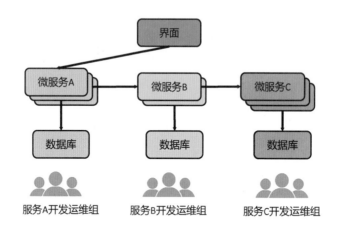

图 7-2　微服务的架构和人员配备

7.1　参与角色

一个完整的 DevOps 流程会涉及多种角色，我们先来梳理微服务架构中参与到
整个产品交付过程的不同角色。

1. 产品负责人

产品负责人（Product Owner，PO）负责需求管理、产品规划和定义产品路线图，
是整个产品成功的关键，熟知客户需求和竞品细节，并为自己负责的产品规划未来。
产品层面的愿景在被定制以后，会被细化到不同职能小组，成为小组的执行目标。

2. 架构师

架构师的一个主要价值是了解业界解决问题的不同选择，判断技术走向。其从
系统整体架构把握项目的技术路线，在需求、设计、实现和运维各个方面都能对团
队成员进行指导。

3. 开发与运维团队

开发团队负责需求设计、特性开发和部署；运维团队负责故障恢复、异常清理、
处理用户请求。开发团队和运维团队应走向一体化，即开发团队和运维团队在一起

工作，或者开发人员就是运维人员，这样可以让开发人员直接了解线上环境的痛点。这对用户需求的功能设计和优先级定义有极大的帮助，解决了在设计时开发人员未过多考虑运维导致后续部署及维护困难的问题。具有凝聚力、领导力和竞争力的自治产品团队，能够把所有相关人员团结起来，真正解决用户的问题，能够先用户之忧而忧，将产品打造成最成功的产品。

如何从传统运维模式转向 DevOps 是一个难点，企业可基于自身的现状探索出最佳路径。互联网公司推行的一个最佳实践以弱化重复性工作为主，如将手工测试行为转为开发人员开发自动化测试框架和测试用例；精简运维团队，将运维人员转成开发人员，从自动化运维工具开发开始，直至系统功能开发；留一部分运维人员应对重复性的运维工作，最终目标是尽可能减少这部分工作。

本书将开发与运维合并的目的是强调开发和运维的连贯性，传统运维模式中的运维边界已经被消除。在某些组织中，因系统比较复杂，为使开发团队能够专注交付，会设定专门的运维团队，开发团队可以将上线一段时间并已趋于成熟的产品移交给运维团队。

在角色定义清晰以后，我们就可以梳理微服务架构下的 DevOps 流程了。如图 7-3所示，上面阐述的不同角色参与了微服务开发和运维的全过程，这一过程中开发和运维之间不会再有很深的隔阂，整个产品的生命周期是一个从新功能定义到开发再到上线，并通过持续运维收集问题并反馈给产品定义的闭环。

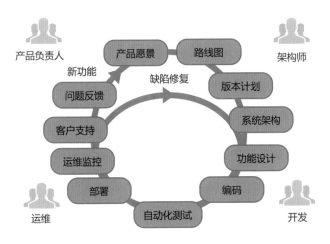

图 7-3　微服务开发与运维的生命周期

7.2 产品定义

1. 产品愿景的定义

虽然 DevOps 推崇原型法、快速迭代和分批次部署，但从产品规划的角度来看，其并不能像开发迭代一样随意和分散。产品经理和核心架构开发人员仍需要对当前的痛点和产品长期规划有清晰的认识，核心团队需要构建产品的长期愿景和产品价值。定义产品愿景通常需要对产品不同的利益相关人（Stakeholder）进行访谈，确保交付的产品价值是真实、有效的。

定义产品愿景的要求和目的如下。

- 统一团队思想，让团队成员知道我们要往哪里去，这有助于让团队专注于交付产品价值。

- 产品愿景是长期目标，其主要作用是指导项目执行，使其不偏离长期规划。

- 长期愿景能对团队成员起到激励作用，如"业界尖端技术"往往能刺激团队成员努力提升自我。

- 该愿景应该是团队成员的共识，是所有人的共同理想。

- 愿景要产生真正的价值，是真正建立在对当前业务痛点的充分理解基础之上的。

产品价值的作用如下。

- 产品价值可以被看作对长期愿景的解读和分解。

- 产品价值清晰定义了产品可量化的标准和为组织带来的价值。

- 产品价值对系统架构、功能设计和路线图的定义有指导作用。

下面展示了一个产品愿景和产品价值，其定义了一款流量管理产品 3～5 年的目标，定义了该产品属于技术驱动，并对组织产生可量化的收益。

长期愿景：基于业界尖端技术打造下一代流量管理平台。

产品价值：

- 节省时间成本，负载均衡上架时间从月级降低到分钟级。

- 移除供应商依赖问题，当出现生产系统故障时不再依赖供应商上门调试。

- 构建统一模型管理所有业务场景，降低系统集成成本。

- 全自动化，减少手工操作，降低维护人力成本。

- 提升故障检测和根本原因分析能力，快速定位故障，提升可用性。

2. 产品路线图的定义

由于项目执行需要有明确时间线的近期目标，因此需要将产品价值转化成可控的产品需求。产品需求的输入包括新功能和当前产品的功能缺陷等，产品经理需要与核心团队一起定义近期（如两三个季度）的产品核心功能，并定义近期产品版本需要包含的功能。

产品路线图是以时间为基线的产品能力交付计划，它是团队内部达成项目执行计划的参照物，同时也是面向合作伙伴和客户的针对产品交付计划的承诺书。创建一个具有可行性的产品路线图，需要细粒度的产品功能定义，定义产品路线图常伴随着功能分解和系统架构，二者可同时发生。图 7-4 展示了某产品的路线图，该路线图定义了产品层面期望的不同组件和不同时间需要交付的功能。

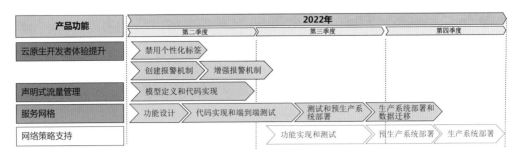

图 7-4　产品路线图

产品路线图的一个主要价值是用来进行跨团队沟通。该文档定稿后，通常要交付合作伙伴和客户确认，代表着产品团队的对外承诺。在项目执行的过程中，是否基于原型法多次迭代，由执行团队基于现实自行决定。

3. 功能分解与系统架构

该环节可以与定义产品路线图同时进行，需要对每个功能需求进行高层次的分解，将路线图中概括性的规划分解成按版本交付的产品价值，并定义清楚每个功能的需求规范。同时，架构师和研发团队一起进行产品预研，定义清晰的产品框架、对外接口、系统的概要设计等，流程如图 7-5 所示。

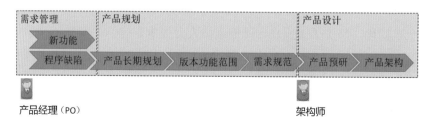

图 7-5　产品功能设计

当然，在敏捷开发时代，我们不鼓吹重文档的瀑布型开发，文档的形式较灵活。比如，API 的定义可以直接以代码形式体现，这保证了在 API 定义清晰以后，模型代码就同时完成了。

在敏捷开发的过程中，有时可以为功能分解和系统架构预留一个专门的迭代周期。

7.3　敏捷开发和持续迭代

敏捷开发属于增量式开发，强调沟通和变化，需要确保最终用户等利益相关人在每个阶段都持续参与，通过迭代和增量交付产品功能的方法最大化用户反馈的机会。在项目初期，用户不可能知道他们所需要的所有功能的每个细节，在开发过程中会不可避免地产生新的想法，如当前看似必需的功能，可能后期觉得不那么重要了。如图 7-6 所示，敏捷开发的意义是将时间跨度较长的版本发布和部署动作拆解为多个逐步迭代的版本和多次部署，确保最终交付的产品是通过不断迭代产生的，利益相关人参与完整的设计和开发流程，确保最终交付的产品符合用户的期望。

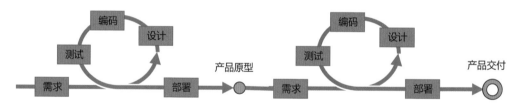

图 7-6　敏捷开发模型

对需求范围不明确、需求变更较多的项目而言，可以最大限度地响应和拥抱变化。在敏捷开发中，将用户的需求切分成多个独立的子项目，各个子项目的成果都经过测试，能够集成到产品，并可在生产环境中运行。在计划开发任务时，根据优先级逐步实现各个子项目，产品经过不断迭代，最终形成完善的符合用户需求的稳定产品。敏捷开发可以最大限度地体现 80/20 法则的价值，每次都优先交付能产生80%价值效益的 20%的功能，最大化单位成本收益。

敏捷开发的每个周期，都是一个迭代开发、持续集成和持续部署的循环。DevOps聚焦于持续集成和持续部署，提升这两个环节的效率对效能提升有巨大帮助。DevOps 可以被解释为敏捷的产物——敏捷软件开发规定了客户、管理人员和开发人员（包括测试人员）的紧密协作，通过填补空白并迅速迭代开发出更好的产品。DevOps 是敏捷开发的补充，其一些概念，如持续集成、持续交付，都源于敏捷开发。

7.4　可持续的产品交付

在敏捷开发过程中，通常产品功能是通过多个周期逐渐迭代出来的，但在最终交付时，需要产品经理进行验收测试，以确认产品交付质量。逐步增加的产品功能和因代码重构而引入的变化，会导致产品代码的不断变更，快速部署这些变更需要高效的产品交付流水线。

为了提升产品的发布效率、降低产品变更引入的风险，必须构建持续集成和持续交付的自动化流水线。图 7-7 展示了持续集成和持续部署的流程概览图，实现全流程自动化对组织的工程质量管理水平有较高的要求，体现在以下几点。

- 搭建持续集成流水线，以满足持续集成环节的所有自动化需求。

- 建立严格的代码审查环节，在代码审查结束后，审批人在 Pull Request 中添加 "/lgtm" 和 "/approve" 标记，通常由两位审批人审批过的代码可以由合并机器人自动合并。

- 不断积累测试用例，如单测、端到端测试、集成测试、性能测试、回归测试等，都需要编写测试用例并保证覆盖率，没有测试覆盖率的自动化流水线等于自欺欺人。而保证覆盖率的测试代码是需要持续投入的，需要整个团队尤其是管理团队的理解。另外，在进行项目进度评估时，要考虑测试用例的开发成本。

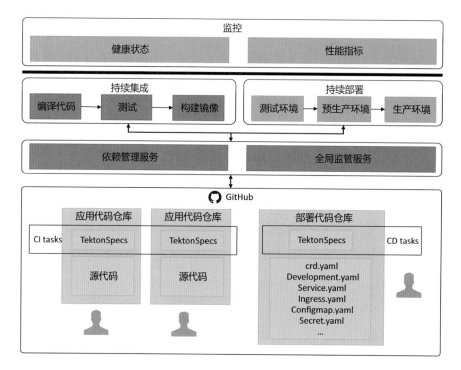

图 7-7　持续集成和持续部署的流程概览图

效能提升贯穿系统开发的整个生命周期，提升自动化水平、降低人力重复劳动是提升效能的核心。

1. 代码开发阶段

在以打造可持续运维的产品为核心的代码开发阶段，功能开发只占团队总耗时的一小部分，但同时也是最具价值的一部分。为了提升开发效率，众多编程语言都有微服务代码生成框架。以云原生技术栈为例，常用的框架代码都是通过代码生成项目（Kubernetes Code-Generator）生成的。对开发人员来说，只需要定义被管理对象的数据结构和关注业务代码即可，剩下的客户端代码、监听器代码、控制器代码都可以自动生成，这能节省大量的人力成本。

2. 代码和应用版本管理

为了支持协作开发和持续集成，产品代码通常会被推送至代码管理工具，如GitHub 和 GitLab。有了工具的支持，如何利用工具来提升开发效率就成为研发团队聚焦的重点。不同组织都在探索代码分支管理和产品管理的方法，下面分享一个在开源社区被广泛采用的最佳实践，如图 7-8 所示。

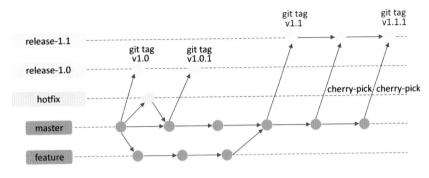

图 7-8　代码分支管理

代码分支分为 master 分支和 release 分支两类，并遵循以下代码管理原则。

- 当 master 分支作为开发分支时，所有新功能的代码或者缺陷修复都应该被合并至 master 分支。

- 当研发团队准备发布新版本代码基线时，应从 master 分支切一个新的 release 分支，如 release-1.0。

- 在新版本测试期间，可能会发现系统缺陷，这些缺陷的修复代码应该被合并至 master 分支，并 cherry-pick 至 release 分支。

- 当测试进行到某一阶段，团队希望发布一个可能被部署到预生产系统的备选产品版本时，需要在代码仓库中为 release 分支打上版本标签，如 v1.0-alpha1、v1.0-alpha2，相当于为当前的发布版本创建一个源代码镜像。

- 当所有自动化测试完成，该产品将要发布正式版本时，同样需要在代码仓库中为 release 分支打上正式版本标签，如 v1.0、v1.0.1。这样，如果后续需要在部署了该版本的环境中进行问题调试，则开发人员可以直接从对应产品版本的源代码中快速定位问题。

　　构建自动化流水线，由持续集成任务同时完成代码编译、代码版本标记和容器镜像发布的动作。容器镜像的标记可采用与代码标记一致的命名规范，如 myapp:v1.0。

　　完备的自动化测试是确保产品质量的核心要素，而在产品开发的不同阶段，测试需求各有不同。通过与代码版本管理工具（如 GitHub）的集成，可以实现在开发人员修改代码并提交 Pull Request 之后，持续集成流水线启动，同时开始该产品的预定义代码静态扫描、编译、单测、端到端测试等自动化任务，只有所有自动化任务完成且 Pull Request 被审批后，才会将代码合并至主干。

微服务下的 DevOps 可以充分利用容器和自动化工具的优势,简化虚拟化测试环境的创建,降低配置和维护测试环境的成本。所有测试用例是可重复的,可在不同的环境中反复运行。构建统一的测试框架和平台,团队所有成员都能方便地增加、执行和调试测试用例,而且还能根据个人的经验不断改进测试用例,扩大检测问题的范围,消除测试的死角。

图 7-9 展示了开源社区 Kubernetes 自动化构建的流水线,代码提交触发一系列的自动化检查和测试,在 Pull Request 详情页面中展示自动化作业的结果,任意作业的失败都会阻止自动化代码合并。

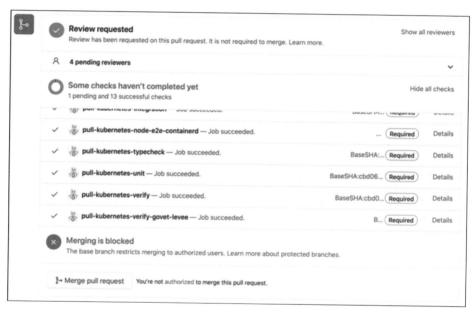

图 7-9　开源社区 Kubernetes 自动化构建的流水线

3. 持续集成阶段

在开发人员提交代码至代码仓库以后,会触发流水线作业,经由自动化测试,发布预生产版本。该版本需要部署至集成测试环境、压力测试环境和混沌测试环境,若所有测试通过,开发人员可根据产品功能完成情况决定是否发布生产版本。可见,持续集成和持续部署中的某些环节是互相穿插的,持续集成的某些测试结果可以反过来决定持续集成的版本发布环节。触发自动化的持续集成是提升开发人员开发效率的核心,图 7-10 展示了持续集成流程,下面展开阐述该流程中的核心步骤。

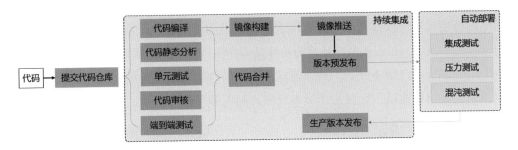

图 7-10 持续集成流程

（1）代码编译。确保提交的代码能够通过编译，在微服务场景下，代码编译通常包含代码到镜像（source to image）的环节，即该作业不仅要编译代码，还要进行容器镜像构建，完成编译后的应用容器化。

（2）代码静态分析。代码静态分析发现可能的程序缺陷、低效或无用的代码。有些代码错误是编译过程可忽略的错误，但这些代码通常存在优化的空间，通过静态扫描工具可以查找此类错误并提示开发人员改进。

（3）单元测试。通常指针对代码较独立的函数进行的白盒测试，由开发人员在编写业务代码的同时编写单元测试用例。单元测试构造不同场景的函数调用参数，并进行函数调用。单元测试的目标是测试尽可能多的代码分支，保证代码的测试覆盖率。只有单元测试用例足够充分，当代码发生变更时，开发人员才有信心少引入代码缺陷。

在项目管理层面，要定义单元测试代码覆盖率，未达标的项目不能发布新版本。

对代码开发人员的要求是，严格遵守约定，在代码编写的过程中就需要有意识地将业务逻辑抽取成可单独执行的函数，或者抽象成接口，以方便测试。同时，要求代码开发人员真的以提高覆盖率为目标，不要走过场。比如，有些人可能会投机取巧，只写用例，不写断言，只追求覆盖率，不追求测试结果是否正确。

（4）端到端测试。端到端测试是比单元测试层次更高的、面向真实业务场景的功能测试。与单元测试针对函数进行白盒测试不同，端到端测试需要新建完整的系统环境，并在这个环境中模拟用户或系统行为测试系统是不是按预期工作。端到端用例是否完整、是否具备自动化能力是衡量一个系统自动化水平的重要指标。

4. 持续部署

从技术层面看，持续部署可以是一个完整的全自动化流水线，从集成测试环境到生产环境只需一次部署即可变更请求触发。但为了降低生产系统的变更风险，我们可以将以测试为目的的测试环境的持续部署和生产系统的持续部署分离。如图 7-11 所示，针对预生产版本变更，触发测试环境的持续部署流程，确保集成测试、压力测试和混沌测试通过；针对生产版本变更，触发预生产环境和生产环境的部署。

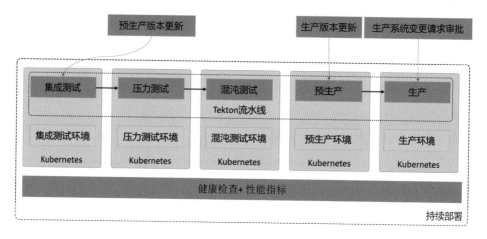

图 7-11   持续部署

而持续部署针对不同环境的部署动作可能不同。比如，测试环境中如果出现测试用例失败的情况，则需要保留现场、上传错误日志等。针对预生产系统和生产系统的发布，同样需要自动化测试用例确保版本变更对业务不产生负面影响，同时需要有自动回退的能力，即在测试失败或发现系统指标异常时，自动回退到上一个版本以降低影响。

（1）集成测试。集成测试用于测试与变更服务对接的上下游是否受到此次变更的影响，以及完整的业务流的回归测试用例是否能够通过。

在微服务架构下，一个变更可能只涉及整个系统中的一个或数个子系统，如何测试这些子系统的上下游服务对新版本是否兼容，确保局部系统的变更不会对业务产生负面影响，这时不能只对单一子系统做功能测试，集成测试是关键。

要完成集成测试的自动化，需要有一套与生产系统相仿的集成测试环境。需要一个自动化作业将子系统的预生产版本发布至集成测试环境，并触发集成测试环境中的端到端测试。请注意该端到端测试不仅需要变更模块的端到端测试，更需要包含上下游服务的端到端测试，以及用户侧针对整个业务流的端到端测试。

（2）压力测试。压力测试用于检验变更后的系统是否满足预期的性能指标，产品开发不能忽视非功能需求。对于任何产品，与集成测试同步展开的是压力测试。压力测试的过程以 USE（Utilization、Saturation、Error）理论为指导，通过将系统压到极致来定义系统的性能。

（3）混沌测试。混沌测试是在分布式系统上做对照实验，该测试可帮助开发人员建立对系统承受不可避免的故障的能力的信心。混沌测试通过模拟系统故障，测试并确保系统在局部失效时，不会出现数据不一致、服务无法恢复等故障。

混沌测试随机选择微服务中的不同模块，不断模拟下面两类系统发生异常又恢复的过程，同时运行测试用例以检验实际结果是否与预期的一致。

- 模拟系统过载：可以编写代码模拟 CPU 资源耗尽、内存资源耗尽、网络带宽耗尽，以及通过不断读写磁盘模拟磁盘读写缓慢的场景。

- 模拟上下游服务故障：服务网格提供了一系列的错误注入能力，包括模拟下游服务的超时、在满足某些条件下返回特定错误码等。

（4）预生产。预生产环境通常完全模拟生产环境，用来做生产系统发布前最后一道功能验证的非生产环境。该环境可以开放给用户，用来测试和使用即将发布的功能，通常新版本在被发布至预生产环境以后可以试运行一段时间，以确保新版本足够稳定且满足客户期待。

（5）生产。生产是持续部署环节的最后一步，生产环境部署意味着产品的正式发布。持续集成流水线在完成生产环境部署以后，需要通过触发回归测试用例来确保新版本未引发回归问题。

自动化任务同时需要主动拉取部署完成后的系统健康状况和性能指标等数据，确保系统变更未对业务产生负面影响。

生产系统独立部署的监控系统也会实时拉取系统当前的健康状况，如果版本发布影响了业务，这些监控系统就会发出警报，运维人员可人工介入，把变更对业务的影响降到最低。

5. 运维移交

DevOps 注重产品思想，主张"谁开发谁运维"，开发人员不仅要做代码开发，还要为产品的完整生命周期负责，这包括持续发布和持续运维。在规模较大的组织中，为了提升开发人员的开发效率，组织上可能还会细分为开发团队和系统运维团队。在一个产品功能上线一段时间并趋于稳定以后，开发团队可以将产品移交给运维团队。当然，移交的前提是该产品功能满足了运维就绪清单中的重要项目，该清单的主要作用是确保运维团队在接手该产品以后，能明确知道系统是否出现故障，当出现故障时，能快速修复故障。该清单主要包括：

（1）日志配置（Logs）。交付的产品应该有可供分析问题的日志，这就要求开发人员在编写业务代码时，需要按照规范分级别输出有意义的日志。基于云原生平台的微服务应用，鼓励将日志打印至标准输出，再由平台统一收集，日志文件的大小、数量、滚动策略等均由平台统一管理。

（2）业务指标收集（Metrics）。部署在云上的微服务需要将业务指标统一输出至云平台，这些指标包括应用健康状况、业务处理返回码、业务处理延时等。Kubernetes云平台与Prometheus无缝集成，提供指标收集，负责将这些指标统一收集至Prometheus DB并持久化，进而可以基于这些指标构建指标看板和告警策略。Prometheus监控当前集群中所有打了指标收集标签的Pod，并按照Pod中定义的Metrics URL收集指标数据。

下面的代码片段展示了一个用go语言编写的应用与内存相关的指标输出。

```
# TYPE go_gc_duration_seconds summary
go_gc_duration_seconds{quantile="0"} 2.2149e-05
go_gc_duration_seconds{quantile="0.25"} 2.8869e-05
go_gc_duration_seconds{quantile="0.5"} 6.7462e-05
go_gc_duration_seconds{quantile="0.75"} 9.683e-05
go_gc_duration_seconds{quantile="1"} 0.00216145
go_gc_duration_seconds_sum 1.928806061
go_gc_duration_seconds_count 26062
# HELP go_goroutines Number of goroutines that currently exist.
# TYPE go_goroutines gauge
go_goroutines 24
# HELP go_memstats_alloc_bytes Number of bytes allocated and still
in use.
# TYPE go_memstats_alloc_bytes gauge
go_memstats_alloc_bytes 2.757616e+06
# HELP go_memstats_alloc_bytes_total Total number of bytes
allocated, even if freed.
# TYPE go_memstats_alloc_bytes_total counter
go_memstats_alloc_bytes_total 1.16325356e+10
```

```
# HELP go_memstats_buck_hash_sys_bytes Number of bytes used by the
profiling bucket hash table.
# TYPE go_memstats_buck_hash_sys_bytes gauge
go_memstats_buck_hash_sys_bytes 1.599959e+06
```

（3）指标看板（Dashboard）。Grafana 作为指标看板，可以从 Prometheus 读取指标数据，并以可视化的看板形式展示出来，图 7-12 所示的看板展示了计算节点的资源利用情况。

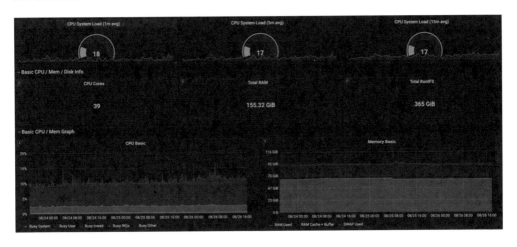

图 7-12   计算节点资源利用率看板

（4）告警和常见问题的解决办法。在收集指标以后，除了通过看板将应用运行情况展示给用户，更重要的作用是，基于指标数据可以定义告警规则。当指标数据违反预定义的告警规则时，系统会自动通过多种渠道告警，包括发送邮件、短消息推送、电话等，提示平台或应用的运维人员产品出现了故障，需要人为介入处理。告警的终极目标是当系统出现故障时，运维人员能在第一时间获知并立即解决，在客户发现问题之前解决问题是提升客户满意度的关键。

下面的代码片段展示了一个当 Kubernetes APIServer Pod 连续 30 分钟无法正常工作后的严重告警，该告警的描述中显示了哪个 Namespace 的 APIServer Pod 无法工作，并同时通过 runbook 链接提供了处理此问题的方法，运维人员可参照提供的方法处理此告警。

```
- alert: APIserverDown
  expr: sum (kube_deployment_spec_replicas{namespace="kube-
system",deployment="apiserver"}) by (namespace) - sum
```

```
(kube_pod_status_ready{namespace="kube-system",pod=~
"apiserver-.*",condition="true"}) by (namespace) > 0
    for: 30m
    labels:
      severity: Critical
      component: K8S-Core
    annotations:
      summary: Apiserver is down in {{ $labels.namespace }}
      description: Apiserver have been down for more
        than 30 minutes, namespace {{ $labels.namespace }}.
      runbook: http://runbook-for-apiserver
```

从图 7-13 所示的 Prometheus 提供的告警面板中，可以查看当前集群配置好的所有告警规则及当前是否被触发等状态。

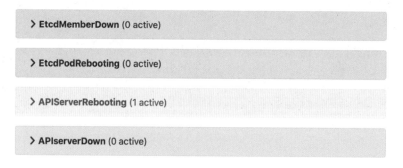

图 7-13　Prometheus 提供的告警面板

（5）明确定义的服务水平目标（Service Level Objective）。在微服务架构下，一个业务流需要由数项或数十项，甚至更多的微服务协同完成。当一个业务流无法在预期的时间内完成时，如何快速定位是哪个参与的角色拖了后腿是至关重要的。因此，针对每项微服务，都应该约定其服务水平目标。

服务水平目标用来衡量一项服务是否达到了其预定的服务水平，主要由 Indicator 和 Objective 来约定，前者要求微服务在处理请求时需要及时输出业务指标，后者是对服务指标的约定。表 7-1 展示了服务水平目标示例，当输出的业务指标未达到既定目标时，就说明该服务出现了问题，需要人工介入分析原因并立即解决。当每项微服务都有明确的服务水平目标并确保该目标能够达成时，整个生态系统的服务水平就会得到保障。

表 7-1　服务水平目标示例

等级	优先级	指标（Indicator）	目标（Objective）
APIServer	P1	[延迟] 单个对象的变形耗时	99 分位的变形时间小于 1 秒
		[延迟] 单个对象的读取时间	99 分位的读取时间小于 1 秒
		[延迟] 单 Namespace 读取 10000 条记录的时间延迟	99 分位的读取时间小于 5 秒
		[延迟] 跨 Namespace 读取 10000 条记录的时间延迟	99 分位的读取时间小于 30 秒
		[可用性] APIServer 正常提供服务的时间	按月统计，每月可正常提供服务的时间大于 99.9%
		[可用性] 所有请求时，返回 5xx 错误码的比例	小于 1%

在微服务架构下，细粒度的服务拆分导致系统部署和配置的复杂度已经变得无法用人工来维护，因此自动化流水线是确保系统可以持续变更不可或缺的要素。在微服务架构下，DevOps 的难点不是流水线建设本身，而是分布式系统的复杂性，即如何解决不同微服务之间不同版本的兼容性问题、如何控制某些子系统局部故障产生的影响等。

微服务架构需要组织的配合，人员配备需要与具体子系统相匹配；需要全体开发人员增强产品意识，坚信自己写代码、自己运维是一条正确的路；需要管理层下决心为自动化流水线投入计算资源和人力资源；需要整个开发运维团队配合，定义流程并严格遵守。

本章分享了一个完整的基于微服务架构的 DevOps 流程，但在具体的实践过程中，不能削足适履，每个组织应该依据自身现状建立一套真正适合自己的流程和方案。

第 8 章　云原生下的效能提升实践

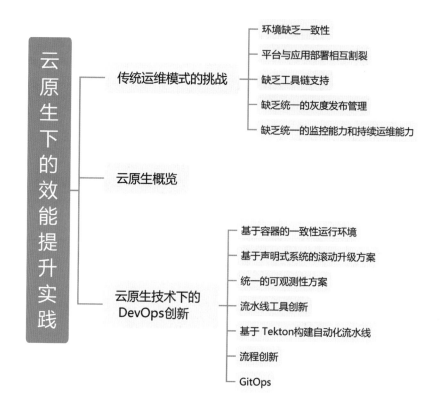

本章思维导图

- 云原生下的效能提升实践
  - 传统运维模式的挑战
    - 环境缺乏一致性
    - 平台与应用部署相互割裂
    - 缺乏工具链支持
    - 缺乏统一的灰度发布管理
    - 缺乏统一的监控能力和持续运维能力
  - 云原生概览
  - 云原生技术下的 DevOps 创新
    - 基于容器的一致性运行环境
    - 基于声明式系统的滚动升级方案
    - 统一的可观测性方案
    - 流水线工具创新
    - 基于 Tekton 构建自动化流水线
    - 流程创新
    - GitOps

研发效能衡量的是一个团队持续交付具有用户价值的产品功能的能力。在对云原生下的效能提升实践展开之前，我们梳理一下在传统环境下效能提升面临的挑战。图 8-1 展示了传统云平台的运维模式，从中我们可以总结出一些传统运维模式的痛点。

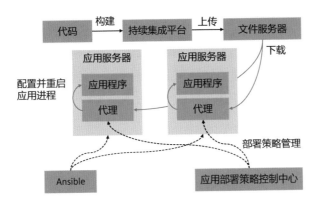

图 8-1　传统云平台的运维模式

1. 环境缺乏一致性

在具有完备的流水线工作支持以后，持续部署的另一挑战是环境一致性问题。在云原生未出现之前，开发人员的开发环境、应用的测试环境、预生产环境和生产环境可能各不相同。这可能会导致开发人员编写的代码在本地测试通过以后，被提交到流水线就不能正确工作，或者在通过集成测试后被发布到预生产环境或生产环境又会出现功能故障。这些不一致给系统可用性带来极大挑战，并且让不同角色在遇到系统故障时互相推卸责任，导致团队成员之间产生隔阂。

2. 平台与应用部署相互割裂

云原生最重要的创新之一是将云平台打造成了以应用为中心（Application Centric）的管控平台，在此之前，基础架构与业务代码是割裂的。基础架构不了解业务部署的细节，业务也对基础架构层面的配置一无所知，这使得持续部署和持续运维极其困难。业界通常的做法是基于虚拟化技术完成业务支撑，在此模式下，虚拟机的构建和业务代码的部署是分离的步骤，工具链也未打通。基础架构层面的配置和升级通常基于 Puppet 和 Ansible 等配置工具，而应用的配置、变更和升级往往基于自研的文件分发平台，这种割裂给基础架构的升级带来重重困难。比如，因为操作系统的安全漏洞，需要升级并重启主机操作系统（Host Operating System），如果没有应用的部署情况，则如何在不影响应用可用性的前提下分批次升级和重启就是一个难题。这往往需要人为控制节点分组并完成升级，需要耗费大量的人力、物力。

3. 缺乏工具链支持

在传统运维模式下，因为缺乏完整工具链的支持，所以持续集成和持续部署全自动化是一件非常困难的事。业界比较典型的流程是基于 Jenkins 构建持续集成平台，将源代码的静态扫描、单元测试、代码编译和版本发布自动化。而 Jenkins 等工具的流水线作业通常基于大量不可复用的脚本语言，那么如何提高代码复用率、如何让流水线作业的配置更好地适应云原生场景的需求就变得越来越急迫。

4. 缺乏统一的灰度发布管理

传统云平台缺乏统一的流量管理手段，持续部署在推出新功能以后，如何对新功能做 A/B 测试，也无统一方案，不同企业需要构建自己的测试平台并完成 A/B 测试。

5. 缺乏统一的监控能力和持续运维能力

为确保能够正常工作，应用通常需要打造自己的监控系统以收集服务运行状况、并发请求数量、响应速度、资源使用率等。在云原生技术出现之前，这些指标的收集没有统一方案，应用团队通常需要开发资源监控代理程序来收集这些指标并上报监控平台。

持续运维还需要面对一些重要挑战：如何应对某些应用实例故障；如何平滑地实现故障转移；如何在访问量突然上涨的情况下，做扩容以支撑突发业务暴长；如何在并发请求下降的情况下，做缩容以回收资源、降低成本。

8.1　云原生概览

云原生不是一项单纯的技术，而是一种思想，是技术、企业管理方法的集合。云原生追求的是在包括公有云、私有云、混合云等在内的动态环境中构建和运行规模化应用的能力，追求的是业务持续平滑的变更能力。

图 8-2 展示了云原生计算基金会（Cloud Native Computing Foundation）项目概览图中的一些核心项目，由该图我们可以很好地理解以 Kubernetes 为核心的云原生平台的核心机制。该图只是云原生技术栈的冰山一角，但管中窥豹，从此图我们能看出云原生技术栈不是某一个项目，而是众多项目彼此配合来完成业务目标。

Kubernetes 是云原生技术栈的核心，是众多云原生项目的黏合剂。Kubernetes APIServer 提供了整个集群的 API 网关，接收一切用户请求，以及来自其他组件的请求。开启了安全保证的 Kubernetes APIServer，会先对用户请求做认证、授权、准入操作，然后把用户请求存储到分布式键值数据库 etcd 中。

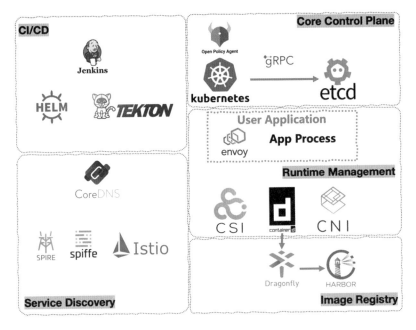

图 8-2　云原生计算基金会项目概览图中的核心项目

如果用户期望将应用部署在 Kubernetes 集群中，则需要构建 Kubernetes Pod 对象，该对象定义了应用要运行的容器镜像及资源需求。该请求在被发送至 Kubernetes APIServer 以后，经过上述的认证、授权环节被保存至 etcd。此时，Kubernetes 调度器会根据用户的资源需求及当前集群的节点状态进行调度，为该 Pod 选择一个最佳计算节点。

在调度完成后，计算节点上运行的 kubelet 会先通过调用容器存储接口（Container Storage Interface）为容器挂载存储卷，调用容器运行时接口（Container Runtime Interface）从镜像仓库拉取容器镜像并启动容器进程，调用容器网络接口（Container Network Interface）挂载网络，然后启动容器进程。

同时，运行在 Kubernetes 上的 CoreDNS 提供了集群内基于 DNS 的服务发现机制，Istio 提供了集群的服务网格管理能力。基于服务网格，业务团队可以方便地进行灰度发布。

一个组织在云原生平台就绪以后，通常需要基于此平台解决的第一个问题就是如何依赖此平台构建持续集成和持续部署流水线，以提升效能。传统的流水线工具 Jenkins 对 Kubernetes 有很好的支持，通过官方提供的镜像和插件，Jenkins 可以非常方便地在 Kubernetes 平台上运行。

Helm 是 Kubernetes 的包管理工具，是将 Kubernetes 之上运行的应用的复杂对象的定义模板化的工具。该工具可以将用户定义的 Kubernetes 对象共性的部分定义成模板，将可能变化的属性抽取成变量，并允许用户在集中的配置文件中为变量赋值，以减少产品版本变更时 Kubernetes 对象的变更成本，降低出错概率。同时，Helm 具有版本发布的能力，与容器镜像和镜像仓库类似，用户可以利用 Helm 将不同版本的模板打包成 Helm release，并发布至 Helm 版本仓库。

另外，社区在积极探索与 Kubernetes 一致的声明式 API 的自动化流水线，创新型流水线项目 Tekton 在业界已经被广泛使用。

8.2 云原生技术下的 DevOps 创新

云原生的实现需要企业的所有成员在思想上统一，在流程上配合，在技术上革新。应用程序从设计之初就为在云上运行做好了准备，业务开发人员不仅要精通业务，写好业务代码，还要考虑应用如何在云平台上平滑运行、如何确保应用的高可用和性能、如何与上下游服务通信等。云平台需要提供全自动化的可用性保障，提供应用指标和日志的收集与应用监控、故障转移、扩缩容等能力。同时，组织架构层面和流程层面都要给予配合，最佳实践是将团队按照不同功能进行划分，并基于 DevOps 思想完成持续集成、持续部署和持续运维。

云原生的实现依赖于多种技术手段，这些技术手段完全打通了持续集成和持续部署的整个链路，使整个企业可以以较低的成本构建统一的 DevOps 平台，使不同的业务和部门受益。与传统技术栈相比，基于云原生的 DevOps 有着显著的优势，下面对此进行展开介绍。

8.2.1 基于容器的一致性运行环境

容器技术可以说是云计算领域的变革性创新，是云原生技术最核心的驱动力，引领了云原生时代。容器技术基于 Namespace 和 Cgroup 技术，具有将应用进程放置在隔离的环境下运行，并进行资源管控的能力。基于 OverlayFS 和容器镜像，容器技术实现了将操作系统、中间件安装、配置文件生成、应用程序安装和运行通过源文件（Dockerfile）定义并打包的能力。

在构建容器镜像时，会依次读取 Dockerfile 中的指令，并下载基础镜像、安装依赖包、拷贝应用程序和设置启动命令。在容器构建完成后，当 Namespace 的隔离技术能够确保应用程序在测试环境中测试通过时，程序所需的依赖均已安装。容器镜像在生产系统中运行是容器镜像的完整重放，这确保了应用在不同场景加载时，其所依赖的运行时环境完全一致。

为配合源代码的版本管理，容器镜像支持用不同标签标记统一镜像的不同版本。在构建容器镜像时，通常可以按照不同的代码版本将容器镜像标记上不同的标签。比如，将基于 release-1.1 分支的源代码编译出来的容器镜像标记为 v1.1，将基于 release-2.0 分支的源代码编译出来的容器镜像标记为 v2.0，这样就可将容器镜像与版本发布对应起来，非常方便地实现了持续部署过程中的多版本管理。图 8-3 展示了基于 Dockerfile 构建两个不同容器镜像的示例，二者基于同一个基础镜像（ubuntu），左边的镜像 myapp:v1.0 运行简单的 Java 程序，右边的镜像下载并运行 elasticsearch 7.14，镜像也被标记为 v7.14。

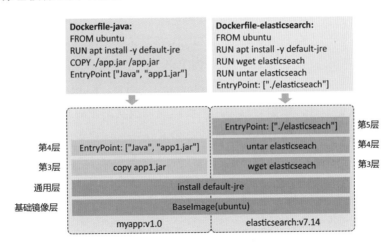

图 8-3　基于 Dockerfile 构建两个不同容器镜像的示例

利用镜像仓库和容器运行时的支持，容器技术实现了标准的文件分发能力。容器技术的一次编译能到处运行的特性，使得容器镜像可以在持续集成环节中构建，在生产系统中使用。而无论容器镜像在何种环境中运行，应用程序的运行时环境都是完全一致的。这解决了传统技术栈中常见的由环境不一致导致的研发环境测试通过的代码，提交测试无法运行，或者测试完成的代码被部署到生产系统可能引发故障的问题。

基于虚拟化技术的云平台，往往将主机的访问权限开放给业务开发人员。当应用出现故障时，开发人员会习惯性地登录主机进行错误排查，并很可能直接在主机上修改配置，以解决产线问题。而很多企业缺乏严格的流程保障，开发人员直接在生产系统进行编程配置，这些配置并不一定会被反馈到代码仓库，这为后期运维带来很大的风险。比如，在某个节点出现故障并完成故障转移以后，新的节点如果缺少之前节点人为变更的配置，则很可能无法正常提供服务，这可能会引发业务故障。

云原生倡导配置和代码分离，任何可能的配置变更都应该通过 Kubernetes 对象来完成，这些对象应该通过外挂存储的方式 mount 到容器内部。而容器镜像本身是不可变的，也就是说，基于容器技术的云平台可以防止用户直接登录至容器内部进行配置修改，当故障转移发生时，新的应用实例与被替换掉的应用实例完全一样。

8.2.2 基于声明式系统的滚动升级方案

Kubernetes 是一个声明式系统（Declarative System），核心思想是将云计算领域涉及的所有对象抽象成标准 API，并与不同厂商一起，将这些 API 定义为业界标准。这种标准化的声明式 API，将业界不同企业和不同业务场景面临的问题统一起来，使得所有开源社区的人合力完成典型用例的代码实现。比如，Kubernetes 将计算节点抽象为 Node，将业务部署的实例抽象为 Pod，将业务发布的服务抽象为 Service，将无状态应用的滚动升级策略抽象为 Deployment。同时，Kubernetes 的控制器会监控这些对象的变更事件，依据对象中用户给定的期望状态完成配置，并将真实状态更新到对象状态属性中。而这些对象的抽象和 Kubernetes 提供的原生控制器，已经满足了业界 80%的业务部署需求。图 8-4 展示了 Kubernetes 中最核心对象的关联关系，从该图我们可以理解 Kubernetes 如何基于一系列对象的抽象实现对业务的抽象。

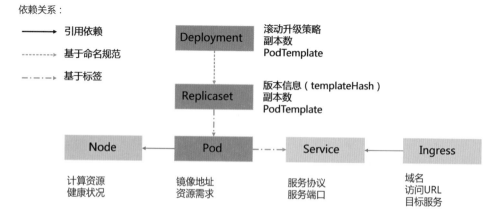

图 8-4 Kubernetes 中最核心对象的关联关系

对于常见 Web 服务等无状态应用，Kubernetes 提供了更高级的版本变更控制。版本变更是一个日常频繁发生的关键操作，如何在不中断业务的前提下更新版本，一直是业界努力解决的问题。Kubernetes 基于 Deployment 提供了一个通用方案，首先 Deployment 定义了期望应用运行的副本数（Replicas），Kubernetes 会确保当前集群中恰好有期望的副本在运行。其次，Deployment 对象支持滚动升级策略，该策略可以定义当发生版本变更时，Kubernetes 应该以何种策略分批次升级正在运行中的实例，以确保服务升级时服务不中断。而当 Kubernetes 用户需要对应用的版本进行变更时，只需更改 Deployment 中的 image 标签即可，无须控制复杂的升级流程，剩下的滚动升级过程全部交由 Kubernetes 完成。

如果原生对象无法满足某些业务需求，Kubernetes 还提供了扩展对象 CRD（Custom Resource Definition，自定义资源定义）。其与数据库中的开放式表类似，用户可以基于自定义资源定义任何扩展对象，以描述其特殊业务场景，并编写自己的控制器完成业务配置。有了这项扩展能力，Kubernetes 平台就变成了一个无所不能的开放式平台。

在声明式系统的加持下，云原生涉及的一切代码、应用配置、基础架构配置，甚至整个数据中心都可以以源代码的方式管理起来，可谓"云原生下一切皆代码"。

8.2.3 统一的可观测性方案

云原生鼓励微服务架构，而微服务往往不是独立存在的。一个微服务应用在被部署到云原生平台之后，需要与上下游服务进行通信，如何查找上下游服务的健康实例并发起网络调用是服务发现需要解决的问题。与 SpringCloud 这类传统的基于 SDK（或 Library）的服务发现不同，服务网格在服务的提供方和调用方各插入一个 Sidecar，这个 Sidecar 是独立的进程，而服务发现的配置会基于当前云平台的服务状态动态更新。

服务网格使微服务之间的网络调用由平台层统一管控起来，这使得流量管理可以通过平台级的配置 API 来完成，可以通过平台级的配置完成流量灰度等业务目标。

服务网格使得集群中流量的可观察性显著提升，访问日志、性能数据或者分布式 tracing 都在平台层面有了统一方案。

所有容器应用以相同的技术管理应用进程，应用进程的资源使用情况体现在 Cgroup 中的状态文件中，应用健康状态可由 Kubernetes Pod 中定义的健康探针实时探测。Kubernetes 平台会统一收集这些健康状态指标和资源利用率指标并汇报给监控平台，应用只需投入很少的开发和配置成本即可接入监控平台，极大地降低了监控成本。

8.2.4　流水线工具创新

以 Jenkins 为代表的传统流水线工具有一个显著的缺陷，即在这些工具中配置流水线通常需要编写很长的运行脚本，这些脚本通常缺乏很好的版本管理，难以维护，复用性差。为解决这些问题，社区推出了基于云原生技术栈和 Kubernetes API 的流水线项目 Tekton，该项目引入了 Task、TaskRun、Pipeline、PipelineRun 等对象，方便用户将原子操作定义成独立的 Task，并将多个 Task 串联到一个 Pipeline 中，实现以声明式的方式触发一个流水线作业。

为什么在已经拥有被用户熟悉的流水线产品之后，我们还需要打造一套新的基于云原生技术栈的流水线呢？这套新的流水线产品与之前大家所熟知的产品相比有哪些新特性呢？

- 自定义：Tekton 的对象是高度自定义的，可扩展性极强。平台工程师可预定义和重用模块并提供详细的模块目录，开发人员可在其他项目中直接引用。

- 可重用：Tekton 对象的可重用性强，组件只需一次定义，即可被组织内的任何人在任何流水线重用，使得开发人员无须重复造"轮子"即可构建复杂流水线。

- 可扩展性：Tekton 组件目录（Tekton Catalog）是一个社区驱动的 Tekton 组件的存储仓库。任何用户可以直接从社区获取成熟的组件并在此之上构建复杂流水线，也就是当你要构建一个流水线时，很可能你需要的所有代码和配置都可以从 Tekton Catalog 中直接拿来复用，而无须重复开发。

- 标准化：Tekton 作为 Kubernetes 集群的扩展插件，使用业界公认的 Kubernetes 资源模型；Tekton 作业作为 Kubernetes Pod 被触发并执行。

- 规模化支持：只需增加 Kubernetes 节点，即可增加作业处理能力。Tekton 的能力可依照集群规模随意扩充，无须重新定义资源分配需求或者流水线。

8.2.5　基于 Tekton 构建自动化流水线

Kubernetes 提供了基于自定义资源的扩展点，使得 Kuberentes 用户可以基于这些扩展点构建新的 API，并构建控制器监控这些自定义对象完成配置操作。Tekton 就是一个基于自定义对象的扩展项目，其主要目标是利用声明式 API 构建自动化流水线。

1. Tekton 的核心组件

Tekton 引入了数个与持续集成和持续部署相关的对象，具体如下。

Pipeline：其定义了一个流水线作业，一个 Pipeline 对象由一个或数个 Task 对象组成。

Task：一个可独立运行的任务，如获取代码、编译、推送镜像等。当流水线运行时，Kubernetes 会为每个 Task 创建一个 Pod。一个 Task 由多个 Step 组成，每个 Step 体现为 Pod 中的一个容器。

Tekton 流水线比传统流水线更灵活，一个流水线的多个 Task 可以被组织成有向无环图（Directed Acyclic Graph），每个 Task 会以独立的 Kubernetes Pod 运行，可以获得独立分配的资源。图 8-5 展示了一个 Tekton 流水线，其包含 4 个 Task，其中 Task B 和 Task C 在 Task A 结束之后同时执行，Task D 需要等待 Task B 和 Task C 的运行结果并将其作为输入，因此需要前置 Task 全部运行完成才会开始执行。

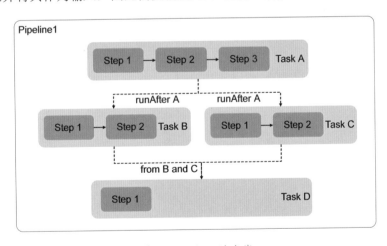

图 8-5　Tekton 流水线

Pipeline 和 Task 对象可以接收 Git Reposity，将 Pull Request 等资源作为输入，将 Image、Kubernetes Cluster、Storage、CloudEvent 等对象作为输出。一个带有输入和输出的流水线作业如图 8-6 所示。

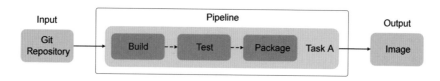

图 8-6　带有输入和输出的流水线作业

2. 构建基于事件的自动化流水线

在现实场景中，流水线通常从一个事件出发，比如研发人员向代码仓库 GitLab 提交了一个 Pull Request。GitLab 管理的项目可以设置一个 Webhook，当有人向该项目提交 Pull Request 时，GitLab 会将 PushEvent 事件的元数据推送给 Webhook 指向的网络地址。

Tekton 提供的 EventListener 对象就是为配合该场景而引入的，图 8-7 展示了一个由 GitLab PushEvent 触发的完整的 Tekton 流水线。

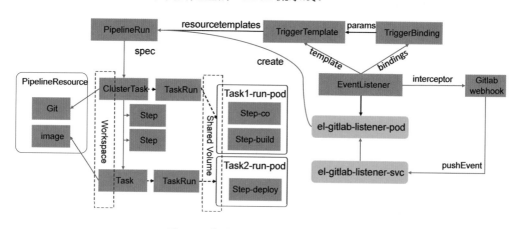

图 8-7　基于 EventListener 的流水线

其主要组成部分如下。

EventListener：事件监听器，该对象的核心属性是 interceptor（拦截器），该拦截器可监听多种类型的时间，如下面的代码清单配置了来自 GitLab 的 Push 事件。当该 EventListener 对象被创建以后，Tekton 控制器会为该 EventListener 创建 Kubernetes Pod 和 Service，并启动一个 HTTP 服务，以监听 Push 事件。当用户在 GitLab 项目中设置 Webhook 并填写该 EventListener 的服务地址以后，任何人针对被管理项目发起的 Push 事件，都会被 EventListener 捕获。

```
apiVersion: triggers.tekton.dev/v1alpha1
```

```
kind: EventListener
metadata:
  name: gitlab-listener
spec:
  serviceAccountName: cncamp-gitlab-sa
  triggers:
  - name: gitlab-push-events-trigger
    interceptors:
    - ref:
        name: gitlab
      params:
      - name: secretRef
        value:
          secretName: cncamp-gitlab-secret
          secretKey: secretToken
      - name: eventTypes
        value:
          - Push Hook
    bindings:
    - ref: gitlab-binding
    template:
      ref: gitlab-triggertemplate
```

那么，捕获了 Push 事件后的后续自动化操作是什么呢？这个后续行为被定义在
EventListener 的 Template 属性中，其关联到名为 gitlab-triggertemplate 的
TriggerTemplate 对象。TriggerTemplate 定义了事件被触发以后的真实行为。下面的
代码定义了一个简单的 TriggerTemplate，它定义了在事件被触发以后，进行代码
checkout 操作，并完成代码编译，该操作接收以 GitLab 为源头的资源，这些资源的
实际地址和版本信息在 TriggerBinding 对象中设置，限于篇幅，这里就不展开介绍了。

```
apiVersion: triggers.tekton.dev/v1alpha1
kind: TriggerTemplate
metadata:
  name: gitlab-triggertemplate
spec:
  params:
  - name: gitrevision
  - name: gitrepositoryurl
  resourcetemplates:
```

```
- kind: PipelineRun
  apiVersion: tekton.dev/v1beta1
  metadata:
    generateName: gitlab-pipeline-run-
  spec:
    serviceAccountName: cncamp-gitlab-sa
    pipelineSpec:
      tasks:
      - name: checkout
        taskRef:
          name: gitlab-checkout
        resources:
          inputs:
          - name: source
            resource: source
      resources:
      - name: source
        type: git
    resources:
    - name: source
      resourceSpec:
        type: git
        params:
        - name: revision
          value: $ (tt.params.gitrevision)
        - name: url
          value: $ (tt.params.gitrepositoryurl)
```

GitLab Webhook:

在 EventListener 被创建以后，Tekton 控制器会为该 EventListener 创建一个真实的服务以监听事件，这样 GitLab 与 Tekton 的集成就变得简单了，只需在 GitLab 的被管理项目中设置一个 Webhook，以确保该项目中的事件通知会被发送至 EventListener 的服务地址。图 8-8 展示了在 GitLab 中设置 Webhook 的方法。

当完成 EventListener、TriggerTemplate 和 Webhook 的设置以后，一个基于 GitLab 托管项目的代码变更事件的自动化流水线就完成了。

当有研发人员针对该项目进行代码推送时，我们就可以从 Tekton 管理界面中看到触发的流水线作业及其执行状态，如图 8-9 所示。

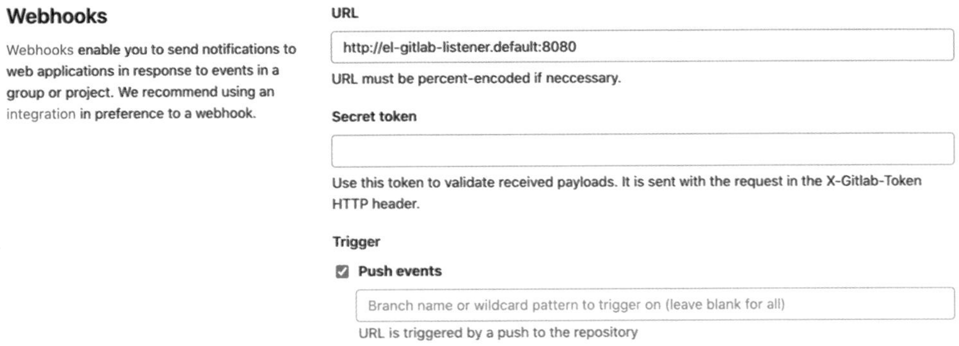

Webhooks

Webhooks enable you to send notifications to web applications in response to events in a group or project. We recommend using an integration in preference to a webhook.

URL

```
http://el-gitlab-listener.default:8080
```

URL must be percent-encoded if neccessary.

Secret token

```

```

Use this token to validate received payloads. It is sent with the request in the X-Gitlab-Token HTTP header.

Trigger

☑ **Push events**

```
Branch name or wildcard pattern to trigger on (leave blank for all)
```

URL is triggered by a push to the repository

图 8-8　在 GitLab 中设置 Webhook 的方法

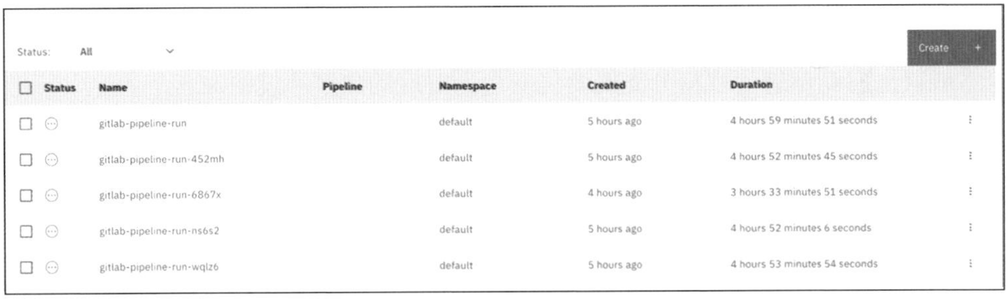

	Status	Name	Pipeline	Namespace	Created	Duration	
☐	☺	gitlab-pipeline-run		default	5 hours ago	4 hours 59 minutes 51 seconds	⋮
☐	☺	gitlab-pipeline-run-452mh		default	5 hours ago	4 hours 52 minutes 45 seconds	⋮
☐	☺	gitlab-pipeline-run-6867x		default	4 hours ago	3 hours 33 minutes 51 seconds	⋮
☐	☺	gitlab-pipeline-run-ns6s2		default	5 hours ago	4 hours 52 minutes 6 seconds	⋮
☐	☺	gitlab-pipeline-run-wqlz6		default	5 hours ago	4 hours 53 minutes 54 seconds	⋮

图 8-9　Tekton 管理界面中的流水线运行详情

8.2.6　流程创新

DevOps 的核心是去除研发团队、测试团队和运维团队之间的壁垒，将运维前移，研发人员不仅要为产品设计和代码实现负责，更要为功能上线和由此引发的数据迁移及上线后的持续运维负责。DevOps 推崇自动化，要求将重复的日常工作和流程抽离出来，以自动化作业的形式完成，以便使团队腾出空间和时间进行更高级的工作。软件开发和交付团队成为一个整体，确保能持续交付对客户有价值的功能；要求团队不断优化测试、部署、配置管理和系统监控等自动化工具；要求团队不断改进结构以更好地适应 DevOps 流程。

云原生是基于声明式构建的生态，在云原生领域中，一切皆代码。应用代码、应用配置、基础架构乃至整个数据中心都可以以代码的形式组织起来。而源代码都可以在 GitHub、GitLab 等代码版本管理工具中被管理起来，有了自动化流水线，一切生产系统的变更都可以基于 Git 的一个事件触发，这使得基于 Git 的运维 GitOps 成为可能。

8.2.7　GitOps

GitOps 对开发人员很有吸引力,其采用了开发人员熟悉的 Git 工具来实现部署,增强了开发人员的部署体验,改变了团队之间协同和共享的方式。Git 是持续交付的中心,是系统所有描述包括程序和配置信息的唯一真实来源。集群上每个功能模块现有及预期状态的描述,以及随着时间变化的演变历史,在 Git 上皆可查询,并对团队的所有人可见。

GitOps 不局限于一个应用程序和一个集群环境。对于微服务架构,每个子系统的代码都独立管理。如图 8-10 所示,GitOps 将各个应用程序的源代码放在不同的仓库中,将配置文件信息放在同一个环境配置仓库,使用不同的构建管道来更新环境配置仓库,从环境配置仓库启动 GitOps 并部署所有应用程序的工作流程。针对不同的生产环境,环境配置仓库可用不同的分支来区别。当观测到某个分支被更新时,流水线就会启动部署流程将分支的变化应用到对应的集群环境中。

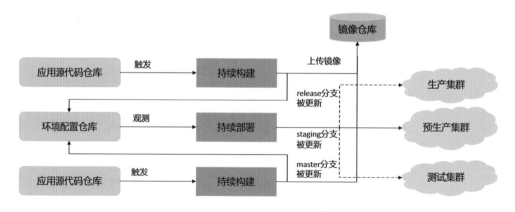

图 8-10　GitOps 对不同环境的实践方法

云原生作为划时代的思想,配合其带来的一系列革命性的技术手段,对研发效能的提升有诸多意义。首先,云原生通过统一的 API 将平台管控的所有业务进行模型抽象,通过编写控制器完成对象的配置,并通过开源社区及企业联盟构建统一解决方案并形成标准。云原生技术提升了系统的适应性、可管理性、可观察性。其次,云原生通过多种技术手段打通了持续集成和持续部署的全自动化流程,使开发工程师能以最低的成本进行频繁和可预测的系统变更。当系统复杂度上升到一定程度时,任何变更都意味着风险,因此频繁变更往往带来服务水平的下降。然而基于云原生的技术栈,有了 DevOps 的赋能,变更速度和服务水平不再是对立指标,借助流程管理和工具链,开发人员能在加快变更速度(Velocity)的前提下确保产品质量(Quality),缩短需求投入市场的前置时间(Idea to Market)。

组织实践篇

第 9 章　变革领导力

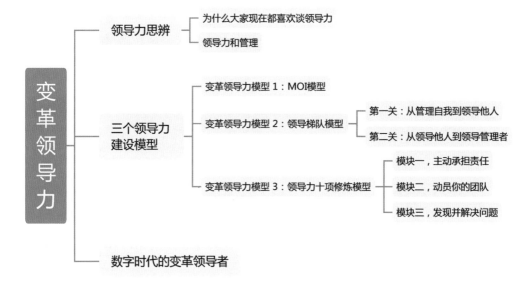

本书前面几章从不同的角度介绍了提升研发效能的一些具体的实践方法。

- 从管理角度入手，通过引入敏捷、精益、数据驱动等管理理论来提升研发效能。

- 从工程角度入手，通过引入 CI/CD、完善功能测试和非功能测试等工程方法来提升研发效能。

- 从技术角度入手，通过引入云原生技术、微服务架构等技术提升研发效能 。

这些新的管理理论、工程方法和技术工具是在当前数字时代涌现出的，那么问题来了，在这些看似不相关的领域中，为什么会不约而同地涌现出这些新的理论、方法和工具呢？

在我看来，其推动原力都来自变革的趋势，而所有变革的趋势都源自人类对生产效率无止境的追求。举几个例子：

- 因为希望能够做到更高效地部署互联网应用，不要再在机房、机柜、服务器、网络、域名、防火墙等烦琐细节中低效地挣扎，所以有了高效部署的变革趋势，并在这个趋势下催生出了云原生技术。

- 因为希望能够做到更高效地实现系统功能的变更，不要再无止境地阅读源代码、分析变更影响范围、一遍一遍地做各种测试，所以有了拆分大单体系统的变革趋势，在这个趋势下催生出了微服务架构。

- 因为希望能够更快看到代码集成上线的实际效果，不要再一遍一遍地手工编译代码和打包，然后通过命令行完成部署，所以有了简化编译、打包、集成部署的变革趋势，在这个趋势下催生出了 CI/CD 和 DevOps。

- 因为数字世界的商业越来越复杂，变化速度也越来越快，企业希望能够更高效地开发新系统来响应变化，不再耗费过长的时间去做需求分析、架构设计和开发测试，所以产生了缩短研发周期和减少过程浪费的变革趋势，这个趋势催生出了敏捷开发和精益产品思维。

因此，新理论、新方法、新技术的出现都代表着它们的背后有一股强大的变革趋势，而在这些趋势下想要提升一个组织的整体研发效能，仅仅精通某个领域肯定是不够的，还需要一种特殊的能力。

这种能力可以让一群人的行为步调一致，而且他们不需要被告诉应该去做什么或者不做什么。相反，他们总是主动询问组织需要接触什么新东西，需要去研究什么新技术，需要改进什么工作方式，以及有哪些地方可以让团队协作得更加和谐。

这有点像一群中世纪的探险船员，大家不知道会面临什么样的风暴，但是当危机到来时，几乎没有指令下达，也没有人会等着其他人行动，或者阻碍其他人行动。大家基于某种能力形成了一个有机的整体，这个整体会不断地自我学习和自我优化。这种能力就是变革领导力。

9.1　领导力思辨

9.1.1　为什么大家现在都喜欢谈领导力

先讲一件我亲身经历的事情，几年前我在一家创业公司工作，老板交代了一个任务，要我带领研发团队和产品团队快速开发出一个系统。这个系统要能够推出一种新型的活期理财产品，该产品一方面允许投资人以活期存款的方式进行投资和交易，按日计息，$T+1$ 可赎回；另一方面该产品背后的底层资产却是固定期限的银行承兑汇票，按照票据的固定期限进行计息，到期才能兑换本金和利息。熟悉金融的朋友都知道，这个产品最核心的逻辑就是"期限错配"，但是当时的团队成员都没有期限错配的相关经验，更没有对应金融系统的设计和开发经验。

但这是老板直接布置的公司级战略任务，同时很多竞争对手的期限错配理财产品已经上线了。所以我们即使心里没底，也要硬着头皮把这个系统做出来。为此，我抽调了公司最核心的员工，组成了产品设计团队和技术研发团队，放在这个项目上进行攻坚战。

在项目启动一周以后，产品设计团队很快推出了第一版本的产品需求文档和原型设计，不过其中只有"活期存款"投资人的相关功能和界面原型，这些仅仅是产品的前台部分。而支撑产品的投资资金管理、票据资产管理、资产收益计算、资金利息计算等这些核心功能却都没有。基于这份产品设计文档，团队肯定没有办法按照预定的计划完成开发，整个系统需要重新设计后台部分，而重新设计可能会导致整个项目延期一个月。

于是，我把这些问题汇报给了老板，他是一个商业嗅觉很敏锐的票据金融行业的"老兵"，但不怎么懂软件研发。听完汇报，老板先分析了一下目前市场上竞争对手的动态，然后表示如果不尽快推出这款产品，很多老用户就会流失到竞争对手那里，最后对我说："你看这个项目有这么多人呢，要发挥你的领导力啊！"

估计这个场景很多人都会有点熟悉，在上级觉得我们没法如期带领团队完成任务时，在团队的工作质量不及预期时，在团队中有很多人离职时，甚至在团队对目标没有信心时，领导力就变成了解决一切问题的"银弹"。

"领导力"这个词好像变成了带头人头上的一个"紧箍咒"，只要负责的团队稍微有一个环节做得不好，立刻就会有人出来念"咒语"，此时我只觉得头一阵阵发痛，心中一个问号浮现出来：大家天天谈的这个领导力究竟是什么？

9.1.2　领导力和管理

要弄清楚一个概念，最好的做法是先找一个熟悉的概念进行对比，而相对于领导力来说，有一个名词我们可能更熟悉，它就是管理。

那么，如果把领导力和管理放在一起，两者相似和不同的内容分别是什么呢？如果用一句话描述两者之间的差异，这句话的核心内容是什么呢？

先说领导力和管理的相似之处，最重要的一点是两者都面向团队，而不是面向个人。另外，两者都需要一些基本的能力，如沟通协作能力、计划能力、任务分解能力、情绪管理能力等。甚至在有的地方这两个词可以互换，如我们可以说马斯克领导特斯拉，也可以说马斯克管理特斯拉。

但是，领导和管理也有很多不能互换的地方，如我们可以说某人管理设备，但是不能说某人领导设备。这说明这两个概念的确有区别，我们还能想出更多的区别。比如，领导力更关注战略，管理更关注战术；再如，领导力需要让团队产生自驱力，管理只需要让团队完成规定的任务。

很多领导力大师对两者的区别也有自己的见解。比如，领导力大师本尼斯在 1985 年出版的《领导者》一书中提道："领导者做正确的事情，管理者正确地做事。"这句话听起来很有道理，但究竟是什么原因导致领导者要去做正确的事情呢？

再如，哈佛商学院的领导力大师科特提出："领导的本质是实现变革，管理的本质是维持运转。"他认为管理过程主要关注三个部分：计划和预算、组织和人员配置、控制和解决问题。而领导过程则需要关注另外三个部分：确定团队经营方向、凝聚团队、激励与鼓舞。在科特的观点中，我发现了一个重要的关键词：变革。

关于领导力，给我启发最大的是北京大学的一位领导力大师——刘澜，他在《领导力必修课：动员团队解决难题》一书中，从问题的角度对领导、管理和处理三个概念给出了更清晰的解释：领导解决变革性问题，管理解决维持性问题，处理解决日常性问题。作为一名研发团队的负责人，让团队每天写代码是日常性问题，保证团队快速并高质量地完成代码是维持性问题，但是把系统架构从单体改成微服务，把部署方式从私有服务器改成混合云服务器，这些是需要解决的变革性问题。

刘澜老师认为，变革性问题通常有四大难点。

第一，发现问题难。身处变革时代，问题已经悄然产生了，但很难被发现。也许是市场发生了变化，也许是技术发生了变化，也许是团队发生了变化。作为一个领导者，需要保持敏锐的听觉、嗅觉和视觉，尽早发现潜在的问题。

第二，界定问题难。最近产品（服务）在市场上不好卖了，团队的效能越来越差了，团队成员之间的争吵越来越激烈了。这些都是浮在外面的问题表象，而问题的本质需要领导者带领团队深入分析并进行界定，这个过程有两个难点：难点一是把变革性问题错当作技术性问题，误以为是某项新技术的出现导致了问题的产生，而没有意识到新技术的背后是强大的变革推力，如智能手机的出现，就是移动互联这个变革在推动；难点二是即便意识到了是变革性问题，也难以界定问题出在什么地方，比如最近几年特别火的企业中台，建设起来困难重重，这究竟是团队的技术能力不够，是业务方因为不理解中台而不支持，是企业不合理的组织结构变成了中台变革的阻力，还是企业领导者的战略决心不足？

第三，发现解决方案难。即便清楚界定了问题的边界，也往往没有现成的解决方案。变革性问题和日常性问题不同，变革性问题的解决方案往往不在组织现有的知识经验中，组织需要学习或者引入新的知识才能找到有效的解决方案。比如，前面的中台建设困难重重，如果界定问题的原因是组织结构不合理，那么应该如何改变组织结构呢？如果组织内部自己闷头想，就很容易变成一次"重新分蛋糕"的组织结构调整，而不是真正支撑中台建设的组织变革，此时必须引入外部的新知识才能让组织结构真正支撑中台建设。

第四，实施解决方案难。前面的三个难点主要靠动脑解决，最后这个难点主要靠动手解决，也是变革性问题中最难的一环。因为变革性问题的解决方案本身就有很多不确定性，所以在实施解决方案的过程中，实施团队必须要有能力去应对这些不确定性。比如，在实施中台组织变革时，突然行业里杀入一个攻击力很强的竞争对手，这时组织内部必然会产生各种声音，因此变革性领导者需要成为实施过程中的中流砥柱，和团队一起整合各项目标，坚定地实施变革。

对每一个个体来说，不管你是要获得生活上还是职场上的成功，经常面临的情况都是日常性问题、技术性问题和变革性问题掺杂在一起。作为领导者，一方面需要有意识地区分这些问题，另一方面还需要具备解决这些问题的"兵器库"。

日常性问题是简单、重复的，如每天上班打卡，解决这类问题的"兵器"是处理，通过机器自动化处理或者分派给别人处理，让自己尽可能少地花费精力在这些问题上。

技术性问题是复杂但确定的，解决这类问题的"兵器"是管理。领导者通过运用各种复杂的管理工具，把复杂问题拆解成简单问题，然后由管理团队解决复杂问题。

变革性问题是复杂且不确定的，解决这类问题的"兵器"是领导力，领导者需要采取各种措施激励团队，引导团队找出最合适的解决方案并实施解决方案。

9.2 三个领导力建设模型

9.1 节的内容是关于领导力的思考，主要是在理论层面分析领导力。但领导力是一项技能而非知识，所以我们还需要知道应该采取什么样的技术动作才能像训练肌肉一样训练领导力技能。

这个技术动作就是领导力训练模型，下面主要介绍三个有代表性的模型。

- MOI 模型：来自《技术领导之路——全面解决问题的途径》，主要从激励、组织、创新三个维度建立领导力。

- 领导梯队模型：来自《领导梯队：全面打造领导力驱动型公司》，从企业问题视角介绍不同阶梯的领导力要求。

- 领导力十项修炼模型：来自《领导力必修课：动员团队解决难题》，包含四个模块、十项领导力修炼。

9.2.1 变革领导力模型 1：MOI 模型

MOI 模型的底层逻辑是两种解释世界的方式：一种是线性（Linear）方式，认为大量的事件都可以找到单一原因；另一种是有机（Organic）方式，认为某一事件必然是千百种因素共同作用的结果。

有机方式把领导力视为一个过程，通过这个过程创造出一个环境，环境的共同作用导致最终期望的结果发生。而这个创造的环境包含三个关键的因素。

- 激励（Motivation），奖励或者惩罚机制，通过奖励来影响团队行为的能力。

- 组织（Organization），设计合理的沟通结构，通过团队协作把想法变成现实的能力。

- 创新（Innovation），未来的图景，通过鼓励创新让团队具备解决问题的能力。

在遭遇变革性问题时，团队最难的地方是，基于创新的能力来寻找更好的解决方案，而阻挡团队进行创新的障碍主要有三个：

第一，自我盲视。团队深陷在问题中，看不到自己的行为，无法发现问题，更不可能从旁观者的视角观察自己。第二，"没问题综合征"。当听到一个非常麻烦的问题时，会机械地回答没问题，这个障碍的本质是误以为早就知道所有问题的答案。第三，"唯一办法"信念。认为每个问题只有唯一正确的答案，看不见其他的办法，也不接受别人的新方法或者新答案。

如果用一句话总结一下这三个创新的障碍，就是看不到、没问题、没办法。

如何移除这三个障碍呢？有三种对应的方法：犯错误、模仿和重新整合。看不到是缺乏自我认识，意味着不会注意到自己的错误，所以允许团队犯错误能从看不到变成看得见；没问题是迷信自己的智力，意味着不会模仿、借鉴别人的做法，所以鼓励团队模仿能从没问题变成有疑惑；没办法是相信问题只有一个答案，会认为把想法合并起来很愚蠢，带领团队重新整合想法能从没办法变成有妙招。

通过解决这三个创新的障碍，就可以带领团队发展创新的能力了。

9.2.2　变革领导力模型2：领导梯队模型

这个模型能很好地帮助一个职场人理解领导力发展路径，理解从一个研发工程师成长为一个企业的首席执行官需要经历哪些重大的转变。在明确了这些转变后，我们自然会更从容地面对技术和业务的变革。

领导梯队模型一共有六个重大转变，如下所示。

● 从领导自我到领导他人。

● 从领导他人到领导管理者。

● 从领导管理者到领导职能部门。

● 从领导职能部门到管理事业部总经理。

● 从管理事业部总经理到集团高管。

● 从集团高管到首席执行官。

本书的主题是研发效能，这里主要针对研发部门的领导者介绍这个模型的前两个转变，以及如何从这两个转变中找到应对变革、引导变革的核心能力。

第一关：从领导自我到领导他人。

很多开发工程师应该和我有过类似的经历，一开始我们努力工作，用心学习，然后承担的开发工作越来越重要，突然有一天领导找到我们说："以后这几个开发工程师就由你负责了。"我们认为自己的努力和能力得到了认可和回报，把好消息告诉家人和朋友，并信心满满地认为有能力在新岗位上做得更好。

但一个月以后，一个个问题不断削弱着我们的信心。一个开发任务在某个团队成员手中停留了好几天，我们自己心里百爪挠心，最后实在忍不住了，干脆把任务拿过来自己做了。结果呢，自己在工作上投入的时间越来越多，有忙不完的事，每天都产生疲于奔命的撕裂感。

而且这种撕裂感在我们这些研发出身的技术领导者身上更为普遍，因为我们原来在领导自己的时候擅长解决各种技术问题，当团队遇到技术问题时，我们就会本能地想亲自去动手解决。而抑制这种本能的冲动，就是第一关的重大转变——从领导自我到领导他人。

成为开发领导者，我们必须意识到一件事情：工作成果不再通过自己的努力去获得，而是通过团队的努力去获得。要想实现这个转变，我们就需要明白在领导技能、时间管理、工作理念这些方面的新要求是什么，以及如何实现转变。

- 在领导技能上，我们需要制订团队的工作计划，建立团队的绩效管理机制，并以教练的身份对团队进行辅导和反馈。

- 在时间管理上，我们需要做更长远的时间计划，预留和团队专属的沟通时间，并明确自己时间投入的优先级。

- 在工作理念上，我们需要站在团队的角度从整体上看待成功，通过团队而非自己来完成任务。

这就是研发领导者的第一关，控制自己解决问题的欲望，因为你面临的任何一个问题不再是个体的问题，而是团队的问题。

第二关：从领导他人到领导管理者。

经过转变工作理念，学习了新的领导技能，重新调整了时间管理，我们终于适应做一个小开发团队的领导者了。这时候，我们很可能会被安排到下一个岗位，负责一个全功能研发团队，这个团队中不仅有开发工程师小组，还有测试工程师小组、需求分析师小组、架构师等。

这是我们需要突破的第二关，从领导他人到领导管理者。在第一关中，我们还可以是最后兜底的那个人，团队完不成的开发任务由我们来做。但是在第二关就不一样了，一方面，团队变大了，我们没有那么多的精力去帮助团队完成工作；另一方面，有些工作也不是我们擅长的，这时应该怎么办呢？

这时候就需要进行再次升级，在这次升级中我们需要发展三项核心领导技能。

- 选拔和培养有能力的一线管理者：现在挑选好的团队成员不只是在挑选团队成员，也是在为组织培养未来的领导者。

- 让一线管理者对管理工作负责：以前是评估个人的业绩，现在需要新的方法评估团队的业绩，而一线管理者需要对团队的业绩负责。

- 协调团队和其他部门的工作：以前只关注自己部门的利益，现在需要兼顾其他部门的诉求，并帮助本部门和其他团队有效协同，实现组织的业务目标。

这就是研发领导者的第二关，需要意识到领导团队成员和领导一线管理者之间的差异。在三项核心领导技能中，最重要的是选拔和培养有能力的一线管理者，让他们对新岗位做好准备，如果不能引导他们向正确的方向发展，领导梯队就会在源头上受到阻滞。

9.2.3　变革领导力模型 3：领导力十项修炼模型

领导力本来有十项修炼，都是刘澜老师站在巨人肩膀上提炼而成的，但我认为对于研发团队的领导者，前面八项修炼更加重要。

模块一，主动承担责任。

- 修炼 1，承担责任："我来"。

- 修炼 2，直面难题："我不知道"。

模块二，动员你的团队。

- 修炼 3，连接团队："你觉得呢"。

- 修炼 4，讲故事："我讲个故事啊"。

- 修炼 5，当老师："如果是我，我会这么做"。

模块三，发现并解决问题。

- 修炼 6，深思："为什么"。

- 修炼 7，从失败中学习："失败了，恭喜你"。

- 修炼 8，反思："我要改变什么"。

1. 模块一，主动承担责任

作为研发团队的成员，我们的责任是按时完成自己的研发任务，通常分配的任务是我们知道如何解决的。而研发团队领导者的责任是解决集体难题，通常这些难题我们开始不知道如何解决，因此，领导者的第一个任务是，动员团队成员主动承担解决难题的责任。

模块一包含两项与责任有关的领导力技能：承担责任和直面难题。

- 承担责任，领导力口诀是"我来"。面对上级和平级，可以说："让我来解决难题"；面对下级，可以说："跟我来解决难题"；面对平级和下级，可以说："我们一起来解决难题"；面对难以决策的问题，可以说："我来拍板"；面对需要追责的问题，可以说："我来背锅"；面对团队难以改变的顽疾，可以说："我来改变"。这就是领导力的第一步，面对难题，我们要敢于冲上去承担责任。

- 直面难题，领导力口诀是"我不知道"。变革领导者面对的难题是变革性难题，需要团队和自己一起探索解决问题的办法。面对技术性问题和日常性问题，我们要敢于承认自己的无知，敢于说："我不懂""我不知道"；面对以前未见过的难题，需要收好自己最擅长的锤子，不要遇到问题就都当成钉子，要有勇气说："我不知道怎么办"；面对已经想好答案的难题，我们要知道问题可能有多种答案，这时要先说："我不知道"，鼓励团队成员说出他们的答案，最终达成一致，这样团队成员更愿意去实施。

为什么模块一要从责任开始？因为直面责任会给我们带来领导团队的真正"权力"，这个权力不是来自职位，而是来自个人的影响力，也称为个人权力。

2. 模块二，动员你的团队

动员团队不仅仅指动员下级，还指尽可能地动员包括上级、平级、外部合作者等在内的所有人。

这个模块的三个修炼都和团队有关，密切连接团队，扫除团队的情感障碍和行动障碍。

- 连接团队，领导力口诀是"你觉得呢"。这个口诀刚好接着前面的"我不知道"，因为我们不知道如何解决难题，所以需要激发团队的思考。一个变革领导者需要很多种能力，但最重要的一种能力是提问。而"你觉得呢"就是一个核心的领导力提问，这可以在思想上启发对方说出想法，可以在情感上激励对方，还可以促进你和对方的关系。

- 讲故事，扫除团队的情感障碍，领导力口诀是"我讲个故事啊"。好的领导力的故事有四种；第一种是我是谁，用自己的亲身经历，讲述一种价值观；第二种是我们是谁，用团队成员的经历，讲述团队的价值观；第三种是我们去哪，用一个拥有美丽愿景的故事，激发团队的情感；第四种是我们为什么要变革，用一个合乎变革逻辑的故事说服团队愿意去变革。

- 当老师，扫除团队的行动障碍，领导力口诀是"如果是我，我会这么做"。要想成为一个好的团队老师，需要具有五个层次：第一个层次是管教，只设定目标，基于职位权力要求团队按照目标去做；第二个层次是说教，除了目标还有方法，利用信息权力和专家权力要求团队去行动；第三个层次是身教，领导者通过亲身示范来教导，既要做示范又要出成果；第四个层次是请教，询问团队成员"你说怎么做"，让团队成员成为主角；第五个层次是传教，关注团队"你为什么这么做"，我们关注的不仅仅是事，还有做事背后的价值观。

以上就是动员团队模块的三个修炼，首先通过提问激发团队的想法，然后通过讲故事清除团队的情感障碍，最后通过当老师扫清团队的行动障碍，最终让团队能够轻松地行动起来。

3. 模块三，发现并解决问题

在解决难题之前需要深入思考问题，即第六个修炼"为什么"。但即便经过了深思熟虑，以后依然有可能会失败，所以我们要能够从失败中学习，这就是第七个修

炼 "失败了，恭喜你"。无论难题是否解决，我们都需要再进一步，这就是第八个修炼，反思 "我要改变什么"。

- 深思，领导力口诀是 "为什么"。要探索问题的根本原因，方法是从一个问题出发连问五个为什么。比如，研发的数字产品线上出现漏洞，那么可以问为什么会出现这个漏洞，因为开发的时候没有考虑特殊场景；为什么开发的时候没有考虑高并发场景？因为 QA 没有测试高并发场景；为什么 QA 没有测试高并发场景？因为 BA 的用户故事没有描述高并发场景；为什么 BA 的用户故事没有描述高并发场景？因为最初预设这个业务不会有很多用户；为什么会有这种预设？因为开始在设计业务模式时没有考虑网络效应。因此，要彻底解决这个问题，不能简单地让开发人员修复漏洞，而是在产品设计时就需要考虑网络传播效应。

- 从失败中学习。在解决变革性难题过程中，我们很可能会犯下错误，故要从失败中学习，领导力口诀是 "失败了，恭喜你"。卓越者不是不失败，而是懂得如何从失败中学习。我们不但要改变对失败的态度，还要打造一个从失败中学习的组织。这个组织需要有四个原则：第一个是及早发现失败，我们需要经常和一线团队进行非正式沟通；第二个是鼓励报告失败，在团队组织层面鼓励设置报告失败的奖励；第三个是深入分析失败，要能清晰地定义各种失败，分清楚什么是不利的失败，什么是有利的失败；第四个是主动实验失败，这种实验主要是针对创新，在低成本的前提下主动去进行的一些小范围的创新实验。

- 反思。无论难题最终是否被解决，我们都需要反思，领导力口诀是："我要改变什么"。作为一个领导者，要意识到反思需要经过三个层次：第一个层次是小反思，小反思的结果是行动层次的改变；第二个层次是中反思，中反思的结果是目标层次的改变，问的问题是这件事情到底应不应该做；第三个层次是大反思，大反思的结果是心智模式的改变，问的问题是如何改变心智模式，并通过心智模式改变目标和行动。

以上就是发现并解决问题模块的三个修炼，这个模块的核心是逐步深入的三个思考：第一个思考是为什么，探索难题的根本原因；第二个是失败以后的思考，思考如何构建一个学习型组织；第三个是难题之后的反思，思考如何从三个层次进行改变——改变行动，改变目标，改变心智模式。

9.3　数字时代的变革领导者

21 世纪最重要的驱动力来自迅猛的技术变革，在一个因为技术变革加速而导致颠覆加剧的世界中，企业为了生存，必须源源不断地进行改变规则的创新，而要做到这一点，就需要不断地激励员工每天都发挥出最佳水平，这就是变革领导者面临的核心挑战。

在 9.2 节中，我们介绍了三个变革领导力模型，有从激励、组织、创新三个大视角思考的 MOI 模型，有从一个领导者成长路径思考的领导梯队模型，还有站在巨人肩膀上的领导力十项修炼模型。但不论哪一种模型，都只是帮助我们更好地解决变革性问题的工具而已，我们需要基于模型做到六经注我，把这些模型变成自己的"一阳指"和"凌波微步"，成为数字时代的卓越变革领导者。

第 10 章　个人能力模型

本章思维导图

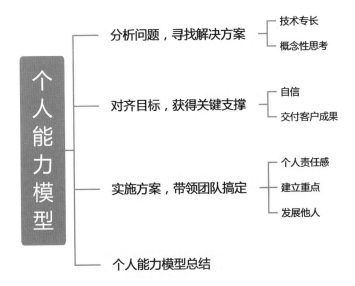

个人能力模型
- 分析问题，寻找解决方案
  - 技术专长
  - 概念性思考
- 对齐目标，获得关键支撑
  - 自信
  - 交付客户成果
- 实施方案，带领团队搞定
  - 个人责任感
  - 建立重点
  - 发展他人
- 个人能力模型总结

在数字变革时代，作为一名软件研发工作者，我们应该具备哪些基本能力才能持续精进呢？

考虑到一个研发团队中有各种角色，这里的能力不聚焦在具体的专业技能上，如使用 Java 写出高并发的代码、设计用户体验较好的软件产品，这些都是我们通过多年的工作和学习最终练就的技能。能力不是技能，而是能够帮助我们更好地获得技能、更有效地使用技能的东西。

下面我们结合 Thoughtworks 采用的胜任力模型（Competency Model）来介绍一个高效的研发工作者（不论是 BA、DEV、QA，还是 PM）应该具备哪些基础能力。

2020 年得到的跨年演讲中有一句话是："世界不是按照领域划分的，而是围绕挑战组织起来的"。这句话由教育专家沈祖芸老师说出，也同样适用于研发工作。虽然研发工作者的工作可以按照领域进行划分，如分成需求分析工作、设计工作、开发工作、测试工作、运维工作、项目管理工作，或者分成 Java 研发、C++研发、Python研发，再或者分成前端开发、后端开发、数据库开发、大数据应用开发、人工智能应用开发，但是所有的工作都在解决一个个具体的挑战和问题。

　　胜任力模型就是围绕问题而设计的个人能力模型。通常研发工作者面对的问题都是复杂问题，针对复杂问题，胜任力模型认为需要三步：第一步是分析问题，寻找解决方案；第二步是对齐目标，获得关键支撑；第三步是实施方案，带领团队搞定，如图 10-1 所示。

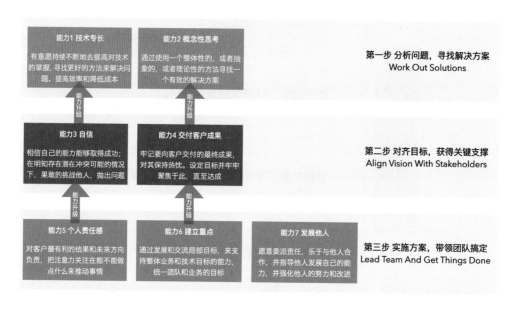

图 10-1　胜任力模型

　　而实现其中的每一步都需要有具体的能力支撑，因此整个胜任力模型就是围绕着这三步搭建的能力框架。

- 分析问题，寻找解决方案（Work Out Solutions）。

　　➢　技术专长。

　　➢　概念性思考。

- 对齐目标，获得关键支撑（Align Vision With Stakeholders）。

　　➢　自信。

> ➢ 交付客户成果。

● 实施方案，带领团队搞定（Lead Team And Get Things Done）。

> ➢ 个人责任感。

> ➢ 建立重点。

> ➢ 发展他人。

下面具体讲解一下这些能力是如何定义的，以及具备了这些能力之后会有何种行为表现。

第一步，分析问题，寻找解决方案。

因为软件研发工作者遇到的大部分问题都是技术问题，所以分析问题的第一项基本能力就是技术专长。在寻找解决方案的过程中，除了基本的技术能力，还需要考虑方案的完整性和有效性，这时候需要的能力是概念性思考。

能力 1：技术专长

技术专长：有意愿且持续不断地去加强对技术的掌握，努力寻找更好的方法来解决问题、提高效率和降低成本。

要想具备这种能力，需要在日常工作中做到以下三点。

● 充分掌握专业领域内技术的最新发展和最佳实践。比如，对 Java 应用程序的开发者来说，这个领域的新实践是基于 DDD 方法的微服务设计和开发，要想做到这些，绝对不是仅仅掌握一些概念，看过一些书，而是需要自己动手用 DDD 写代码，遇到问题并深入思考，这才是充分掌握专业领域内技术的最佳实践。

● 理解技术和实践对技术专家型和非技术型的利益相关者的好处和限制。还是接着前面的例子，DDD 和微服务对技术工作者的好处是显而易见的，那么对非技术型的业务人员，以及掌握投资决策权的老板们有什么好处呢？如果真的要采用 DDD，会遇到什么限制呢？比如，DDD 就不适合在面向数据的场景中进行模型设计。

● 在解决问题和通过正确的方式完成工作方面显示出强烈的紧迫感，显示出成效。继续用前面的例子，在你充分理解了 DDD，也能给各种利益相关者解释清楚好处和限制之后,应该按照什么样的方式去实施呢?是所有人一起学习DDD,然后直接进行开发写代码,还是用"事件风暴"重新分析需求,基于需求进行领域建模以后再进行开发写代码?按照不同的方式和顺序使用DDD 的效果会有显著的差异。

能力 2:概念性思考

概念性思考:通过使用一种整体性的,或者抽象的,或者理论性的方法寻找有效的解决方案。

这个能力比较抽象,落实到行动层面包含三点。

- 在不同或者看似不相关的场景中发现相似点,能用一个比喻或类比来解释一种场景和现象。简单来说,就是能根据已知分析未知,从一个已知的场景入手,通过类比去理解和分析一个未知的场景。但是日常的类比通常是基于经验和直觉的,而这个行为要求个人首先要对两个不相关的场景进行深度思考。比如,团队管理场景和养育儿童场景看似毫不相关,但我们通过深入思考就会发现两者都是通过一系列的方法让另外一个或多个个体去实现我们期待的目标,所以团队管理和养育儿童都需要采用各种心理学的方法去影响他人。

- 在一个复杂的场景中,可以快速地识别核心点,或者看到隐藏在表面想象之后的东西,这个能力就是洞察力。比如,领导提出要建设企业中台,这只是一个表象,要能够透过表象去识别领导要解决的本质问题,领导的本质问题可能是降低建设成本,可能是进行组织再平衡,也可能是获取更多的资源投入。只有通过洞察发现真正的核心问题,才能找到正确的解决方案。

- 能够用一个理论框架去理解具体的场景。这个能力的核心是这两年比较热的模型思维,首先需要知道一些模型框架,并能够深入思考这些模型的适用范围,明确它能够解决的问题和不能解决的问题。比如,DDD 模型适合用于应用系统架构设计,不适用于业务架构设计或者技术架构设计。所以要基于前面的洞察力找到真实场景的核心问题,才能选择最合适的模型架构。

第二步,对齐目标,获得关键支持。

基于技术专长和概念性思考这两项能力,我们已经能够为大部分研发问题并找到适合的解决方案。但这些解决方案的实施通常需要各种资源的支撑,所以第二步的能力就是如何获得这些资源的关键支撑。

能力 3：自信

自信：相信自己的能力能够取得成功；在明知存在潜在冲突的情况下，果敢地挑战他人，抛出问题。

自信的含义我们都很熟悉，但是完整的自信需要做到以下三点。

- 我可以：带着"我行"的态度，去面对挑战性的任务，这是自信最基本的要求。要相信自己可以完成具有挑战性的任务，当然最后结果可能是失败，因此除了敢于接受任务，我们还要敢于接受失败。

- 我反对：当对某个决定或战略不认同时，敢于在对的时间找到关键的人或组织表达自己的观点。这种行为的关键不是简单地去说"我反对，我不同意"，而是有效地传递建设性的反对信息。比如，在什么时间表达反对才是对的？在表达反对意见时，谁是关键的人或组织？我们是如何表达反对意见的？

- 我反馈：果敢地给出他人基于客观事实的坚定反馈。反馈和反对不一样，反对是不认同某个决定，反馈是不认同某个人的某个行为，并且期望对方能够改变。因此，有效的反馈不是简单地表达自己的观点，而是采用某种方式让对方接受这个观点并改变行为。

能力 4：交付客户成果

交付客户成果：牢记要向客户交付的最终成果，并对其保持热忱。把最终成果设定为目标并牢牢聚焦于此，直至达成。

很多人可能会问："如果接触不到客户，是不是就不需要这项能力了？"如果从产品的视角来看待工作，我们所有工作的结果都会有一个使用对象，可能是不同部门的同事，可能是老板，也可能是下属，那么他们就是工作产品的客户，故只要与人协作，就一定需要这项能力。

要想具备交付客户成果能力，需要做到以下几点。

- 深刻理解我们的业务使命：让自己的成功与客户的成功保持一致。这要求我们要去理解客户的成功，然后把客户的成功融入自己的方案中，这样才能获得客户的支持。比如，要实施基于 DDD 的微服务改造，但是业务部门今年的目标是营收增长 30%，那么在设计方案时就必须对改造之后如何帮助业务部门提升营收进行论证，只有这样才能获得业务部门的支持。

● 与客户沟通，找出客户真正的需求和让客户满意的东西。要做到这点，必须要时刻意识到一个情况，很多客户在表达自己需求的时候，实际上给出的是自己认知体系内的解决方案，由于认知体系的限制，这个方案不一定是最优的，因此我们需要去弄清楚真正的问题是什么。

● 在需要按期或基于可用资源交付最好的成果时，应给出不同的提案。这种行为的关键点是，在资源有限或者时间有限的情况下，在必要的时候能够提出不同的方案，以便能交付最好的成果。另外，需要通过不同的方案让客户理解，不同效果的成果需要他们付出的成本是不同的。

第三步　实施方案，带领团队搞定

在前面的两步中，一步在分析问题，弄清楚如何去解决问题；另一步在整合资源，解决问题需要关键的资源支持。这时候需要进行第三步，带领团队实施解决方案。这一步需要三个核心能力：个人责任感、建立重点和发展他人。

能力 5：个人责任感

个人责任感：给出对客户最有利的结果和对未来方向负责。

这里的客户是广义的客户，是我们工作成果的使用者。因此，个人责任感需要我们对客户负责，这个能力需要我们做到以下三点。

● 愿意主动承担与客户效果相关的一切后果，并努力寻找方法做出不同的内容。在研发工作中，经常遇到这样的场景，BA 把需求文档给了 DEV，但是 DEV 看完之后发现这个需求并不完整，有很多场景没有考虑，然后又花费很多时间和 BA 进行讨论。如果 BA 具备个人责任感，就应该在编写需求文档时考虑到各种场景，并在需求文档中加以说明，BA 需要为 DEV 无障碍使用需求文档负责。

● 把注意力放在为推动事情发展做点什么上，而不是放在为什么没做到或遇到问题就指责别人上。在研发工作中，当遇到一个连业务人员都说不清楚的需求时应该怎么办？是指责业务部门对业务不熟悉，还是抱怨公司领导没有安排合适的人在合适的岗位上？其实，这些行为除了宣泄自己的情绪，对解决

问题没有任何帮助。正确的行为是，思考有没有办法可以帮助业务人员一起
梳理这个需求，如帮业务人员去和他的客户沟通、一起工作等。

- 承认自己的错误和局限性，寻找并接受建设性的批评。由于每个人在工作过
  程中都有局限性，都会犯错，因此个人责任感不只是对自己的工作负责，还
  需要有勇气对自己的错误负责。比如，在开发时，因为设计了错误的架构而
  导致性能问题，这时要敢于承认自己的错误，勇于承担后果。

能力 6：建立重点

建立重点：通过发展和交流局部目标来支持整体业务和技术目标的能力。

这个能力的关键是动员团队，而要想具备这个能力，需要做到以下几点。

- 通过行为把自己和团队的目标与业务的战略方向统一起来：当研发团队的目
  标是基于 DDD 完成微服务改造，公司的业务战略方向是拓展新的产品线时，
  我们应该把它们统一起来。如果新的产品线需要一些基础能力的支撑，我们
  在进行微服务改造时就可以优先完成这些基础能力的改造。

- 确保团队成员清楚自己的工作目标和业务目标的关系：在将两个目标统一以
  后，我们还需要对工作目标和业务目标进行拆解，如果可以最好再把拆解后
  的任务进行对齐，这样团队就可以清楚地知道达成一个工作目标对业务目标
  的贡献值。

- 确保每个人都清楚并支持团队的工作目标：让团队成员支持工作目标，最好
  的方式是，让他自己去定义和选择团队任务，这样他就会自然地理解和支持
  这个任务。当然，有一种场景是团队成员无法自己定义目标，这时候就需要
  我们采用引导的方式，告知他们一个拆解任务后的期望结果，然后引导他们
  去达到这个结果。

能力 7：发展他人

发展他人：愿意委派责任，乐于与他人合作，并指导他人发展的能力。

个人责任感和建立重点都在假定个人和团队的能力足够完成解决方案，那么如
果团队能力不足，应该怎么办？这就是发展他人能力的意义和价值。要想具备这个
能力，需要做到以下三点。

- 给他人提出基于行为的、具体的、有帮助的反馈，这里的反馈和自信的反馈不同，自信的反馈是希望对方能够改变行为，而发展他人的反馈是希望团队成员能够更好，如更好地完成工作任务、更好地和别人协作、能高效地实现自己的职业目标。因此，需要先明白什么是对对方更好的目标，然后再基于这个目标提供反馈。

- 给他人布置有效的任务以发展他的能力。这种行为的关键是，我们需要针对要培养的能力进行有针对性的任务安排。比如，我们希望提高一个人的技术专长，首先我们会布置一个研究领域最佳实践的任务，并要求他基于自己的实践分享这个最佳实践，然后让他给团队 BA 或者 PM 讲解最佳实践的优劣势。最后，安排一个和这个最佳实践有关的工作任务，并限定任务的完成时间，看看他如何应对这种紧迫性，找到更高效的方法。

- 发现并强化他人在个人发展上所做的努力和改进。这种行为需要我们像灯光师一样，能够随时发现团队成员改进的地方，并及时用"追光灯"照亮这个成员。比如，当发现一个 DEV 开始用 TDD 的方式进行开发时，我们不应该关注他的开发效率是不是降低了，而是应该在团队面前鼓励他的这种尝试，鼓励他继续改进，甚至和他约定一个时间让他把自己的改进分享出来。

本章主要通过胜任力模型介绍了研发工作者的个人能力框架，把研发工作分成了三步：分析问题，寻找解决方案；对齐目标，获得关键支撑；实施方案，带领团队搞定。完成这三步需要研发工作者具备七项核心能力：技术专长、概念性思考、自信、交付客户成果、个人责任感、建立重点、发展他人。

其实在个人能力框架中有一个关键的认知逻辑：我们需要把自己看成一家"公司"，将我们的工作成果视为"公司"的产品，而使用产品的人都是"公司"的客户，自己是这个"公司"的 CEO，故具备七项能力的目的是让这家"公司"更有价值，生产更多更好的产品，获得丰厚的回报。

第 11 章　组织结构模型

本章思维导图

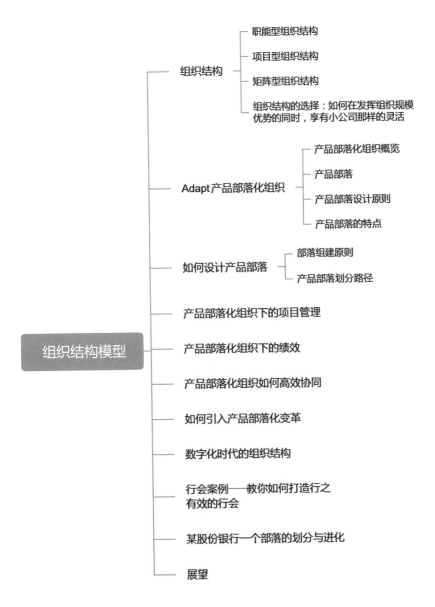

在谈到组织结构模型时，我们需要思考组织为什么是当前这种结构。如果你了解组织的完整历程，那么可能是清楚的；如果你未经历且未深入了解，就可能不清楚，并且认为存在很多似乎不应该存在的问题。就像一段传承的代码一样，如果有迹可循，你会知道它为什么会如此设计；如果没有人告诉你，你也许会抱怨代码怎么会写成这样。

本质上，任何脱离背景的有关组织结构优劣的谈论，都是不合适的。对一家公司来说，没有最好的组织结构，只有最适合的组织结构。

11.1　组织结构

11.1.1　组织结构的概念及类型

根据项目管理知识体系（Project Management Body of Knowledge）中的描述，组织结构是一种事业环境因素，它可能影响资源的可用性，并影响项目的管理模式。组织结构的类型包括职能型组织结构、项目型组织结构，以及位于两者之间的矩阵型组织结构。

基于不同的组织结构，我们从项目经理的职权、可用的资源、项目预算控制者、项目经理的角色、项目管理行政人员五个维度进行了阐述。由此可见，组织结构在某种程度上决定着公司成员的协同模式。

1. 职能型组织结构

典型的职能型组织结构是一种层级式结构，即每位雇员有一位明确的上级，如图 11-1 所示。人员按专业分组，如测试组、前端组、后端组、架构组等。各个专业领域还可以根据人数或业务领域进一步划分为职能部门。在职能型组织结构中，各个职能部门可以相互独立地开展各自的项目工作。

2. 项目型组织结构

如图 11-2 所示，在项目型组织结构中，团队成员通常集中办公，组织的大部分资源都用于项目工作，项目经理拥有很大的自主性和职权。项目型组织结构是项目经理期待的组织形态，是他们认为"我说了算"的组织形态。

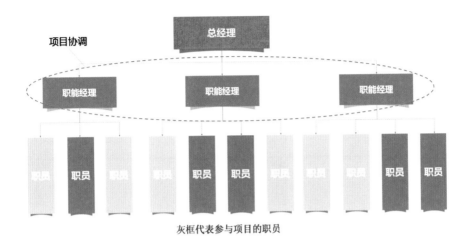

图 11-1 职能型组织结构

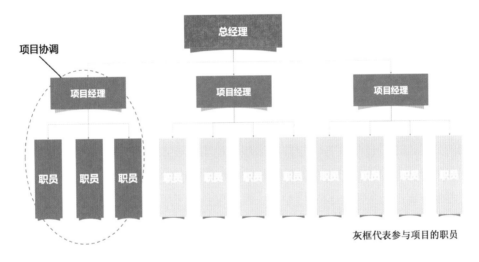

图 11-2 项目型组织结构

3. 矩阵型组织结构

矩阵型组织结构兼具职能型组织结构和项目型组织结构的特征,如图 11-3 所示。我们以平衡矩阵型组织结构为例进行说明,其拥有全职项目经理,但并未授权他们全权管理项目和项目资金,这种组织结构常见的问题是如何处理好"多头管理",项目经理的能力在一定程度上决定着项目的成败。

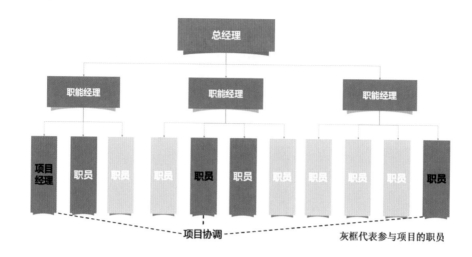

图 11-3　矩阵型组织结构

11.1.2　组织结构的选择

　　面对不同的组织结构模型，组织怎样选择？特别是大公司，如何在发挥组织规模优势的同时，还能享有小公司那样的灵活应对客户需求和市场竞争的能力？

　　精心设计的矩阵型组织结构就是唯一的解决方案（通常为偏业务型组织）。但是，如果公司没有充分了解这种组织结构就开展变革工作，往往会阻力重重，不能取得预期的效果，进而过早宣告"矩阵型组织结构不适合本公司"，并再次回到职能型、项目型的组织结构。我们从金融保险行业总结了一套对应的 Adapt 产品部落化组织结构落地方案，为大型企业提供参考。它不仅包含了组织结构的组成方式，也包含了在产品部落化组织下如何进行产品管理和项目管理。

11.2　Adapt 产品部落化组织

　　Adapt 产品部落化组织来源于 Agilean 的多年实战经验，是适合中国金融行业的规模化敏捷框架。在帮助金融组织进行数字化落地和敏捷转型的过程中，我们意识到 SAFe、Less、Scrum 等框架在金融组织落地时，都面临着不同的阻力和困难。而金融组织根据自身特点运用 Adapt 框架，可以建设敏捷型组织，在科技侧建立与业务对齐的敏捷产品部落，助推业务价值端到端的高质量敏捷快速交付，实现组织数字化战略的落地。

11.2.1 产品部落化组织概览

产品部落化组织（见图 11-4）由对齐业务的产品部落组成。在整个组织中，有不同的职能线组成部落，也有企业级的角色来支撑产品部落运行，如总架构师、总业务负责人、敏捷教练、PMO 等。我们认为，在传统的项目管理中，存在"万物皆项目"的情况，难免追求短期利益而忽略产品管理。在产品部落化组织中，建议进行"项目管理+产品管理"双维管理，辅以跨部落月度规划与检视，帮助组织快速解决跨部落协同和高效决策等问题。

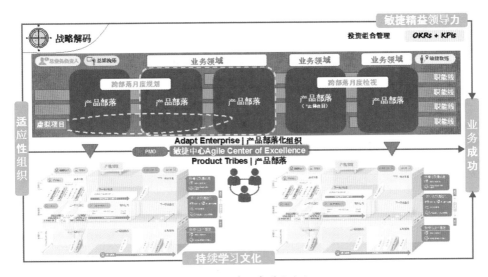

图 11-4 产品部落化组织

11.2.2 产品部落

产品部落是与业务对齐的基本单元。

产品部落（见图 11-5）类似于矩阵组织，有横有纵。纵向组织小队和部落面向价值交付，偏重于"用兵"，以价值交付和业绩提升为方向。横向组织分会和行会面向能力提升，偏重于"养兵"，以专业化为方向。

1. 小队

小队是业务端到端交付的最小单元，包含所需业务的产品经理、研发人员，人数一般约为 10 人。小队长常常由开发负责人担任。有时候小队又被称为"迷你型创业公司"，而产品经理为这家公司的"迷你 CEO"。产品经理通常包含在小队内，小队长对产品经理负责，主要任务是管理交付。

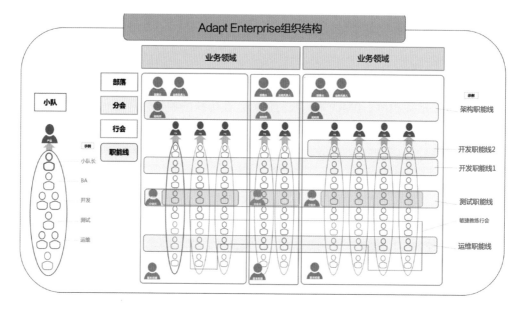

图 11-5 产品部落的组织结构

2. 部落

部落是指相同业务领域所有小队的集合，面向具体业务稳定输出，人数一般少于 120 人。部落长常由具体业务领域的研发负责人担任，对整体交付过程负责。有时候，部落又被称为创业小队的"孵化器"。

3. 分会

在同一个部落中，相同能力领域内拥有相似技能的人员组成的集合称为分会。分会长常由职能团队负责人担任（通常为组长级别），负责员工的发展、薪水设置等。

4. 行会

行会为跨部落的横向组织，常设行会长与协调员，并由协调员进行组织。定位为学习赋能、标准协作，并推动解决行会成员所提出的问题，行会也可作为推动解决端到端特定领域问题的组织。

5. 职能线

职能线为实体职能组织，面向能力培养和提升，偏向于"养兵"，以专业化为方向。职能线负责资源整合管理、人才能力画像、培养体系与晋升路线制定、员工绩效考核、技术专业标准制定、创新管理、持续学习文化。在变革过程中，必然会与原有的职能线有差异，后续会描述在产品部落组织下职能线的差别。

11.2.3　产品部落设计原则

1. 专属的科技团队

拥有专属的科技团队是产品部落制划分的原则之一。这一原则表明，部落内的人力投入情况是相对稳定的。通过团队的专属来保障研发团队能在某一业务领域进行专业深耕，同时对系统更加了解，以保障高质量且快速的交付。由于 IT 研发并不是简单的逻辑实现，而是需要业务产品研发的思维碰撞，因此这个过程需要长期合作才能达成。只有建立具有业务归属的科技团队，才能更好地提升团队的归属感和成就感。

2. 小队是特性小队或是系统小队

在相对稳定的部落内，小队也是相对稳定的。通过加强与小队的对应，产品经理可以保障稳定的需求输入，为小队的稳定性提供基础。在小队内部划分时，包含了各类角色，基本可以保障端到端的可交付。有时候，有些小队的系统特点比较明显，将它们划分为一个系统小队也是可以的。

11.2.4　产品部落的特点

1. 小队的特点

- 在一起办工。

- 自主管理。

- 拥有设计、开发、测试和发布产品所需的所有技能和工具。

- 拥有长期的使命或任务。

- 专职的产品经理。

- 负责人：小队长。

小队通常是长期稳定的，有特定的使命。比如，专注于个人账户产品的研发工作。

小队长不属于行政头衔，这样做的好处是可以把合适的人放在这个位置上，并且可上可下，按需调整，不用经过烦琐的"行政升职"程序。

一个小队长通常只管理一个小队，对小队的交付负责，并统筹协调小队内的工作。由于小队长通常由开发负责人承担，其是一个管理与技术并存的角色，因此小队长需要长期深耕技术，而不应单纯地注重管理。

关于工作安排，小队的工作来源于产品经理，小队内的工作安排通常在小队内部完成。职能线的负责人不直接干预小队的工作安排。

关于交付需求，小队的需求在大部分情况下可以在小队内实现闭环，根据"二八原则"，80%的需求闭环可以有效提升小队交付效率和决策速率。

关于小队人数，在实践过程中，还需要参考小队交付产品的复杂度、角色分工的现实情况、小队长综合能力等情况来考虑，通常不会超过15人。

2. 部落的特点

- 同一办公地点。

- 每个部落的人数约30～120人。

- 从事相关领域的工作，解决特定的业务问题。

- 为小队提供交流、合作、分享、创新、改进的环境和支持。

- 负责人：部落长。

部落是与业务领域强对应的组织，在业务领域不变的情况下，部落通常是长期稳定的。比如，零售运营部落对应的业务科室是零售运营管理室，只要零售运营管理室存在，对应的零售运营部落就存在。

部落调整策略：部落跟随业务的调整而调整，部落的形态即业务的形态，也可以说组织结构应该服从组织战略。当零售运营管理室的业务扩展或调整时，零售运营部落的小队需要跟着做出调整。

部落长人选：通常由研发团队的技术经理担任，此职位拥有一定的正式权利，会较好地推动部落内的研发。偶尔也会将业务侧负责人作为部落长，特别是当一个原有的研发组织结构存在不同研发分组或部门对应同一个业务科室时，由业务侧负责人来统筹部落会是一个更好的选择。

部落大小：如果公司规模尚小，可能总人数不到120人，这个没有关系，遵循以业务领域对齐优先的原则，再参考人数规模。比如，我们曾划分过数字办公部落，此部落主要处理办公室行政类的业务，这类业务被定义为非产粮食类的业务，不得不做，但价值不好体现。我们就在原有的组织架构中，让每个技术组承担一点，总人数不到 20 人，利用业务领域优先的原则划分为一个部落。

3. 分会的特点

- 每个分会定期开会讨论专业领域中的问题和面临的挑战。

- 分会负责人由分会成员的直线经理担任，负责所有的传统工作。

- 负责人：分会长。

在部落制转型后，受影响最大的就是职能经理（各技术线负责人、技术经理、测试经理等）。我们建议职能经理要切换管理思路，从管人管事转向技术赋能，成为技术专家类与宏观掌控业务方向的人才。

我们认为职能线不可缺少，甚至有时候需要加强。我们常常会看到一些奇怪的现象，后端研发负责人作为技术经理统管前端、后端、Android、iOS 等，由于技术栈的壁垒，他们的发展一般不太理想。这时，我们建议增设分会长，增强横向人才的赋能培养。

分会长作为部落内同一技术栈的负责人，承担着人员绩效反馈的职责，同一技术栈内的人才的可比性更强，同时促进共享共建、知识分享。

另外，由于分会长的增加，让散落在各个不同小队的同一技术领域的人员能得到更好的发展，在一定程度上也为公司打造了更多的技术型人才。

4. 行会的特点

- 跨部落的横向虚拟组织。

- 为常驻成员组织培训赋能，并定期处理行会主题相关决策。

- 推动实际工作与问题解决落地。

- 负责新入职人员面试、行会成员绩效反馈。

- 定期进行知识、工具、代码和实践的分享，为兴趣成员提供学习机会。

- 设定行会长、协调员、常驻成员、兴趣成员、观察员等角色。

- 负责人：行会长（长期）。

这里的行会组织，是从组织协调的角度跨各部落组建的具备同一职责的组织。我们定义行会有四大主题：抓对子、用工具、办活动和融工作。

- 抓对子：通过行会组成对子，明确每一周期的目标，并通过定期考核机制同步检视进展。

- 用工具：行会工作线上化管理，并推进部落内工作的线上化管理。

- 办活动：通过行会行事历，定期组织活动，保障行会的活跃度与成员的贡献。每周组织例会，明确主题和事项。

- 融工作：结合实际工作，推进行会协同管理，部落内较难解决的问题由行会成员共同推进。

5. 职能线的特点

- 实体组织。

- 存在的形式多样化，有小队级、分组级、部门级、领域级、公司级等。

大多数企业在业务高速发展的过程中一般都是"野蛮成长"的，缺少整体规划，哪里缺人就补哪里，能力强的人最终负责的部门或分组就多。结果就是产生各种形式的职能线，如有技术经理管理的测试团队，有团队级的测试团队，还有领域级的测试团队，或者公司级的测试团队，这是企业发展多样化的必然结果。

我们承认实体职能线的重要性，在赋能、绩效管理上应该加强。而部落制的魅力在于可以在基本不破坏职能线的情况下，建立以业务对齐的交付部落，把职能经理从协调人力资源中解放出来，使之更好地关注整体技术方面的把控和人员培养，有时间走近业务，提前做好能力储备和规划，给出行之有效的科技侧的方案，更好地服务业务，从此告别"10 口锅、8 个盖"的低效协调工作。

如果把现有的组织结构定义为组织的第一套操作系统，那么产品部落化组织结构就为企业的第二套操作系统。第二套操作系统依托第一套操作系统，在不动其根基的基础上构建快速响应市场的产品部落化组织。

11.3　如何设计产品部落

管理大师明茨伯格预言，矩阵型组织结构是未来组织的终极模式，但同时又指出矩阵结构是不稳定的。很多公司因为没有信心或无法应对矩阵架构中的"多头管理"而选择放弃，仍坚持传统的"统一指挥"原则，导致公司集权和官僚化，无法快速响应市场需求，成为创新的一种障碍；或者走另一个极端，把公司拆分为若干个独立的业务单元，难以实现资源共享。某股份行在转型过程中，主动选择了这种精心设计的矩阵型组织结构，并用它来管理超 5000 人的研发队伍。产品部落组织中的部落把管理千人降维为管理百人，小队从百人降至十人。产品部落组织同时还解决了企业快速、灵活地响应市场和发挥规模优势之间的平衡问题，最终让大公司像小公司一样灵活运作。下面我们来看看如何划分部落和小队。

部落组建原则：对齐业务领域的纵向交付单元，如图 11-6 所示。

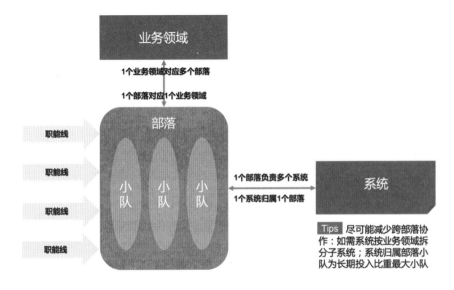

图 11-6　部落组建原则

在通常情况下，业务部门作为一家公司的顶层架构，是相对清楚明确的。科技团队需要做的事情：第一，对齐业务的科室；第二，明确部落小队的切分方式（关键业务或系统）；第三，明确小队对应的业务产品经理。

我们总结了部落的划分路径，如图 11-7 所示。

这是一种自上而下的划分方式，在划分过程中，需要做好充分的准备和信息的收集与整理。首先确定每个小队主要负责的业务，然后对小队人员根据其负责的关键业务进行调整（一个人只属于一个小队）。当有一个人员负责的关键业务跨小队时，需要做相关工作的交接。图 11-8 展示了一个快速划分部落小队的模板。把主要人员（业务人员、产品经理、小队长、测试负责人等）的姓名及每个小队开发与测试人员的总数填上，如果有内外编区分的，需要明确，这样有利于可视化划分的合理性。

图 11-7　部落的划分路径

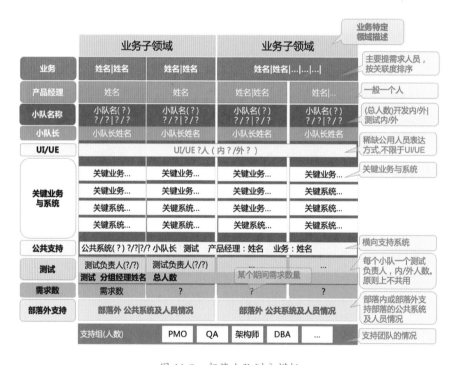

图 11-8　部落小队划分模板

　　除了明确小队人员和关键业务或系统，还存在人员、系统共用的情况。比如，UI/UE 人员在模板的各个领域是相通的，表示支持所有小队。通常 UI/UE 人员共用是被允许的，虽然共用，但需要明确主要对接的小队。公共系统支持类，因为它不直接对齐某个子业务领域，本质上是横向支持所有小队，又同时对整个大业务领域负责，这可以是系统小队存在的一种形式。因为测试人员通常职能特点比较强，我们需要明确每个小队有一个测试负责人。

验证部落小队划分是否合理：第一看人数，小队需要在 10 人左右，如果有内外编的，同样作为一个参数考虑；第二看需求数，如果需求数很少且未来的需求也不确定，就需要考虑划分这样的小队是否合理。

业务人员与产品经理的确定。当团队业务人员又是产品经理时，这两项可以合并。当有产品经理时，尽量避免出现产品经理跨多个小队的情况，如果难于避免，可以让有多个产品经理的小队选出一个主导的产品经理负责最后优先级的确定。业务人员的选定和产品经理稍有差异，以主要提交业务需求的人员为主，不需要列明所有人，通常每一个业务人员都可以提需求，而我们要找的是经常需要提需求的人员。在划分完之后，与产品经理或业务人员对齐服务小队的人员情况及后续的协同工作方式，如对接需求的人员、需求排期的原则等。

至此，部落的初步划分基本完成，如果需要更进一步划分，可以考虑部落外支持人员的情况，包含部落外的公共系统、支持组等。通过划分透明，对应部落的业务人员和产品经理能够更好地理解可编码人员的数量与总人数之间的差异，更好地理解研发的工作模式。

11.4　产品部落化组织下的项目管理

在产品部落化组织中，每个小队有自己的产品或业务。而公司始终是有项目的，如产品从 0 到 1 的建设过程、产品需要扩展新功能、重点活动支持等，会使用项目方式进行重点跟踪管理，这就是产品部落化组织下的项目管理。

而项目可大可小，涉及的小队、部落、部门或多或少，项目如何进行管理呢？我们认为，还是按原有的方式进行项目管理。唯一的区别在于，小队成员通常不会被抽调进项目，而是在所属小队对涉及的产品或业务进行新增或修改，项目有自己的任务分配和同步机制。而涉及各小队的部分，由各小队的产品经理统一纳入产品规划，根据项目和小队成员情况，进行安排协同。项目管理的组织形式如图 11-9 所示。

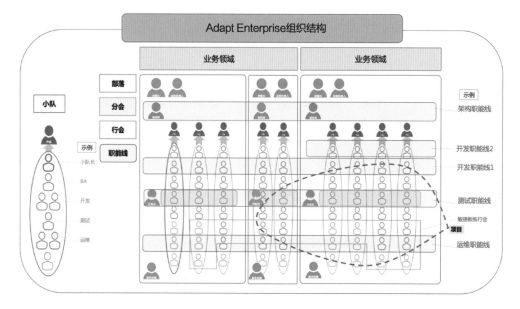

图 11-9 项目管理的组织形式

11.5 产品部落化组织下的绩效

在新的组织结构模式下，如何进行绩效考核是必须要考虑的问题。原职能线有关需求交付、质量守护、版本规划等的职责都交给了部落。我们设计的考核模式如下。

个人起评分 × 个人考核系数 = 个人绩效结果（见图 11-10）

注：个人起评分 = 70%部落起评分+30%小队起评分

其中，个人起评分来自部落+小队，个人考核系数来自职能线，最终得出个人绩效结果。我们注重整体目标和部落指标的达成，同时也关注个人在小队中的表现，这样能使成员从整体上考虑最优的交付，另外表现优异的小队也能有所体现。个人的绩效结果通过纵向交付线被反馈给职能线上级，职能线上级最终给出综合评价。职能线的负责人建议的几个考核维度包括个人效能、领导评分、行政考核等；而部落与小队的考核维度包括交付产能、交付速度、交付质量、业务满意度或业务达成等，如图 11-10 所示。

考核指标如图 11-11 所示。

图 11-10　产品部落化组织下的绩效考核

01 交付产能
- 需求吞吐量：固定周期内，团队完成需求的个数

02 交付速度
- 端到端时效：需求从提出到上线的P85自然天数
- 阶段时效：需求从A阶段到B阶段的P85自然天数

03 交付质量
- 缺陷等级分布：版本内缺陷按等级在团队的分布情况
- 缺陷修复时效：缺陷从提出到修复完成的P85时间
- 版本合规性：按版本标准流程实施的违规扣分

04 业务满意度/业务达成
- 评分机制：通过数据设置一定占比，另外设置相关问卷等调查业务满意度
- 业务达成：根据业务目标和需求完成数据，求得业务达成比率情况

01 个人效能
- 产出吞吐量：系统功能/个人任务吞吐量数据
- 质量情况：缺陷分布
- 代码情况：是否分布异常，比如长期无提交
- 点亮情况（知微）：日常任务点亮情况
- 个人贡献度：此项可作为加分项，按组织要求执行即可

02 领导评分
- 部落复杂度：考虑部落成熟度、业务复杂度等
- 个人效能：参考个人效能结果
- 部落长评分或反馈：参考部落长反馈
- 小队长评分或反馈：参考小队长反馈

03 行政考核
- 考勤：上下班、请假等等勤数据
- 合规：工作行为是否符合企业管理办法与流程

注：P85 是指第 85 百分位数。

图 11-11　考核指标

11.6　产品部落化组织如何高效协同

在建立新的组织结构并有了新的协同模式之后，这种模式能保持高效吗？能长期指导团队向前演进吗？我们会不会构建出一道新的部门墙？在组织划分时，这通常是领导们所担心的。我们可以从以下两方面解决这些问题。

一方面，强调组织的虚拟性。在组织建立之初，明确这是一个虚拟组织，部落内的各种角色会按需调整。

另一方面，建立部落小队检视机制。按需动态调整人员，让团队成员看到其虚拟性。

我们通过以下方式来动态规划部落和小队。

第一、通过年度规划，把控各部落的整体投入情况。

第二、通过季度规划，根据重点项目和需求情况，提前做好跨部落或部落内的人力调整。

第三、通过月度规划，按需对部落内部的小队人员进行临时调整，如图 11-12 所示。

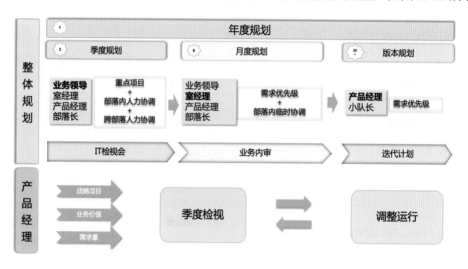

图 11-12   部落人力规划全景图

同时，我们把相关规划内嵌至日常管理并对齐到会议中。对于年度规划，通常大企业都会有第二年的整体预算；对于季度规划，我们会应用 IT 检视会机制（此机制按月度进行，业务、产品、研发负责人参与对齐重点事项及问题）；对于月度规划，召开部落内的业务内审会议，根据优先级的情况按需做好人力调整；通过各层级对重点事项的把关，最后的迭代计划需要产品经理根据需求的优先级排期。由此，可以保障部落小队机制成为一盘活水，具备动态稳定的能力。这就是产品部落化组织使企业快速、灵活地响应市场并发挥规模优势的秘籍。

11.7   如何引入产品部落化变革

企业组织变革是企业为了适应外部环境变化而进行的，以改善和提高组织效能为根本目的的管理活动，其中外部环境的变化是企业组织变革的最大诱因。而如何建立组织的紧迫感和创建转型的"引爆点"，永远不是一件容易的事情。

变革的方法论已经十分成熟，可以参考约翰·科特的《领导变革》一书。产品部落化组织级别的变革，通常是自上而下进行的。康威定律认为：组织的系统设计必然是内部沟通结构的翻版。而产品部落化组织是一个虚拟的动态组织，以交付为目标，并且明确提出原职能经理应更多关注技术赋能职责，前置赋能业务，使这个变化不用伤筋动骨。

下面是一个渐进式引入变革的过程，适合想尝试的中层或高层，如果你只是一个具备理念的个体，需要有一个说服的过程。

渐进式引入变革的过程：在整个产品部落化组织中，最基本的单元是小队，可以先尝试按小队划分工作的方式，对齐业务人员和产品经理。通常，业务人员和产品经理的诉求是能够稳定解决的，实现产品所需的功能。运营好自己所负责的领域，等到有效果了，再向高层领导建议，并逐步扩大范围。

在大型组织中，我们也常常发现产品部落化组织的影子，只是影响范围小，需要外力的助推，打通和扩大跨部门的协作。

总之，引入变革有自上而下的方式，也有自下而上的方式。关于组织结构的调整，通常自上而下地进行，能够更加快速、有效；如果仅自下而上，会是一个十分漫长且不确定性很高的过程。无论采用哪种形式进行变革，都建议发起转型或主动推动转型的人员，借助外部的力量共同推进。

11.8　数字化时代的组织结构

1. 构建以客户为中心的组织能力体系

以客户为中心是企业数字化转型的目标，其含义是打造多层次的以客户为中心的组织能力，包括围绕客户设计组织结构的能力、基于客户场景的创新能力、满足客户体验的互动能力，并在数据、IT、考核机制等各个方面体现"以客户为中心"的理念。

2. 组织结构：从以产品为中心转向以客户为中心的全渠道小队

基于这样的理念设计的组织结构，有利于客户数据打通和洞察，统一客户体验，提高企业资源利用效率。由于企业通常会对组织结构调整牵扯较多的利益方有顾虑，因此组织结构调整需要分步进行。第一步，以关键业务为指导调整部落小队，并将建设以客户为中心的能力作为阶段目标；第二步，在产品部落运作一段时间后，等时机成熟再次做全渠道小队调整。

比如，银行的开户产品既存在于柜面系统中，又存在于移动端。如果以产品为中心划分，则柜面系统有一个产品经理，移动端可能是另外一个产品经理，这样在用户体验上就很难保持一致性。同时，不同的平台在同样的功能优先级存在冲突。而在系统建设时，由于负责的小队不一样，逻辑公用部分同样会产生重复建设、要求不统一的问题。在全渠道小队的建设中，我们面临两个问题：第一个是利益分配的问题，第二个是技术栈的问题。第一个问题的解决需要领导的决策和外部力量的推动，需要我们站在全局最优的角度考虑，同时在绩效考核时要考虑产品经理所负责的产品本身如何有效度量；第二个问题的解决需要科技团队在技术上的升级改造，并组建适当的平台类产品，在平台能力支持的情况下，不同的平台可以通过 H5 等技术保障技术栈的一致性。

通过建设以客户为中心的全渠道小队，可以进一步降低沟通的复杂度，提升客户体验的一致性，这也是现阶段数字化转型所构建的最优的小队形式。

11.9　行会案例——教你如何打造行之有效的行会

11.9.1　背景

在数字化转型的大背景下，数据已成为组织的重要战略资产，数据质量一直是企业面临的巨大挑战，那么通过数据汇集，实现业务状态透明可视，提供基于"事实"的决策支持依据，对数据可信和一致化的要求不言而喻。数据行会应运而生。

11.9.2　面临的问题

在企业内部的系统之间，业务数据不一致。在出现问题后，定位困难，无人全权负责。问题发现后置，同样的问题重复出现，无长效的解决机制。

在一个具有前台部落、中台部落、后台部落、大数据部落的组织中，中台部落、后台部落面临的数据问题严重，需要花大量时间去解决。最终大数据部落面临不少的数据清理工作，并且无法保障数据质量。

11.9.3　数据行会应运而生

数据行会在诞生之初就背负着数据治理、提升数据应用效能的使命。如何让数据在企业内部的系统中保持高效可用，及时发现问题，同时让数据的应用得到用户的反馈，形成闭环，成为行会的主要工作之一。

1. 行会的主要职责

行会的主要职责除了通用的职责，还包含以下特定职责。

- 负责数据相关规范标准的建立，协同机制建设。

- 负责新入人员面试和行会成员绩效反馈。

- 定期进行知识、工具、代码和实践的分享，为兴趣成员提供学习机会。

2. 行会的五大角色

行会的五大角色包括行会长、协调员、观察员、常驻成员、兴趣成员。

行会的角色及其职责如表 11-1 所示。

表 11-1　行会的角色及其职责

行会角色	主要职责	进出方式
行会长	负责行会内主要事务的开展，如例会、规范制定、人员赋能	任命方式
协调员	负责组织行会内的主要活动，跟进事项进展	行会内轮职
观察员	观察行会运作情况，在适当的时候给出方向性指导	指定
常驻成员	参与定期会议、规范制定，分享、反馈数据，推进遇到的问题，执行行会决议事项	各部落指定人员，进出需要得到部落长审批，退出需要做好工作交接
兴趣成员	参与行会的分享活动或主动分享，为行会提供建议	进出方式自由

3. 行会成员的要求

- 掌握数据工作流程。

- 分享数据专业知识及技能。

- 设计并落地数据应用场景。

- 推进数据治理问题解决。

● 思考并优化数据工作协同机制。

● 积极参与或组织行会活动。

4. 行会的四大主题

行会的四大主题：抓对子、用工具、办活动、融工作，如图 11-13 所示。

抓对子：行会成员通过结对工作或学习。此案例采用的是一带一机制，本质上一带一的形式多样，资深成员带初级成员，领域互补，结对学习，工作上下游配合等。这是驱动协作的基础，非常重要。我们采用一带一机制的主要原因是新人较多，各部落需要相互学习数据相关知识和业务知识。

图 11-13　行会的四大主题

用工具：所有的协同线上化管理都是前提条件，在企业内部，信息透明且对称从来不是一件简单的事。作为行会，把"用工具"作为四大主题之一，奠定了大家统一口径的基础。通常在企业内存在各种不能进行线上化的理由，如我还不确定这是不是个问题，殊不知不知道是不是问题才是最大的问题，记录下来才是推进问题的基础。

办活动：行会有哪些分享、活动、例会，主题是什么，在什么时间进行，需要行会行事历把行会的工作项有机地整合和推动起来。

融工作：通过数据应用和数据治理两项工作，把行会成员有机地链接起来。参加行会，不仅能促进学习成长，还能帮助快速推动问题的解决，打通不同部落间数据建设相关的工作。而这个工作是长期有效的，行会内工作的好坏与部落内的工作相同，不存在额外的时间投入不被认可的问题。

5. 行会成员评分

行会内有明确的评分规则，从数据治理、数据应用、团队学习、行会贡献四个维度，结合工作对成员进行评分，同时打造学习型组织，鼓励积极推动行会活动的成员。表 11-2 所示是特定数据行会的评分规则，可以参考。

表 11-2　特定数据行会的评分规则

评分类型	加分动作	加分	减分	减分项	评定人员	备注
数据治理	每周数据治理问题新增量 ≥1	1分	/	--	协调员记录	以工具记录为准
数据治理	数据治理问题每解决 1 个	2分	业务邮件反馈未及时解决	-1分	协调员记录	以工具记录为准
数据治理	每主导数据治理问题总结长期解决方案或机制 1 个	3分	/	--	行会长判定	
数据治理	数据监控建设新增量≥1	1分	每未同步对齐	-1分	协调员记录	
数据应用	每收集数据应用效果 1 次	1分	每未收集对齐	-1分	协调员记录	
团队学习	结对进展同步，目标对齐	1分	未参加或明确反馈本周无进展	-1分	协调员记录	
团队学习	每结对主题专项分享 1 次	1分	/	--	协调员记录	
团队学习	每行会成员公司内分享 1 次	2分	/	--	行会长判定	须与行会相关
团队学习	文档沉淀：每贡献 1 篇	1分	/	--	行会长判定	
团队学习	行业动态/文章每周分享 ≥1	1分	/	--	协调员记录	
行会贡献	组织行会活动等有效帮助行会运作的行为或承担相关角色	1分	/	--	协调员记录	按次或按月计分

6. 行会成员的等级

在每周的行会例会上，同步每个成员的当前等级情况，让有贡献的成员得以体现（并且作为绩效输入）。

行会成员的等级如表 11-3 所示。

表 11-3　行会成员的等级

等级	描述
倔强青铜（1）	初入门径：能完成基本的数据治理和应用分析工作
秩序白银（5）	略有小成：能推进数据治理和应用工作
荣耀黄金（20）	驾轻就熟：能主动解决数据治理问题，能收集、分析数据应用效果

续表

等级	描述
尊贵铂金（35）	融会贯通：能有计划、有目标地主动治理数据问题，能定期迭代优化数据应用
永恒钻石（50）	炉火纯青：能有序推进主动治理并向好的方向优化，能与业务达成良好的应用效果互动并持续优化
至尊星耀（80）	出类拔萃：能推动完善治理体系，让治理工作日臻向好，能营造数据应用的强氛围，让数据应用价值融入业务各个层面
最强王者（120）	行业大师：能形成行业领先的治理实践体系，有条不紊地开展治理工作，能形成数据驱动的应用文化，建设具有丰富业务价值并有行业影响力的数字化应用体系

7. 行会的准入准出及相关机制

准入申请：与所在部落的部落长沟通，发入会申请给行会长、协调员（我是谁？我的优势是什么？我能够给行会增添什么价值？我希望从行会工作经历中获取什么？我对行会有什么建议？），经部落长、行会长同意后加入行会。这样的准入申请让成员体会到仪式感。

- 每季度为一期，每季度末进行 10%～20% 的人员更换。

- 换届评分规则：在成员换届后，在原有评分上减 10 分，不足 10 分的重新开始计算。

- 数据行会常驻人数上限：20 人。

- 退出机制：在每季度末进入下一期前，将有其他工作安排、参会率低、分享率低、自我提升目标对齐率低的成员退出。

- 评优机制：每季度进行当期优秀一带一结对评选，有书面嘉奖抄送观察员和所在部落的部落长，作为工作绩效表现的参考。

- 一带一结对调整：每季度按需进行一带一结对调整。

- 请假机制：行会成员正式向部落长发邮件请假，抄送行会长和协调员。注意：你没看错，是向部落长请假。

行会的准入、定期评价和退出机制可以保障行会的活力。在每一季度，行会会评出三类标杆：数据治理标杆、数据应用标杆、行会积极分子。

8. 活动管理

活动管理可以让每个成员有机会参与并同步信息。行会每周例会包含的主题有上次例会待决策项进展、人员组织（行会成员得分、成员加入、人员面试情况等）、数据治理与应用工作、行会议事（需要行会讨论的事项）、专题分享与活动预告。

行会行事日历如表 11-4 所示。

表 11-4　行会行事日历

星期日	星期一	星期二	星期三	星期四	星期五	星期六
	1	2	3	4 惊蛰	5 周例会 0305+资管新规解读	6
7	8 妇女节	9	10	11	12 周例会 0312 + Python 培训一	13
14	15	16	17	18	19 周例会 0319+分享:银行数据治理	20 春分
21	22	23	24	25	26 周例会 0326+XX 平台应用 Python 培训二	27 基金从业认证考试
28	29	30	31			

行会通过四大主题,把不同部落的人员连接起来,形成一个强大的赋能型组织,并且融合现有的工作。因为工作的融合,才得以保持行会的活力,并让每一个参与的人员在行会中受益。正是因为行会的存在,才可以打通整个数据链,快速响应客户的诉求,让离客户不同距离的人员能够同样感知到客户,帮助客户解决问题,带来价值,让整个工作更有意义。

11.10　某股份行一个部落的划分与进化

这个部落属于某股份行运营部落近期划分的十个部落之一,十个部落划分耗时约 1 个月。我们采用了上文提到的产品部落划分路径。

1. 划分准备

划分发起方为研发侧,我们成立了专门的组织结构划分专项小组,主要参与人员包含团队长、PMO、架构师、研发分组经理、测试分组经理、BA、系统负责人等。这也是准备阶段的一个重要事项,因为识别重要的干系人能够给后续部落的划分提供很大的帮助。在此阶段,与管理层对齐划分目标和收益有利于获得后续信息的收集重点和注意事项。此项目为 CTO 发起的项目,得到团队长和 PMO 的大力支持。

注意：准备阶段通常不会遇到太多阻力，因为才开始找对接人员。

2. 信息收集

获取到组织结构、人员信息等有利于对整个组织的初步认识。在信息收集过程中，我们需要通过一系列访谈来了解组织是如何协同的。从访谈和人员信息中，我们得知这个百人团队有 5 个测试经理，负责不同系统或模块。通过系统清单，我们获取到每一块投入的开发、测试等情况，我们当时发现，有超过 50 多个子系统，大的系统有 40 多个开发人员与 30 多个测试人员，小的系统仅分配到 5% 的人力。通过这些信息，我们更深入地了解这个团队是如何聚合在一起的。收集信息应该以一个大部门来收集，因为部门不同的分组可能存在业务交集，只有全局收集，才能把控部落划分的准确性，以上数据是以大部门为基础收集的。

注意：在不同公司中，信息收集的难易程度不同。如果找到合适的人员，你可以当天拿到信息，并在几天之内整理好。如果转型发起部门与研发部门不是一个部门，则可能拿不到你想要的信息，这时候就要想其他办法了。

3. 信息整理

跨过信息收集这个鸿沟，信息整理的质量直接决定部落划分的效率。在架构师的帮助下，我们对系统进行了一些聚合，知道了哪些系统属于一类，以及系统之间的相互依赖关系是什么。比如，与工作流相关的子系统可以支持其他多个系统，属于公用系统，有单独的人员负责。比较大的系统可以按业务领域进行拆分，寻找聚合点。比如，柜面系统本质上包含政府业务、中间业务等。把系统和人进行关联匹配，按照一个人只属于一个小队的原则进行匹配。这里最大的挑战在于，需求的不稳定，人员的共用，关键人员负责多个重要系统，切分后发现找不到合适的人来担任小队负责人，重要的人员被划分到不同的小队，难于割舍。在划分上，不能受限于所获得的现状，深入挖掘有能力的人员或暂留空小队负责人，往前推进。

注意：人员永远是重点和难点，你会得到没有了某人这个系统就运作不下去了、没有合适的小队负责人等反馈。总而言之，对原有负责人来说，一个都不能少。小队负责人可以不用一步到位，由资深人员培养新的小队负责人，待确认其有能力负责时，再正式任命。

4. 部落方案

在信息整理过程中，已初步形成部落方案，这个过程主要是多方对齐信息的一个过程，保障各方对划分达成一致意见，按需进行优化调整，形成最终方案。此外，还需要明确在新体系下的人员职责和协同方式，进行公示，让所有人看到这个变化，让人员正式上岗履行职责。

注意： 有仪式感的启动能给新上岗的小队长、测试负责人授权。工作的推进靠的是这些关键人员行为的变化。划分完后需要关注部落小队成员的工作是否在变化。我们曾经在其他客户现场看到过，基于原有组织职能的存在，职能领导会对新小队长提要求，必须按照原有方式协同工作，导致新小队长无法成长。部落方案落地，需要辅导，发现异常情况及时纠正，经过一段时间后，才可让部落和小队机制运作起来，这个需要领导的关注。

以下是一个试点案例，如图 11-14 所示。在这个部落划分中，有一个小队由其他分组经理组成，他们按业务维度进行了聚合，同时也存在一个人担任两个小队的小队长的情况，但整体不影响我们的大原则，8 个小队共有 7 个小队长，能够保障以小队形式进行推进。

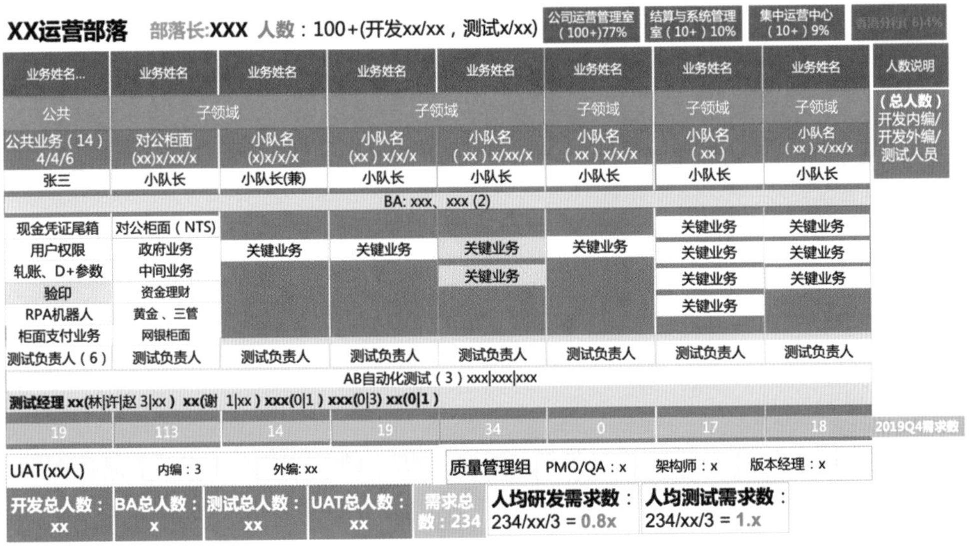

图 11-14 部落划分案例

5.部落演进

在运行约 3 个月后，我们在业务侧进行了变革，实行所有业务产品化，产品经理对应具体的业务产品，不再是一个个零散的业务或系统。研发侧响应以客户为中心的产品思路，打造全渠道小队，进行必要的技术规划，抽象出平台小队，而原有的类似对公柜面这种小队不再存在，变身为对公存款及电子政务、对公金融服务等以业务命名的小队。在公共业务小队运作半年后，我们发现其与其他部门交集更深，最终剩下 7 个小队，将各小队负责的业务变成产品，这里不再展示调整后的效果。

基于稳定的产品、产品经理、部落、小队，得以分析部落和小队的效能。在有问题的时候，我们能够明确是哪个产品、哪个小队出了问题，进行快速响应。

> **注意：**在运行过程中，通过季度检视、月度检视进行长效管理，保持动态性。在运行十分稳定后，有的部门会渐渐将部落划分为实体组织。最终无论是实体组织还是虚拟组织，都遵行一个原则，即业务变则 IT 变。在这个案例中，后来的确变成了实体组织，并且年度预算也能够按照部落进行。

部落、小队、行会属于柔性组织，在经过精心设计后，最终形成卓有成效的产品部落化组织。在这个案例中，6 个月后推广至 10 个部落，涉及 800 人左右。部分部落在落实后，涉及实体组织架构的调整。年底预算已按产品部落方式进行，针对产品规划，进行人力的调配。在部落制落地后，可以让业务产品可视，让人员可视，让协同可视，让规划可视，让进展可视，兼顾宏观视角与微观视角，使优秀小队更易展现，让领导决策得到可信的数据支撑。

11.11　展望

某互联网公司在短短 8 年内，迅速扩张到 10 万多人。在这样的大背景下，组织变革下一步该何去何从？我们也在积极探索互联网行业的组织结构模型，发现存在类似的部落级结构，也存在按事业部运行的方式。在组织内部，根据产品组建交付团队，在这种情况下，我们也需要谨防以业务对齐的组织实体之间过于隔离而导致的组织柔性不足。建议参考产品部落化组织的结构模型进行优化。

对于任何变革，我们都是从公司整体最优的角度考虑的，不太可能有利于所有人。坚持以业务对齐的 IT 团队，无论是实体组织还是虚拟组织，都能保障业务和 IT 目标的一致性。管理层应放弃以部门为权力中心的想法，只有这样才能让团队走得更远。我们要让变化成为工作的日常，而不是等到最后不得不发起变革时再出手。

效能度量篇

第 12 章　效能度量的体系化落地实践

本章思维导图

在数字化时代，研发效能已经成为一家科技公司的核心竞争力。

在软件研发领域中，有助于效能提升的方法论和实践一直在快速发展。比如，敏捷开发方法已经诞生了二十多年，DevOps 也已经发展了十多年，相信大家对这些方法都已经有比较深刻的理解，在行业中很多企业也对其进行了引入、落地和实践。

但是，我们经常遇到的一种现象是，一个组织或者团队在消耗了大量的"变革"时间、花费了大量的人力资源和成本后，却无法有效回答一些看似非常基本的问题。比如：

- 你们的研发效能到底怎么样？可否进行度量？

- 你们比行业平均水平、别的公司、别的团队好还是差？

- 研发效能的瓶颈和问题是什么？

- 在采纳了敏捷开发方法或 DevOps 之后，有没有效果和实质上的提升？

- 你们下一步应该采取什么行动以继续优化效能？

这就是我们希望进行研发效能度量的原因。笔者认为，研发效能度量的目标就是让效能可量化、可分析、可提升，通过数据驱动的方式更加理性地评估和改善效能，而不是总凭直觉感性地说"我觉得……"。

虽然研发效能度量的出发点很好，但是如何正确度量却是一个有难度的技术活。尤其是最近几年，研发效能实践被普遍采纳，研发效能平台逐步被构建起来，在很多企业已经拥有一些研发基础数据的基础上，如何有效地进行度量，成为困扰企业和管理者的一大难题。

根据笔者的经验，"度量"这件事情操作起来不仅困难，而且稍不留神就可能会跑偏，结果经常是不但没有带来所预期的、对效能提升的正面引导作用，反而带来严重的副作用，让企业在消耗大量时间和资源的情况下，进行了一场看似轰轰烈烈却没有价值的数字游戏，或者进行了一场看似决策正确却让员工变得更加"内卷"的无效运动。

下面我们就来讲解研发效能度量的难点和常见误区。

12.1 研发效能度量的难点

相信每一位从事研发效能度量的实践者或专家都听说过管理大师彼得·德鲁克的名言——"没有度量就无法管理",这句话在其《管理的实践》中被引用,在 60 多年后依然适用。彼得·德鲁克强调了度量对管理的价值和作用,没有度量,我们就会缺乏对某个事物的客观认知,更不知道组织或团队所处的位置和存在的问题,更不知道应该如何进行决策,以及如何进行改进。因此,我们需要基于事实的度量指标,为管理提供可靠的效能分析和决策支持。

但是,在软件研发领域中,为什么说效能度量这件事情比较困难呢?

2003 年,软件开发领域的大师马丁·福勒写过一篇名为《无法度量生产力》的博客,如图 12-1 所示。他认为当时的软件工业缺乏一些度量软件开发有效性的基本元素。虽然本质上都是通过一定的工作来生产(研发)所需的产品,但软件研发过程跟生产制造行业实体产品的制造过程有着很大的区别,所以,对软件研发效能的度量就会存在很大的困难。

图 12-1   研发效能度量的难点

软件研发过程有其特殊性,这些特殊性成为研发效能度量的难点。

1. 研发过程可视性差

软件研发过程是靠业务、产品和工程师的数字化协作来推进的,涉及业务、产品、研发、运维等不同职能。当多个团队和多种角色协作时,任务处理的进度、队列、依赖、瓶颈可能很难被清晰地观察到，其中的风险也容易被各个环节所掩盖，以至于在很多项目管理软件中填写的任务进度百分比只是粗略估算的结果，基本无法保证准确，只有部分参考意义。

2. 研发工作切分随意

有时，管理者会制定一些 KPI 来度量团队绩效，但就像那句名言所说："你度量什么，就会得到什么。"其实这只说了上半句，下半句是："只是不一定是用你所期待的方式得到的"。由于软件工作切分的随意性，会把一个需求拆成多个小需求，把一行代码拆成多行来写，因此度量产能或者吞吐量的 KPI 指标就被用非预期的方式达成了。

3. 敏捷开发工作并行开展

随着企业敏捷研发模式的持续推进，我们很难再利用传统项目的管理模式清晰界定软件研发的各个阶段，在很多情况下不同需求所对应的开发、测试、部署都是并行的，产品也在不断迭代、持续演进，这也给准确度量造成了一定的困难。另外，现代信息工作的特点是，经常被各种不断到来的干扰所打断。这些干扰可能来自外部事件，如同事问你问题、微信的消息通知等，也可能是自我的打断，如在两个不同的系统之间来回切换才能完成一项任务。最近，一项针对 IT 专业人士的研究发现，有些人在专注工作几分钟后就会被打断。这种高度并行、频繁被打断的场景往往无法被度量，也许我们看到每个人都在精神饱满地忙于各种任务，但其实这种工作流的中断对效能的影响是非常巨大的。这就是所谓的"忙忙碌碌一整天，好像啥也没做成"，相信很多人都有这种经历。

以上描述了研发效能度量的难点，但是"难不难"和"做不做"是两回事。正是因为我们迫切地需要效能度量，需要对研发过程进行客观、量化的分析和认知，所以我们才要迎难而上，找到解决这一难题的法门。

很多企业都已经在效能度量上进行了诸多尝试，在介绍成功经验之前，我们先来看一些失败的案例，以便对这个领域有更加深刻的认知。

12.2　研发效能度量的误区

正所谓"成功大都相似，失败各有不同"。研发效能的度量已不是一个新鲜的话题，随着业界一些大公司发展日益壮大，很多都已经拥有几百、几千甚至上万人的研发队伍，积累了大量研发效能的基础数据，但我们经常看到一些"反模式"在不断上演。虽然公司花了很大的力气去做效能度量，但似乎从理念、出发点到具体实践、指标选择、推广运营都存在着一些问题、限制或弊端，获得的成效甚微，甚至造成负面影响，最终连累公司的整体业绩。

1. 使用简单的易于获取的指标

在有些企业中，管理者的初心的确是想有效提升组织的研发效能，但是其管理理念还停留在适合管理重复的体力劳动工作者的模式上。当时的生产环境是重复的、可知的、确定的，而且通常是物理活动，与目前这种具有创造性的、未知的，不确定性很高的软件开发工作完全不同。

如果按照传统的、针对体力劳动者的度量思路，则会通过单位时间内的工作产出来衡量生产率。那么对软件开发人员来说，就是通过度量每天编写的代码行数来实现了。代码行数是一种简单的、易于获取的指标，而且符合传统的度量思路，在实际工作中经常被管理者使用。比如，度量单位时间内不同工程师新增的代码行数，以此来衡量每个人工作是否努力、工作是否饱和、产出是否合理，更有甚者还会进行团队内"代码行数倒排名"，以此作为奖惩的依据。

笔者认为，无论如何，代码行数都不是一个好的度量指标。比尔·盖茨曾经说："用代码行数来衡量软件的生产率，就像用飞机的重量来衡量飞机的生产进度一样。"虽然代码行数很容易度量，但存在很大的问题，因为代码越多不一定就越好。在这个度量的导向下，工程师可能倾向于提交大量重复、冗余的代码来"凑指标"，让数据变得很好看，但这对企业没有任何价值。在许多情况下，只要能满足客户的需求，实际上代码越少越好。我们同样不能认为实现同一个业务逻辑，代码写得越少越好，因为如果这样，工程师就可能会大量使用复杂语法和表达式来精简行数，不利于代码的传承和经验共享。

当然，这里只是简单举例，还有很多看起来很简单、容易度量的指标，如工时、资源利用率等，这些指标都很容易让度量跑偏。我们应该做的是，提供给管理者更多的管理抓手，从正确的度量理念和方向入手，选取符合数字化时代特征的度量指标集。

2. 过度关注资源效率类指标

比如，上下班打卡、填写工时等，都是非常典型和常见的管理手段。所谓"996"

（9 点上班、9 点下班、一周工作 6 天），主要强调的是工作时长，但在"内卷"和"表演型"加班的氛围中，这种工作时间的延长其实根本无法转化为实际有效的产能。我们经常看到的情况是，研发人员似乎忙得热火朝天，但是业务人员仍然抱怨做得太慢，根本不买账。即使大家真的都在忙，也会导致更多的衍生问题。比如，资源利用率的饱和会导致上下游协作时的大量排队和等待，这种局部的过度优化会导致全局的效率劣化，对企业来讲是得不偿失的。

另外，长期强调超高的资源利用率，有把员工当成"资源"而不是"工程师"的倾向，员工长期在这种压力下会产生疲惫。有研究表明，这不仅会影响代码编写过程的生产力，还会影响结果代码的质量。

因此，我们不能过度关注资源效率类指标，需要考虑流动效率类指标，如产品或团队视角下的需求交付周期、流动速率、流动效率等。

3. 使用成熟度评级等基于活动的度量

成熟度模型在软件行业发展中由来已久，很多企业都通过了 CMMI 成熟度评估，甚至在敏捷、DevOps 领域也有人"照方抓药"，试图通过这种模式来评估和衡量软件开发过程，通过研发活动的标准化和一致性来提升软件研发的效率和质量。下面先讲一个案例。

有一家大型跨国公司，曾经是某领域绝对的市场领导者，市值一度达到 2500 亿美元。这家公司的高层非常开明，意识到敏捷软件开发对他们适应快速变化的市场极为重要。于是，高层对大规模敏捷转型给予了极大的支持，从上而下，投入巨大。难得的是，基层开发人员对敏捷实践都没有任何异议，而且自我感觉良好。他们定义了公司级别期望发生的敏捷活动和行为，并与当时的最佳 Scrum 实践进行对比，以成熟度的形式进行度量评估。

在具体操作过程中，他们把期望发生的敏捷活动分成 9 个维度，分别是迭代、迭代中的测试、用户故事、产品负责人、产品待办列表、估算、燃尽图、中断和打扰团队，然后对每个维度给出一系列评估细则。比如，对于迭代维度，他们的评估内容如下。

当团队对迭代进行承诺时，需要知道迭代的长度，以便按更好的节奏交付价值。

评估方式（不加总）：

- 迭代长度为 4～6 周，得 2 分。

- 迭代长度在 4 周内，得 4 分。

- 过去三个迭代，迭代长度稳定在 1 个月内，得 5 分。

- 过去三个迭代，迭代长度稳定在 4 周内，得 6 分。

- 过去三个迭代，迭代长度稳定在 3 周内，得 8 分。

- 过去三个迭代，迭代长度稳定在 2 周内，得 10 分。

以此类推，每个维度都有详细的评估内容，最终得到一张敏捷成熟度得分的雷达图，即 Nokia Scrum Test 模型，如图 12-2 所示。

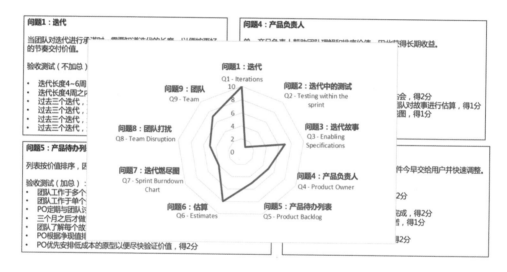

图 12-2　Nokia Scrum Test 模型

这个模型一度被行业广泛使用，并且成为敏捷开发方法可以在大规模的企业落地的证据之一。我们当然不能简单、粗暴地把这家公司手机业务的衰落直接归结为敏捷度量方式的无效，但从客观的角度来看，我们依然能发现其中隐含的问题。

按照这个模型，管理层看到这些团队的敏捷成熟度一直在提升，已经实现了理论上的敏捷性。但是实际上敏捷转型并未成功，业务结果也证明了这一点。在 *Transforming Nokia* 一书中，描述了一些当时的实际情况。

- 企业级的敏捷工具没有被开发人员真正接受，他们更喜欢简单的、以开发为中心的工具。

- 很多开发人员会在迭代末尾，工作已经完成后，补一个"用户故事"。

- 把敏捷工具变成文档记录工具，而不是流动和反馈机制。

- 看起来，所有正确的敏捷活动都在发生，但开发人员饱受"构建和部署"的折磨。

- 由于 Symbian60 操作系统的规模和架构，增加新功能很困难。

- 在构建和部署软件时，下游的分离和低效意味着进展非常缓慢。

- 技术债积重难返，2010 年 Symbian 60 操作系统构建异常缓慢，要花 48 小时。

反思这个案例，我们可以总结为：这种狭隘的、以活动为导向的敏捷观是其转型失败的原因之一。研发效能应该度量结果而不仅是过程，端到端价值流的局部优化对结果的改进效果很小，因为可能根本就没有解决效能瓶颈问题。

4. 把度量指标设置为 KPI 进行绩效考核

效能度量很重要，企业迫切想提升效能的愿望也可以理解，但千万不要把度量指标设置为 KPI 用于绩效考核，因为把度量与绩效挂钩就一定会产生"造数据"的数字游戏。这时，使用效能度量不但起不到正面效果，还会对公司和团队造成伤害。

著名的古德哈特定律的内容是，当某个度量变成了目标，它便不再是一个好的度量。有人将其戏称为"好心人定律"，效能度量的出发点是好的，但当它演变成与绩效考核挂钩的 KPI 时，大家通常都有追求切身利益的动机，那么各种有创造性的、为了提升指标进行的不优雅的短视行为就会纷纷上演，度量走偏就在所难免。

从理论上讲，其实所有的度量都可以被操纵，而数字游戏式的度量会分散员工的注意力，并耗费大量时间。把度量指标设置为 KPI 进行考核，只是激励员工针对度量指标本身进行优化，这通常比他们在度量之前的工作效率还要低。因此，试图把度量"武器化"为绩效考核指标，不仅是一种浪费，而且往往适得其反，特别是当薪资与度量挂钩时。

那么，如果不把效能度量与绩效考核挂钩，怎样才能使用度量提高研发效能呢？答案是把度量作为参考和工具，指导团队分析和诊断问题，帮助团队有针对性地进行优化。比如，对于线上缺陷密度的度量和分析，可以让团队了解产品的质量走向和问题的根本原因，有助于持续优化交付质量；对于需求交付周期的度量和分析，可以让团队了解产品端到端的交付效率和细化每个阶段的耗时占比，有针对性地采取干预措施，让团队获得有效的提升。

5. 片面地使用局部过程性指标

对于度量指标的理解，很多人有时存在一定的片面性，如认为某个效率类指标的提升就代表了研发效能的提升。需求交付周期是常见的效能度量"北极星指标"，在行业实践中多次被引用，但是如果一个组织或团队仅仅认为交付快、周期短就代表效能提升，其实这就是一种片面的追求。

记得有位专家说过："如果你不能度量一个事物的所有方面，就无法管理或者发展它。"研发效能的提升不仅要有"效率"，还要有"有效性"。软件研发过程中最大的浪费是构建没有人在乎的东西。我们所说的效能提升，一定要从业务目标出发，构建的功能和质量需要达到期望要求，在此基础上当然效率越高越好、成本越低越好，因此效能实际上综合了产出和投入的多个要素。

对需求交付周期的优化固然很重要，但是需要在功能有效、吞吐量和质量稳定、安全合规的基础上才有价值，片面地使用局部过程性指标，对研发效能的提升有限，而跳出来看到全局的研发体系和结构才是关键。

6. 手工采集、人为加工和粉饰指标数据

研发效能度量的过程实际上是把数据转化为信息，再将信息转化为知识的过程，以此让用户自主消费数据，进行分析和洞察。在企业进行研发效能度量的初始阶段，可能会存在由各种研发工具产生的原始效能数据，但缺少对其进行分析和加工的自动化工具。因此，常见的情况是，用户先从系统中导出数据到 Excel 表格，然后进行各种筛选、关联、透视和加工，最终形成度量报表。

在这个过程中，经常存在大量的人工干预行为，很容易有意或无意地进行数据集合的筛选或"异常数据"的排除，有时甚至仅仅为了让数据变得好看、达标，而做出一些看似合理但颇有欺骗性的报表。笔者曾经接触过一家通过 CMMI 四级的企业，它会周期性地统计研发效能报表。有一次，在查看报表数据时，笔者发现某个团队的单元测试覆盖率一直在 83%～85% 浮动，非常有规律。当笔者仔细询问这个数据时，相关人员对视一笑，说："这些数据其实都是手工采集、人工上报的，很难保证准确性。"如果效能数据都是利用手工统计出来，并一层层上报上去的，对企业来讲其实是非常有害的，这样不但无法发现现存的实际问题，还会把管理和技术决

策引导到错误的方向上去。

笔者在建设服务于某集团数万名研发人员的研发效能度量平台时，其中一个最基本的要求就是度量数据的公信力。也就是说，只有在我们平台上自动采集、汇聚、计算出来的数据，才是被集团官方认可的，才可以被用来进行管理和技术决策。笔者认为，这才是一个研发效能度量产品或平台的立足之本。在有了这样一个有公信力的平台之后，那些手工处理的 Excel 表格、人工做图的 PPT 胶片，就会慢慢淡出大家的视野。

7. 不顾成本，堆砌大量非关键指标

研发效能的度量不是免费的，为了使度量更加准确和有效，需要很高的成本。比如，我们经常度量团队的需求交付周期及其在设计、开发、测试、部署等每个阶段的时间消耗和占比。这样一个看似简单的度量需求，其实背后要做的事情很多。比如，团队的研发流程要定义清晰、每个阶段完成的定义（DoD）要足够明确、研发管理工具的配置要合理，最重要的是团队中每个人的操作过程要规范并及时。比如，某个需求其实已经部署到预发环境了，但在看板系统中的状态还停留在"开发中"，原因可能是在开发人员提交代码、测试人员进行验证后，并没有及时同步看板系统中的需求状态。在实际研发过程中，这是很常见的现象，以至于统计发现很多需求的交付周期都是 0 天。因为这些需求都是在开发完成之后，开发人员补录的需求，然后从看板第一阶段这一列直接拖到最后一列，这样统计出来的数据就会极大地失真。当然，我们应该更多地使用自动化的手段来同步状态，如开发提交、提测、部署等行为，会自动触发对应需求状态的流转，但这需要工具平台开发对应的能力，实际上也需要成本的投入。

既然度量有这么高的成本，那么我们还需要做吗？答案是，在收益大于成本的情况下，度量就值得做。度量指标应该少而精，每个指标都要追求其投资回报比。但是一些企业仍然倾向于定义大量的度量指标，以彰显专业性，有的甚至有成百上千个指标。这样的做法除了给企业带来巨大的成本，好像很难体现出应有的价值。

在度量指标的选择上，我们经常提到"北极星指标"，也被称为首要关键指标。在度量领域中，我们可以根据当前企业的情况，在不同领域选取少量的北极星指标来指导改进的方向，从目标出发驱动改进，从宏观下钻、定位到微观问题后，再引入更多的过程性指标进行辅助分析。

8. 货物崇拜，照搬业界对标的指标

货物崇拜（Cargo Cults）是一种宗教形式，尤其会出现在一些与世隔绝的土著部落中。当货物崇拜者看见外来的先进科技物品时，便会将其神祇般地崇拜。在第二次世界大战期间，盟军为了对战事提供支援，在太平洋的多个岛屿上设立了空军基地，以空投的方式向部队及支援部队的岛民投送大量的生活用品及军事装备，从而极大地改善了部队和岛民的生活，岛民也因此看到了人工生产的衣物、罐头食品及其他物品。在战争结束后，这些军事基地便被废弃，货物空投自然也停止了。此时，岛民做了一件非常有意思的事情——他们把自己打扮成空管员、士兵及水手，挥舞着机场上的指挥棒发出着陆信号，进行地面阅兵演习，试图让飞机继续投放货物，"货物崇拜"因此而产生。

这种现象在研发效能领域也时有发生，尽管"货物崇拜"的度量指标制定者并没有像岛民一样挥舞着指挥棒，但他们大量复制和粘贴从网上各类文章中找到的度量指标，这些指标的定义有其场景和上下文，而他们对这些并不是很了解。

Google 在度量工程生产力方面也有明确的"QUANTS"模型，其包括的指标如下。

- 代码质量（Quality of the code）。

- 工程师注意力（Attention from engineers）。

- 智力复杂性（Intellectual complexity）。

- 速度与速率（Tempo and velocity）。

- 满意度（Satisfaction）。

这个指标体系看起来很不错，但是如果一个组织或团队的成熟度还比较低，最基本的需求流转和敏捷协作都没有做好，就直接引入和对标这些对工程能力和工程师文化有一定要求的指标，很可能适得其反，落入货物崇拜的误区。另外，前两年在网上也有关于高效工程师每天写多少行代码的讨论，据说 Google 的工程师平均每天能写 100～150 行代码。但如果不管其背景（技术架构、平台能力、工程师级别、协作模式、质量标准、统计口径等），直接使用这个指标来进行对标，一定会让工程师苦不堪言。

9. 舍本逐末，为了度量而度量

我们经常说："不要因为走得太远，而忘记了为什么出发。"官僚主义的一个问题是，一旦制定了一项政策，遵循该政策就成了目标，不管该政策所支持的组织目标是什么。研发效能度量是为目标服务的，如果一种度量真的很重要，那是因为它必须对决策和行为产生一些可以想象的影响。

比如，软件开发团队的经理希望通过引入新的持续集成系统来提高生产力，这就是一个明确的目标。在初期落地执行时，团队可能会采用持续集成系统注册用户数这个指标来进行度量，但是系统的使用不是目的，而是提升生产力的手段，更应该度量的是在应用系统后，是否解决了开发人员对测试快速反馈的需求，以及质量和效率是否得到了有效提升。

Google 使用 GSM（目标/信号/指标）框架来指导目标导向型指标的创建。

- 目标是期望的最终结果。它是根据从更高层次上理解的内容来表达的，不应包含具体的度量方法的参考。

- 信号是目标达成与否的结果。信号本身也可能无法度量。

- 指标是信号的代理。代理的含义是指由于信号本身可能无法量化，因此需要通过指标来代理信号的量化。指标一定是可度量的内容。

比如，企业希望提高代码的可读性，得到更高质量、更一致的代码，以促进健康的代码文化建设，那么按照 GSM 框架应该这样做。

- 目标：由于代码的可读性提高了，工程师编写了更高质量的代码。

- 信号：可读性过程对代码质量有积极的影响。

- 指标：可读性评审对代码质量没有影响或产生负面影响的工程师比例，参与可读性过程并改善了其团队的代码质量的工程师比例。

10. 仅从管理角度出发，忽略为工程师服务

笔者在与国内一些企业同行的交流中发现，很多公司的研发效能度量都是从管理者的视角出发的，无论是工时、人员饱和度等衡量资源利用率的指标，还是需求交付周期、吞吐量等衡量流动效率的指标，本质上都是从管理维度看待研发效能。但是我们不应该把员工当成一种"资源"，而是要作为"工程师"来看待。员工幸福感的下降不仅会影响代码编写过程的生产力，还会影响代码的质量。

因此，我们做研发效能提升，本质上还是要多关注工程师的感受，如关注他们对工作环境、工作模式、工作负载、研发基础设施、项目协作、团队发展、个人提升

是否满意，是否有阻碍工程师发挥更大创造性和产生更大生产力的因素存在。工程师个人效能的有效提升是组织效能提升非常关键的组成部分，Meta 把"不要阻塞工程师"作为贯穿公司研发和管理实践的核心原则之一，就是强调公司流程和实践要从工程师的视角来考虑问题。

那么，我们如何度量工程师的满意度呢？我们可以选择 eNPS（Employee Net Promoter Score）来衡量员工的忠诚度，更高的员工忠诚度可以让工程师提供更卓越的服务，让客户满意，最终助力企业业务的成功。当然，我们不仅要关注 eNPS 指标本身，还要将其与其他人力资源指标结合起来，这样就可以知道为什么员工会给出负面反馈，揭示表象背后的原因，帮助管理者寻找改进的方法。

12.3　研发效能度量的行业案例和关键原则

研发效能度量领域涉及的范围很广，相关的方法和实践也非常多。在展开介绍具体的度量指标和细节的实践体系之前，我们先来看一下度量的一些关键原则。当然，如果只讲原则未免过于枯燥，我们会结合一些"互联网大厂"和业界标杆的案例，来总结和提炼出其中隐含的度量设计思路和关键原则。

1.《DevOps 全球调查报告》中的度量指标

《DevOps 全球调查报告》（*State of DevOps Report*），可以说是 DevOps 实践者每年必读的读物，笔者从 2017 年起连续几年主导该报告的中文版翻译。遗憾的是，随着 2019 年 DORA（DevOps Research & Assessment）被 Google 收购，该报告的创作灵魂人物 Nicole Forsgren 和 Jez Humble 就没有继续投入到该报告后续的调研、分析和创作中。但其在报告中提出并一直延续多年的四大关键结果指标，依然对行业提供了权威和极具价值的参考。

《DevOps 全球调查报告》中的四大关键结果指标如下。

● 部署频率：所在组织部署代码的频率。

● 变更前置时间：从代码提交到代码成功运行在生产环境的时间。

● 服务恢复时间：在发生服务故障后，通常多久能够恢复，即 MTTR。

● 变更失败率：有百分之多少的变更会导致服务降级或需要事后补救。

在这四个指标中，前两个用于衡量吞吐量，后两个用于衡量稳定性。另外，基于每年上千份调查问卷收集的数据，这份报告把受访者所属的组织分为精英效能、高效能、中等效能和低效能四个聚类，按照图 12-3 中每个指标的阈值范围，进行效能自评和行业对标，你可以根据自己所在的产品线或团队的情况对号入座。2019 年，精英效能组织的占比大概是 20%，与 2018 年相比，几乎提高了两倍，说明行业中的组织都在追求卓越的研发效能，而且这个目标的确是可以达成的。

软件交付效能的度量	精英	高效能	中等效能	低效能
部署频率 针对正在工作的主要应用或服务，你的组织部署代码的频率？	按需（每天多次部署）	介于每小时1次和每天1次之间	介于每周1次和每月1次之间	介于每周1次和每月1次之间
变更前置时间 针对正在工作的主要应用或服务，变更的前置时间（即从代码提交到代码成功运行在生产环境需要多长时间）？	小于1小时	介于1天和1周之间	介于1周和1个月之间	介于1个月和6个月之间
服务恢复时间 针对正在工作的主要应用或服务，发生服务故障（例如：计划外中断、服务受损），恢复服务通常需要多长时间？	小于1小时	小于1天	小于1天	介于1周和1月之间
变更失败率 针对正在工作的主要应用或服务，有多少百分比的变更会导致服务降级或需要事后补救？（例如：导致服务受损或服务中断，需要热修复、回滚、前向修复、补丁）	0-15%	0-15%	0-15%	46-60%

图 12-3　《DevOps 全球调查报告》的四大关键结果指标

根据精英效能组织的反馈，他们通常会按需部署，并且每天都会做多次部署。他们的变更前置时间，即从提交代码到成功部署到生产环境的时间不到 1 天，服务恢复时间在 1 小时以内，变更失败率为 0～15%。这些数据与低效能的组织相比，均有数十倍甚至上百倍的差异，说明在研发效能领域，优胜者往往越做越好，而落后者会越来越跟不上时代的步伐。

在四大关键结果指标中，我们可以识别出一些效能度量的原则：优先使用面向结果的指标，而不是面向过程的指标；主要使用全局性指标，而不是局部性指标。

当然，笔者认为这四大关键结果指标也有局限性。比如，变更前置时间关注的是从（最后一次）代码提交到部署的时间，虽然这个指标对衡量工程的卓越性也很重要，但其只覆盖了研发过程中的一小段，这种狭隘的局部改进的效果会随着时间递减。因此，我们应该更进一步考虑使用全局的、更加面向结果的、衡量研发过程端到端的度量指标。

2. 阿里巴巴的效能度量指标与"2-1-1"的愿景目标

有效的度量体系应该围绕核心问题展开，下面讨论的就是团队的持续价值交付能力问题。阿里巴巴用五组指标来回答这一问题，如图 12-4 所示。

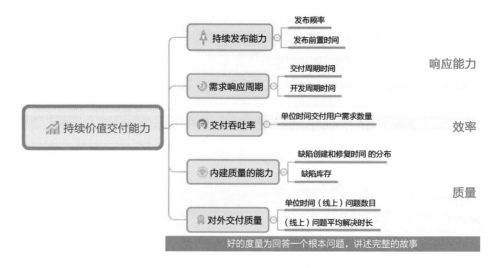

图 12-4　阿里巴巴的效能度量指标

（1）持续发布能力。具体包含如下两个细分指标。

① 发布频率，也就是团队平均多长时间发布一次需求，它约束了团队对外响应的最大可能性。

② 发布前置时间，也就是从代码提交到功能上线所需要花费的时间。如果时间很长，团队就不太可能去提高发布的频率。

（2）需求响应周期。具体包含如下两个细分指标。

① 交付周期时间，也就是从客户提出需求并被确认，到需求上线所要经历的时长。它反映了团队（包含业务、开发、运营等职能）对客户问题或业务机会的整体响应速度。

② 开发周期时间，即从开发团队理解并确认需求，到需求可以上线所经历的时长，它反映了研发的响应能力。

（3）交付吞吐率。交付吞吐率是指单位时间内交付需求的个数。

（4）内建质量的能力。内建质量的能力是指整个交付过程的质量，包含如下两个细分指标。

① 缺陷创建和修复时间的分布，我们希望缺陷能够及时且持续地被发现，并且

能够被尽快修复。

② 缺陷库存，我们希望能在整个开发过程中控制缺陷库存量，让产品始终处于接近可发布的状态，奠定持续交付的基础。

（5）对外交付质量。具体包含如下两个细分指标。

① 单位时间（线上）问题数目。

②（线上）问题平均解决时长。

好的度量体系应该回答一个根本问题，并为此讲述完整的故事。为回答"团队交付能力如何"这一问题，上面五组指标分别从响应能力、效率和质量三个方面讲述了一个完整的故事。其中，持续发布能力和需求响应周期反映的是响应能力，也就是价值的流动效率；交付吞吐率反映的是团队效率，也就是资源的产出效率；内建质量的能力和对外交付质量是质量指标。将这些指标综合起来，可以全面了解当前交付等能力与目标的差距，以及改进的机会。

那么，基于这样的度量体系，我们应该设定怎样的目标呢？阿里巴巴在内部进行团队效能改进时，提出了"2-1-1"的愿景，得到了多数部门的认可。什么是"2-1-1"呢？"2"指的是交付周期为 2 周——85%以上的需求可以在 2 周内交付；第一个"1"指的是开发周期为 1 周——85%以上的需求可以在 1 周内开发完成；第二个"1"指的是发布前置时间为 1 小时——提交代码后可以在 1 小时内完成发布。

要想达成"2-1-1"的愿景并不容易，但它体现了组织提升持续交付能力和快速响应能力的目标，树立了持续改进的方向。

在阿里巴巴效能度量体系的案例中，我们可以看到落地的一些实践经验。比如，从响应能力、效率和质量三个方面讲述一个完整的故事，回答了"团队交付能力如何"这一根本问题；在指标的选取上，其仍然秉承优先使用、面向结果的指标，而不是面向过程的指标，主要使用全局性指标，而不是局部性指标。另外，其中的指标都是可被量化的定量指标，并没有出现主观的定性指标。

3. 百度的工程能力白皮书与度量体系

百度制定软件工程标准的目标是，帮助研发团队持续提升工程能力。软件工程标准可以快速指导团队采用优秀的软件工程实践和研发工具，使其在研发效率或产品质量上获得提升。同时，有了标准和规范，也能更有效地衡量团队工程的能力水平，让各个团队更好地了解自身的工程能力现状，进而设定工程能力提升目标，不懈追求工程卓越。

软件产品的形态有很多种，如 App、Browser、PC Client、SDK 等。不同产品类型的研发过程及优秀实践也不尽相同。百度把研发的工程类型大致分为 Server、App、SDK 和 AD（Autonomous Driving）四类，每一类都制定了详细的优秀实践集合——工程能力地图。工程能力地图可以指导研发团队从开发到上线的流程，建立标准化研发工具链，统一度量团队软件工程的能力。图 12-5 所示是百度 Server 类型的工程能力地图。

图 12-5　百度 Server 类型的工程能力地图

采用工程实践后的直观变化是工程实践完备程度和有效程度的提高，最直接的目的是研发效率（速度）和研发质量的不断提升。在《百度工程能力白皮书》（V2.0 版本）中，也加入了对效率（速度）和质量的指标定义和度量方式，以便每个团队在不断提升工程能力的同时，也能直观地看到研发速度和质量的同步提升。

在百度工程能力和效能度量体系的案例中，我们也可以识别出一些度量的关键原则。首先，除了面向过程活动的度量指标，还要增加面向效率和质量结果的度量指标。其次，度量的对象应将产品和团队的工作放在首位，将个人放在第二位。产品的交付需要组织跨角色通力协作，才能最终把优质产品交付给客户，度量也要遵从这一过程，不要开始就专注于对个人的度量。最后，度量要有指导性，这样可牵引行动。比如，在工程能力地图中，如果通过分析识别到某个工程能力项最薄弱，那么就可以直接采取行动，有针对性地进行加强。

4. Meta 的度量指标体系

曾任职于 Meta 的葛俊老师认为，要真正发挥度量的作用，找到合适的度量指标，必须要对指标进行分类，并推荐从团队和个人两个维度对度量指标进行分类，其中团队维度的指标又分为速度、准确度和质量三类，如图 12-6 所示。

- 速度：天下武功，唯快不破。速度类指标主要用来衡量团队研发产品的快慢。比如，前置时间是指从任务产生到交付的时长。

- 准确度：准确度类的指标关注产品是否跟计划吻合，是否跟客户需求吻合，能否提供较大的客户价值。比如，功能的采纳率是指，有百分之多少的客户使用了某一项功能。

- 质量：如果质量有问题，产品的商业价值就会大打折扣。质量类指标包括产品的性能、功能、可靠性、安全等方面的指标。

- 个人效能：个人开发过程中的效率指标，如开发环境生成速度、本地构建速度等。

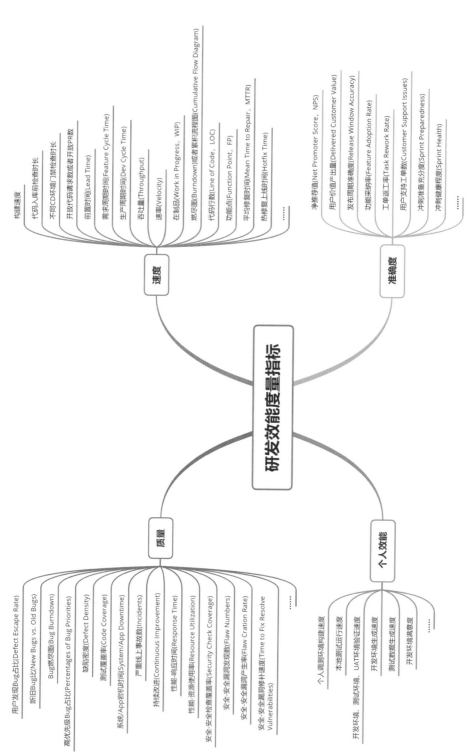

图 12-6　Meta 的度量指标体系

速度和质量已在前面介绍，下面重点介绍准确度和个人效能。首先是准确度。因为提供客户价值是公司存在的根本，所以与之相关的指标是最重要的，如净推荐值（Net Promoter Score，NPS）就是通过调研客户满意度得到的，实用性很强。其次是个人效能。与个人效能相关的度量可以直接反映开发人员的开发效率和满意度，对团队的影响很大。因此，作为管理者或内部效能团队，应该关注开发人员的高频活动，并自动化和优化这些步骤，让开发人员能专注于开发。一般来说，"个人调测环境构建速度"是一个比较重要的指标。它描述的是开发人员从在本地做好一个改动到能够进行本地调测的时长。开发人员每次修改自行验证都要经历这个步骤，对它进行优化非常有用。在 Meta，后端代码及网站的绝大部分修改都可以在一分钟之内，在本地开发机器上使用线上数据进行验证，效率极高。

在 Meta 度量指标体系的案例中，我们也可以识别出度量的一些关键原则。比如，度量要具备全面性，指标之间可以相互制约；研发组织没法用单一指标来衡量，而需要用一组指标来互相制约，以求得平衡，如单纯追求交付速度是危险的，必须用质量指标来平衡。同样，我们也不能在忽视工程师个人效能的情况下，片面追求过程规范性的提升。

5. 关于代码评审度量的案例

我们知道，国内外互联网行业的很多效能标杆公司都非常重视代码评审，如 Meta、Google 等就要求每一个提交都必须通过评审。代码评审可以尽早发现 Bug 和设计中存在的问题，提高个人工程能力，增强团队知识共享，有助于统一编码风格。但大多数国内公司对代码评审理解得还不够深入，对评审方法的认识也不够全面，只能简单地去追随一些所谓的最佳实践。结果就是，有些团队的代码评审推行不下去，半途而废；有的则流于形式，花了时间却看不到效果。

那么，如何开展对代码评审的度量呢？图 12-7 给出了某互联网公司在代码评审的不同成熟度阶段所采用的度量指标。

● 在启动阶段，重点度量代码评审活跃度

"千里之行，始于足下。"我们面对的第一个问题是度量代码评审是否开展起来了，这时选择的指标包括代码评审活跃率、强制代码评审开启率、代码评审发起数、评审参与人数等。

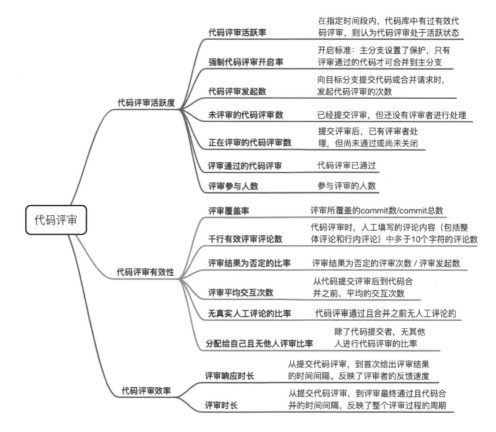

图 12-7　代码评审度量指标

- 在上一步的基础上，度量代码评审有效性

这时代码评审已经有了较大规模的应用，重点要度量的是评审是否有效，是否发现了代码的问题，可以选择的指标包括评审覆盖率、千行有效评审评论数、评审平均交互次数等。

- 在前两步的基础上，度量代码评审效率

当代码评审的活跃度和有效性都没有问题时，我们对团队提出了更高的要求，即评审效率要相对较高。这时可以选择的指标包括评审响应时长和评审时长。当然，这些指标的目标值设置得不能过于激进，我们希望在评审能够及时响应与尽量不破坏评审者的工作状态之间找到平衡。

在这个代码评审度量指标设计的案例中，我们也可以识别出度量的一个关键原则，即度量指标要具备动态性，能根据背景和所处阶段进行灵活调整。我们可以随着组织的发展对指标体系进行不断优化，定期增减或修订指标，保持指标体系本身的精简和有效性。

通过以上五个研发效能度量的行业案例，相信大家已经对行业中度量的普遍做法和原则有了一定认知，那么现在我们就把从这些案例中提炼出的度量指标设计原则总结一下，如图 12-8 所示。

图 12-8　度量指标的设计原则

原则一：结果指标 > 过程指标

要以终为始，通过结果指标评估效能水平，通过过程指标指导改进。比如，需求交付周期是结果指标，敏捷活动成熟度是过程指标。

原则二：全局指标 > 局部指标

过度的局部优化可能会导致全局的劣化，只聚焦在易于度量的局部指标上，会以牺牲组织更好地提升全局目标为代价。

原则三：定量指标 > 定性指标

尽量使用量化指标客观评价，并通过系统自动采集，降低对团队的干扰，但也不排除部分综合评价的定性指标。

原则四：团队指标 > 个人指标

指标设定需要促进团队协作，通过共同努力达到组织目标，不能因相互冲突的指标而破坏团队配合，制造出更多的部门墙。

原则五：指导性，可牵引行动

指标设定为目标服务，指标的数值和趋势可以牵引团队改进。比如，适当设定缺陷类指标，可以促进质量内建能力的建设。

原则六：全面性，可相互制约

比如，需求交付周期和线上缺陷数量、需求吞吐量和需求规模、研发周期和技术债，这些都是可以成对出现且相互制衡的指标。

原则七：动态性，按阶段调整

随着团队能力的提升，指标也需要随之进行适当调整，从而促进团队的持续改进。

12.4　研发效能度量的实践框架

研发效能度量的成功落地需要一个相对完善的体系，其中包含数据采集、度量指标设计、度量模型构建、度量产品建设、数据运营等多个方面，把它们整理后形成一个实践框架，为"研发效能度量的五项精进"，我们在第 1 章中已经提及。

1. 构建自动采集效能数据的能力

通过度量系统分层处理好数据接入、存储计算和数据分析。比如，小型团队通过 MQ、API 等方式把数据采集之后，使用 MySql（存放明细数据和汇总数据）、Redis（存放缓存数据）和 ES（数据聚合和检索分析）"三件套"基本就够用了；而大规模企业由于数据量庞大、汇聚和分析逻辑复杂，建议使用整套大数据分析解决方案，如流批一体的大数据分析架构。

2. 设计效能度量指标体系

选取全局结果指标用于评估能力，选取局部过程指标用于指导分析改进。比如，需求交付周期、需求吞吐量就是全局结果指标，可用于对交付效率进行整体评估；交付各阶段耗时、需求变更率、需求评审通过率、缺陷解决时长就是局部过程指标，可用于指导分析改进。

通过先导性指标进行事前干预，通过滞后性指标进行事后复盘。比如，流动负载（在制品数量）是一个先导性指标，根据利特尔法则，在制品数量过高一定会导致后续的交付效率下降、交付周期变长，因此当识别到这类问题时就要进行及时干预；而线上缺陷密度就是一个滞后性指标，当线上缺陷发生时，我们能做的只有复盘、对缺陷出现的根本原因进行分析，争取在下一个统计周期内让质量提升、指标好转。

3. 建立效能度量分析模型

这里的模型是指对研发效能的问题和规律进行抽象后的一种形式化的表达方式。比如，将流时间（需求交付周期）、流速率（需求吞吐量）、流负载、流效率、流分布五个指标结合在一起，就是一个典型的分析产品/团队交付效率的模型，通过这个模型可以讲述一个完整的关于交付价值流的故事，回答一个关于交付效率的本质问题。

模型还有很多种，如组织效能模型（战略资源投入分布和合理性）、产品/团队效能模型、工程师效能模型等。我们需合理采用趋势分析、相关性分析、诊断分析等方法，分析效能问题，指导效能改进。

4. 设计和实现效能度量产品

首先将数据转化为信息，然后将信息转化为知识，让用户自助消费数据，主动进行分析和洞察。

简单的效能度量产品以展示度量指标为主，如按照部门、产品线等维度进行指标卡片和指标图表的展现；做得好一点的效能度量产品加入了各种分析能力，可以进行下钻、上卷，可以进行趋势分析、对比分析等；而做得比较完善的效能度量产品自带各种分析模型和逻辑，面向用户屏蔽理论和数据关系的复杂性，直接输出效能报告，并提供问题根本原因分析和改进建议，让对效能分析不熟悉的人也能自助使用。

5. 实现有效的效能数据运营体系

在我们有了度量指标、度量模型和度量产品后，一定要注意避免不正当使用度量而产生负面效果，避免将度量指标 KPI 化而导致"造数据"的短视行为。根据古德哈特定律，度量不是武器，而是学习和持续改进的工具。

正所谓"度量什么，就会得到什么"，为了避免度量带来各种副作用，度量对象应该是工作本身，而不是工作者。另外，效能改进的运作模式也很重要，只是把数据报表放在那里，效能不会自己变好，需要有团队或专人负责推动改进。

12.5　研发效能度量的指标体系设计

根据度量指标设计的七大原则，我们确定了从全局性出发，以结果产出为牵引的一系列研发效能度量指标。这些指标也反映出研发效能改进的关键点，即以端到端的流动效率（而非资源效率）为核心。这里的流动效率是指需求（或客户价值）在整个系统中跨越不同职能和团队的速度，速度越快，需求交付的效率越高，交付时长越短。当然，我们并不是只关注流动效率，不关注资源效率（如工时、资源利用率等），而是在确保前者足够高的情况下，再逐步提升后者，最终追求的是二者的协同优化。

在建设初期，我们把研发效能度量指标按交付效率、交付质量和交付能力三个维度分成三类，这些指标的提升需要组织进行管理、工程、技术等多方面的系统性改进，如图 12-9 所示。

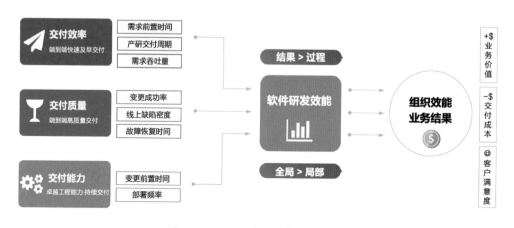

图 12-9　研发效能度量指标的维度

1. 交付效率

目标是促进端到端及早交付，用最短的时间顺畅地交付客户价值。具体可细分为以下指标。

- 需求前置时间：也称为需求交付周期，是指从需求提出，到完成开发和测试，直到完成上线的时间周期。它反映了整个团队（包含业务、产品、开发、测试、运维等职能）对客户问题或业务机会的交付速度，依赖整个组织各职能和部门的协调一致和紧密协作。

- 产研交付周期：从需求被产研团队确认，到完成开发和测试，直到完成上线的时间周期。它反映了产研团队的交付速度，依赖需求的拆分和管理、研发团队的分工协作。

- 需求吞吐量：统计周期内交付的需求个数，即单位时间内交付的需求个数。需要注意的是，需求颗粒度要遵守一定的规则（如约定业务需求、产品需求的颗粒度上限），避免出现需求大小不统一导致的数据偏差。

2. 交付质量

目标是促进端到端高质量交付，避免不必要的错误和返工。具体可细分为以下指标。

- 变更成功率：上线部署成功，并且没有导致服务受损、降级或需要事后补救的比例。

- 线上缺陷密度：统计周期内线上或单个版本严重级别的 Bug 数量/需求个数。

- 故障恢复时间：如果线上系统和应用发生故障，多长时间可以恢复。

3. 交付能力

目标是建设卓越的工程能力，实现持续交付。具体可细分为以下指标。

- 变更前置时间：从代码提交到功能上线的时长，反映了团队的工程技术能力，依赖交付过程中的高度自动化，以及架构和研发基础设施的支撑能力。

- 部署频率：单位时间内的有效部署次数。团队对外响应的速度不会大于其部署频率，部署频率约束了团队对外响应和价值的流动速度。

我们落地的任何研发效率提升实践，推动的任何敏捷或 DevOps 转型，其目标都应该是促进交付效率、交付质量和交付能力中一个或多个要素的提升，而其中交付能力的提升通常需要一定的周期沉淀和积累，是延迟反馈的，但最终还是会体现在交付效率或交付质量的提升上。

交付效率、交付质量和交付能力的提升会推动软件研发效能的提升，而研发效能的提升最终会助力组织效能的提升和业务结果的优化。因此，我们在设计度量指标体系时，还应该增加业务结果维度的考量，包括业务价值、交付成本和满意度（包括客户满意度和员工满意度）。这样的指标体系才更完整，才更能体现研发效能提升对组织效能提升的贡献。因此，完整的指标维度设计应该是"3+1"的形式，即 3 个研发交付的维度，加上 1 个业务结果的维度。

研发效能度量指标体系的设计，还要结合组织中实际的研发价值流，在 3 个研发交付维度的基础上，更多地考虑价值的流动性，并增加相关的度量指标。图 12-10 展示了某互联网大厂典型的研发价值流，以及由此扩展出来的一些新的度量指标项。

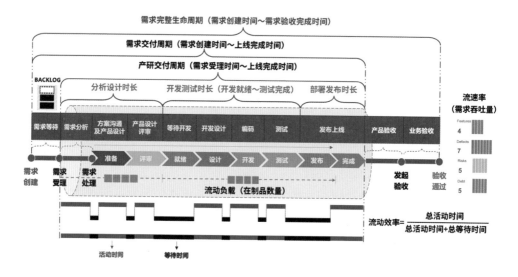

图 12-10   典型的研发价值流

我们可以看到，研发价值流包括两层。第一层是需求价值流，流动的单元是业务需求，这是业务人员的核心关注点，目标是提升业务需求交付的效率和效果。其主要节点包括需求创建、需求受理、需求拆分和处理、需求开发测试并发布上线、需求发起验收和业务验收通过。第二层是产品交付价值流，流动的单元是业务需求拆解到叶子节点后形成的产品需求，目标是提高产品需求的持续交付能力，包括效率、质量和可预测性。产品需求由具体的敏捷交付团队承接，经过准备、评审、就绪、设计、开发、测试、发布等状态，直到完成。两层价值流之间存在承接和对齐的关联，产品需求的研发状态会回溯到业务需求层面进行信息同步。

根据图 12-10 中不同阶段的起始点，我们定义了多个周期类指标，包括端到端的交付周期和某个分段的交付周期。之前用文字描述的需求前置时间和产研交付周期在图中被展示得非常清晰。另外，我们还特别用虚线绘制了一个管状图形，覆盖从需求受理到发布上线的过程，这就是我们重点要关注的交付管道。除交付周期类指标（也称为流时间）外，我们再简单说明以下几个指标。

- 流速率：指单位时间内流经交付管道的工作项的数量，也就是常说的需求吞吐量。

- 流分布：指在单位时间内流经交付管道的需求中，不同工作项的占比（包括需求、缺陷、风险、技术债等）。这个指标可以衡量团队花在开发新需求、被动救火和主动解决技术债上的时间，对工作计划的合理分配有一定的指导意义。

- 流负载：指在交付管道中，已经开始但尚未完成的工作项的数量，其实就是我们经常说的在制品数量。流负载是一个关键的先导性指标，其过高一定会导致后续的交付效率下降，交付周期变长，因此，一旦识别到这类问题就要进行及时干预。

- 流效率：指在交付管道中，工作项处于活跃工作状态的时间（无阻塞地工作）与总交付时间（总活动时间+总等待时间）的比值。调查表明，很多企业的流效率只有不到 10%，也就意味着需求在交付管道中有大量时间都处于停滞、阻塞、等待的状态，以至于看似热火朝天的研发工作，很可能只是虚假繁忙。大家只是因为交付流被迫中断，所以切换到其他工作，从而并行开展了很多不同的工作而已，但从业务和客户的视角来看，需求交付效率其实很低。

将流时间、流速率、流分布、流负载和流效率结合在一起，就是一个典型的分析产品/团队交付效率的模型，通过这个模型可以讲述一个完整的关于研发价值流的故事，回答一个关于交付效率的本质问题。

上面已经介绍了研发效能度量的比较关键的指标，这些指标通常用来评估产研团队的整体交付效率、交付质量和交付能力。但是，我们不满足于可以仅仅评估效能，还要从宏观到微观层层下钻，找到影响效能的阻碍因素，只有这样才能有针对性地采取改进措施，让组织获得效能提升。因此，我们整理了一张研发效能度量指标的"全景图"，如图 12-11 所示，希望对读者有所帮助。

在图 12-11 中，以一种矩阵的形式来组织研发效能度量指标。横轴是软件研发生命周期的各个阶段，纵轴是研发效能度量的三大维度，矩阵中罗列了相关指标及其适用范围。其中被实心的方框框起来的是偏结果性的指标，其他是偏过程性的指标。在落地过程中，指标全集持续累积，实际上要多于图 12-11 中展示的内容，这里只是给出一个示例，读者可以结合所在组织的情况进行增减和调整。

除了以上指标，还有很多实践中常用的指标，下面选取一部分进行介绍。

图 12-11 研发效能度量指标的"全景图"

- 需求规模：用于描述需求的颗粒度，计算公式为统计周期内交付的需求总研发工作量/需求个数。这个指标反映了产研团队的需求拆分情况。对单一团队来讲，需求规模保持相对稳定，需求吞吐量指标才具备参考意义。

- 需求变更率：在统计周期内，发生变更的需求数与需求总数的占比。这个指标通过度量开发和测试过程中变更的需求数来达到衡量需求质量的目的。需要注意的是，这里的需求变更统计的是需求达到就绪状态之后才发生的变更，主要用于反馈开发活动中实际发生的摩擦，这与敏捷拥抱变化的原则并不冲突。

- 需求按时交付率：在统计周期内交付的需求中，满足业务方期望上线日期的需求个数占比。这个指标反映了在客户的视角下，产研团队是否在为满足业务方的上线需求而努力。

- 技术债率：是仓库维度的统计数据，具体指预计技术债修复时长占开发所有代码所需时间的比例。这个指标是有效衡量代码质量的一种指标，反映了因快速开发暂时不顾代码质量所产生的技术债率，而技术债会不断降低开发效率。技术债本身无法在不同仓库之间比较，因为各个仓库大小各不相同，但技术债率可以进行横向比较，因为比值是相对的。根据技术债率可以进行仓库的评级，这对于直观体现仓库状况非常有帮助。关于这个指标更详细的信息可以参考 SQALE（Software Quality Assessment based on Lifecycle Expectations）相关方法。

- 单元测试覆盖率：通过统计单元测试中对功能代码的行、分支、类等场景覆盖的比值，来量化测试的充分情况。

- 平均缺陷解决时长：用于描述研发人员修复线下缺陷的平均时长，计算公式为统计周期内缺陷的总解决时间/缺陷数量，体现了研发人员修复线下缺陷的效率。

- 代码评审覆盖率：指在主分支上代码评审覆盖的提交数占总提交数的比值，体现了在研发质量内建活动中代码评审的总体执行情况，即有多少比例的提交被代码评审所覆盖。

- 项目收益达成率：指收益指标全部完成的项目数占收益指标验证时间在所选周期内的项目数的比值，衡量了项目的各项预期收益指标的达成情况。

- 项目满意度评价：以项目为维度，对该项目的整体过程进行评价。评价分为两层：第一层为总体满意度评价，用于对团队的整体交付情况进行评价；第二层为具体分类评价，用雷达图进行呈现，分类评价可用于收集改进意见、发现短板，从而进行改进。具体分类评价包括但不限于需求管理、进度管理、成本管理、沟通管理、风险与问题管理、验收测试、上线质量、上线后支持、开放性问题等方面。

在指导团队进行指标设计的过程中，我们经常会遇到实践者的一些疑问，这也代表了一些对指标选取的常见困惑。

- 需求吞吐量是按需求个数计算还是按故事点计算？

针对这个问题，建议按照需求个数来计算。在敏捷开发中，我们经常使用故事点来评估工作量的大小，但故事点实际上是一种敏捷规划的工具，不建议将它作为需求规模的度量指标来使用。因为不同团队对同样颗粒度大小的需求，所估算的故事点是不同的，所以故事点不具备普适性和横向的可比性。

另外，如果将故事点作为需求规模的度量指标，还会导致研发人员产生规模冲动，想办法来增加估算的点数。这种行为又会导致业务人员、产品经理与研发人员之间产生不信任，产生对故事点数进行讨价还价和合同谈判的行为，从而产生更多的问题。因此，建议先由产品经理和研发人员一起将需求拆分成颗粒度相对均匀的需求条目，然后用需求个数来表示需求规模，并计算需求吞吐量。

- 当计算需求吞吐量时，需求大小不一怎么办？

这个问题其实紧接上一个问题，即如果使用需求个数来标识需求规模，计算需求吞吐量，需求大小不一怎么办？答案依然是对需求的合理拆分。有的企业使用"业务需求—产品需求—技术任务"三级需求层次模型进行需求分解，每一层的工作项条目都可以定义颗粒度范围，形成大小相对均匀的条目。比如，业务需求最好能在一次发布中完成，产品需求最好在一个迭代内完成（如最多不超过 10 人的工作量），技术任务最好让研发能快速完成（如不超过 3 人的工作量）。

把需求拆分为不同层次和相对均匀的工作项条目，一方面解决了度量准确性的问题（不同层次可以分别统计），另一方面这个指标会促使研发人员更细地拆分需求，这对整个组织有利，因为更小的需求可以更快地交付业务价值，这也是敏捷和精益方法所提倡的。

当然，最终拆分的需求大小也不可能完全一样，但是根据大数定理，只要样本足够多，就能屏蔽个体的差异性而体现出整体的规律性。另外，我们也不会只使用需求吞吐量这个单一指标去度量研发效能，而是结合交付周期类等一系列指标进行综合评估，因此不必对这个指标的计算过于纠结。

- 为什么度量变更前置时间？有什么意义？

前文已经提到，变更前置时间度量的是从代码提交到功能上线的时长。这个指标的意义在于，它反映了团队的工程技术能力。软件研发不同于生产制造行业，后者在设计和生产计划制订后，基本上都是大规模、重复性、机械性的生产过程。而软件研发过程实际上可以分为两类活动：（1）创造性活动，如基于业务需求进行创造性的设计和编码；（2）重复性活动，如在代码提交后进行重复性的构建、测试和部署，这个部分是工程实践擅长的领域。

软件研发同时受益于敏捷和精益方法。软件的二进制文件是用敏捷方法创建的，而通往生产环境的路径是精益的，由于构建、测试和部署流程需要每天多次重复运行，并且具有高度的自动化，因此软件就是一种在精益流水线上敏捷创建的盒子。

我们可以问自己一个问题，如果你只修改了一行代码，那么从代码提交到上线需要多少时间？是几分钟、几小时，还是数天的时间？如果我们还存在大量的手工部署、手工测试、手工配置及手工处理复杂的审批流程，即使一行代码的变更也需要很久才能上线。因此，回到问题本身，我们为什么要度量变更前置时间？因为我们希望通往生产环境的路径是精益的，这条路是被工程实践优化过的，变更前置时间这个指标可以很好地反映团队的工程技术能力，让我们持续追求工程卓越。

● 为什么度量平均故障恢复时间，而不是平均无故障时间？

在度量系统可靠性方面，有 MTTF（Mean Time To Failure，平均无故障时间）、MTTR（Mean Time To Repair，平均故障恢复时间）和 MTBF（Mean Time Between Failure，平均失效间隔）三个常见指标。MTTF 指系统无故障运行的平均时间，度量的是从系统开始正常运行到发生故障之间的时间段的平均值。MTTR 指系统从发生故障到修复完成之间的时间段的平均值，度量的是系统出现问题后恢复的速度。MTBF 指系统两次故障发生时间之间的时间段的平均值。MTBF=MTTF+MTTR。

在这三个指标中，为什么我们选用 MTTR 呢？因为我们知道，在快速变更的复杂系统中，出错和故障是在所难免的。软件研发和运维的复杂性已经不仅限于系统架构的复杂性，还有大型成熟企业普遍存在的历史包袱、新旧系统之间大量的信息通信、复杂业务连接的多个不同系统、海量数据的计算与管理、跨团队协同等都可能是未知故障的触发点。所以核心的问题不是系统多长时间才出现故障，而是出现问题后如何快速恢复服务。

因此，在接受了系统的复杂性与不确定性的前提下，业界一般优先选用 MTTR 作为系统可靠性的核心度量指标。另外，近年来流行的混沌工程，也在追求实现复杂系统的韧性，这与我们度量指标的选择是非常契合的。

以上我们介绍了度量指标体系的设计思路，也对一些指标进行了详细说明。但是，这些度量指标并不是孤立存在的，它们之间存在很多相关性，如图 12-12 所示。

综合选取适当的指标，并运用一系列统计分析方法进行效能的分析，才是用好这些指标的关键。我们将在下一节中详细介绍研发效能度量的常用分析方法。

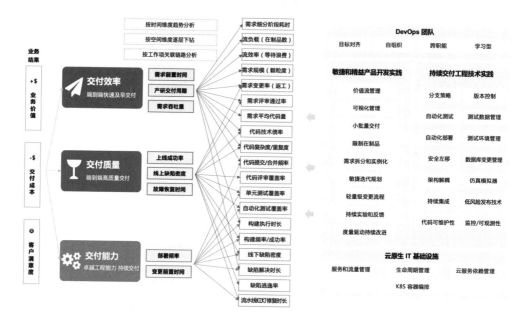

图 12-12   研发效能度量指标的相关性

12.6   研发效能度量的常用分析方法

度量指标很多,但如何用好这些指标才是关键。Douglas W. Hubbard 在他的畅销书 *How to Measure Anything* 中指出:"如果一种度量真的很重要,那是因为它必须对决策和行为产生一些可以想象的影响。"如果我们不能确定一个度量指标是否影响决策,以及如何改变这些决策,那么这种度量就没有价值。

针对度量指标的分析,我们列举了一些常用的方法。

1. 趋势分析

趋势比绝对值更能说明问题。

在度量研发效能的指标时,随着时间的推移改善趋势会比改善绝对值更有意义。每个组织、每个部门、每个团队、每个人都有不同的起点和背景,对度量指标的绝对值进行横向比较很可能有失偏颇。对每个独立的个体来说,度量其随时间推移的变化趋势更能获取有效的信息。

图 12-13 所示是某个部门在推进研发效能分析时绘制的趋势图。我们可以看到,

在 2019 年 7 月之前，随着时间的推移，交付周期持续处于上升趋势，即交付需求越来越慢。在复盘时，当时的管理者认识到这一问题，虽然看起来大家工作很忙（资源利用率很高），但从业务或客户的角度来看，研发效率的体验却在持续下降（流动效率降低）。于是，当时管理者就决定指派专人负责研发效能的诊断分析和提升工作，对交付周期问题直接进行干预，通过一系列改进措施扭转这一趋势。图 12-13 中的圆圈位置是一个转折点，交付周期在 2019 年 8 月之后明显缩短，说明所采取的干预措施产生了效果，在度量的指导下发现并处理了问题，最终该部门的效能得到了提升。

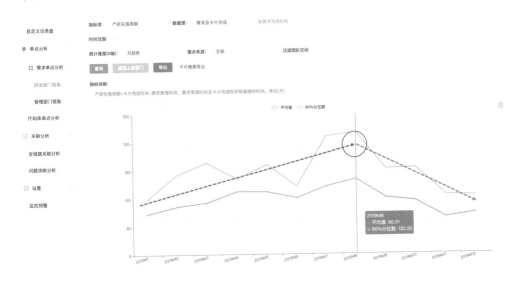

图 12-13　研发效能分析的趋势图

图 12-14 所示是另外一个研发效能趋势分析的案例。这个部门核心的关注点是线上质量，使用缺陷逃逸率来进行度量。我们可以看到从 2019 年 Q2 到 2020 年 Q3，缺陷逃逸率一直处于下行趋势。更为重要的是，采取了什么措施和实践才达成了这一目标呢？其中的代码评审覆盖率、单元测试数量和通过率的趋势图正是这一问题的答案。可以看到，因为该部门在背后付出了很多质量内建活动的努力，才让线上缺陷逃逸率降低这一目标得以达成。我们通过趋势分析，看到了多个指标之间的关联性，这种关联性分析方法非常有用，我们将在后文中展开说明。

2. 下钻分析

下钻分析可以帮助我们从宏观到微观、从表象到根本原因逐层排查问题，找到影响效能的瓶颈问题。常见的下钻分析包括按阶段下钻（针对交付周期类指标）、按聚合维度下钻、按在制品下钻等。

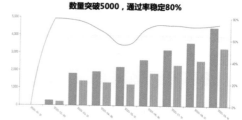

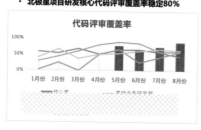

图 12-14　研发效能趋势分析案例

（1）按阶段下钻。我们经常看到的现象是，如果产研部门被业务部门抱怨交付速度太慢，产研部门管理者的第一反应很可能是再多招聘一些开发人员。从约束理论的角度来看，交付管道中至少会存在一个约束因素，限制了全局流动效率的潜能。但这个约束因素具体在哪个阶段，很可能与我们预想的完全不同。

在下面这个案例中，部门碰到的问题就是交付周期较长。于是，该部门在把交付周期按照阶段下钻之后形成了一张柱形图，如图 12-15 所示。从图 12-15 中我们可以看到，需求的平均开发周期在 5 天左右，其实并不算很长，但开发前有一个等待周期也接近 5 天。另外，还有多个阶段的平均耗时接近甚至超过开发周期。比如，测试周期耗时超过 9 天，方案及 PRD 阶段耗时接近 6 天。在精益理论中，我们可以把活动分为三类：增值的活动（如写代码等）、非增值但必要的活动（如测试等）和浪费（如等待、缺陷导致的返工）。我们要最大化增值的活动，优化非增值但必要的活动，消除不必要的浪费。那么，在这个案例中，首先就需要找到改进的大致方向，再结合其他指标进一步进行问题排查，就可以得出有针对性的优化策略了。

（2）按聚合维度下钻。研发效能度量平台在采集到各研发工具产出的效能数据之后，一般会进行自下而上的聚合，如按照产品、部门、团队、项目、应用等不同的维度聚合，这样就可以提供更高层级的视图进行展示和分析。而我们在分析效能问题时，更多的是自上而下进行，如先看到整个公司的效能情况、各个部门的横向对比，然后再进行逐层下钻，一直到子部门、团队层级，甚至下钻到数据明细，从宏观到微观分析问题的根本原因。

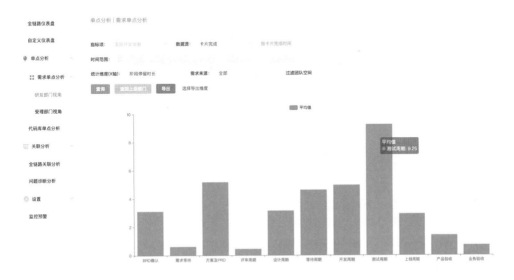

图 12-15　交付周期下钻分析

在下面这个案例中，如图 12-16 所示，我们首先可以看到左上角的聚合数据报表，它展示了在所选时间范围内（周/月/季），所选部门与其同级部门的交付周期的横向比较，并且可以进行上一周期和本周期的对比。从这个宏观数据出发，我们可以进一步下钻分析，如下钻到所选部门的下一级部门、下两级部门、下三级部门的数据图表，最终钻取到具体的数据明细。然后按照交付周期的长短对所选范围内的需求进行排序，并查看这些需求的交付过程和状态流转的细节，有针对性地分析影响效率的问题，寻求改善的抓手。

（3）按在制品下钻。我们在做效能度量分析时，经常会按照固定周期（如月度或季度）来统计效能数据，出具效能报告。但当每次看到效能报告中统计的数据时，往往这个周期已经过去了。我们根据上个周期的数据分析采取的一些改进措施，需要在下一个周期结束时才能进行效果验证，这就带来了一种延迟反馈。

其实，我们也可以采取一些更积极的、更及时的分析和干预方法。比如，前文中提到的流负载（或在制品数量）指标就是一种先导性指标，流负载过高一定会导致后续的交付效率下降、交付周期变长，所以一旦识别到这类问题就要及时进行干预。那么，如何干预呢？可以使用一种称为滞留时长报告（Aging Report）的下钻分析方法。

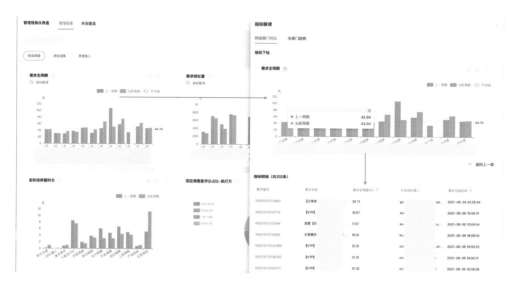

图 12-16　按聚合维度下钻

工作项在交付管道中的停滞会浪费交付过程中的宝贵时间，滞留时长报告显示了在交付管道中，没有完成的工作分别在当前状态滞留的时间。在下面这个案例中，如图 12-17 所示，我们首先来看左下角的流负载报表，它展示了在所选时间范围内（周/月/季），所选部门人均的在制品数量，并且可以进行上一周期和本周期的对比。从这个宏观数据出发，我们进行进一步的下钻分析，如下钻到所选部门的下一级部门、下两级部门和下三级部门的数据图表，最终钻取到具体的数据明细。这样，我们就可以看到这些在制品的详细情况，如目前分别处于的阶段、在当前阶段滞留的时间等。如果做得更好一些，我们可以计算出工作项在每个阶段平均的滞留时长，并将其作为参考值，如果发现某些工作项的滞留时长超过了平均时长，就需要特别关注，进一步分析导致阻塞的因素，并迅速采取行动恢复工作项的流动。

3. 相关性分析

软件研发效能的提升很复杂，受到诸多因素的影响。这些因素与结果之间存在相关关系而不是因果关系，即使我们发现两组数据之间有关联，也不意味着其中一组必然会影响另一组。比如，如果某个团队的"代码技术债率"指标很高，一般情况下代表代码中存在的很多问题被暂时搁置，未来持续维护的成本和技术风险很高，那么从较长一段周期的趋势来看，很有可能"交付周期"会持续延长，即两组指标之间存在相关性。但这并不是必然的因果关系，虽然技术债很多，但很有可能因为人员能力、突击加班等其他因素暂时掩盖了这种问题，表面上冲抵了这种趋势。

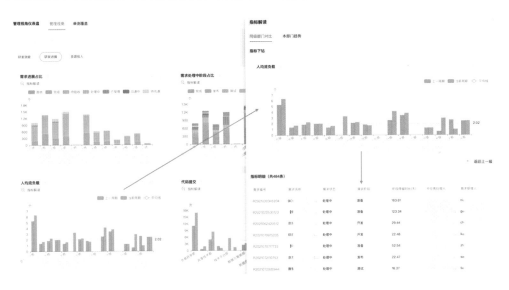

图 12-17　按在制品下钻

　　从研发效能分析的角度来看，我们仍然可以从历史数据中分析这种相关性，通过实验的方式进行探索，找到能够切实驱动效能提升的因素，并进行持续干预。比如，如果想提升线上质量，降低缺陷密度，经验告诉我们应该去加强单元测试的覆盖，完善代码评审机制，做好自动化测试案例的补充。但是，这真的有效吗？通过数据来看，很可能没有任何效果！并不是说这些实践不该做，而是可能做得不到位，也许只是为了让指标好看，编写缺少断言的单元测试、找熟人走过场通过代码评审、覆盖一些非热点代码来硬凑测试覆盖率目标等。因此，我们需要有实验思维，要不断检视、反思、检讨所采用的实践，如哪些实践的确有效、哪些实践效果不明显、哪些实践方向正确但因执行不到位效果才不及预期等。我们要通过实验找到真正有用的改进活动及其与结果之间的相关性，有的放矢地采取行动才会更有效率和效果。

　　在下面这个案例中，如图 12-18 所示，我们的目标是缩短需求交付周期。首先，根据研发效能领域专家的经验和理论的输入，我们认为研发各阶段耗时、流负载、需求规模、紧急需求插入占比、需求变更率、变更前置时间、代码技术债率、缺陷解决时长、代码复杂度/重复度等指标与需求交付周期存在正相关的关系，而流动效率、需求评审通过率、代码评审通过率、发布成功率等指标与需求交付周期存在负相关的关系。

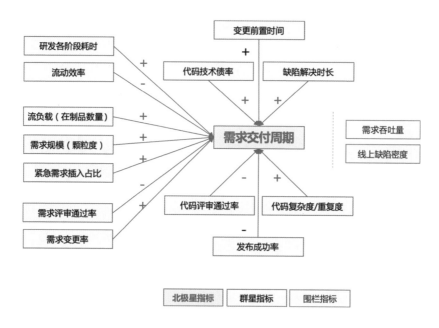

图 12-18　需求交付周期的相关性分析

然后，我们对过去半年的历史数据进行相关性分析，并得到了一份相关性系数的热力图，如图 12-19 所示。在图 12-19 中，正/负相关性由从浅到深的颜色进行标识，我们可以看到大部分相关性数据的计算结果与我们的经验和理论是匹配的，但也有个别数据与经验存在一定出入。接下来我们的行动思路也就明确了，即对已被数据证明存在相关性的活动和过程指标实施干预，如降低流负载、提升需求稳定性等，以期能够加快需求的交付速度。最后，对数据与经验有出入的指标进行检视与反思，分析是实践无效还是数据失真导致的误判，并在下一个周期中进一步增加实验进行持续探查。

以上分析过程体现了数据驱动、实验性的思维方式，这正是研发效能度量能够有效指导效能改进，促进效能提升的不二法门。

另外，在这个案例中，我们还使用了北极星指标、群星指标与围栏指标的表述方式。上文已经讲到，北极星指标又称为首要关键指标（One Metric That Matters），可以用来指引我们改进的方向。为了进一步分解和分析北极星指标，还需要一些辅助性的参考指标，这些指标可能会有多个，分布在北极星指标的周围，称之为群星指标。而围栏指标的设置是为了避免过度追求北极星指标所带来的潜在的负面影响，避免在达成目标的解决方案选择上采取短视的行为。在分析一个特定场景时，我们可以使用由北极星指标、群星指标与围栏指标构成的指标集进行全面的度量分析。

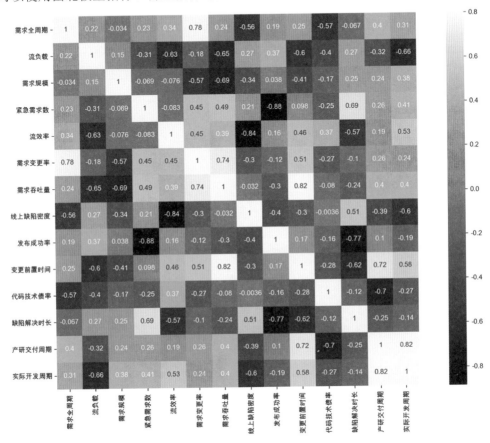

图 12-19　相关性系数热力图

4. 累积流图分析

在上文的下钻分析中，我们介绍了按阶段下钻的方法，但这种方法实际统计的是一段时间内的平均值，而平均值无法体现按时间变化的趋势，只能用于事后分析，无法在过程中进行干预。接下来，让我们来细化和解决这一问题。

累积流图（Cumulative Flow Diagram，CFD）是一种很有效的度量分析方法，可以很好地反映工作项在每个流程节点的流动情况，观察不同角色在交付过程中相互协作的情况，并可以很容易地分析出研发过程各个阶段的在制品数量、交付周期、交付效率随时间变化的趋势。

累积流图的 X 轴是日期，通常使用天数作为刻度，Y 轴是工作项数量。那么，Y 轴从研发过程的第一个状态（如"分析"）到最后一个状态（如"完成"）之间的高度，就代表了在制品的数量，高度越高，说明在制品堆积越多。X 轴从研发过程的第一个状态（如"分析"）到最后一个状态（如"完成"）之间的长度，则代表了从开发启动到完成的周期，这个长度越长，说明周期越长，而这往往是由在制品堆积造成的。根据利特尔法则，吞吐量（Throughput）=在制品数量（WIP）/平均前置时间（Average Lead Time）。在累积流图中，"完成"线的斜率就是吞吐量。通过观察"完成"线的斜率变化，就可以直观地看出团队交付效率的变化，如图 12-20 所示。

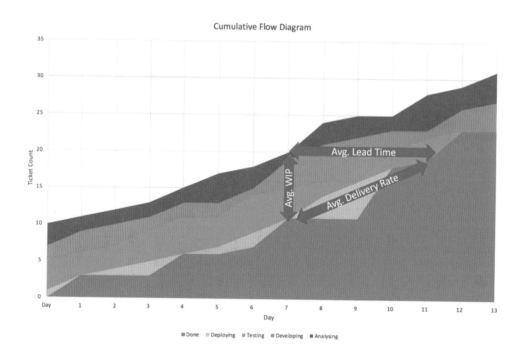

图 12-20　累积流图分析

在理解了以上分析方法后，我们就可以把工作项每个阶段的流动情况，按照时间维度绘制累积流图，识别当前交付的进展、问题和需要进一步探查的内容。

图 12-21 展示了研发效能度量平台绘制的四张典型的累积流图。

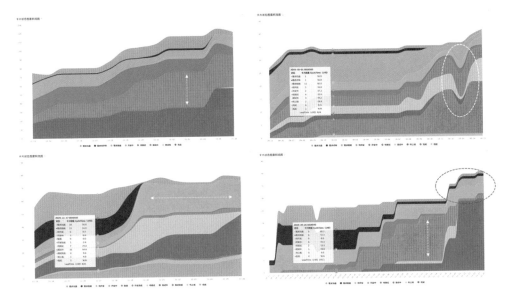

图 12-21 累积流图案例

在图 12-21 左上角的累积流图中，我们发现代表"测试中"的区域随着时间的推移，面积持续扩大，而且这个区域的高度和长度都在快速增加。这说明"测试中"这个状态的在制品堆积变得越来越严重，并且交付周期也在变得越来越长。我们初步可以判定，"测试中"阶段可能是当前交付管道中的瓶颈所在。但这个时候还不能武断地认为就一定是测试资源或者测试产能的问题，还可能有其他情况。比如，开发提测质量很差导致大量缺陷产生，工作项虽然处于"测试中"状态但实际是在等待开发人员修复缺陷。或者是由于不同系统之间的依赖，已完成的部分不具备可独立测试性，需要等待其他系统就绪后才能开展测试等。但无论如何，我们已经找到了瓶颈所在及其发展趋势，接下来的问题就是如何干预、优化和提升了。

在图 12-21 右上角的累积流图中，我们发现代表了开发、测试、上线的多个阶段和不同的区域都发生了"塌陷"，而工作项总量却保持稳定。这说明可能是多个阶段的状态发生了回退，如某些需求虽然开发和测试完成，并且最终上线了，但是业务人员在线上验收的时候发现存在重大问题，或与原始需求目标存在较大差异，要求需求下线并重新进行设计和开发。这是一种严重的返工行为，代表着巨大的研发资源浪费。这就是我们要从源头把控好需求的质量，加强对需求的理解，明确需求验收条件的原因。如果是需求存在质量或歧义的问题，可能会导致数倍于需求分析工作量的研发和测试工作量产生，这种杠杆作用会让本来就很稀缺的研发资源的有效产出进一步降低。研发效能不仅与效率有关，还关乎有效性。

在图 12-21 左下角的累积流图中，我们发现代表"开发中"的区域随着时间的推移，其高度保持水平，这说明"开发中"这个状态已经陷入了停滞。但代表"测试中"的区域还在持续增加，说明并不是所有工作都停滞了。我们需要进一步探查发生这种情况的原因，由于并不是所有工作都停滞了，因此可以排除放长假的影响，很有可能是开发过程中遇到了重大的技术架构问题，导致开发工作无法继续开展，或者由于出现了突发的紧急状况，需要调拨大量开发人员去救火，导致当前开发工作停滞。停滞是流动的对立面，我们应当及时识别出这种情况，尽快处理。

在图 12-21 右下角的累积流图中，我们除了看到"测试中"阶段出现在制品堆积问题，还发现在迭代后期有大量新增需求产生，这可能是为了响应业务的变化而进行紧急需求插入，也有可能是为了"搭车上线"，赶在发布窗口之前追加一些新的需求。敏捷思维让我们欣然接受需求的变更，但是我们也承认过度的变更会导致开发过程的摩擦。上线前出现大量需要搭车上线的需求也不一定都是合理的，很可能因开发和验证时间不充分导致线上问题，因此我们不能一味地接受，还要进行合理的权衡。

5. 流效率分析

流效率就是在交付管道中，工作项处于活跃工作状态的时间（无阻塞地工作）与总交付时间（总活动时间 + 总等待时间）的比值。经验表明，很多企业的流效率只有不到 10%，也就意味着需求在交付管道中有大量时间都处于停滞、阻塞、等待的状态。

我们结合 DevOps 平台中的看板工具，将待评审、就绪（待开发）、待测试、待发布等阶段的属性设置为"等待"，而将需求沟通、需求评审、方案设计、开发、测试、发布等阶段的属性设置为"活跃"，这样就可以得到研发过程的基础数据，对流效率指标进行计算。

图 12-22 展示了笔者在一个部门落地流效率度量和分析时的一些实施细节，通过对指定范围内团队的看板进行统一配置，明确各个阶段的准入准出，规范各个团队的操作步骤，就可以得到流效率的度量数据。然后，我们通过对在制品数量进行控制、推进小批量交付和一系列最佳实践的引入，优化了研发阶段的等待时间，让流效率获得了一定的提升。

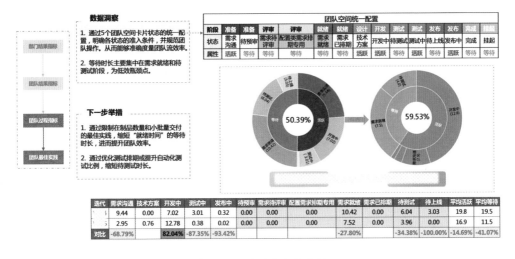

图 12-22　流效率分析案例

在这里有个问题需要特别注意，就是数据的准确性。如果依据看板工具进行各个研发阶段耗时的统计，那么我们就要考虑看板中的工作项状态与实际工作项状态如何保持一致的问题。当然，办法还是有的。比如，可以依靠规范的宣贯和执行的监控，确保数据相对准确（如至少在每日站立会议时确保工作项状态及时更新），但更为有效的办法是通过自动化的手段，在工作项与代码关联后，研发人员后续的一系列基于代码的提交、合并、提测、上线等动作可以自动更新工作项的状态，关于这部分的内容我们将在下面展开说明。

6. 流负载分析

图 12-23 所示是在一个团队中落地流负载度量和分析时的一个案例，我们可以看到产研团队流负载比上个统计周期提升了 43%，而相同周期内的产研交付周期环比提升了近 20%。从实际统计数据来看，这两个指标之间存在关联关系，流负载的升高影响了交付周期的上浮。但这两个指标之间并没有像公式一样存在精确的数学关系，这是因为影响交付周期的因素本来就很多，我们无法像在实验室中一样屏蔽掉所有其他因素的影响，而只观察这两个指标之间的关系。另外，流负载的升高对交付周期的上浮存在延迟反馈，积压的需求可能并没有在当前统计周期内完成，也就并没有进入交付周期的数据统计范围内。但是，我们已经能足够清晰地看到趋势，两个指标之间存在强相关的关系。

在看到问题以后，我们可以使用上文中提到的按在制品下钻的方法进行具体工作项的排查，也可以使用被称为"个人研发日历"的视图进行查看。在图 12-24 中，

266 软件研发效能提升实践

我们可以看到，位于最下面的开发人员在 3 月 15 日～3 月 21 日这周的并行任务非常多，而且都是贯穿整周时间的工作安排。这种大量并行、频繁打断和背景切换的工作方式，也是研发过程中一种典型的浪费——任务切换浪费。我们应当进一步优化研发计划，控制并行的在制品，让流动变得更顺畅。

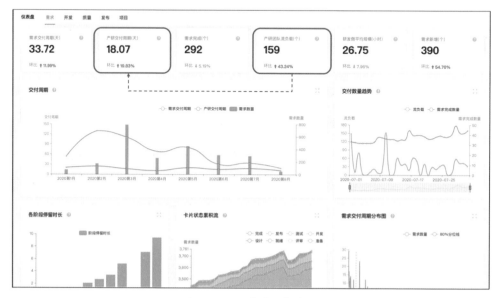

图 12-23　流负载分析案例

图 12-24　个人研发日历中过多的在制品

12.7　研发效能度量的实施建议

前面我们分别讨论了研发效能度量的难点和误区、关键原则、实践框架、指标体系设计和常用的分析方法，但在中大规模企业中成功落地研发效能度量还有很多因素需要考虑，下面笔者结合自己的经验，介绍一些具体的实施建议。

1. 系统性建设研发效能度量体系

在企业研发效能度量体系建设的初始阶段，大家可能都聚焦在度量什么样的指标、如何采集和计算、如何展示报表等问题上，这只是在做一些单点能力的建设，并没有形成体系。随着推进的持续深入，我们需要更加系统性地思考，对研发效能度量体系也会有不同的理解。图 12-25 展示了某互联网大厂效能度量体系的架构图。

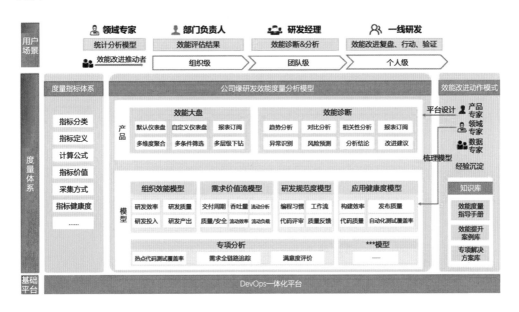

图 12-25　效能度量体系的架构图

在图 12-25 中，有以下几部分内容需要重点关注。

（1）度量的用户场景。度量指标是统计出来给人看的，我们首先要找准用户和场景，没有目的性地堆砌指标没有任何价值。比如，高层管理者一般关注组织级的效能评估结果，包括整体的研发投入产出、战略的资源分配和达成情况、业务满意度、各事业部北极星指标的横向对比、研发效能月报等，但可能不会关注特别细节的指标数据。团队级管理者不仅会关注团队交付效率、交付质量、交付能力等全方位的效能指标，并且希望度量平台具备问题自动化诊断和分析能力，能够结合趋势分析、下钻分析、关联性分析等多种手段帮助识别效能瓶颈。工程师也会关注一些效能指标，用于对个人工作进行需求、任务、代码、缺陷等维度的统计和反馈。

（2）度量的指标体系。只有指标的定义是不够的，我们还需要明确指标价值、指标说明、指标公式、指标采集方式、指标优先级、指标健康度等内容。度量的根本要求之一就是数据的准确性，那么度量指标的健康度就显得尤为重要。我们曾经发现在推广度量体系时，某部门的需求交付周期小于 0.1 天的占比约为 8.6%（290/3374），经排查，这些需求通常在研发完成后补录，这些数据的存在会影响交付周期度量结果的准确性，需要格外引起重视。另外，指标体系及其详细说明应当尽量公开透明，这样用户在得到指标度量结果时也可以更清晰地理解其计算口径和与其他指标的逻辑关系。

（3）度量的模型设计。模型是对某个实际问题或客观事物、规律进行抽象后的一种形式化表达方式，一般包括目标、变量和关系。在研发效能度量领域中，模型有很多种，如组织效能模型、产品/团队效能模型、工程师效能模型等。效能度量的领域专家可以建立模型，并通过度量平台屏蔽其复杂性，提供给用户进行自助化分析。

一个典型的应用场景是效能度量的体检模式，即度量平台根据领域专家总结出来的效能指标和既定模型，对产品线某个时间段的研发过程进行分析体检并推送体检报告，相关干系人都可以定期收到报告。该报告标识了正常/异常的研发效能指标项，并带有初步分析结果和问题改进的建议。然后，如果我们想对其中的某个指标进行详细分析，则可以切换到问题诊断模式，这样可以基于模型对相关的指标及报表组合进行专项分析，包括各种趋势分析、下钻分析和关联性分析等，帮助排查具体问题。在积累了足够的历史数据后，也可以通过模型进行风险预警，当发现某些指标有异常波动或有向不好的方向发展的趋势后，及时给出风险提示。

（4）度量的产品建设。一款优秀的研发效能度量产品要做到自动化的数据采集和数据聚合，让用户可以自助查询和分析，甚至自定义报表，从而获得研发效能的有效洞察。度量产品应该可以被整个组织的团队和管理者访问到，效能数据也应当被更加透明地使用，不宜设置过多的数据访问权限，人为地制造信息不对称。

　　度量平台也应该被作为一个产品而不是项目来运作，包括度量什么、如何分析、如何对比实验都是需要持续演进的，而且作为一个产品，我们要多听取用户的反馈，这与建设其他产品的过程是一样的。另外，度量产品一定要注重易用性，使用平台的用户往往不是这个方面的专家，应该避免使用复杂的公式、定义和晦涩难懂的专业术语进行描述。比如，图 12-26 所示就是度量平台对交付周期类指标的一种可视化展现，用户可以在页面上进行点选操作，指标范围和说明都动态展示，让用户一目了然。

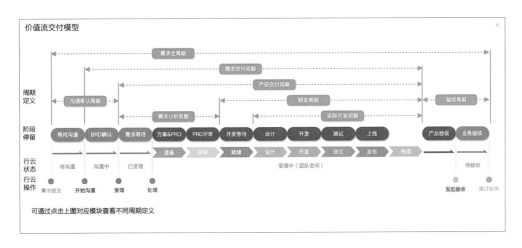

图 12-26　交付周期类指标的可视化展现

　　（5）度量的运作模式。成功的效能度量落地离不开组织的有力支撑，很多企业会使用虚拟的效能度量委员会来进行度量体系的设计和落地。在度量体系建设的初期，委员会的主要职责就是进行指标的定义和对齐，要考虑各种可能的场景和边界情况，让指标明确、有意义且无歧义。

　　随着度量体系的逐步发展，委员会成员也会迅速扩充，这些成员就成为各个部门推进效能度量的种子选手。当然，在一线落地过程中，免不了遇到各种问题，那么委员会就要进行整体规划的对齐和疑难问题的决策。

　　随着度量体系逐渐成熟，委员会可以把重心放到效能分析和效能提升的实践分享上，形成效能度量指导手册、效能提升案例库和专项解决方案知识库，沉淀过程资产，让效能的度量、改进和提升成为日常工作的一部分。

2. 通过自动化降低度量带来的额外成本

研发效能的度量不是免费的,为了做到准确和有效的度量,各种成本加在一起是很高的。度量的准确性依赖流程的规范性,需要明确研发流程、制定相应规范,并确保相关的活动都在系统中进行及时和完整的记录。为了能在减少研发过程中各个角色时间和精力投入的基础上提升效能度量的准确性,可以通过统一工程效能平台固化研发流程与活动,并通过自动化的手段减少工程师烦琐的额外手工操作(如在多个系统进行状态更新同步等)。

在研发过程中,我们要同时关注管理侧的需求价值流和工程侧的研发工作流。管理侧的需求价值流以需求特性为核心,贯穿就绪、设计、开发、测试、发布等阶段。工程侧的研发工作流以代码提交为线索,会执行分支创建、代码提交、编译、扫描、测试、代码合并、部署、发布等一系列活动。我们可以通过效能工具平台的建设,让两条流之间实现联动,自动完成状态的流转和信息的同步。

图 12-27 所示是一个自动化状态流转和信息同步的案例,部门选用了特性分支开发的分支模型,当特性分支拉出并关联需求时,或者代码提交 Commit 信息关联了需求 ID 后再进行 Push 时,就会触发对应需求的状态更新,从"就绪"更新为"开发中"。当代码 Merge Request 合并到 remote/dev 分支时,会触发对应需求的状态并更新为"测试中"。当代码合并到 remote/master 分支时,会触发对应需求的状态并更新为"发布中"。直到最终发布完成后,需求的状态会自动更新为"已完成"。这种自动化的状态流转让系统中记录的研发过程元数据更为准确,也在较低成本的情况下给度量提供了有效的研发基础数据。

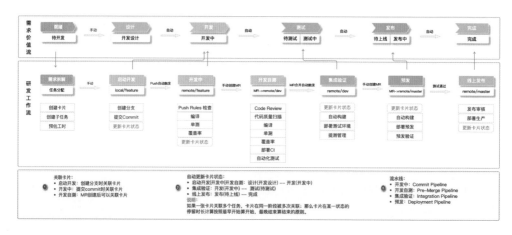

图 12-27 需求价值流和研发工作流的联动

3. 避免平均值陷阱

所谓平均值陷阱，是指由于参与平均值计算的数据样本存在较大差异，平均值难以真实反映所有样本的情况。比如，某个需求的交付周期是 1 天，第二个需求是 2 天，另外一个需求是 96 天，那么这三个需求交付周期的平均值就是 33 天，这明显无法反映真实的情况。

在软件研发领域中，从数据统计的角度来看，需求交付周期指标通常符合韦伯分布，这是一种连续的概率分布，类似于一种向左倾斜并带有长尾的正态分布。因此，对于需求交付周期，我们推荐的度量方法不是平均值，而是第 85 百分位数，如图 12-28 所示。其原理就是将一组数值从小到大排序，处于 85% 位置的那个数值，就称为第 85 百分位数，而经常说的中位数就是第 50 百分位数。

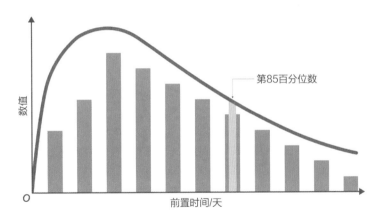

图 12-28　需求交付周期的第 85 百分位数

假如需求交付周期的第 85 百分位数是 21 天，那么这意味着，根据经验证据任何大小相似的需求（在理想情况下，所有需求都可被拆分为大致相似的颗粒度，并且应较小），都有 85% 的概率在 21 天内完成，这可以成为我们基于统计规律对开发计划进行承诺的依据。我们可以定期画出这张图，看看它的形状是如何变化的。当第 85 百分位数前移时，你就能更快地向客户交付价值。

不仅是在需求交付周期，我们在多个团队的效能度量中也应该极力避免平均值陷阱。图 12-29 展示了某个部门在进行效能度量过程中发现的一种情况，即经过一个季度的效能改进，这个部门的效能度量指标几乎没有变化，这就让管理者非常苦恼，时间过去了，却看不到任何效果。但是，当我们把度量指标下钻到团队后，发现其实已经有很多团队的效能获得了大幅提升，最多的一个团队甚至提升了 18%，而其他的一些团队由于各种原因，效能度量指标出现了下降，在平均值数据上抵消了高效能团队积极改进所带来的成果。这样，我们就可以分而治之，继续巩固先进团队的效能实践，排查低效团队的效能问题，细化的度量可以给每个团队带来明确的行动指引。

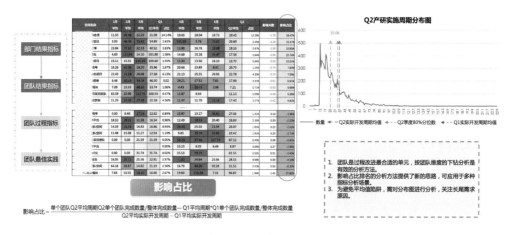

图 12-29　在效能度量中避免平均值陷阱

4. 把度量引导到正确的方向上

度量组织效能是企业中最敏感的领域之一，经常受到各种职能障碍的影响。此外，由于度量不可避免地涉及对度量数据的解释，也会受到认知偏差、沟通问题和组织目标对齐的影响。因此，如果度量没有被引导到正确的方向上或没有被正确地实现，会导致重大的风险，即度量的结果可能弊大于利。

我们要避免把度量武器化。根据古德哈特定律，当某个度量变成了目标时，它便不再是一个好的度量。所有的度量都可以被操纵，而数字游戏式的度量会分散员工的注意力并耗费大量时间。把度量指标设置为 KPI 进行考核，只会激励员工针对度量指标本身进行优化，这通常比他们在度量之前所做工作的效率要更低。度量不是武器，而是指导我们进行效能改进的工具。

我们也会碰到另一种情况，就是单纯从数字来看，效能度量指标有了大幅提升，比如，交付效率和吞吐量都在提高，但业务部门仍不满意，他们反馈："好像并没有什么变化!"那么，这个时候我们应该相信谁呢？是数据还是业务部门？正如杰夫·贝佐斯（Jeff Bezos）所说："我注意到的是，当传闻和数据不一致时，传闻通常是正确的。"很可能是你度量的方法有问题，或者数据已经失真，这就需要进一步的检视和反思。

丰田的大野耐一曾经说过："那些不懂数字的人是糟糕的,而最最糟糕的是那些只盯着数字看的人。"每个数字背后都有一个故事,而这个故事往往包含比数字本身所能传达的信息更重要的信息。现场观察(Gemba)是一个可以与度量结合使用的强大工具,管理者要到实际的研发交付过程中去,观察需求和价值的流转过程,看一下团队是如何满足客户需求的。正式的度量和非正式的观察是相辅相成的,可以对结果进行相互印证。

在数字化时代,每一家公司都是信息技术公司,研发效能已经成为核心竞争力。通过正确的效能度量方法,坚持数据驱动和实验性的精神,可以让研发效能可量化、可分析和可提升。最后,祝你拥有更高的研发效能!

第 13 章　蚂蚁集团智能研发洞察实践

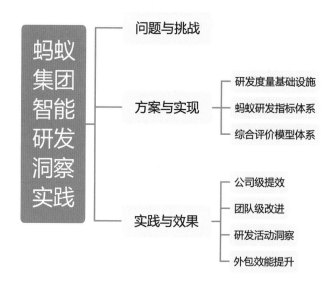

本章思维导图

目前，蚂蚁集团（简称"蚂蚁"）已经有上万名研发工程师，如何更全面、更精准、更有效地提升整体研发效能已经成为组织面临的重要挑战。蚂蚁 CEO 在总裁会上提出"任何事情不能被衡量，就不能被改善，研发效能需要先持续建立指标体系，收集数据，识别问题，再通过自动化工具、服务体系等去解决研发问题，并用赋能（Enable）的思想，最终让研发工程师高质量、高效地工作"。

围绕这个目标，基于多年积累的大数据技术，蚂蚁构建了"蚂蚁研发洞察体系"，其包括以下几部分。

（1）研发度量基础设施（研发洞察平台）。

（2）研发指标体系。

（3）研发综合评价模型体系。

蚂蚁研发洞察体系在公司内持续运行了 3 年（2019—2021），全面实现了数据驱动提效。

（1）研发问题数据化：所有效能专家在线沉淀经验，自动诊断问题。

（2）洞察服务规模化：所有团队每周自动体检，清晰了解团队现状和问题，并持续改进。

（3）研发决策智能化：公司级效能提升、技术外包管理、人员绩效及晋升等所有关键技术决策场景，均由数据和模型辅助决策。

13.1　问题与挑战

下面简单介绍一下蚂蚁的业务。其业务兼具金融和互联网双重属性。首先，稳定性第一。对于社交软件，用户忽然无法登录，可以刷新几次，但是在蚂蚁的业务中，一个小小的失误，如支付不了、红包发多了，就很容易变成重大危机。其次，唯快不破。在求稳的同时，技术必须要快速满足业务的创新和试错，因此蚂蚁的技术架构、配套的研发体系都进行了多轮的升级。截至 2018 年，研发工具链已经实现了全链路的标准化、在线化、服务化，并向云化、智能化方向迈进。当然，与此同时，研发人员和系统的规模也大幅增加，技术人员迅速达到了万人以上。

在这样的规模下，研发效能领域就面临一个重大的挑战，即如何帮助组织全面、精准、有效地提升整体的研发效能？

图 13-1 所示是一个研发工作流示意图。

其中，底层是研发流水线部分，由研发工具支撑。上层是对交付和架构承担最终责任的 TL（Team Leader）。再上层是对业务承担最终责任的部门负责人或者 CTO。

当组织达到千人以上规模时，如果想提升整体效能，单纯升级工具是不够的，这样整体上必定会出现如下问题。

● 最上层很难了解和牵引团队持续提效，达到业务期望。

● TL 对团队的研发状态只能通过晨会等形式了解，无法及时发现研发问题，常常在业务人员反馈交付慢、质量差后，才会有行动。

● 一线研发对公司和 BU（业务单元）复杂的质量策略、工程要求的执行不一
定到位，而一些很有价值的工程实践，如 Code Review、自动化测试、CI 问
题快速闭环，都需要一线良好的执行才能落地。

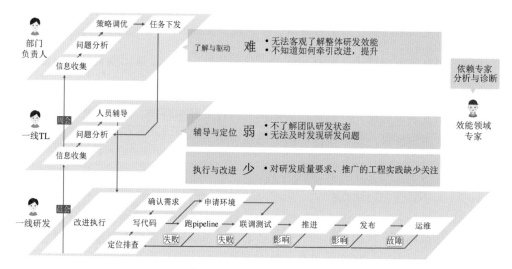

图 13-1　研发工作流示意图

这些问题的传统解法是由领域专家站在团队外面，帮助团队诊断和分析，在蚂
蚁基本上都是由 SQA、QA、PM 等角色来承担的。这种模式有两个明显的短板：一
是滞后，问题出现了再去解决；二是感性，依赖经验判断，缺少客观依据。

在研发效能领域中，其实早有一个非常理想化的解决思路，叫作"研发数字化"。
其步骤如下。

● 第一阶段是规范化，研发过程有明确的标准和规范，并且可被执行。

● 第二阶段是线上化，这些过程和要求都由工具承载。

● 第三阶段是数字化，此时不再是简单地升级工具，而是发挥这个复杂系统中
人的力量，让组织中的各个角色都可以依托数据来发现问题、持续改进。

"研发洞察"就是一套实现研发数字化的实例化解决方案，目标是依托数据，低
成本地发现问题，帮助团队自驱、持续提效，如图 13-2 所示。

（1）汇聚研发数据到研发洞察体系中。

（2）在体系内做数据的加工和自动分析。

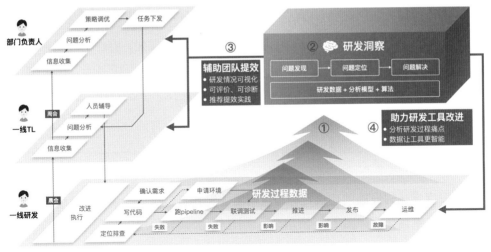

图 13-2 "研发洞察"解决方案示意图

（3）面向不同层次的管理者提供诊断服务。

（4）洞察全局数据，引导工具链持续改进。

当然，要达到上面的这种理想状态是非常困难的。大多数企业和当时的蚂蚁一样，一定会面临三个巨大的挑战。

第一，数据乱。由于数据分散在各个研发工具中，不仅散乱，数据格式也不同，脏数据也很多，因此必须要有足够的重视和投入，建立专门服务研发度量的"基础设施"。

第二，指标杂。虽然业界对很多指标早有标准定义，而且切实符合团队实际情况，但现实中，技术团队不是没指标用，而是喜欢自己取数构建指标。他们在衡量同一件事情时，用的指标都不一样，或者同样指标的实现也不一样。比如，最常见的"需求交付周期"，有的从需求创建时间开始算，有的从需求受理时间开始算，相互之间不参考，无法横向比较。因此，这里必须要建立一套全局的、标准的、专业的"研发指标体系"，让各个团队"书同文、车同轨"，既符合业界、公司内的共性标准，又贴合团队的实际情况，还能让大家获得基线、在团队之间进行对比。

第三，缺标尺。只有数值，很难形成驱动力，但是有了标准之后就不一样了。比如，用户每天用体脂秤测体重，70 千克，没什么感觉，但是忽然有一天，体脂秤告诉用户他的身体健康指数是 90 分，满分 100 分，缺失的 10 分是由内脏脂肪含量高造成的，并建议他去游泳，这时他看到了差距，就更有动力去运动了。当然，复杂的问题是很难用单一指标衡量的，如研发效能怎么样、质量怎么样、编码能力怎么样等，因此我们需要对研发领域的复杂问题建立"综合评价模型"，通过该模型把专家的经验、标准转换为量化的分数，让大家清晰地看到现状、存在的差距，以及应该如何改进。

13.2　方案与实现

13.2.1　研发度量基础设施

研发度量基础设施的建设目标是让研发数据具备自动化、规模化、场景化的服务能力。其整体架构如图 13-3 所示。

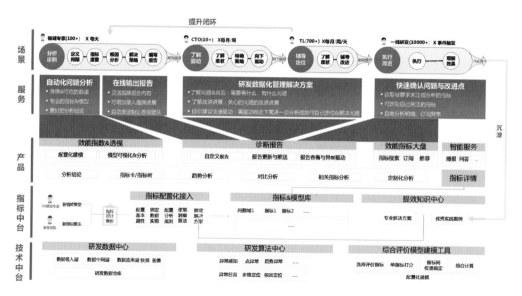

图 13-3　研发度量基础设施的整体架构

蚂蚁把服务的角色分为三大类。

（1）领域专家：一般是研发效能部的专家或者 QA，他们的职责有点像医生给人看病，主要是分析团队的研发问题，找到原因和改进点，帮助团队改进。

（2）CTO（高管）和 TL：有点像病人，他们想要的其实非常简单，即想知道团队的研发现状如何、存在的问题、应该怎么做，越简单越好。就好像我们收到体检报告，并不会仔细看里面 80%的指标部分，只看一下第一页的概要，了解自己的健康程度就好了。

（3）一线研发人员：他们想要的更简单，绝大部分人只关心"领导关心什么、有什么要求"，并保证做到、做好就可以了。

因此，在产品层，需要面向不同的角色提供完全不同的服务。

对于领域专家，产品提供的功能叫作"效能指数、效能透视"，有点像一套体检设备，能够可视化团队的研发过程，并自动进行分析。专家们也可以把分析结论按照自己的需求配置成一份体检报告，并补充分析结论。

对于 CTO 和 TL，他们看到的则是一份非常简单的诊断报告，可以设置自动推送，只需要关注里面的问题和结论即可。当然，从内容上也有很多类型，有面向团队的全面体检报告，也有针对特定问题的专项报告，如项目的交付情况、人员的研发情况、应用的研发情况等。

对于一线研发，他们甚至不太需要直接访问产品，通常会收到 TL 通过钉钉推送的一个异常或提示。比如，昨天发布的系统质量综合分很低，原因是变更覆盖率和通过率都很低，需要关注，可参考这个案例做改进。他们做好执行即可。

这些看上去完全不同的服务底层有一个通用的模块，叫作"指标详情"，是最核心的"内容"，相当于产品的"肉"。这个模块其实是一个最小的"洞察"单元，首先是指标对应的分析结论，其次才是配合结论产出的各类可视化图表。不论什么角色和场景，在对同一个指标下钻之后，其实看到的都是这个模块，这样可以最大限度地保证体验和数据的一致性。如果有些专家觉得结论"不解渴"，自己可以分析得更好，则可以使用配套的分析图表灵活地进行自定义分析。

对于蚂蚁打磨出的这种数据产品形态，在数据产品领域中有一个专有名词来表示，叫作"定制服务型数据产品"。大家常见的数据产品一般都是一个大盘，上面有很多趋势图、柱状图、表格等，看起来很炫。或者是 Excel 一类的表格，里面密密麻麻填满数据，可以很灵活地筛选、分析，这类产品被统称为"大盘型产品"。这类产品都需要有一个假设，就是每个用户都是"数据分析师"，他们具备数据分析能力，需要自己能看数据、研究数据、得出结论。而实际情况是，研发洞察要服务的绝大部分用户是几乎没有数据分析能力的，很多用户甚至不了解"软件工程"这个领域，因此研发洞察产品没有这样做，产品定位必须是"定制服务型产品"，这类产品只是依托数据作为媒介，最终目标还是要诊断问题，给出建议。

接下来，要支撑这套产品服务，还有一个要素，就是"内容"。

就好像很多视频平台，产品设计得好只是一部分，其中有用户想看的电影、电视剧等内容才是关键。因此，在产品的下一层，我们又建设了两个中台能力。

（1）指标中台：它依托阿里巴巴的 OneData 大数据体系构建，目标是把专家的经验快速变成可供用户使用的产品功能。首先，用结构化的方式把经验转换为逻辑层的一个标准定义"指标"；其次，用工程化的方式把"指标"转换为物理层的"数据表"；最后，匹配产品"指标详情"模块的展现形式组装数据并生成结论，直接服务于用户。

（2）技术中台：支撑指标中台的技术中台有三个模块。

- "研发数据中心"，负责整个离线数据的生产。

- "研发算法中心"，负责对指标进行自动分析并产出结论。

- "综合评价模型建模工具"，针对复杂问题，专门用多指标建模的一套工程化工具输入多个指标，通过一套流水线作业，最终产出合理的综合分。

其中，"研发算法中心"指的是"自动洞察"技术，属于数据科学范畴的增强分析领域，蚂蚁把它引入研发领域，目的是自动生成结论，毕竟分析数据只是过程，结论才是用户需要的，如图 13-4 所示，左侧是其核心能力。

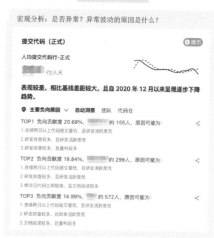

图 13-4　研发算法中心示意图

- 异常感知：用于判断指标是否存在异常。

- 异常归因：找到造成异常的主要因素，帮助定位。

- 风险预测：对未来潜在风险的分析。

将这些能力综合起来，从用户视角来看可以实现多种效果。

- 微观分析，即使指标的整体表现没有异常，也可以通过变点精准识别出个别的问题，这对一线的 TL 团队做改进特别有用。

- 宏观分析（见图 13-4 右边部分），即综合长短期趋势和基线，找到异常时间段，并且能自动分析出主要影响的对象群体和可能的原因，这对百人以上的大型团队的决策非常有用。

13.2.2　蚂蚁研发指标体系

研发指标体系的建设目标是要在公司内统一标准，形成共识，让所有专家基于一套体系持续地沉淀和扩展。

蚂蚁研发指标体系的设计，注重科学性、系统性、实用性，强调从不同视角，根据不同目标、不同功能，精准提供指标，如图 13-5 所示。

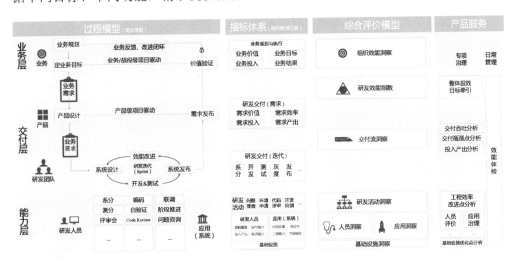

图 13-5　蚂蚁研发指标体系

其主要搭建过程如下。

（1）研发过程建模：所有度量都需要依托于实际和具体的研发过程，故需要先将研发过程进行标准化的定义。

（2）设计指标：匹配研发过程模型，再叠加上观察和评价的不同角度，划分出不同的"问题域"，并在问题域中设计具体指标。

（3）设计模型：在有了指标之后，再聚焦一些复杂问题，如研发效能和交付情况如何、人员怎么样，来聚合综合评价的模型。

（4）输出指标到具体应用场景中：结合具体的应用场景，把模型+指标组合成对应的报告，并输入到对应场景中。

在这个过程中，有分层度量和区分指标属性与类型两个关键点。

关键点一：分层度量。蚂蚁把整个业产研（业务、产品、研发）过程分为三层，并分别提供指标。

（1）业务层：指从业务规划到价值验证的过程。这一层的目标是"做正确的事"——以业务目标为核心，创造更多有效、可验证、可闭环的价值，保障业务结果。使用的指标有盈利能力、市场份额等商业衡量指标，也有客户满意度、可用率、生产力等非商业衡量指标。这些指标的具体定义和业务特点、业务发展阶段强相关，并需要我们随着市场变化进行调整。

（2）交付层：指从需求受理到需求发布。这一层的目标是"正确地做事"——以流动效率为核心，持续、快速、高质量地交付价值。交付层像一条管道，衡量"研发管道"的效能，主要看交付质量、交付效率，以及过程中的研发投入和产出。

（3）能力层（也叫作技术实现层）：指影响交付过程的所有研发活动。这一层的目标是"更好的研发能力"——研发过程中的每个环节（无论是人工的还是自动化的）能够顺畅、高效、低成本地完成。使用的指标主要是每个研发活动中的工程任务的稳定性、时效性、有效性，以及关键研发活动的准出质量。

关键点二：区分指标属性与类型。根据观察角度的不同，指标的属性分为质量、效率、投入、产出。根据使用场景的不同，指标的类型分为结果指标和过程指标。结果指标用于评价或观察结果，具有滞后性。过程指标用于对过程中的关键问题进行诊断，帮助持续优化，有效支撑结果指标的达成。

根据以上设计思路，蚂蚁研发指标体系的实例如图13-6所示。

其中，比较典型的结果指标如下。

（1）万行责任故障数：在统计时间内发生的线上故障和变更代码行的比例。相当于软件质量工程中最常用、最重要的质量指标之一——"遗留缺陷密度（Residual Defect Density）"，蚂蚁使用"万行责任故障数"来衡量线上质量，可以牵引各团队交付可用的软件。

图 13-6 蚂蚁研发指标体系的实例

（2）责任故障监控发现率：在责任故障中通过监控发现的线上故障的占比，用来衡量研发团队的风险防控能力。由于蚂蚁尤其重视提前发现故障的能力，因此也将其作为比较重要的结果指标。

（3）应用发布回滚率：表示团队负责的应用变更有多大可能导致问题，造成回滚。对应 DORA 调研报告中的指标——"变更失败率"（Change Failure Rate）。

（4）活跃应用客观质量分：应用综合评价模型度量复杂的问题，是蚂蚁研发度量的一个特色。质量分应用的是发布上线前最后一次运行的各项质量检验结果的综合评价，它包含安全问题、测试通过率、接口注释率、代码重复度等多个工程维度的客观指标，用于衡量应用迭代过程的内建质量（Built-In Quality），确保每个增量在整个研发过程中都符合适当的质量标准。

（5）需求平均交付周期：从需求受理到最终交付上线的时间。它反映了团队对客户问题或业务机会的整体响应速度。

（6）研发迭代平均交付周期：研发迭代从迭代创建到迭代发布的时间周期。对应的业界指标被称为"开发交付周期"，即需求从启动开发到发布上线的时间周期。由于在蚂蚁内部这个过程是由"研发迭代"承载的标准工作流，因此指标命名与业界不同。研发团队的开发能力、研发模式、交付粒度、工程效率是影响迭代周期的关键要素。

（7）平均发布前置时间：从每一次代码提交到发布上线的时间周期，它反映了团队的工程技术能力，依赖交付过程中工具的高度自动化和稳定性。

利用这套方式，蚂蚁累计沉淀了 2200 多个指标，覆盖了 6 个不同的研发工种、10+个专业领域。经过研发洞察平台的处理，这些指标能自动识别异常、自动分析结论，并匹配相应的解决方案和实践建议，分层、分角色、分场景输出，让组织能够使用数据持续进行优化和改进。

13.2.3　综合评价模型体系

综合评价模型体系的目标是将多个专家对同一个事物观察后的经验、观念进行客观量化，形成一个用于评价和诊断复杂事物的数据工具。

首先简单介绍一下"MCDA（Multi-Criteria Decision Analysis，多准则决策分析）"。它是现代评价和度量复杂问题的科学方法，像健康度模型、股票指数、百度指数，都是基于组合思路衍生出来的。蚂蚁将它引入研发领域，主要用于量化复杂问题，其优势是可以从评价的角度用一个数字来了解结果，非常清晰，而且可解释性强，适合用于诊断和定位，一旦指标异常，可以自动解析公式，分析主要影响指标和影响程度。

MCDA 用分而治之的思想把复杂问题的量化拆解为四步。

第一步，定义评价指标。比如，对于如何量化交付质量，需要相关人员对"交付质量"这个模糊的概念进行澄清，即弄清楚在现实中到底有哪些变化可以代表质量。

第二步，单指标打分。其主要是定标准，明确取值代表的好坏。

第三步，指标间权重确定。这里通常有两种方法：一种是德尔菲法，即专家赋权，通过多个专家的独立或多轮打分，把共识沉淀下来；另一种是自动赋权，如 AHP 法、动态规划等。

第四步，综合计算。综合计算就是把这些单项分聚合成一个好理解的数值。聚合的公式也有很多，有希望看到持续增加的指数型公式，也有适合诊断的得分型公式。

如图 13-7 所示，截至 2021 年，蚂蚁已经陆续构建了 12 个模型用于解决不同程度的复杂问题。比如，"研发效能指数"用于对蚂蚁研发效能结果进行评价，并且能够分解、刻画每个团队的研发效能；"代码影响力"可用于刻画代码复杂度和难度，在绩效、晋升等需要工作总结的场景中，很多一线人员都用这个指标举证自己的代码难度。每个模型的发布都代表对一类复杂问题的评价有了突破性的进展，一旦规模推广，就会把原来靠人主观评价的场景彻底变为数字化决策。

模型名称	评价对象	应用场景	发布年份	构建方法
研发效能指数	团队	从质量、效率、投入、产出四个维度数字化蚂蚁研发效能，可视化提效结果，牵引各个团队持续改进	2019	德尔菲法+综合指数法
外包研发效能指标	蚂蚁集团外包供应商	评价外包研发效能。(1) 考核&牵引供应商改进。(2) 衡量全站外包研发效能提升结果	2020	德尔菲法+综合指数法
研发活动效率分	团队	综合评价研发过程中52个关键研发活动和200个支撑活动的工程任务，根据执行质量&效率，找到关键提升的研发活动	2019	组合赋权法+算数平均 (德尔菲法+自动赋权)
代码影响力	人员	"代码影响力"是代替代码行更精确衡量代码修改程度的方式，它对每一次Commit进行评分，综合考虑提交频率、提交代码的内容，更科学地衡量开发人员变更这些代码的难易度	2020	AHP法
研发协作分	人员	研发协作分通过聚合团队协作中的各种关系 (CR、文档、代码等)，评估人员或者团队的协作能力	2020	AHP法
研发人员MR质量分	人员	对人员代码主干提交质量进行综合评价。结合应用质量评价体系，将质量分分解到提交MR的研发人员，对主干提交代码质量进行评价	2020	AHP法
研发人员产出分	人员	打破单一指标衡量的局限性，可系统、综合地衡量不同角色的各类研发产出，并可拉通对比，是研发产出评价的终极解决方案	2020	线性规划+AHP法
技术影响力	研发人员	根据技术文章、文档等的关注度、收藏、点赞情况，衡量人员在公司内的技术影响力	2020	计分法

其他：应用运行稳定性分、应用节能减排分、应用代码质量分、应用工程能力分……

图 13-7　蚂蚁研发综合评价模型实例

13.3　实践与效果

如图 13-8 所示，研发洞察在蚂蚁主要支撑了两类核心实践。

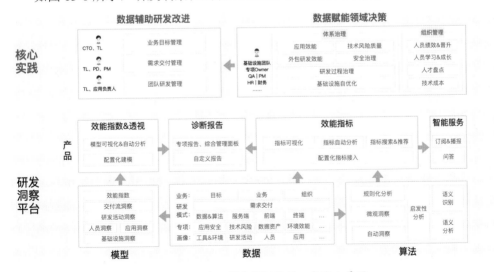

图 13-8　研发洞察在蚂蚁的核心实践全景图

第一类是"数据辅助研发改进",是把研发数据的应用融入各个角色的日常工作场景中,让大家看报告、做改进。

第二类是"数据赋能领域决策",因为公司内有很多横向的领域,需要做很多全局的治理,如外包管理要考核外包供应商,衡量外包人员的绩效,做外包的预算并提升外包研发效能,因此研发洞察会提供专项报告作为横向治理、决策的工具。

13.3.1 公司级提效

图 13-9 所示是公司级提效演进的时间轴。在 2018 年以前,公司管理层一般都知道研发效能很重要,但是在全局视角下无法清晰定义研发效能,更不要说用数字表达,并建立能横向对比的基线了。这个实践的目的就是让大家看清楚公司整体的研发效能现状,明确全局性的问题,提升方向,达成共识和建立基线,并能自上而下地牵引全局优化。

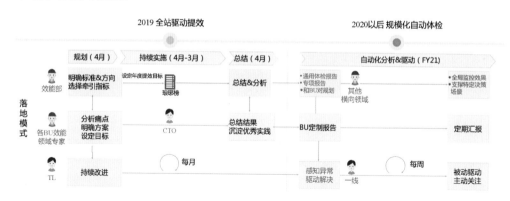

图 13-9   公司级提效演进的时间轴

首先,由研发效能部主导,和所有相关专家联合定义研发效能,并构建了研发效能指数 1.0,其中包含 14 个结果性指标。然后依托主客观数据的分析,发布了《蚂蚁研发效能分析报告》,用数字精确地回答了"研发效能怎么样、如何改进"的问题。最后联合各个 BU 进行治理。

这个实践有点像火车头拉动车厢,逐步把依托数据洞察和改进的氛围与工作模式带动起来。2020 年以后,在更多量化指标、治理方案、优秀案例被沉淀到研发洞察平台之后,研发效能部开始用产品自动地提供规模服务,这时提效和改进的工作就成了 BU、TL 的日常行为。

这个实践的主要成果如下。

（1）全局提升：效能每年综合提升 14%，其中发布质量提升 20%，研发过程质量提升 10%，研发迭代交付速度提升 15%。

（2）沉淀标准：《蚂蚁研发效能指标体系白皮书 1.0》《蚂蚁研发效能分析报告》（2019 年、2020 年）。

（3）沉淀实践：沉淀案例和实践量增加 43%。

13.3.2 团队级改进

团队级改进的目的是自下向上地让团队自驱改进，让部门负责人和一线 TL 能高频地关心团队的情况，并及时做出改进。它的核心思路如图 13-10 所示。

图 13-10 团队级改进的核心思路

在具体实施过程中，也需要一些技巧。首先，必须站在 TL 的角度，优先满足管理上的刚需场景，如要响应上级基本的研发质量和效率要求、对异地团队的管理、关键项目本身需要依托数据进行评估和评价。其次，在这个过程中，把公司全局要治理的一些要求和规范植入他们的工作界面中，如蚂蚁对 Code Review 的充分性要求、及时修复发布前风险的质量要求等。截至目前，蚂蚁的 TL 至少每周会进行一次团队体检和问题改进，也有很多 TL 开始每天都做团队数据化管理了。

这个实践的主要成果如下。

（1）所有专家依托平台发现问题，推动闭环：95%+的专家在线完成问题发现、分析、推动和闭环。

（2）所有研发团队持续改进：TL 每周进行体检和管理，在线研发人员在线确认问题和跟踪闭环。

（3）更多研发问题被解决：驱动问题解决率大于 80%。

在这两个实践中，上下层其实使用的是同一份数据，只不过是从不同的视角和不同的场景而已。大家都知道，在软件度量领域中最大的问题通常不在技术实现上，也不在度量精度上，而是产生数据的人和使用数据的人不一样。而这两个实践可以让同一份数据无论是对公司的高层，还是对一线 TL 都产生价值，最大限度地避免了博弈，保证了数据的准确性和有效性。

13.3.3　研发活动洞察

研发活动洞察是解决研发效能部自己的问题的。

研发效能部负责公司所有的研发工具链，那么就要面对在这么多研发活动中，到底哪几个研发活动是最需要被提升的，工具又需要做哪些改进等问题，而研发活动洞察就是用于支撑这种决策的。蚂蚁的效能专家和技术专家梳理了 54 个核心研发活动，并把每个活动拆解成 222 个工程任务，全部埋点，对它们的用量、时效性、稳定性、有效性进行综合评估，找到差距最大的研发活动和原因，指导部门有针对性地优化研发工具。自动诊断效果如图 13-11 所示。

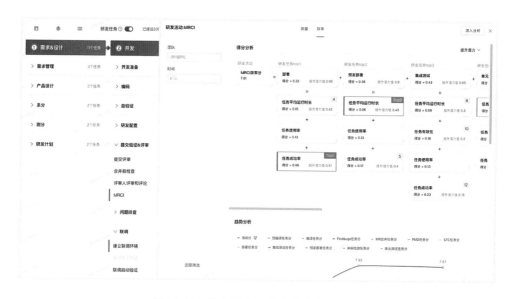

图 13-11　研发活动洞察的自动诊断效果

13.3.4　外包效能提升

外包效能提升是专门为外包管理提供的工具，其利用综合指标+指标树的展示形式（效果见图 13-12），可以快速衡量整体的情况，并自动诊断到需要提升的主要指标和团队，可以用于供应商考核、团队外包研发结果的评价。

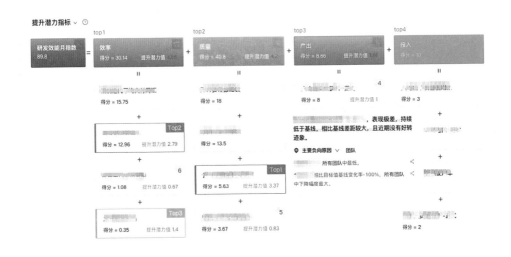

图 13-12　研发效能指数自动分析效果

这些实践落地 3 年来，让蚂蚁的研发效能提升模式发生了根本性和范式性的转变。实践效果对比如图 13-13 所示。

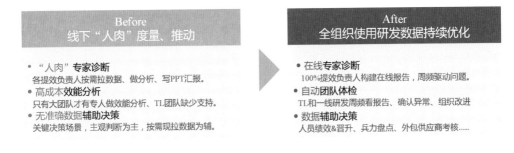

图 13-13　实践效果对比

蚂蚁的研发洞察体系能取得如此大的成功，主要是抓住了两个核心点，如图 13-14 所示。

从技术实现的角度来看，蚂蚁为理念层面的度量方法和原则找到了一个具象化的载体——"专家系统"，用一种标准化、工程化的方式，将专家的经验转换为数据，并最终输出洞察结论和建议，给非专家的用户。

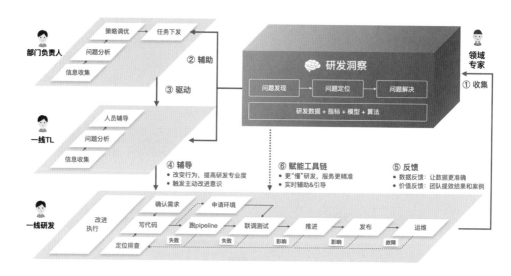

图 13-14　蚂蚁研发洞察体系的核心点

从落地实施的角度来看，蚂蚁构建了一种多边平台的商业模式，让研发洞察体系能切实在公司内扎根，为不同角色同时提供价值。多个角色+研发洞察形成一套完整的生态系统，相互合作，相互驱动，最终实现了自运营、自组织、自驱动的数据驱动提效模式。

规模化篇

第 14 章 敏捷的规模化实践

 本章思维导图

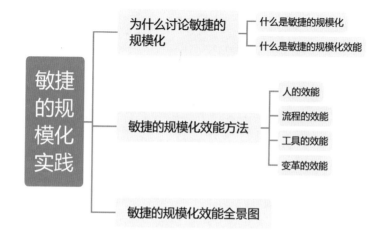

14.1 为什么讨论敏捷的规模化

大多数的高绩效、高科技企业都是规模比较大的企业，如截至 2021 年 6 月 30 日，京东有近 40 万员工，那么，大象如何跳舞，如何像小鸟和猎豹那样行动灵敏、转向灵活呢？这是大企业面临的挑战。因此，敏捷的规模化场景针对的就是这种大型企业的效能。相对而言，也存在成熟的小而美的企业，其运转方式仍然具备当初创业时的特点，效率和响应速度都比较高，但这不属于敏捷的规模化效能讨论的范围。

大型企业也是从初创企业发展过来的，随着企业规模的扩大，很多逐渐形成官僚的层级组织架构，专注在每个职能的利用率和效率上，以便更好地进行局部执行，而忽视了对市场的快速响应、业务创新、整体协同进行价值交付等，构成了部门之间厚厚的部门墙。如果企业没有很好的应变效果，就会逐渐衰退，组织就会变得复

杂、臃肿和僵化。

变革管理大师约翰·科特在《变革加速器：构建灵活的战略以适应快速变化的世界》中说道："世界正在发生快速的变化，过去一个世纪建立的基本制度、结构和文化无法满足快速变化对它们的要求。"我们现在处于乌卡时代（Volatile、Uncertain、Complex、Ambiguous，VUCA）、数智化（基于数字技术、数字协同与网络智能）时代，并处于跨界的颠覆性竞争环境之中，特别是大型企业，只有提高生存度，进行快速创新和业务探索，才能在未来持续地繁荣发展和增长。

过去的方法，通常是线性的、预定义的、按职能交接的、阶段式的瀑布方法；而现代的方法，是小步快跑的、适应性的、迭代式的、跨职能的、自组织协作的敏捷方法。组织只有采用敏捷方法成为敏捷组织，才是在新时代、新环境下的应对之道。而大型企业采用敏捷的规模化方法，以及大规模采用敏捷的规模化的速度，是敏捷的规模化效能的核心。

14.1.1　什么是敏捷的规模化

如表 14-1 所示，中国、欧盟和美国分别对大中小微型企业的从业人数进行了划分定义，按照中国国家统计局的定义，大型企业的从业人数大于或等于 300 人。

表 14-1　大中小微型企业的从业人数

企业类别	国家统计局《统计上大中小微型企业划分办法（2017）》软件和信息技术服务业	欧盟委员会《中小企业定义用户指南》（2020）	美国企业人口普查局统计（2006）
大型	≥300 人	≥250 人	≥500 人
中型	≥100 人，<300 人	≥50 人，<250 人	≥100 人，<500 人
小型	≥10 人，<100 人	≥10 人，<50 人	≥20 人，<100 人
微型	<10 人	<10 人	<20 人

大型企业的员工众多，面临的挑战是如何协作和运作，组织如何才能具备业务敏捷能力，灵活且快速地响应市场。敏捷的规模化主要解决如下 4 个问题。

（1）从人（People）的角度来看，如何快速有效地组织人员高效协作？如果说 Scrum 或者极限编程团队是解决 10 人级小团队如何敏捷的，那么敏捷的规模化就是解决百人级甚至千人级团队的组织结构、团队划分及应具备什么理念的。

（2）从流程（Process）的角度来看，什么样的方法和流程可以提高协作效能、产出效能、结果成效？百人级甚至千人级的团队如何运作？组织单元中的个体如何协作？组织单元之间如何协同？

（3）从工具（Tools）的角度来看，什么样的工具能最大化赋能和提高团队的工作效率？组织如何针对不同产品场景，构建支撑不同方法的 DevOps 协作平台，通过端到端一站式效能平台，加速支撑整个组织的敏捷能力？

（4）从变革（Change）的角度来看，如何变革才能快速变革，将好的实践和方法快速扩散到整个组织？组织如何加速提高采用敏捷方法的渗透率？如何将小团队敏捷方法，或者大团队敏捷方法，针对不同的业务场景，迅速植入团队中，形成敏捷思维和行为习惯，并且内嵌持续改进的 DNA，自驱自主的自管理和自我改进？

因此，敏捷的规模化就是针对大型企业进行敏捷运作，使整个组织具备业务敏捷的能力。

14.1.2　什么是敏捷的规模化效能

将大型企业的效能落地到敏捷组织，可参考敏捷的规模化的 4 个角度，实际上就是每个角度都要有卓越的效能。

（1）人的效能：小团队是敏捷团队；大团队是围绕价值交付的多个小敏捷团队。

（2）流程的效能：小敏捷团队采用 Scrum 框架的迭代流程和看板方法。多个小敏捷团队协作的最优流程是采用相同开始日期和结束日期的相同节奏的迭代。

（3）工具的效能：以产品为根，围绕产品组织多个小敏捷团队进行价值交付，构建从需求提出到上线端到端的一站式 DevOps 平台。

（4）变革的效能：自顶向下，通过变革委员会，将"围绕价值交付（产品开发）的多个小敏捷团队敏捷运作"快速复制和扩散到整个组织。

14.2　敏捷的规模化效能方法

14.2.1　人的效能

为了发挥人的效能，大型组织的结构必然是网络化结构，而高效能团队大多是流式敏捷团队。

美国管理学权威、哈佛大学商学院著名教授艾尔弗雷德·D.钱德勒的《战略与结构》的主题是美国大型企业的成长及其管理组织结构如何被重新塑造，以适应这种成长。根据对 1850—1920 年美国重要企业杜邦、通用、标准石油及西尔斯的研究，钱德勒认为，企业所选择的战略决定了它的结构："结构必须符合战略，否则结果将是悲惨的。"一个企业应首先建立战略，然后寻求建立一种实现该战略的结构。钱德勒将战略定义为"一个企业的长远战略发展方向和目标的抉择，所采取的一系列措施，以及为了实现这些目标对资源进行的分配"。结构则被定义为"为管理一个企业所采用的组织设计"。简单来说，当企业采取不同的发展战略时，为了保证战略的成功，企业必须变革其组织结构来适应企业战略的需要。

美国最有影响力的管理学家之一、企业生命周期理论的创立者伊查克·爱迪思在《企业生命周期》中将企业的生命周期划分为 4 个阶段，分别是创业阶段、成长阶段、成熟阶段和衰退阶段。创业阶段的组织特点是家庭氛围、扁平化、没有层级，以及创始人一言决断；成长阶段的组织特点是围绕事组织人的层级组织；成熟阶段的组织特点是能够为每项任务配备最合适的负责人、最合理的权力结构、最畅通的沟通机制和最适宜的奖励制度；衰退阶段的组织特点是员工墨守成规，缺乏创新意识。

无论是组织结构跟随战略，还是企业处在不同的生命周期阶段，最终都需要明确高效能企业的组织模式。

如图 14-1 所示，北京大学光华管理学院的教授路江涌博士在《共演战略》的组织要素价值曲线中，按照 4 个阶段讨论了组织要素的发展。

（1）扁平组织：在创业阶段，可以将企业的组织结构比喻成箭头。创始人是箭头型结构的尖，而创始团队和早期员工是箭头两个侧面的刃。组织结构通常是扁平化的，因为业务单一不需要复杂的结构。

（2）层级组织：在成长阶段，可以将企业的组织结构比喻成金字塔。企业的领导者位于金字塔的顶端，高瞻远瞩，为企业的发展指引方向。高管团队位于金字塔的中间位置，起到将企业发展战略落地和将战略实施效果反馈给领导者的作用。层级结构组织的出现主要是为了适应不断增长的企业规模。

（3）矩阵组织：在扩张阶段，由于企业业务线在多元化过程中持续增加，为保证管理效率，企业的组织结构通常从简单的金字塔型组织结构演变为矩阵型组织结构，按照不同的业务线组织事业部。在事业部的内部，事业部总经理居于顶端的金字塔型组织结构中，各事业部并行成为矩阵型组织结构，而企业的领导者则居于这个矩阵型组织结构的顶端中心位置。矩阵组织通常用于支撑企业多元化的业务。

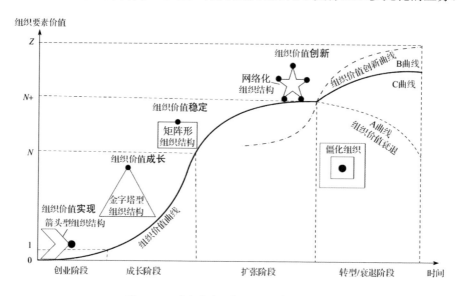

图 14-1   《共演战略》组织要素价值曲线

（4）网络化组织：在转型/衰退阶段，在衰退之前就构建新的组织价值曲线，组织结构可以用五边形表示。在这些创新的组织结构中，企业的领导者不再只是居于企业组织的"核心"和"塔顶"的位置，而是像创业企业一样，把目光再次投向企业外部、投向用户和市场，把自己放在战略和业务的前线。在转型阶段，企业只有为各业务单元赋能，激活组织和个体，回归创业之初的管理模式，才能在庞大的业务体量和灵活的组织机能之间取得平衡。

如上所述的企业生命周期阶段采用的不同组织结构，仅仅是对历史企业的一个总结，而对于现代的企业，无论处于发展的哪个阶段，选择何种战略，都对组织单元和团队赋予了共同的期望，那就是敏捷团队，也就是扁平化的、网络化的组织结构。

约翰·科特在《变革加速器》中创新性地提出了双元操作系统："这个世界正在以一定的速度变化着，它在过去的一个世纪里形成的基本体系、结构和文化已经不能满足新世界的需求。解决方案不是完全抛弃原有系统，而是增加一个新的、有机的第二系统——一个成功的创业家熟悉的系统。这个新系统既包含原有系统持续运作的可靠性和有效性，又增加了新的敏捷和速度。两个系统合而为一，形成一个双元操作系统。"

双元操作系统提到的第一操作系统，是传统的层级组织。随着企业的成功，企业自然希望在成功的基础上不断发展壮大。这意味着个人责任应更加明确，以确保关键任务得以执行。为了提高专业能力，企业聘请了相关领域的专家并创建了部门。企业开始按职能进行组织，形成了职能筒仓，不断优化层级组织和最大化各职能的利用率，推动企业可重复、经济高效地运作。在过去的几十年中建立的组织层级结构提供了经过时间检验的结构、实践和策略，简单来说，它们仍然是被需要的。

双元操作系统提到的第二操作系统，是模拟创业阶段的扁平组织，即网络化组织。以客户为中心，围绕价值创造和价值交付，组织成一个快速移动、适应性强的网络。每个人都是自我驱动的自组织的个体，通过共同的愿景保持一致，并且朝着一个共同的、以客户为中心的目标努力，个体角色和汇报关系是流动的，他们有机地协作，以确定客户需求，探索潜在的解决方案，并以多种方式提供价值。

约翰·科特的双元操作系统实际上是没有改变组织结构按职能划分的汇报关系，这样不但利用了第一操作系统层级组织的优势和稳定性，而且降低了引入网络化组织变革的难度和阻力，但是在实际工作运作中，组织方式是第二操作系统（网络化组织），这样就恢复了创业阶段的速度和创新。

在网络化组织中，如何划分具体的团队呢？《高效能团队模式》提到团队的规模是 5~9 人，团队中每个人都具备知识工作者的核心能力，即内在驱动力（自主、专精、目的），并且定义了 4 种敏捷团队拓扑结构，如图 14-2 所示。

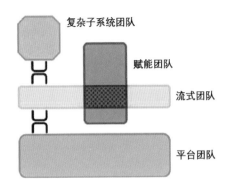

图 14-2　4 种敏捷团队拓扑结构

1. 平台团队

（1）平台团队（Platform Team）的目标是使流式团队能够以高度自治的方式交付工作。

（2）流式团队在生产环境中拥有构建、运维、修复应用的所有权限。平台团队提供的内部服务使得流式团队无须开发底层服务，降低了认知负荷。

（3）平台团队聚焦于提供少量、高质量的服务，而不是提供大量存在可用性和质量缺陷的服务。

2. 流式团队

（1）流式团队（Steam-aligned Team）是组织中最主要的团队类型，其他基本团队拓扑的目标都是减轻流式团队的负担。

（2）流式团队应该主动并定期接触支持型基本拓扑团队（平台团队、赋能团队、复杂子系统团队）。

（3）流式团队是敏捷开发中跨职能自组织的特性团队更通用的模式，是围绕价值流交付的闭环团队。

3. 赋能团队

（1）赋能团队（Enabling Team）专注于某个特定技术或产品领域，补齐流式团队所需的能力短板。

（2）赋能团队负责预研工作，尝试不同方案，在工具、实践、框架、技术栈等方面赋能流式团队，并随时准备离开。

（3）业界中的敏捷管理教练、敏捷工程实践教练、DevOps 教练、领域驱动设计教练，或者各种类型的卓越中心，实际上就是赋能团队的不同表现形式。

4. 复杂子系统团队

（1）复杂子系统团队（Complicated-subsystem Team）负责构建和维护系统中严重依赖大量特定领域知识的子系统。

（2）组建复杂子系统团队并非出于组件共享的目的，而是为了降低包含或使用复杂子系统的系统中各流式团队的认知负荷。

（3）组建复杂子系统团队的根本原因是处理复杂和专业的工作需要具备特定能力的专家，而这些专家很难培养或者寻找。

平台团队、赋能团队和复杂子系统团队帮助流式团队高效工作。其中，平台团队提供底层基础，让流式团队可以基于它以最少的成本构建和支持软件产品和服务；赋能团队识别障碍和应对跨团队的挑战，并且促进新技术和新方法的落地实施；复杂子系统团队提供对系统特定部分、特定领域的专业支持。绝大部分团队应该是流式团队，并由平台团队、赋能团队和复杂子系统团队提供功能和技能上的支持。

《高效能团队模式》也提到了不同团队类型之间是如何配合的，如图 14-3 所示，平台团队和复杂子系统团队为流式团队提供服务而尽量减少协作，而有的复杂子系统团队和流式团队之间要相互协作、密切合作，同时赋能团队促进流式团队的能力内建，以消除障碍。

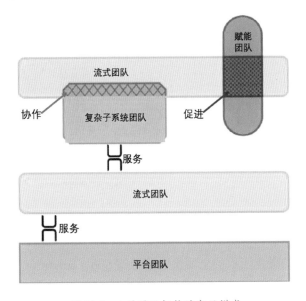

图 14-3　4 种团队拓扑的交互模式

综上所述，敏捷的规模化上下文中的人的效能应该具备的特点如下。

（1）使用双元操作系统，专注于第二操作系统的运作效能。

（2）小产品和小团队是小敏捷团队，而不是项目团队。

（3）每个小敏捷团队的人数级都是 10 人级。

（4）小敏捷团队里的每个人都具备敏捷思维（敏捷价值观、敏捷开发十二原则）。

（5）小敏捷团队的拓扑类型主要是流式团队。

（6）大产品或产品线的团队由围绕价值流交付的多个小敏捷团队组成（SAFe 定义了 50～125 人的敏捷发布火车，包含 5～10 个小敏捷团队，大规模 Scrum 的 LeSS 包含 2～8 个 Scrum 团队）。

（7）大产品或产品线存在平台团队、赋能团队和复杂子系统团队。

与京东金融 App 相关的团队就是一个典型的例子，其相关的团队拓扑如下。

（1）多个平台团队：如移动平台敏捷团队、商品中台敏捷团队、数字化运营中台敏捷团队等。

（2）多个流式团队：如金融 App 原生支付敏捷团队、消金敏捷团队、财富敏捷团队、用户中心敏捷团队等。

（3）多个赋能团队：如 PMO 和敏捷教练团队、虚拟架构师团队等。

（4）多个复杂子系统团队：如搜索推荐敏捷团队、"页面搭建和运营"乐高敏捷团队等。

14.2.2　流程的效能

在有了高效能的团队模式后，团队成员之间应如何协作呢？团队之间应如何协作呢？什么样的流程更高效呢？

对小敏捷团队来说，最优的流程主要是 Scrum 框架的迭代流程和看板方法。多个小敏捷团队协作的最优流程的主要模式是通过 SoS（Scrum of Scrums）进行多级扩展（由每个小团队的团队代表组成上一级 Scrum 团队进行同步和协作），在具体落地的流程中，业界主流是 SAFe 的敏捷发布火车的运作，或者大规模 Scrum（LeSS）的运作模式。

1. Scrum 框架的流程

Scrum 使用固定的事件来产生规律性，将不可预测的和不确定的事件变成具有规律的和预定义好的事件，从而提高透明性，减少开销和提高效率。所有事件都是有时间盒限定的（Time-boxed），也就是说将每个事件限制在最长的时间范围内。时间到了，事件就结束。

　　Scrum 的 5 个经典事件包含迭代、迭代计划会议、每日站立会议、迭代评审会议和迭代回顾会议，如图 14-4 所示。除此之外，在实践落地过程中，还有一个产品待办列表梳理会议。

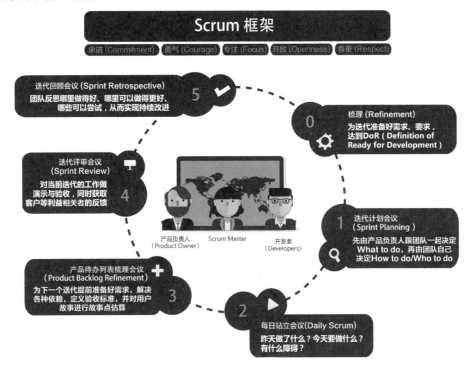

图 14-4　Scrum 框架的流程

　　Scrum 框架各会议的时间以迭代日历的形式可视化，如图 14-5 所示。

　　迭代除了将本身作为一个事件，还是其他所有事件的容器。对一个迭代时间盒来说，迭代执行前需要规划迭代要完成什么，即举行迭代计划会议；迭代执行过程中需要跟踪进度和处理风险，以便检视和调整，即举行每日站立会议；迭代执行结束后需要对产品增量进行检视和调整，即举行迭代评审会议；对团队工作方式进行检视和调整，即举行迭代回顾会议。

　　1）迭代

　　为了表达整个团队全力以赴完成有价值（Outcome）的而不是有产出（Output）的迭代目标，Scrum 将迭代称为冲刺。迭代是 Scrum 的核心，其长度（持续时间）

为 1～2 周，在这段时间内构建一个“完成”的、可用的和潜在可发布的产品增量。在前一个迭代结束后，下一个迭代紧接着立即开始。迭代时间盒如图 14-6 所示。

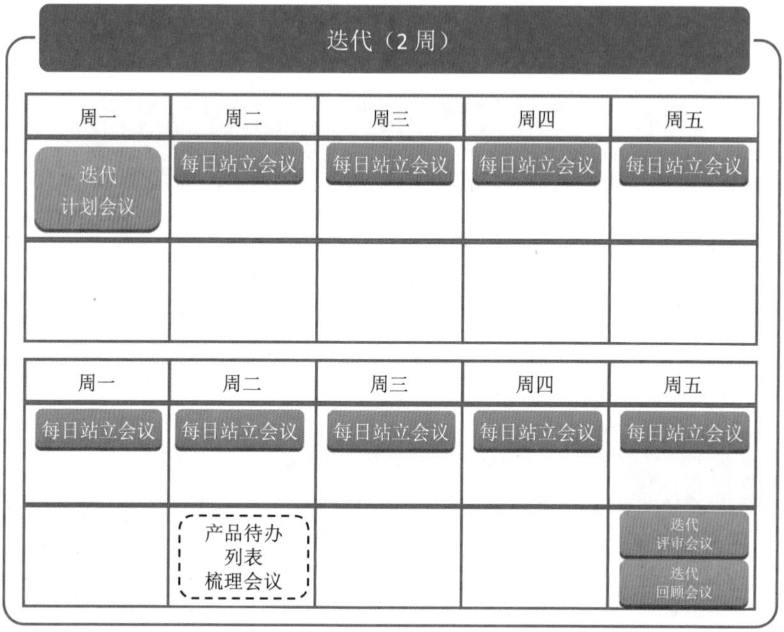

迭代（2 周）
周一
周二
周三
周四
周五
迭代
计划会议
每日站立会议
每日站立会议
每日站立会议
每日站立会议
周一
周二
周三
周四
周五
每日站立会议
每日站立会议
每日站立会议
每日站立会议
每日站立会议
产品待办
列表
梳理会议
迭代
评审会议
迭代
回顾会议

图 14-5　迭代日历

开始日期
结束日期
固定长度
迭代1
迭代2
迭代3
迭代4
时间盒1～2周

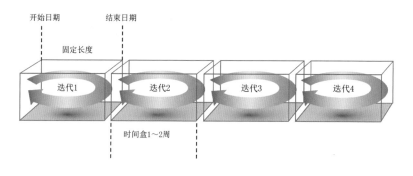

图 14-6　迭代时间盒①

团队在持续迭代开发产品时，不能一次迭代 2 周、一次迭代 1 周、一次迭代 3 周等，迭代的长度需要保持一致，这样才能保证迭代的步调和节奏，使团队的开发有可持续性，并且在做迭代计划时，可以参考过去的迭代速率。

① 资料来源：改编自《Scrum 精髓》。

迭代目标是当前迭代通过实现产品待办列表要达到的目的。它为开发团队提供指引，使团队明确为什么要构建产品增量。迭代目标在迭代计划会议中被确定。开发团队必须在工作中时刻谨记迭代目标。为了达成迭代目标，需要实现相应的功能和实施所需的技术。如果所需工作和预期的不同，开发团队就需要与产品负责人沟通协商产品待办列表的范围。

2）迭代计划会议

迭代计划会议要计划在迭代中要做的工作。这份工作计划由 Scrum 团队共同协作完成。迭代计划会议是限时的，1 周的迭代最多 2 小时，2 周的迭代最多 4 小时。Scrum Master 要确保会议顺利举行，并且每个参会者都理解会议的目的。Scrum Master 要引导 Scrum 团队遵守时间盒的规则。

迭代计划会议主要回答以下两个问题。

（1）What——接下来迭代交付的产品增量中要包含的内容。

（2）How——如何完成交付增量所需的工作。

因此，按照这两个问题，迭代计划会议可被分成两部分，如图 14-7 所示。

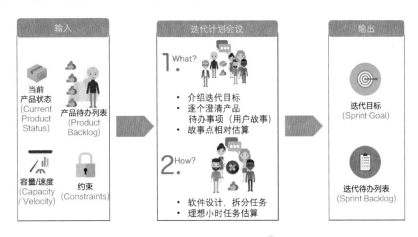

图 14-7　迭代计划会议[①]

3）每日站立会议

每日站立会议可以促进交流，发现开发过程中需要移除的障碍，并促进快速地

① 资料来源：改编自 Ashley-Christian Hardy。

做出决策，提高开发团队的认知程度。这是一个进行检视与适应的关键会议。

每日站立会议是开发团队的一个以 15 分钟为时间盒的事件。在每日站立会议上，开发团队为接下来的 24 小时的工作制订计划。开发团队通过检视上次每日站立会议以来的工作，预测即将到来的迭代工作来优化团队协作和效能。每日站立会议在同一时间、同一地点面对面举行，以便降低复杂性。

开发团队通过每日站立会议来检视完成迭代目标的进度，并检视完成迭代待办列表的工作进度趋势。每日站立会议提高了开发团队完成迭代目标的可能性。每天，开发团队应该知道如何以自组织的方式协同工作，以完成迭代目标，并在迭代结束时开发出预期中的产品增量。

会议的结构由开发团队设定。开发团队可以采用不同的方式进行，有些开发团队会以问题为导向来开会，有些开发团队会基于更多的讨论来开会。示例如下。

（1）昨天，我为开发团队完成迭代目标完成了什么？

（2）今天，我为开发团队完成迭代目标计划准备做什么？

（3）是否有障碍在阻碍我或开发团队完成迭代目标？

开发团队或者开发团队的成员通常会在每日站立会议后立即聚到一起进行更详细的讨论，或者为迭代中剩余的工作进行调整或重新制订计划。

4）产品待办列表梳理会议

为了使下一个迭代得到更加高效的执行，通常需要提前一个迭代对产品待办列表进行梳理，以便在下一个迭代进行迭代计划会议时，产品待办列表中的待办事项，即用户故事处于就绪的状态。简单的就绪的定义通常包括待办事项采用用户故事格式编写，每个用户故事都定义了验收标准，并且用户故事的优先级已经确定。

产品待办列表梳理会议可以先采用集体开会的方式，由产品负责人讲解每个用户故事及验收标准，如果涉及用户界面，那么可以展示低保真的线框图，开发人员集体使用计划扑克对用户故事进行相对故事点的估算，产品负责人可以根据每个用户故事的故事点大小调整用户故事的优先级。如果整个团队发现了一些需求的问题，那么会后将由产品负责人去澄清和确认，通过这种方式可以确保在下一个迭代开始时，有问题的需求都不再是问题。

当团队已经对集体开会比较熟练之后，可以根据需求复杂度和团队对业务领域熟悉程度的实际情况，将会议酌情调整为多个较短的小范围的会议，以此提高效率和持续进行梳理。

5）迭代评审会议

迭代评审会议是一个不需要准备 PPT、不需要花很多时间准备的非正式会议，它发生在迭代结束时，团队需要将集成的和经过测试的产品增量在测试环境（甚至预生产/类生产环境）中演示给产品负责人和业务方，用来检视所交付的产品增量，产品负责人可以接受或拒绝完成的成果，同时根据业务方和产品负责人对产品增量的反馈，按需调整产品待办列表。

即使每个用户故事都已经在迭代期间被产品负责人验收过，或者部分用户故事在迭代期间已经上线，也仍然需要举行迭代评审会议，不过目的已经转变成团队对产品增量的整体和系统性的认知和反馈，以及团队对迭代交付成果的庆祝。当然，从时间上来说，花费的时间可能会大大缩短。

6）迭代回顾会议

迭代回顾会议是 Scrum 团队检视自身工作方式并创建下一个迭代改进行动计划的机会。迭代回顾会议发生在迭代评审会议结束之后及下一个迭代计划会议之前。

在迭代回顾会议中，Scrum 团队对当前迭代的工作方式，包括敏捷实践、Scrum 框架、团队的个体、人与人之间的关系、与其他团队的协作、过程、工具等进行回顾，保留做得好的方式，停止或避免不好的方式，以及对需要改进提升的方面，提出下一个迭代可落地的改进行动计划，并作为改进故事放入产品待办列表。

Scrum 团队能否真正实现敏捷，可以依赖的抓手就是迭代回顾会议。Scrum 团队要确保此会议的持续发生，无论是 Doing Agile 还是 Being Agile，Scrum 团队都有机会通过践行 Scrum 的心得体会，持续改进。通常遵循先僵化（严格遵守 Scrum 框架及其他敏捷实践）、后优化（在基本框架范围内进行各种微调、组合和尝试）、再突破（在融会贯通之后，形成适合团队自己的工作方式）的模式。

2. SAFe 敏捷发布火车的流程

围绕价值交付的价值流来组织多个敏捷团队（5～9 人），这些敏捷团队构成一个大的敏捷团队（50～125 人）。SAFe 敏捷发布火车如图 14-8 所示。

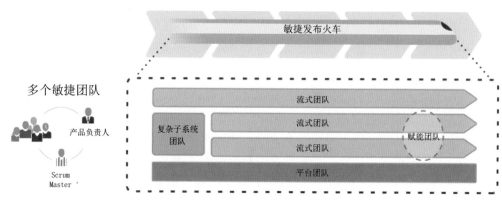

图 14-8　SAFe 敏捷发布火车

敏捷发布火车（Agile Release Train）采用项目群增量（Program Increment，PI）时间盒，通常 SAFe 包含 5 个 2 周迭代。每个敏捷团队的 5 个迭代的开始日期和结束日期都是相同的，其中前 4 个迭代是对软件系统进行迭代；第 5 个迭代用于创新和对下一个 PI 时间盒的规划，称为创新与计划迭代（Innovation and Planning，IP）。敏捷发布火车上的所有人（上百人）一起在一个大房间里举行为期 2 天的会议——PI 计划会议，来规划这 4 个迭代。

PI 计划会议将所有的利益相关者统一到一个共同的技术和业务愿景中，授权团队协作制订可完成目标的最佳计划。PI 计划会议采取总分总的方式，首先所有人面对统一输入共同开会，然后每个小的敏捷团队并行规划自己团队的 4 个迭代。在这个过程中，团队与团队之间直接进行对话、协调、同步团队间的依赖和计划。在最后汇总时，每个团队面对所有其他团队展示自己的计划。SAFe PI 计划会议的议程如图 14-9 所示。

图 14-9　SAFe PI 计划会议的议程

1）第一天的议程

（1）业务背景——高级管理人员/业务线负责人描述业务的当前状态，并介绍现有解决方案在多大程度上满足当前客户需要。

（2）产品/解决方案愿景——产品管理者介绍当前的愿景、下一个 PI 的目标，以及特性（Feature）的优先级。如果有多个产品经理，那么可能每个产品经理都需要针对他们负责的领域，进行愿景和高优先级特性的陈述。

（3）架构愿景和开发实践——系统架构师/工程师介绍架构愿景，包括通用基础设施的新架构、大规模重构，以及系统级的非功能性需求。此外，高级开发经理可能会对下一个 PI 要推进的敏捷工程实践进行介绍，如测试自动化、DevOps、持续集成和持续部署等实践。

（4）计划背景和午餐——敏捷发布火车工程师介绍会议的流程和预期结果。

（5）第一次团队突破——每个敏捷团队都针对 4 个迭代，分别针对每个迭代估计迭代的容量（速度），并确定需要实现特性的故事。按照故事的优先级，将故事规划到 4 个迭代，并识别风险和依赖，起草团队的初始 PI 目标。

（6）计划草案评审——所有团队重新聚在一起评审各组计划，所有团队依次展示团队的 PI 计划，包括每个迭代的速度（容量）、负载、PI 目标、项目群风险和障碍。

（7）管理者评审和解决问题——管理者、产品经理、产品负责人、敏捷发布火车工程师、Scrum Mater 及团队代表等关键利益相关者留下来，一起评审范围、资源约束、瓶颈、过度依赖、过度承诺，以及团队负载不均衡等挑战。为了解决这些问题，他们需要做出必要的决策。

2）第二天的议程

（1）计划调整——第二天，在会议开始时，管理者描述范围、优先级、计划和里程碑及人员的所有变化。

（2）第二次团队突破——团队继续根据前一天的议程进行规划和适当的调整，最终确定迭代计划和 PI 目标，整合项目群风险、障碍，以及依赖关系。将所有特性及跨团队依赖更新到如图 14-10 所示的 SAFe 项目群看板上，业务负责人对 PI 目标的业务价值进行打分（1～10 分）。

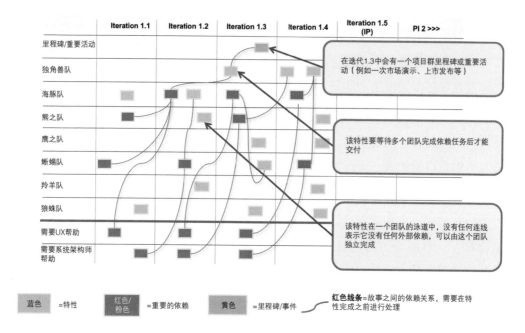

图 14-10　SAFe 项目群看板[①]

（3）最终计划评审和午餐——每个团队都向其他所有团队展示他们的计划，说明他们的迭代速度（容量）和负载、带有业务价值的 PI 目标、项目群风险和障碍。

（4）项目群风险——在计划期间，团队已识别可能影响目标完成的项目群级风险和障碍。这些问题是团队层不能解决的问题，需要在整个敏捷发布火车前被解决。团队应讨论每项风险或障碍，并将其划分为以下 ROAM 类别中的一类。

① 已解决（Resolved）——团队同意该问题不再是一个问题。

② 已承担（Owned）——该风险无法在会议上被解决，但会有负责人跟踪处理。

③ 已接受（Accepted）——有些风险是事实或者可能发生的问题，必须被理解和接受。

④ 已减轻（Mitigated）——团队可以制订一个计划来缓解影响。

（5）信心投票——每个团队都用"五指拳"对他们实现项目群 PI 目标的信心进行投票。1～5 根手指代表不同的信心程度。如果信心投票平均少于 3 根手指，那么

① 资料来源：《SAFe 4.0 参考指南》。

计划需要重新调整；任何人如果伸出一根或两根手指，团队就需要给其机会在所有人面前指出风险。

（6）必要时重做计划——如有必要，则团队需要重做计划，直到达到较高的信心程度。在这种情况下，达成一致和承诺比遵守时间盒更有价值。

（7）计划回顾和向前推进——敏捷发布火车工程师引导对 PI 计划会议的简要回顾，讨论哪些做得好、哪些做得不好，以及下次可以做得更好，以此持续改进 PI 计划会议。

3. 大规模 Scrum（LeSS）的流程

2～8 个 Scrum 团队开发一个产品，按照小型 LeSS 模式进行运作。小型 LeSS 的事件如下。

（1）迭代（Sprint）——一个产品层面的迭代，而不是每个团队都有不同的迭代。所有团队同时开始和结束一个迭代，每个迭代都产出一个集成的完整产品。

（2）迭代计划（Sprint Planning，SP）会议——小型 LeSS 的迭代计划会议与 Scrum 的迭代计划会议的目的，以及要解决的问题是相同的，也分为两个部分，只不过具体的形式有所变化，以适应多团队的情况，如图 14-11 所示。

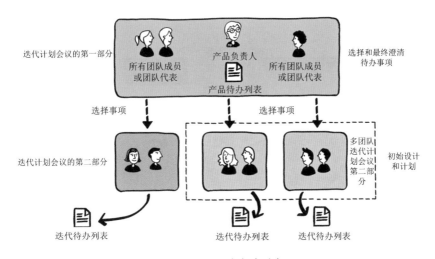

图 14-11　LeSS 迭代计划会议

① 迭代计划会议的第一部分（SP1）——由所有团队成员或团队代表、产品负责人、Scrum Master 参加，他们一起试探性地选择每个团队在下一个迭代工作中的

待办事项，以及定义各团队的迭代目标。团队会识别一起合作的机会，并澄清最终的问题。

② 迭代计划会议的第二部分（SP2）——由各团队并行执行，来决定如何完成所选择的待办事项。对相关性强的条目，经常采用在同一房间内进行多团队迭代计划会议，即并行进行 SP2。

（3）每日站立会议——每个团队都有自己的每日站立会议。跨团队协调由团队决定，每日站立会议倾向于分布式和非正式协调，而非集中式协调。

（4）产品待办列表梳理会议——团队利用研讨会的机会向用户和利益相关者澄清后续要做的待办事项，包括拆分大的待办事项、澄清待办事项直到准备好可以迭代开发、采用相同的单位进行相对故事点估算等。LeSS 产品待办列表梳理会议如图 14-12 所示。

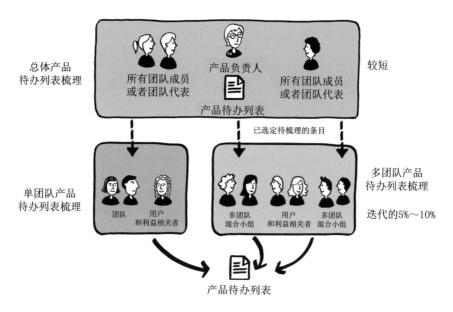

图 14-12　LeSS 产品待办列表梳理会议

① 总体产品待办列表梳理（Overall Product Backlog Refinement）——决定由哪个团队来做哪些待办事项，并做进一步的深度梳理。参加人员：所有团队成员或者团队代表、产品负责人、Scrum Master 或者领域专家等。

② 单团队产品待办列表梳理（Team-level Product Backlog Refinement）——和 Scrum 一样，参加人员为单团队的所有成员、Scrum Master，没有产品负责人，但是

有客户、用户和利益相关者等。

③ 多团队产品待办列表梳理（Multi-team Product Backlog Refinement）——两个或者多个团队的所有成员、Scrum Master、用户和利益相关者一起梳理一组相关的待办事项。从每个团队抽取人员组成临时混合小组，在同一个房间的不同区域并行进行梳理，在"30 分钟"时间盒之后，每个区域留下一两个人，小组其他所有成员轮转到下一个区域进行梳理。留下来的人通常包括客户、用户和利益相关者，最后合起来分享见解和协调。

（5）初始产品待办列表梳理（Initial Product Backlog Refinement，IPBR）会议——针对一个产品仅举行一次初始产品待办列表梳理会议。在第一次迭代之前，或者在第一次转型到 Scrum 时，举行初始产品待办列表梳理会议，以定义愿景、发现待办事项、拆分大的条目、澄清待办事项，直到准备好可以迭代开发及完成的定义（DoD）。参加人员：产品负责人、Scrum Master、所有团队成员、客户、用户、领域专家等。

（6）迭代评审（Sprint Review）会议——小型 LeSS 的迭代评审会议和 Scrum 一样，在迭代结束时对潜在可交付的产品增量进行评审。参加人员：产品负责人、Scrum Master、小 Scrum 团队所有成员、客户、用户、领域专家等。LeSS 迭代评审会议如图 14-13 所示，可以采用迭代评审集市（Sprint Review Bazaar）的方式。

图 14-13　LeSS 迭代评审会议

① 分散方式探索：各团队在同一个房间内的不同区域分别演示潜在可交付的产品增量，并和产品负责人、用户、客户及利益相关者讨论。

② 聚合方式决定产品方向：全体人员针对下一个迭代的方向，讨论变更和新的创意等。

（7）回顾（Retrospective）会议——在迭代结束时对工作方式进行迭代回顾。首先，每个团队都举行自己的团队回顾（Team Retrospective）会议，与 Scrum 的迭代回顾会议一致。然后，举行全体回顾（Overall Retrospective）会议，由产品负责人、所有 Scrum Master、各团队代表和经理（如有）参加。LeSS 回顾会议如图 14-14 所示。

团队回顾会议

全体回顾会议

经理　　Scrum Master　产品负责人　Scrum Master　团队代表

图 14-14　LeSS 回顾会议

3. 敏捷的规模化流程效能的特点

根据上述敏捷方法的流程：Scrum 框架、SAFe、LeSS，可以总结出敏捷的规模化上下文中的流程效能应具备的特点。

（1）节奏一致：多个小敏捷团队的迭代周期保持一致（建议为 1～2 周）。

（2）保持同步：多个小敏捷团队的迭代开始日期和结束日期要保持一致。

（3）共同启动：整个产品线/级大规模敏捷团队的所有成员一起参加启动会。

（4）全员计划：第一次发布计划会议，整个产品线/级大规模敏捷团队的所有成员在同一个超大会议室里面对面地参加计划会议。

（5）躬身入局：邀请业务负责人/产品线负责人参与发布计划会议，介绍业务背景，并给发布计划目标分配业务价值。

（6）业务参与计划：邀请业务代表参与发布计划会议，并在需要时支持产品经理及产品负责人来澄清需求。

（7）固定发布计划会议节奏：每个发布计划包含 2～4 个迭代内容。

（8）中长期全员参与计划：每两个月的发布计划会议，可选择举行全员计划会议。

（9）短期代表参与计划：每一个月的发布计划会议，可选择举行非全员参加的团队代表计划会议。

（10）全员回顾：在每个发布计划节奏周期结束时，举行产品线/级全员回顾会议。

（11）按节奏开发，按需要发布：将发布和开发解耦，按迭代（2 周）节奏进行开发，按业务需要/决策确定发布里程碑。

（12）可视化依赖：使用项目群看板可视化各小敏捷团队的发布计划、团队间和团队外的依赖及里程碑。

（13）SoS：所有团队代表及相关利益相关者，每周两次 SoS，在项目群看板前同步进度、依赖状态、与里程碑的差距、障碍和风险。

（14）产品管理同步：产品经理和各团队的产品负责人定期同步或评审需求，每周至少一次。

（15）系统演示：在每个迭代之后，业务代表和产品线全员都参加系统演示会议（演示经过集成的所有团队的代码）。

与京东金融 App 相关的团队采取的流程兼容了 SAFe 和 LeSS，并且部分团队在迭代内使用了物理看板，其主要运作流程如下。

（1）金融 App 原生支付敏捷团队、消金敏捷团队、财富敏捷团队、用户中心等多个敏捷团队，采用 2 周的迭代周期。

（2）各敏捷团队的迭代开始日期和结束日期一致。

（3）在联合发布计划会议之前，每个敏捷团队都举行自己的迭代计划会议。

（4）每个迭代举行一次联合发布计划会议，计划 2 周的内容。

（5）项目经理、各方业务代表、产品经理和各敏捷团队代表参加联合发布计划会议。

（6）使用项目群发布计划板（SAFe Program Board）可视化和管理发布计划。

（7）各团队代表、产品经理、项目经理参加每周 2 次的 SoS 同步会议。

14.2.3　工具的效能

"工欲善其事，必先利其器"，做价值交付的敏捷团队需要利用好的工具加速交付速度、提高交付吞吐量和交付质量，因为好的工具才有好的效能。目前，业界内比较先进的工具是 DevOps 工具链和 DevOps 平台。

产品经理、开发人员、测试人员、运维人员及管理者从来不缺少某个领域单独的工具，但是缺少体验良好的与敏捷 DevOps 产品开发流程无缝衔接的端到端的一站式工具，因此 DevOps 平台应运而生。它可以解决从原始需求管理、产品待办列表管理、迭代管理、代码仓库、测试管理、流水线、部署管理到运维管理等整个产品开发价值流端到端过程的管理和自动化的问题。

从功能的角度看，业界内的大多数 DevOps 平台大同小异，差别在交互体验及某些领域的细节和深度上。典型的 DevOps 平台的领域模型示例如图 14-15 所示。

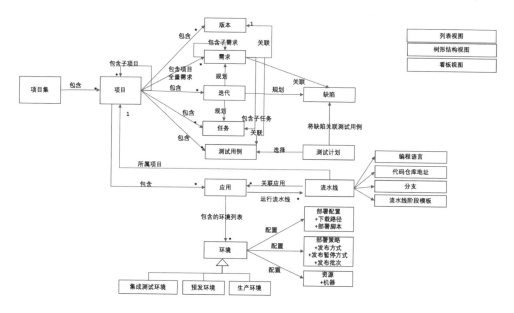

图 14-15　典型的 DevOps 平台的领域模型示例

但是这种 DevOps 平台主要以项目为根，使用单团队迭代的管理模式，不能很好地支持敏捷的规模化，主要体现在以下两点。

（1）不支持多敏捷团队协同交付产品，因为敏捷的规模化必然涉及多个敏捷团队协作交付。它首先创建一个项目，在项目下有项目需求、迭代计划和迭代执行等，实际就是单项目和单敏捷团队的模式。

（2）不利于产品开发，因为它以项目为根，围绕项目进行迭代开发，而不是以

产品为根，而业界的趋势已经从项目制转向产品化了。

　　项目管理有很多很好的实践，并且在众多维度对项目进行管控，但是项目制和产品化的底层逻辑完全不同。如图 14-16 所示，产品化需要稳定的全职团队持续探索、持续交付，而项目制的项目和团队都是临时的。不过，业界项目管理好的实践，仍然可以被应用于产品化开发。

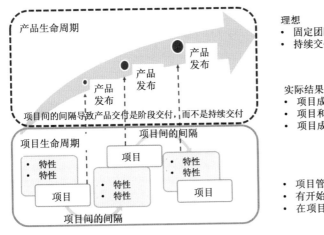

图 14-16　项目制和产品化的底层逻辑

　　米克·克斯滕提倡用产品化代替项目制，他认为产品化是大规模软件交付的正确方式，并指出"谁掌握了大规模软件交付的能力，谁就能决定 21 世纪的经济格局"。如图 14-17 所示，米克·克斯滕对项目制和产品化做了对比。

　　另外，众多敏捷方法和 DevOps 理论，应用上下文都是产品或者价值流。例如，小敏捷团队的 Scrum 框架针对产品的持续迭代；LeSS、Scrum 的创始人之一肯·施瓦伯的 Nexus 框架和 Scrum 的创始人之一杰夫·萨瑟兰的 Scrum@Scale 框架等，都是针对多个 Scrum 团队开发一个产品；SAFe 以价值流视角支持产品开发、解决方案开发，以及投资组合管理；看板方法和 DevOps 针对的都是价值流及价值的快速流动。

　　因此，好的 DevOps 平台应该具备如下特点，才能更好地赋能敏捷的规模化，提升大型企业敏捷的规模化效能。

	项目制管理	产品化管理
预算	投资里程碑，预先定义项目范围。新项目引发新预算审批	投资基于业务成果的产品价值流。基于需求重新分配预算。奖励交付增量成果
时间范围	项目术语，如一年交付的项目，定义项目结束日期。在项目结束之后，不关注系统的维护	产品生命周期，如多年的生命周期，包括生命周期结束之后的维护
成功	成本中心方式。度量按时、按预算交付。资本化开发的结果。激励业务预先定义所有需要的需求	利润中心方式。度量业务目标和成果达成情况，如收入。聚焦增量价值交付，频繁定期检查
风险	交付风险（如产品/市场匹配风险），是指通过强制预先对规范和战略决策进行学习，最大化发现风险	风险分散在产品的时间范围和迭代中。这就创造了期权价值（选择权）。例如，若交付假设不正确，则终止产品；若出现战略机遇，则进行转向
团队	把人带到工作中：先有项目工作，再预先分配人，人们经常跨多个项目，频繁地变动和重新分配	将工作带给人：稳定的、逐步调整的、跨职能的团队，聚焦一个价值流
优先级	项目组合管理和项目计划驱动。聚焦需求交付。项目驱动，瀑布开发	路线图和假设验证驱动。聚焦特性和业务价值交付。产品驱动，敏捷开发
可见性	IT是黑盒子，项目团队使用里程碑来定义及跟踪阶段性成果，而这些里程碑对业务不可见，项目的最终成果才对业务可见	直接映射到业务成果，提高透明度，每个迭代的成果都对业务可见，并可以及时得到反馈

图 14-17　项目制和产品化的对比

1）协作结构

（1）以产品为根，在 DevOps 平台上先创建产品。

（2）在产品下创建敏捷团队。

（3）在团队内，有产品待办列表/团队待办列表、版本、迭代、代码仓库、测试管理、流水线、部署等。

（4）支持单产品单团队（一个小敏捷团队开发一个产品）。

（5）支持单产品多团队（多个小敏捷团队开发一个产品）。

（6）支持多产品单团队（一个小敏捷团队开发多个产品）。

（7）支持单解决方案多团队（多个小敏捷团队开发一个产品，多个产品构成一个解决方案）。

（8）支持多解决方案、多产品、多团队（一个投资组合包含多个解决方案，一个解决方案包含多个产品，一个产品由多个小敏捷团队开发）。

（9）支持敏捷团队内的信息向上卷积到产品、解决方案、投资组合，如针对产品的需求、版本、迭代、代码仓库、测试用例、测试计划、流水线、各种质量门禁信息、部署等。

2）需求结构和文档

（1）多级树形结构管理条目化的用户故事/需求。

（2）针对条目化的用户故事/需求，支持列表视图、树形结构视图、看板视图、甘特图视图等。

（3）条目化的用户故事/需求的描述和在线文档管理结合，产品的全量需求通过多级的树形结构显示叶子节点每个故事/需求的描述页面及附件，并具备版本能力，而无须既要在用户故事详情页面进行简单描述，又要输入详细描述文档 Wiki 的链接地址。

（4）支持用户故事地图、用户体验地图、用户旅程地图等。

3）视觉设计

结合界面的视觉设计系统，设计相关的工件和产品及用户故事关联，并具备版本管理能力。

4）编码

（1）支持云端 IDE 和线上代码评审能力。

（2）支持本地 IDE 的各种插件：代码扫描、安全扫描、单元测试、代码评审等。

（3）支持数据库管理及数据库脚本。

（4）代码仓库支持 Git。

5）测试

测试管理支持自动化测试用例，在流水线上可以选择不同的自动化测试用例。

6）报告和审批

流程报告可视化、线上化（单元测试、提测、冒烟测试报告、回归测试报告、系统测试报告、上线申请、产品上线验证、产品上线公告等），无须单独编写邮件及 Excel、Word 或者 Wiki 等文档。

7）流水线

（1）支持产品下全局默认强制流水线模板，供产品下的多个小敏捷团队使用。

（2）支持各种质量门禁卡点，如单元测试、静态代码扫描、软件组件分析、静态应用安全测试、代码评审、冒烟测试等。

8）环境

（1）具备一键生成本地开发环境，或者云端集成开发环境的能力。

（2）具备一键生成开发集成测试环境、系统集成测试环境、预发环境的能力。

（3）支持物理机、虚拟机、容器等环境。

9）项目

兼容项目集和项目管理，对里程碑、版本、工时、收益等进行治理。

10）度量

效能度量可视化，效能状态对效能有洞察和建议。

11）产品运营

具备针对产品的数字化运营能力、A/B 测试能力及运营洞察能力。

12）产品运维

（1）具备针对产品的生产环境监控能力。

（2）具备服务台事件管理能力。

13）配置

以产品为中心的全局配置，如产品下的成员权限管理、质量门禁管理卡点配置、流水线共同规则的配置。

14.2.4　变革的效能

大型企业所面临的巨大挑战是如何使敏捷变革更高效，同时横向覆盖更多的职能（包括业务、产品、开发、测试和运维），以及纵向涵盖更多的人员和产品线。而直接采用一些敏捷方法，通常不能解决所有的问题。大型企业的效能一定是靠变革驱动的、系统的、组织级别的举措，而不是由某个团队或者某个部门的一个阶段性项目驱动的。那么如何变革才能实现快速变革，将好的实践和方法快速扩散到整个组织？这就涉及变革的效能。而成立敏捷转型委员会就是应用系统思维，避免局部优化，从全局整个组织的视角推进整体敏捷变革。否则，通常所获得的敏捷变革收益就比较有限，不能在有限的投入下最大化转型收益。

　　系统性的变革管理，需要考虑组织转型的驱动力、效果、效率，以及所要应用的敏捷实践。首先，对于驱动力，究竟是什么在驱动组织启动敏捷变革？如果没有正确的驱动力，敏捷实施就有可能被否认和拒绝，甚至即便被团队接受，对团队而言它也仅仅是一个新的流程而已，并没有将敏捷理念植入团队的"DNA"中。其次，对于转型的效果，如何使敏捷转型更加有效？如果敏捷转型的利益相关者的想法不断发生变化，不断变换试点，那么这种聚焦在局部优化的方式通常会导致敏捷导入耗时较长，并且有时各种原因会让敏捷实践要求的变革大打折扣，而敏捷转型的利益相关者仍然对敏捷转型抱有更高的期望，显然改进的空间就比较小，敏捷实践受到很大的束缚，或者团队需要花费更长的时间才能走上更有效的敏捷之路。再次，对于转型的效率，如何在短期内覆盖更多的团队和产品线？如何更有效率地利用内部和外部敏捷教练？对大型企业而言，对小团队依次进行辅导，在短期之内是效率低下的做法。最后，对于敏捷实践，有时是没有考虑到具体的上下文，导致引入敏捷实践的时机不对；有时是误用了一些敏捷实践，如进行所谓的"开发迭代"，并在多个"开发迭代"之后由专门的测试团队进行测试。

　　图 14-18 是笔者根据自己多年做敏捷咨询和辅导的经验总结而来的 DEEP 变革框架，其中，D 指 Driver，代表变革的驱动力；第一个 E 指 Effect，代表变革的效果；第二个 E 指 Efficiency，代表变革的效率；P 指 Practices，代表变革所导入的部分敏捷实践。

　　首先，变革的驱动力是最重要的部分。各级管理者和领导者通过阅读、学习、参观、培训、思考等各种方式，一定会意识到数智化、产品化、敏捷 DevOps 等是应对颠覆式跨界竞争和创新的有力武器。那么，从转型变革实施效果来说，具备这些意识并感受到竞争压力的各级管理者和领导者以身作则来引领变革，就变得至关重要了。各级管理者和领导者不仅要让团队变革，还要躬身入局，亲自参与团队的敏捷 DevOps 程度、效能、改进计划等。这些是各级管理者和领导者的责任和职责，不能被完全代理，授权给团队。

　　其次，要想获得更好的变革效果，就需要针对多个小团队自上而下，以敏捷的方式推动变革。要成立有高层领导和各级管理者参加的敏捷转型委员会，采用设计思维明确阶段性转型目标、挑战、愿景、路线图，并按照 Scrum 迭代的方式引入不同的实践迭代的推进和落地。但是针对敏捷运作人员，不按照小敏捷团队依次赋能运转，而是应用大规模敏捷运作模型，如 SAFe、LeSS 等，围绕价值流，对与价值流有关的多个小团队同时进行敏捷运转。其实这个策略遵循的是变革管理大师约翰·科特在《领导变革》中提出的变革八步法。

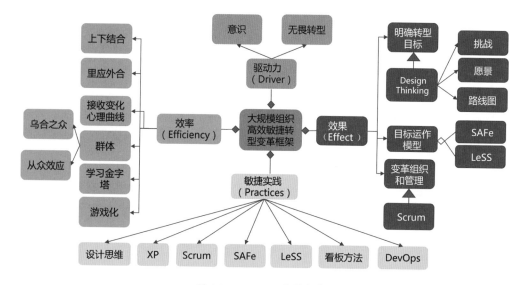

图 14-18　DEEP 变革框架

（1）树立紧迫感。

（2）组建指导联盟。

（3）设计愿景与战略。

（4）沟通传达变革愿景。

（5）授权赋能，消除障碍。

（6）创造短期胜利。

（7）促进变革，深入巩固收益。

（8）将成果融入文化中。

再次，变革的效率需要由大范围的人群和部门进行推广，需要各团队原有小队长或主管担当 Scrum Master 具体执行，定期向管理者汇报效能改善情况，并寻求管理者的支持和帮助。聘请外部有经验的敏捷教练担当内部教练，成立企业内部敏捷教练联盟，对 Scrum Master 和自下向上涌现出来的积极分子进行培养和认证，发展更多的内部教练。同时，聘请外部敏捷咨询教练，购买不同专业人士的经验和时间，加速敏捷的渗透和覆盖。针对小产品场景，引入小敏捷方法，如 Scrum 框架；针对大产品场景，引入敏捷的规模化方法，如 SAFe、LeSS 等。

当然，业界也有敏捷实践者特别笃信："在小敏捷团队连 Scrum 框架都没有运转好之前，多个小敏捷团队不要一起按照大规模敏捷的模式运转。"这种观点看起来很有道理，但是忽略了残酷的现实：Scrum 框架很简单，但 Scrum 运转很难。按照这个观点，多个小敏捷团队需要等很长时间才能按照大规模敏捷方式运转，并且引入新的工作方式还需要一段时间适应，这个时间就更长了。

实际上，根据笔者的敏捷变革经验来看，小敏捷团队的运转和多个小敏捷团队协作共同运转都遵循共同的变革路径。正如伊丽莎白·库伯勒·罗斯博士对死亡和生命所界定的临终时接受变化的 5 个阶段：否定、愤怒、讨价还价、沮丧和接受，以及萨提亚的改变的历程的 5 个阶段：原来的状态、阻力、混乱、整合和新的状态，改变没有捷径，需要经历 5 个阶段。如图 14-19 所示，多个小敏捷团队协作并不比单个小敏捷团队运转复杂，仅仅是繁杂了一些，需要一些额外的动作而已。笔者将百人级多个小敏捷团队经历这 5 个阶段和 10 人级小敏捷团队经历这 5 个阶段相比，发现百人级多个小敏捷团队的转型效率更高，业务效果也更好，因为并没有进行局部优化（单个小敏捷团队），而是进行了系统优化（多个小敏捷团队协同）。

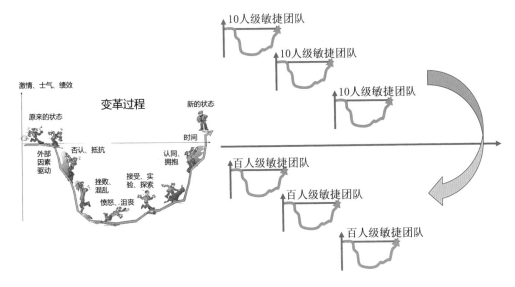

图 14-19　大规模敏捷的变革效率

最后，实践的引入需要开放的心态，不需要方法论教派主义。没有一种方法适合所有团队和所有场景，所有敏捷 DevOps 的实践、方法、理论、理念都有优点和适用场景。但是要想让大型企业快速构建更加灵活的能力，Gartner 提出的双模（采用敏捷方法的敏态模式和采用瀑布方式的稳态模式）策略完全不可行，这仅仅是咨询公司迎合不想改变的领导者，为他们提供的包裹着"毒药"的糖衣炮弹，因为这样领导者和团队就有借口去选择部分团队不去改变。所有的产品和团队都需要敏捷，区别在于侧重点不同、采用的实践不同，仅此而已。举例如下。

（1）产品处在维护阶段，小敏捷团队可以采用 1 周的迭代，也可以按照看板方法进行运作。

（2）如果市场上的产品概念和方案比较成熟，那么无论敏捷团队的大小如何，都可以按照 2 周的迭代方式开发，重点解决进度和质量的风险，同时兼顾对差异化竞争优势的探索。

（3）对于从 0 到 1 新系统的建设，可以采用敏捷架构的方式，按迭代构建软件架构的骨架，而不是采用瀑布方式预先进行大量的需求和架构设计，然后再采用迭代的方式交付产品增量。

14.3 敏捷的规模化效能全景图

敏捷的规模化效能全景图如图 14-20 所示。要想使大型企业整个组织成为高效敏捷组织，敏捷的规模化效能就需要包括如下几点。

（1）人：在企业内，针对小产品，组建小敏捷团队；针对大产品，组建多个小敏捷团队。

（2）流程：小敏捷团队使用 Scrum 或者看板方法，多个小敏捷团队使用 SAFe、LeSS、DevOps 等方法。

（3）工具：针对产品开发价值流的端到端一站式 DevOps 效能平台。

（4）变革：使用 DEEP 变革框架。

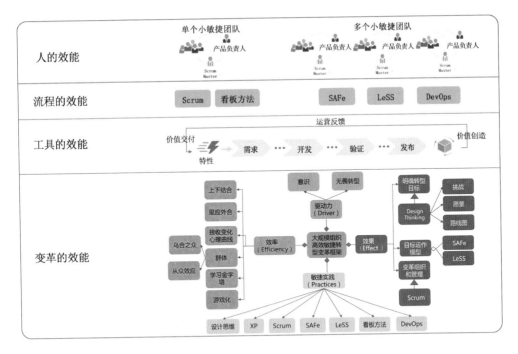

图 14-20　敏捷的规模化效能全景图

第 15 章　研发效能的规模化实践

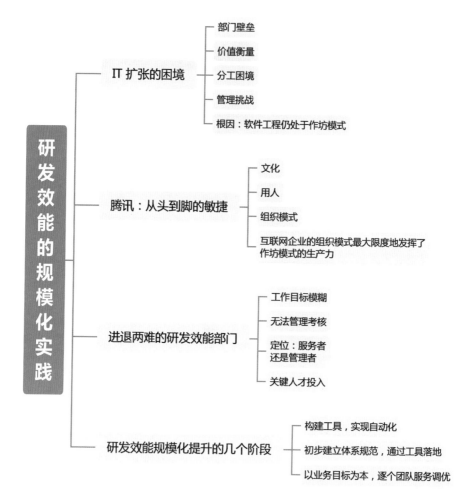

本章思维导图

在前面的章节中，我们讨论了规模化敏捷的思路与方法。在本章中，我们通过规模化研发效能所碰到的问题及一些具体案例，来探讨研发效能的规模化实践。

15.1　IT 扩张的困境

百人左右的研发团队很难碰到研发效能规模化的问题，因为业务与研发相对合作紧密、规模有限、管理层与一线贴近，只要提高每个小团队的研发效能，整体的工程效率自然就提高了，这也是为什么百人左右的研发团队在使用了恰当的工具后，可以在无指导的情况下，自行建立软件开发的节奏，快速获得整体效率的明显提升，但在千人规模的研发团队中，情况就不同了。

1. 部门墙高筑

千人规模的 IT 团队往往内忧外患，内部 IT 团队无序扩张，外部业务部门争抢 IT 资源。业务追求完美的 IT 展现，这与 IT 部门有限的资源相矛盾，而当业务产出出现问题时，业务部门往往抱怨 IT 团队的支持不够，冲突明显。

2. 投入和产出较难衡量

在软件研发行业内，优秀人才的薪资受互联网头部企业的影响，已然挑战了许多行业的薪资体系。IT 负责人往往顶着巨大的成本压力进行团队扩张，但是只能获得笼统的、难以落到具体团队或个人的产出，造成了巨大的管理困难。

3. 职能冲突

业务复杂性的加剧和微服务化带来了应用的复杂性，但在实际应用中出现的问题往往难以被定位，运维团队最终成了拉群工具人和传声筒。为了解决问题，运维团队会开发大量的运维工具，以保障在权限安全的情况下，开发人员可以获取必要的信息以解决线上的问题。运维团队进行软件开发，开发团队为线上稳定提供保障，因此开发团队与运维团队的职能边界受到了很大挑战。在开发团队与运维团队不由同一个管理者负责的情况下，这种职能边界的问题会演化成部门冲突。

4. 不同业务类型带来的管理统一性挑战

在传统 IT 程度较高的行业中，往往会存在不同开发节奏的 IT 产品，"双态 IT"说起来简单，做起来困难，团队目标、团队评价难以拉齐，对基础工具和上下游的要求不一致，难以统一管理。

以上这些问题，究其根本原因，是软件工程仍未完成完整的工程化，仍采用作坊模式，产出优质与否都依赖于强有力的一线管理者。优秀的一线管理者可以提高整个团队的产出能力和产出质量，好比在传统的作坊中，一个老师傅可以带好一班学徒，做出很好的产品，但这种依赖于人的模式难以复制和规模化。

传统的 DevOps 转型强调通过工具提高整体的自动化能力，强调通过人和文化提高整体的组织能力，本质上希望批量复制出大量作坊，希望有 100 个好的老师傅，带 2000 个学徒，这种策略要求老师傅可以批量化产出，并且老师傅不会流失，同时企业可以通过成熟的管理手段管理好老师傅。这种机制的理想化程度过高，尤其是在软件人才竞争激烈的今天，大概率不能达到预设的效果。

想要解决软件工程工程化的问题，长期来看就需要将软件行业的流程、规范落地到工具中来，降低团队产出对人的工程认知和质量认知的能力依赖，重塑行业内的人才结构，我们将在下一章"研发效能中台建设实践"中具体讨论这一问题。

但在短期内行业相关产品成熟度仍然有限的情况下，作坊模式仍将存在，那么，我们如何实现 IT 的规模化研发效能建设，以支撑业务的高度发展呢？我们来看一看腾讯的案例。

15.2　腾讯：从头到脚的敏捷

说到软件研发效能，就不得不提及互联网企业。互联网企业对各大行业产生了较大的冲击，除了用户广泛、玩法新颖，互联网企业高效率的最大依存点是将业务团队与 IT 团队合并，让 IT 敏捷的结果直接被反映在业务上，带来业务的成功。

腾讯就是这种模式的典型代表。

1. 文化底色

腾讯的敏捷是写在组织和文化里的，腾讯平均 7 年进行一次组织变革，以应对变化的市场和业务的变化。

当腾讯成立 CSIG 发展云业务时，曾被质疑"腾讯的基因是做游戏和娱乐，没有基因 To B"，或许大家已经忘了腾讯最初也没有游戏业务，做游戏业务的时候也曾被质疑"没有基因做游戏"。对腾讯来说，基因不重要，重要的是持续进化和学习的底层文化。这种底层文化帮助腾讯走向开放生态，走向游戏，走向移动互联网，走向微信，走向产业互联网。

腾讯的业务团队与 IT 团队天然融合，浓烈的产品经理文化背后是产品经理对业务和 IT 团队全面负责，即产品经理无限责任制。

2. 敏捷用人

腾讯不止面向业务持续进化，对人和岗位也一直在持续进化。虽然拥抱变化是阿里巴巴提出的，但笔者认为对这个理念贯彻最好的是腾讯，"岗位说明写成的时候就是过时的时候"，充分地向下放权和充分的自由度，让腾讯的人才可以发挥最大的价值。

"活水"机制（工作满一年的员工可以自由地在内部跳去别的部门）也是腾讯敏捷用人的力证。在腾讯处于快速扩张期时，传统自上而下的人员调动方式导致腾讯人力的宏观失能，无法对员工价值和业务进行准确判断。"活水"机制激发了组织的自我修复功能，加速了落后业务的死亡和新兴业务的发展。

在服务企业时，笔者观察到许多企业也想通过"活水"机制激发组织活力，但往往最终造成内部相互抢人，哄抬"价格"，使部门之间产生矛盾。腾讯的"活水"机制有许多限制和原则，如"活水"不能涨薪、未晋升的员工会被主动推送"活水"消息等。

3. 敏捷组织

腾讯相信，小的组织才是好的组织，因此赛马机制毫无意外地成为腾讯的典型文化之一。

对业务的敏感嗅觉只有在一线才能被培养出来，当业务领导走得更高，更加关注管理和全局时，往往无法提前预知业务的发展方向，如果仅仅依赖于汇报，决策的周期就会很长。赛马机制本质上是通过放权一线，相对低成本地验证最小 MVP 和可靠的团队，以便可以获得更多流量及资源的支持。

举例来说，腾讯会议团队在发展初期仅有 10 余人，依靠对产品场景的深入理解，他们快速上线了腾讯会议的初期产品。随着新型冠状病毒肺炎疫情的到来，大家发现腾讯会议可以很好地解决远程沟通问题，最小 MVP 验证成功，这时腾讯立刻将海量的宣传资源投向腾讯会议，对研发、运维、测试资源也都临时做了调配，腾讯云的大量研发人员都参与了腾讯会议 2020 年春节的重保工作。同时，借助于敏捷用人的机制，腾讯会议团队也得以在短时间内迅速扩张，目前已有几百人的规模。

从腾讯会议的案例中,我们可以看到腾讯会议并不是有组织的、提前规划的成功,而是系统性的创新机制造就的万千成功可能性中的一种。

有关具体的组织变革方法和模型,本书的"组织实践篇"会有更多阐述,这里不做过多介绍。从腾讯的案例中,我们可以看出通过将 IT 与业务深度绑定及决策权下放的方式,让产品经理离业务和研发最近,这样产品经理就成为作坊里的"老师傅",再以良好的创新分润模式确保"老师傅"有持续进行创新的动力。在笔者观察的企业中,笔者认为腾讯和字节跳动在作坊管理方面做得较好。

但对大多数尤其是有历史的企业而言,采取腾讯的组织方式可能是非常困难的。绝大多数企业仍然是"戴着镣铐跳舞",由于历史和组织的原因,业务依然归业务,IT 归 IT,运维归运维,这种仓筒型的组织架构在 IT 是成本的时代可以更好地复用人力资源,在 IT 是业务动力的时代就显得笨拙而臃肿,但企业整体的组织方式在短期内往往难以彻底得到调整。这类企业会通过在信息中心成立一个研发效能部、DevOps 建设组等方式,保证有人在持续关注整体团队的研发效能改进。

15.3 进退两难的研发效能部门

传统企业的研发效能改进往往受市场变化的影响,如金融行业的供应商软件体系无法支撑业务的快速变化,不得已扩大软件自研团队的规模;汽车制造行业受到造车新势力的挑战必须构建软件体系等。越来越多的企业正逐渐变成软件企业,将业务的核心竞争力构筑于软件之上,此时,软件团队的组织能力正成为同行之间拉开差距的核心抓手。

因此,实际的改进决策是从高层发起,服务于业务部门的,但最终的落地是由研发效能部门、技术规划部门、DevOps 改进部门等承载的。这里的研发效能部门其实是 Magic Team,其人员没有权限改变组织的运作模式,无法改变实际的业务形式,甚至业务代码也不是他们写的,却要帮助企业完成业务代码的高效交付。

在实际的落地过程中,研发效能部门会碰到种种问题。

1. 缺乏北极星指标

北极星指标是业务用语,用于表达在产品的当前阶段与业务/战略相关的绝对核心指标,一旦被确立,它就像北极星一样闪耀在空中,指引团队向同一个方向迈进,团队仅需努力提高这一数值即可代表业务的成功。

软件的生产本质上是软件设计与实施的过程，一半工程，一半艺术。软件效能提升的北极星指标是什么？发布频率？线上缺陷数？完成的故事点数量？这些数据或主观、或片面，无法成为绝对核心指标。

对缺乏北极星指标的研发效能部门来说，团队的目标如何界定呢？是否会带来一些问题呢？

2. 研发效能部门的工作如何考核

"如果你无法度量他，就无法管理它"，百人级企业可以快速进行研发效能提升的核心在于对度量的需求小，业务模式简单，研发效能的提升与变化可以在实际产出中明显地反映出来，不需要价值证明的过程。而规模化企业内的研发效能部门想要证明自己的工作价值，往往需要通过先行设计的具体度量指标，或者过级之类的方式来佐证。

在这样的背景下，行为往往是变形的，研发效能部门的目标变成提升某个具体的指标，或者让业务团队做出满足级别要求的行为，而非帮助研发团队获得业务成功。这样，最终结果往往是，研发效能部门主导完成了 DevOps 评级，或者单元测试覆盖率达成了某一指标，但是业务团队怨声载道，因此他们需要花费大量时间来配合，但实际的效率提升很小。

相对于帮助研发团队提高业务产出，设立一定的规范并要求团队落地是一个更容易实现和更好衡量的目标。因此，研发效能部门往往将自己定位为管理者，希望通过规定研发团队的行为来达到管理的目的。但是在作坊模式的前提下，这种通过管理老师傅的方式往往是运动式、以汇报为目标、数据失真的，非但不能帮助团队提高效率，反而会对团队造成负担。

那么，如何破除"越提效负担越重"的魔咒呢？

3. 服务者还是管理者

在服务客户的过程中，我们也看到了比较好的案例。

某金融企业将研发效能部门定位为服务部门，其核心目标是帮助 IT 团队取得业务成功、提高 IT 团队的幸福度。研发效能部门建立了工具体系，并且基于 IT 团队的业务需求，逐步帮助各团队使用工具，还根据各团队的业务需求、工程情况等设立相应的约束及规范，而不是通过行政命令进行统一要求。研发效能团队的考核指标为服务的客户特性指标的提升情况及满意度。

在这样的运转方式下，IT 团队的整体满意度较高，相关约束的落实情况较好。同时，研发效能团队会根据改造成本对不同业务进行分层，优先辅导杠杆率高的团队，使得总体效率更高，但挑战是时间跨度长，对服务者的要求高。

4. 核心投入是人

与常见的认为研发效能部门属于对内部门，无须业务知识不同，长期对内的部门很难与业务部门感同身受，建立切实能帮助业务部门的流程，长此以往，研发效能部门和业务部门容易形成相互对抗的结果。

许多客户为了解决研发效能领域的专业性问题，引入了外部咨询团队来帮助内部梳理流程，为团队分层，重塑团队人员的职责。这是一个很好的思路，通过外部专业团队对业务团队进行分类，根据不同类别设定岗位职责、协作流程，快速搭建整个研发效能提升的脚手架。但这仅能解决短期问题，因为研发效能的解决方案不是一成不变的，所以客户需要长期的、跟随业务发展的工程规范。我们不能一方面希望用 DevOps 的方式解决业务快速变化的问题，另一方面希望一套 DevOps 方法和规范可以毫无演进地用三五年。

因此，在服务客户时，我们会建议客户投入优秀的业务 IT 人员组建研发效能团队，引入外部咨询团队的专业调研方法，为研发效能团队打造合适的软件研发流程规范。在这个过程中，客户应建立软件研发效能团队的方法论，打造一支熟悉业务、理解效能、内部信任、长期服务的团队，并通过与具体业务 IT 团队对应的关键效能指标对该团队进行价值衡量。这样，外部专业团队短期快速建设，内部服务团队长期打磨优化，双管齐下可以更好地实现研发产出与团队幸福感提升的目标。

15.4 研发效能规模化提升的几个阶段

对研发团队来说，用好工具，提高软件工程师的效率是第一步，而系统化地提高软件研发团队的效率是第二步，即通过提高软件研发团队的产出取得业务收益才是最终目标。因此，在服务客户的过程中，我们一般建议客户分 3 个阶段逐步进行研发效能规模化的提升。

1. 阶段一：构建工具，实现自动化

此阶段的核心目标是通过自建或者外采 DevOps 工具平台，实现一定程度的自动化和线上化，通过持续集成、持续部署、自动化测试等，替代目前需要手工操作的事项。在这个阶段，利用工具能力可以快速给业务团队带来获得感，减少不必要的工作，让业务 IT 团队更容易接受后续的流程规范。

同时，在辅助团队使用工具的过程中，咨询团队或 DevOps 资深工程师会通过访谈调研等方式收集业务团队现行的状况信息，并逐步进行体系规范的建设。

2. 阶段二：初步建立体系规范，通过工具落地

设立体系规范的目标是让各环节的人员可以按照既定的流程，有预期、有序地完成业务需求，形成规范化的软件生产过程。

体系规范包含组织能力、工作流程和人员能力 3 个方面。

组织能力是指团队内的组织分工、岗位职责、考核方式、与外部门的权责区分。组织能力的改变往往最依赖于外部咨询团队的专业建议，他们会基于业务的复杂度提供不同的模型。

工作流程是指工作的阶段性产物在不同职责人员之间流转的过程，包含内部工作流程及与上下游团队的对接流程。一般来说，工作流程会呈现在工具上，而不是靠人进行管理。

人员能力是指团队内关键的流转岗位人员对软件工程的认知能力，其中人员包括研发效能部门的工作人员、关键管理者、一线项目经理、产品经理等。

外部咨询团队在建立体系规范的过程中，往往需要与客户进行多次磨合，这里我们提倡用敏捷的方法推进体系规范的建立，并在过程中不断改进与尝试，直至最终形成模型，如图 15-1 所示。一般来说，外部咨询团队会依据团队的交付形式、人员规模、业务变化速度等设计多套模型，以符合大多数通用的情况。

3. 阶段三：以业务目标为本，逐个团队服务调优

IT 最终的目标是服务于业务。在组织结构上，业务 IT 团队需要更加靠近业务，对业务负责；而在研发流程上，业务 IT 团队也需要根据业务的变化情况进行合理的修正。

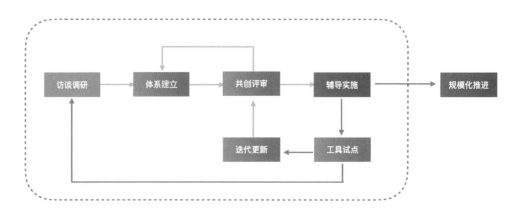

图 15-1 以敏捷的方式落地敏捷

研发效能部门在这个阶段会发挥巨大的作用，他们需要依据业务模式、业务需求对模型进行优化，并辅助团队落地实施，在工具上形成完整的闭环，最终形成团队的"无意识流程"，即团队成员无须了解实际的业务流程，仅需要根据流程的反馈行事即可，如不需要了解代码在提交后是否还需要进行代码检查，只要提交即可，有问题会被自动驳回。

研发效能规模化提升的目标是减少人的不确定性对团队的影响，但这个过程离不开优秀人才的主导，这就需要懂业务、懂软件工程的人才切实地投身于研发效能规模化提升的研究上。

DevOps 只是软件工程行业发展的一个阶段，它提倡的理念往往是现在大多数企业数字化转型所欠缺的，如 IT 业务一体化、快速落地、快速反馈、快速改进。

腾讯的实践告诉我们，工程化程度不一定越高越好，在企业战略允许的情况下，最大化地放大作坊模式的创新性产出也会给业务带来勃勃生机，但将这种做法放在注重质量和风险的 To B 或金融业务中不太合适。

DevOps 不是万能解药，当将它投射到具体某个企业时，我们需要依据企业的战略目标、业务形态进行落地化的改造，每个行业都需要走出一条有行业特色的研发效能规模化提升路径。

第 16 章　研发效能中台建设实践

 本章思维导图

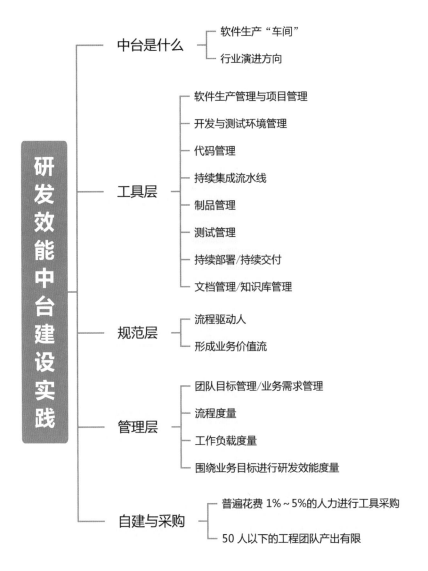

下面我们将展开聊聊研发效能中台的建设思路。

16.1 为何要做研发效能中台

从名字的来源来看,研发效能中台不是一个适用于所有企业的阐述,中台的核心价值在于可以批量地生产前台所需要的各种软件,且这些软件有一定的共性。例如,我们所熟知的 Supercell、字节跳动、腾讯等企业都通过构建研发效能中台,快速批量化地生产游戏或 App,以进行持续性的创新。

其实大多数企业不是软件工厂,但随着软件"吞噬"世界的狂潮泛滥,越来越多的企业认识到需要系统性地构筑软件和服务,以应对市场对软件的巨大需求。于是,大多数企业都希望构筑一个软件生产"车间",将软件规范系统地管理起来。如图 16-1 所示,这个"车间"承载了企业的数字资产管理、开发过程管理及对开发人员的管理。但软件工程仍未完成系统的工程化,还在采用作坊模式。关于如何进行软件工程的工程化这一问题,在客户共建体系的过程中,我们得到一些思考。

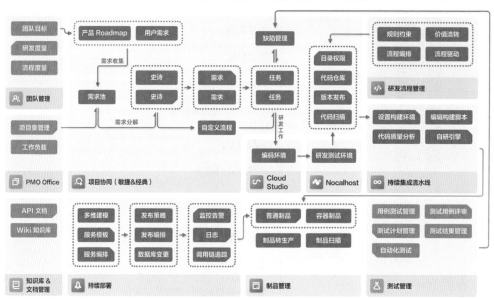

图 16-1 软件生产"车间"

在我们的视角中,研发效能中台实际上有 3 层,自下而上,缺一不可,如图 16-2 所示。

图 16-2　研发效能中台架构

工具层：提供基础的需求管理、项目管理、代码管理、持续集成、制品管理、测试管理、应用管理、环境管理、文档管理、运维监控、安全管控等实际的工具诉求。

规范层：通过一定程度的规范限制和自动化流转，将工作流程、工作规范及软件工程知识固化到工具上，让最终的产出符合业务的需求。

管理层：通过度量、控制与目标分解最终实现软件研发过程、数字资产和业务目标的可观测和可管理。

工具层是基础，各企业都有一定程度的建设；管理层是每个企业都想建设，却又建设不好的一层；规范层是很多企业没意识到要建设，却是最重要的一层。

16.2　构筑稳健底座——工具层的建设

下面详细介绍完整的研发效能中台工具层的结构和最佳实践，以帮助企业进行工具层的建设。

1. 项目与项目集

在传统的定义中，项目是一个有开始和结束时间，为完成某一独特的产品或服务开展的工作任务。但随着软件朝着持续改进的方向延续，项目的定义发生了变化，项目围绕人而非围绕事展开，因此我们将其定义为"一些有共同工作节奏的人在一起生产软件的地方"。一个项目可能对应一个软件、一个应用、一个微服务，这取决于展开协作的人在一起以一致的步调进行工作，如图 16-3 所示。

在项目中，我们进行实际的项目协同及软件生产验证的过程，具体的工具均以项目为承载，如图 16-4 所示。

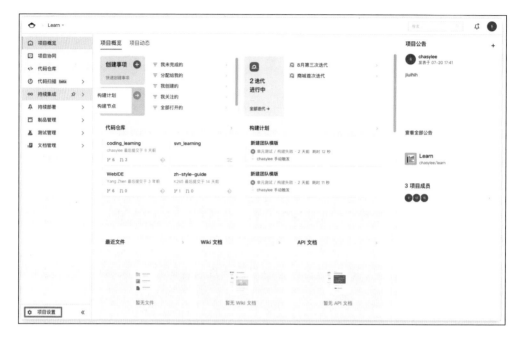

图 16-3　项目是软件生产的最小单元

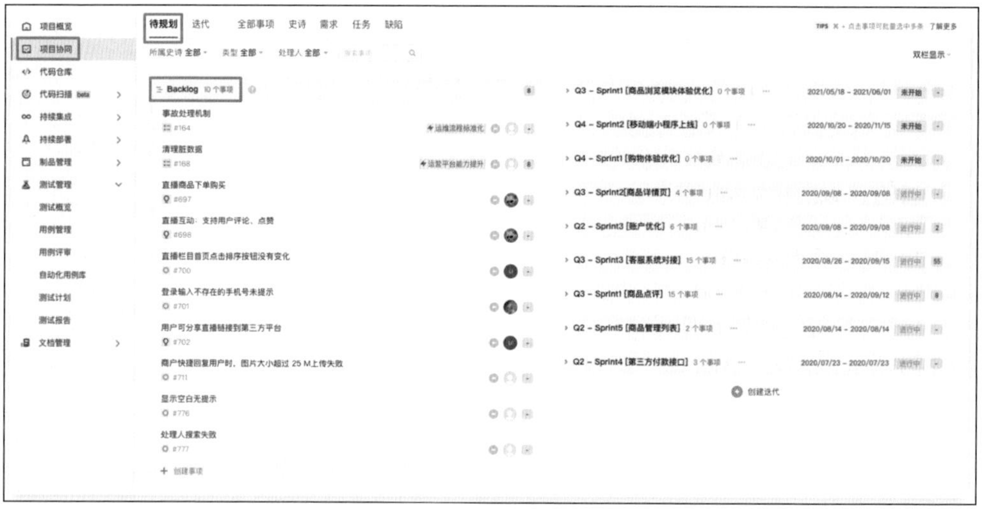

图 16-4　项目协同

　　而在实际的业务场景中，经常会存在一个需求涉及多部门或团队协作的情况。例如，淘宝网的"双 11"活动涉及的业务非常广泛，如果每个部门或团队都有自己的专属项目，就难以进行整体的协调与配合。项目集是多个互相关联且被协调管理的项目活动的集合。通常，为了实现一个共同目标，我们可将一组相互关联的项目放在项目集中相互协作，统一进行跟踪管理。

如图 16-5 所示，在项目集中，PMO 对项目进行里程碑式的推进，管理工作与控制风险，将业务需求拆分至多个关联项目中来实现，各关联项目按照自身的迭代与管理节奏实现需求，并自动将进度同步至项目集中。

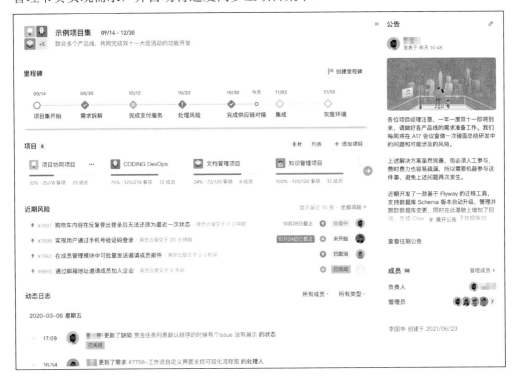

图 16-5　项目集示例

2. 项目协同

基于不同的业务特点，项目协同实际上有两种常见的模型：敏捷态和稳定态。

企业核心系统、外包式项目、交付性质强的项目，往往会以稳定态的方式进行，这些系统要么需求变化少，要么需要详细的项目计划和业务承诺；而针对互联网产品，其需求和用户往往都不稳定，采用敏捷态可以更快地获得市场反馈，这种情况无法也不适合进行长期细致的计划。

敏捷态的项目管理方式往往围绕史诗（Epic）、迭代与用户故事展开。产品负责人首先在待办列表中录入用户故事，并拆解事项调整优先级，然后在迭代开始前由团队评估待办列表中排序靠前的事项。在创建迭代后，将事项纳入其中，并开始迭代。

如果是一个较大的功能或特性，那么通常需要进行多次迭代才能完全交付，我们会通过史诗进行管理。

在敏捷模式中，一般使用故事点来估算软件规模。故事点可使用改良的斐波那契数列：0，1/2，1，2，3，5，8，13 等方式来估算。这种抽象的概念可以帮助团队围绕工作规模做出更好的决策，但需要团队长期磨合才能统一故事点的评估体系。

在完整的敏捷研发过程中，团队会通过迭代计划会议、每日站立会议、迭代回顾会议等手段，对流程中的所有事项进行讨论、评估与回顾，重新审视事项完成情况，计算距离设想目标的达成率，总结迭代中的闪光点与不足之处，并列出下次的可执行任务，便于改进整个团队的研发效能。

而稳定态的业务往往围绕计划、版本与需求展开。项目经理通过计划规划迭代、分解需求、分配任务、设置任务周期等，安排较大项目的交付计划。

在稳定态的模式中，企业常常使用工时对工作量进行记录，开发人员会更新任务的进度，以让 PMO 可以总览全局。

因为大多数团队并不是标准的敏捷态或稳定态，往往处于二者之间，所以在构建项目协同工具能力时，企业往往需要考虑团队管理模式的复杂情况，提供可自由配置、定义的工作模式和工作流程，这对工具的灵活性提出了较高的要求。

3. 开发与测试环境管理

随着应用复杂度的不断提高，大型微服务架构下的本地开发变得困难，企业只有提供统一的开发与测试管理平台，才能保障开发人员可以在本地进行验证和调试，如图 16-6 所示。一个合格的开发与测试环境管理工具应包含以下特性。

（1）快速反馈循环：热更新，代码更改在容器中立即生效，无须重新部署。

（2）统一资源管理：可以为开发人员提供弹性的本地开发环境，同时有效管理并复用整体资源。

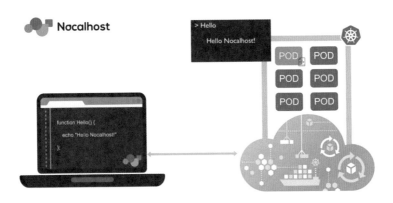

图 16-6　开发与测试管理平台

4. 代码管理

常见的代码管理工具为 Git 和 SVN，Git 以优异的协作模型使其在互联网企业中大行其道，但在一些需要分目录管理、大文件资源较多的场景中，SVN 也有一定的市场。

本书的"效能平台篇"会对代码管理的工作流和代码评审做详细的场景阐述，这里仅讨论工具层面所需要的能力。

研发效能中台的代码管理能力建设除常规能力外，还包含以下能力（建议）。

（1）代码扫描：通过分析源代码，发现其中潜藏的代码缺陷、安全漏洞及不规范的代码。

（2）质量门禁：可设置门禁阈值，如果扫描出来的质量问题均低于阈值，就视为通过质量门禁，否则视为不通过。

（3）合并前检查：在代码评审之前对构建是否成功、质量门禁是否通过进行检查，以避免有问题的代码合入主干，或浪费代码评审人力。

5. 持续集成

在开发过程中，有一部分工作是相对机械化、易出错的（如打包和自动化测试），如果能将这部分工作交给机器来做，就能尽快获得直观且有效的反馈。目前，大量的企业已经使用持续集成的方式来减少开发人员的重复劳动。

本书的"工程实践篇"已经对持续集成和持续交付进行了一些探讨，这里仅讨论工具层面需要的能力。

（1）自定义插件：将常用的工具或命令封装成自定义插件，在团队中复用。

（2）构建模板：在团队的跨项目协作中复用统一而规范的构建计划模板，集中管理团队中通用的构建计划。

6. 制品管理

目前，还有很多研发团队依然使用粗粒度的制品管理（如搭建简易的文件传输协议来提供制品下载功能），甚至没有构建基本的制品管理体系。在这种粗放式的制品管理方式下，不同类型包的存储与获取是一件令人头疼的事，版本追踪极其混乱，团队协作也是障碍重重。

完整的 DevOps 工具链必须包含制品管理，以在软件开发过程的最后阶段进行版本化的管理及交付。

常见的制品管理工具需要具备以下能力。

（1）制品扫描：通过扫描二进制组件及其元数据，寻找组件存在的漏洞，并追踪有漏洞制品的引用情况。

（2）灵活的版本覆盖策略：根据需要，针对制品的生命周期，设置合适的版本覆盖策略，如将某个版本设置为已发布，该标记可以保障制品版本的唯一性，防止重复写入同一版本。

7. 测试管理

仍有许多团队使用 Excel 或文档来管理测试用例集或测试计划，而使用测试管理平台可以规范且有序地进行测试计划、测试执行并产出测试报告。

与测试相关的内容在第 6 章已有详细阐述，本章仅探讨工具层面所需的能力。

（1）测试用例管理：手工及自动化用例的录入及复用。

（2）测试计划管理：依据需求或迭代圈选相应的测试用例，进行测试任务的分配及手动或自动化的执行。

（3）分析测试报告：基于测试结果及测试过程进行记录与报告。

8. 持续部署

微服务和云原生的复杂性让当今时代的开发与运维的职能发生了变化，应用运维左移至开发，资源运维右移至运维。因此，持续部署不仅仅是指频繁地将软件交付或部署至生产环境，更多的是以应用为中心，重构研发人员和运维人员的职能边界，将应用运维的工作左移给研发人员，而运维人员则专注于资源的交付，如图 16-7 所示。

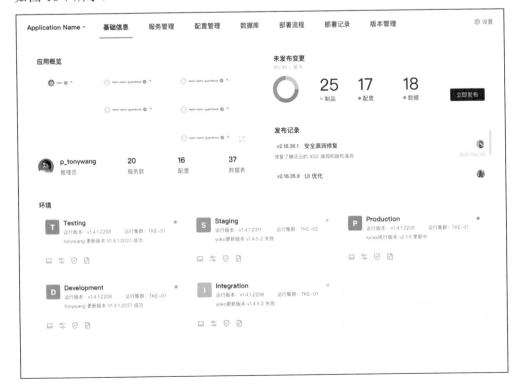

图 16-7　以应用为中心的软件发布管理

与持续集成的能力不同，持续部署的工具需要提供更加完善的应用发布、应用运维、应用管理的能力，以便让研发人员可以真正做到自助运维，对自己研发的应用负责。

应用的全生命周期管理平台需要提供以下能力。

（1）环境管理：看到应用所运行的环境的总体负载情况，以及它所有的服务在这个环境中的健康状态，并自主地对服务进行重启。

（2）部署编排：研发人员依据运维人员提供的部署流程，可靠地把一个应用发布到多个集群中。

（3）监控日志：将每个环境的报警、监控、日志、调用链以应用为维度进行展现。

（4）变更监听：通过 GitOps 的方法自动监听 Git 仓库和镜像仓库，自动捡配应用所发生的变更。

9. 文档管理

文档管理常常包含 Wiki 知识的管理和 API 文档的管理，围绕 API 文档的管理可以构建 API 测试、压力测试等一系列上下游体系。

16.3　规模化研发效能的前提——规范层的建设

一个常见的误区是在工具层之上就开始建设管理层，许多研发效能中台的建设者问的第一个问题都是"如何进行度量？"缺乏流程规范的度量是失真的，在我们与某头部证券公司的交流过程中，他们就提出了这个苦恼，迭代中任务的未完成数总是在迭代完成前的最后一天断崖式下降（开发人员实际在"检查前"批量地完成任务）这些失真的数据让度量变得不可信。

同时，流程在每个团队中都存在，工具在每个阶段也都有支撑，但管理过程仍然靠"喊"；为每个角色提供的工具提高了个人产出的单点效率，但团队的整体效率提升不明显，如图 16-8 所示。

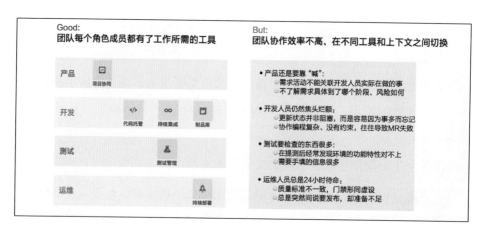

图 16-8　使用工具不能解决全部问题

企业设定流程是为了在不同角色的协作中减少摩擦与所用的时间，产生全局协同效应，以实现工程化的改进。好的研发效能中台需要让流程落在工具上，让开发人员顺流而下，自然而然地遵循流程，毫无阻碍地进行协同，由此产生的数据才有度量和管理的价值。

如图 16-9 所示，研发活动由不同的角色串联而成。研发效能中台提供了功能完整的规范层，使得不同角色之间的活动由系统自动推进完成，流转方向由规范限制，质量要求由规范把关，最终完成这个流转。

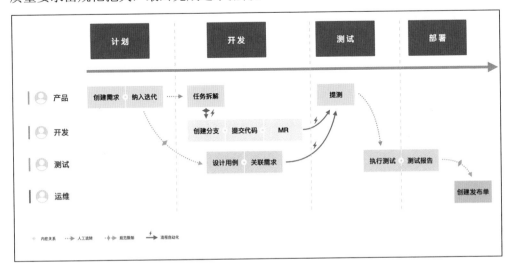

图 16-9　研发过程涉及不同角色的行为的串联

在规范层的限制下，开发人员完成任务的过程如下。

（1）打开工作台，查看今天需要完成的任务。

（2）在相应的任务上单击"开始开发"按钮，系统自动创建开发自测环境和开发分支，并打开 IDE，进入该开发分支进行开发。

（3）在写完代码后，提交即可，系统会自动触发合并前检查，通过后流转到 负责之处进行代码评审，之后进行后续集成及检查。如果一切顺利，开发人员就不会感知到后续发生的这一切，只有在发生错误时，开发人员才会在工作台发现错误并进入修复流程。

（4）在收到变更待发布测试环境的通知并检查没有问题后，创建发布单，系统自动进行测试环境的发布。测试人员在收到通知后，进行相应的验证，在完成测试后，系统自动生成测试报告并转入下一个环境的验收。

（5）依据流程，开发人员和运维人员收到提示，在发布单中进行最后的确认，执行自动化的生产环境发布。

其中，开发人员除了要写代码和进行必要的与业务相关的沟通，无须进行任何不必要的沟通，不必担心与自己实际业务不相关的工作流程，系统会推动每个干系人往前走，每个流程上的人只需要关注工作台和通知即可，如图 16-10 所示。

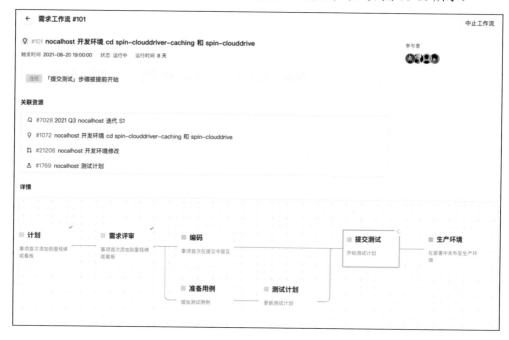

图 16-10　一条需求价值流

同时，由于有既定的流程，PMO 或业务方可以清晰地看到这个需求的进展情况，让业务价值流透明化，摆脱"业务靠催"和"管理靠吼"的魔咒。

这是规范层带给研发团队的价值——从人驱动流程转变为流程驱动人。

16.4　最终的价值体现——管理层的建设

最终，通过管理层的建设，度量研发效能提升的成果。

1. 团队目标管理/业务需求管理

在第 15 章中，笔者强调了 IT 为业务服务的前提，工具建设也是一样，企业会基于不同的业务模式给研发团队设立具体的目标，这里介绍两种模式。

　　一种是业务团队与 IT 团队合并的模式，即有许多平行的业务团队，每个业务团队均配有相应的产研团队。在这种模式下，企业可以将其愿景与组织目标向下进行拆解，通过 OKR 的管理模式充分发挥员工的自趋性，同步实现组织目标与个人目标的，并辅助以项目内部的迭代管理模式，最大化地发挥仓筒式团队的运转效率，如图 16-11 所示。

图 16-11　使用 OKR 进行目标管理

　　另一种是业务团队与开发团队分离的模式，即业务团队提出需求，研发团队来满足的模式。在这种模式下，企业需要建立业务需求平台，以打通业务需求和研发过程，这可以让业务方顺畅地查看相应需求的开发进度。

　　2. 流程度量

　　基于可靠的规范层，我们可以记录并识别每个需求的运行状态、运行时间、识别处理和等待时间，以及对应的处理人，这样就可以一目了然地识别出哪些任务出现了阻塞、哪些环节的等待时间长、哪些人员的处理时间低于平均水平，进而有针对性地处理流程中的具体问题，最大化地利用研发过程带给我们的数据信息。

　　流程度量是软件研发走向精细化管理的一种观察手段，如图 16-12 所示。

　　3. 工作负载度量

　　通过统计组内成员在一定周期范围内同时进行的事项数，并在日历中展示事项安排，帮助部门负责人统一查看和对比成员的工作量和工作安排。这样，通过直观展示成员的工作饱和度，管理者能清晰地认识到成员的工作负载与工作效率，以便及时进行调整与推进，如图 16-13 所示。

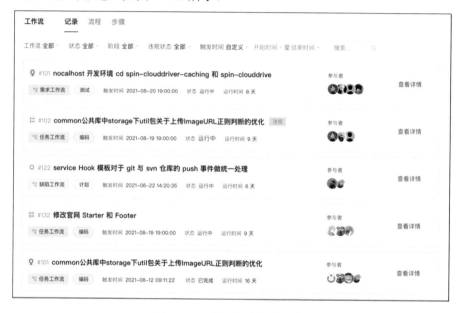

图 16-12　基于价值流的统计

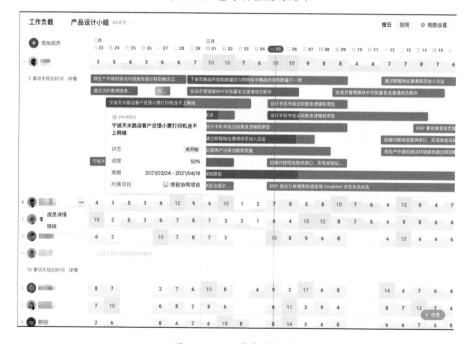

图 16-13　工作负载度量

工作负载度量也是精细化管理的常用工具。

4. 研发效能度量

研发效能度量是基于业务实际诉求，从切面的角度查看整体研发效能目标变化改进的一种度量方式，核心能力是需要提供多维度、跨项目的筛选与聚合条件，以进行灵活的、服务业务需求的度量，如图 16-14 所示。

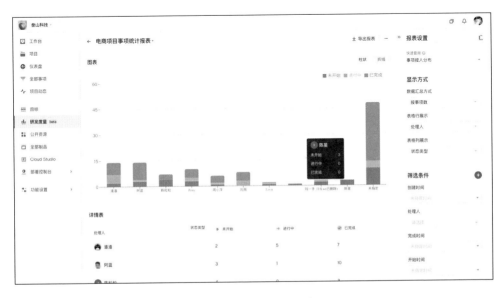

图 16-14　研发效能报表

通过建立完善的度量体系，进行精细化的软件工程效能提升，是研发效能中台管理层的最终目标。

软件的设计过程充满艺术与巧思，但软件的生产和发布过程应当是有序的、由流程驱动的、可度量的。将零散的工具组装成工具箱，最终形成一个数字化的软件工厂，是软件工程工程化的目标，也是企业研发效能中台建设的目标。

16.5　是自建还是采购

研发效能中台的建设绕不开"是自建还是采购"这个问题。开发人员天生喜欢折腾工具，我们通过观察发现，IT 团队普遍投入 1%～5% 的人力成本用于自研，或者通过开源搭建研发效能中台，并且大多数企业所投入的人力和产出物是类似的，如打通各系统数据、打造度量大盘等。这其中存在研发效能中台供应商成熟度的问题，也存在无意识投入的问题。自建工具与使用一站式商业工具的关系，好比宠物与牲畜的关系。

- 宠物：如猫、狗，需要人类持续付出成本与精力细心养护，人类为宠物提供关爱与服务，以换取情绪价值。
- 牲畜：如牛、马，是人类经过演化筛选的生产工具，是为人类提供生产价值的。

当然，也有相当多的研发团队为自建工具无意识地、不计成本地投入，少则投入几人，多则投入几十人成立工程团队，进行搭建、维保和开发的工作。这种宠物思维忽略了工具生产为主的天性，也忽略了云技术的演进和社会分工带来的巨大效率优势。

研发效能部门应将更多的精力用于辅助业务团队制定符合业务特性的 IT 工作流程、代码规范、安全准则，持续精细化地优化流程中的浪费与等待，而不是将精力放在工具的建设上。从目前的普遍状况来看，如果基于开源工具开发一个符合复杂业务需求的工具平台，再加上协助业务落地及服务的人力，那么投入普遍在 50 人以上，如此巨大的研发效能部门的投入产出比是否真的划算呢？当然，研发规模在几千人以上的团队，基于实际的业务及管理诉求，进行相关的投入也是一种高性价比的选择。

在研发效能中台建设众多的细节中，有些人很容易迷失自己，忘了从哪里出发、要到哪里去。软件工程效能的提升还是要从业务中来，到业务中去。基于业务诉求、IT 团队能力建设要选择适合自己的方式构建研发效能中台，通过 IT 的效能提升，撬动更大的业务杠杆，为社会创造更多的价值。

8

效能平台篇

第 17 章　研发效能的工具平台

 本章思维导图

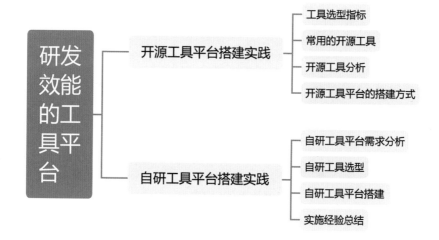

在软件所起到的作用愈加重要的当下，研发效能也受到了越来越多的关注。而工具平台对于 DevOps 理念的承载和研发效能的保证至关重要，无论是软件设计的开发交付与运维的全生命周期中最佳实践的落地，还是精益与敏捷开发的融入，都需要工具平台的支撑。

企业无论是利用开源工具，还是根据自身需要实现自研工具平台，对工具的选择和集成都是不可忽视的一部分。在工具平台集成中，主流工具不但能降低成本，而且能更好地适配研发实践的经验和当前用户的使用习惯。

17.1　开源工具平台搭建实践

在工具平台的搭建中，开源工具起着越来越重要的作用，而创建基于开源软件的工具平台，需要考虑如下因素。

第一，开源工具种类众多，版本迭代较快，这给研发团队学习和使用工具提出了挑战。研发团队需要熟悉多种工具的使用方法和限制，有一定的学习成本。

第二，开源项目良莠不齐，社区也经常出现问题，尤其是稳定性不够、默认配置存在安全隐患等。

第三，开源工具往往聚焦在某个具体的领域，没有从整个工具平台的角度去设计，在设计上往往缺乏整体性。因此，在设计整体工具平台时，企业需要对不同的工具在功能、性能、扩展性等方面进行有针对性的集成。另外，不同的工具往往有很多重复的功能，如角色管理和权限控制等，因为它们的实现方式不同，所以相对于自研集成会更加困难。

第四，企业架构对工具会产生影响。企业中往往存在各种技术架构并存、新旧基础设施并存、不同开发手法并存的情况，这自然会对工具有不同的需求。例如，当传统的多层技术架构和云化的云原生技术架构同时存在时，研发工具平台需要提供持续构建和持续部署的能力，工具的实现是进行取舍还是新旧方式都进行支持，在对工具平台进行设计时就需要根据业务进行综合衡量。因此，应该从哪些角度对开源工具进行选型和分析，对于搭建企业基于开源体系的工具平台是非常重要的，下面展开说明。

17.1.1　工具选型指标

由于研发工具平台涉及的工具众多，因此企业需要从多个方面考虑整个端到端的链条选择什么样的工具进行集成。将工具平台端到端打通的主要目的是提升研发效能，促进和推动企业业务目标的实现。虽然对于工具的选型没有一个"放之四海而皆准"的方法，但无论是对于开源工具还是对于商业工具，一些常见的因素都是需要考虑的，如初始导入与维护成本、功能的完备性与可靠可用性、软硬件限制、工具集成方式、工具活跃度与成熟度等，具体说明如下。

1. 初始导入与维护成本

开源软件不一定都是免费的，在初始导入时需要一定的成本，软件协议不同，收费也不同。商业工具的收费模式有很多种，如按用户的数量收费、按功能组件收费、按使用时长收费、按云端调用次数收费、按服务收费等多种方式。另外，在选择开源自建时，企业还需要注意软件协议对专利申请及代码开源的要求，要提前进行确认，以避免不必要的麻烦。除了初始投入，工具还需要长期维护和更新的成本投入，包括后续软件升级、功能增强、安全补丁等。另外，在搭建工具平台时，选择云化基础设施还是自建基础设施也是需要做的选择题，除了考虑服务器、存储设备、网络设施等硬件，各种中间件的服务是自建还是使用云端服务也是需要考虑的。一般来说，在初始阶段，小型团队选用云化基础设施投入更小，尤其是对可以使用全新云原生技术架构的初创团队来说。

2. 功能的完备性与可靠可用性

功能是否完备是工具选型的重要考量指标，即对于与领域相关的主要特性是否支持，如代码扫描工具是否提供多种主流语言的扫描能力、是否提供定制化规则的设定功能、是否提供误报问题的屏蔽机制、是否提供插件的扩展机制等都是对工具基础功能完备性的确认。另外，工具的高可用性也是需要重点确认的。在大规模、高负荷、多团队并行连续使用的情况下，是否持续提供问题定位服务、是否有可扩展的高可用性架构提供 7 天×24 小时的无中断服务、是否提供手动恢复或者自动恢复机制以保证服务的韧性、是否对各层级的安全漏洞都进行了处理、是否提供备份和恢复机制以避免单点故障带来的不可恢复的风险等，都是需要确认的重要内容。

3. 软硬件限制

工具平台涉及的软硬件资源及相关的限制都需要被整体考虑，因为工具链条众多，如一些主流的开源软件使用的前端技术本身可能对浏览器有限制。工具是否受到需要特定的硬件资源的需求限制，如在构建容器化时是使用 QEMU 生成 ARM 架构的镜像，还是使用 ARM 资源生成镜像。另外，对整个工具平台涉及的软件、硬件、依赖、软件协议的整体分析也是必需的，需要分析是否存在冲突、是否可以通过独立部署工具服务的方式避免相同组件的不同版本相互依赖的影响等。

4. 工具集成方式

对于直接集成工具页面的操作场景，工具本身的业务流程设计是否合理、用户操作是否烦琐、操作提示是否清晰、是否内置用户操作的审计日志等也是需要确认的；工具的功能页面是否能够进行裁剪和定制，用户、角色、组织、部门是否能够进行定制以满足实际需求，状态和流程是否能根据需要进行调整，页面样式和风格是否可以进行自定义扩展都会对这种方式的集成有直接影响。另外，一种更为常见的方式是通过 API 等方式进行集成，这时就需要考虑工具本身是否支持独立容器化方式部署、是否提供完备的 API 功能以用于集成、是否提供扩展的插件机制以满足用户对定制化功能扩展的需要。

5. 工具活跃度与成熟度

在同等情况下，我们应该优先选择成熟度和活跃度比较高的工具，尤其是对于开源软件，活跃的社区对工具的发展起到很重要的作用，同时是否具有稳定的团队或者社区是否提供支撑也非常重要。很多优秀的开源工具往往由于很多非技术的因素停止发展或者在很长一段时间内陷入停滞状态，而成熟和活跃的工具往往有着快速和稳定的更新频度，整体的功能推进和演化是可预期的。另外，是否提供透明的代码管理方式；是否有稳定的更新机制，如 K8s 稳定的季度发版、Jenkins 长期每周进行版本功能特性的更新；是否具有 Apache 基金会、CNCF 基金会等组织提供支撑，以保障稳定的版本规划路线和可预期的版本特性发布。

17.1.2　常用的开源工具

开源工具平台有非常多的优秀工具，涉及软件生命周期的各个领域，被很多项目使用，实际上，即使是自研工具平台，目前也很难完全不使用开源工具。表 17-1 列出了一些常见的有一定使用频度的开源工具，开源工具平台一般基于这些工具进行搭建。

表 17-1　开源工具平台的常用类型与工具

类型/功能	工具名称
需求管理与缺陷追踪	Trac
	Bugzilla
持续集成	Jenkins
	Continuum
	CruiseControl
版本管理	RCS
	SVN
	Git
	GitLab
构建执行	Make、CMake、Rake 等
依赖管理	Maven、Gradle、Ant、Npm、Yarn 等
软件包管理	RPM、Helm 等
代码质量分析	SonarQube
	Findbugs、PMP、CheckStyle 等

类型/功能	工 具 名 称
运维自动化	Ansible
	Chef
	Puppet、SaltStack
	Argo CD
持续测试	xUnit
	Selenium
	JMeter
	Robot
日志监控	ELK
	Splunk
	Hygieia
运维监控	Zabbix、Nagios
	Jaeger
	Grafana
	InfluxDB
安全监控	Clair
安全监控	Anchore
	ClamAV
	Brakeman
容器化管理	Docker
	Docker-Compose
	Docker-Swarm
	K8s
	OpenShift
镜像私库	Registry
	Harbor
镜像私库/二进制制品管理	Nexus
二进制制品管理	Archiva
	Artifactory
IDE 开发	Eclipse Che
	Code Server

17.1.3　开源工具分析

在进行开源工具平台搭建之前，我们需要依据通用的工具选型指标和一些特定的需求，对工具平台进行分析，从而判断常见领域中一些开源软件是否可以进行使用。下面给出一些对部分工具当下版本的经验分析，读者可以作为工具选型前的参考。

1. 需求管理和缺陷追踪领域

需求管理和缺陷追踪是项目端到端追溯中的基本功能，其中，要进行正向追溯和逆向追溯，就需要打通研发作业流程中的需求、设计及测试等多个环节，在开源领域有很多工具可以选择，如 Redmine、Trac、Bugzilla 等，其选型分析如表 17-2 所示。

表 17-2　需求管理和缺陷追踪领域不同工具的选型分析

工具名称	选型分析
Redmine	作为开源项目的佼佼者，Redmine 提供了相对较好的 API 方式的集成，以及一定程度社区生态的支持。在实际项目中，由于落地较少，需求管理的特性需求较多，因此定制化开发的难度较大、成本较高。如果有特定需求，就可以结合使用规则，考虑进行接入
Trac	Trac 为项目管理者提供了在 Issue 追踪和 Wiki 强化方面的管理能力，同时 Trac 能很简单地与 Subversion 或者 Git 进行集成，通过时间线的形式展示给用户所有的项目事件，使之可以更好地对项目进行整体管理，同时可以清晰地确认项目的里程碑。虽然 Trac 曾获得过最佳 Linux/OSS 开发工具的奖项，定制化开发上手也较为容易，在此领域中曾经是开源项目的佼佼者，但其生态支持较为一般，而且其使用者和在实际项目中的落地越来越少，如需在项目中使用，则需要综合考虑
Bugzilla	Bugzilla 是一个开源的 Bug 追踪软件，使得整体的 Bug 追踪和管理变得更加方便，但其使用者和在实际项目中的落地都较少，如需在项目中使用，则需要综合考虑

2. 持续集成与部署领域

在开源方面，目前持续集成与部署领域广泛使用的开源工具是 Jenkins，另外在云原生框架和新一代基础设施下，Argo CD 也逐渐成为一种主要的选择，本来应用于 IoT 领域的 Node-RED 也可以给出一种思路。Jenkins 是一款基于 Java 开发的自动化软件，结合众多的工具能够实现编译、测试、部署的自动化。Jenkins 的前身是 Hudson，在被 Oracle 公司收购后更名为 Jenkins。目前，Jenkins 已经在持续集成的工具中占据绝对的统治地位，具有压倒性的优势，除非项目有特殊原因，如旧系统还在使用，或者无法使用开源的软件等，越来越多的客户选择使用 Jenkins。但 Jenkins 对复杂场景的支持仍有比较困难的情况，这时会使用 DSL 方式的流水线（Jenkinsfile）作为主流的集成方式。但其在需要扩展时，如在构建流程复杂的流水线时，设计上会缺少"所见即所得"易用性较好的编排能力支撑，这会导致代码化的流水线在维护时比较困难且成本较高。

3. 持续构建领域

在构建领域方面，不同语言有不同的构建工具和依赖管理，往往通过 Maven、

Gradle、Npm、Yarn 等工具进行管理，工具平台在落地时往往在此基础之上封装一层。由于 Maven 的使用者较多，是构建领域的主流工具，因此笔者建议深挖其特性，如将 Proxy 的设定和私库的使用等特性结合来增强用户体验。Gradle 的语法简洁、功能强大，也得到了越来越广泛的使用，尤其在移动应用的构建方面，因此笔者也建议深挖其特性，不断完善其统一构建能力。

4. 版本与仓库管理领域

通常意义上的版本管理是指代码源文件的版本管理，广义的版本管理范畴包含配置文件、构建脚本，以及生成的由源码生成或者直接引用的二进制制品的管理。二进制制品由源码生成，在从源码到二进制制品的过程中有很多复杂的影响因素，结合项目或者产品对交付物的管理，一般需要对二进制制品进行管理。而且这一过程稳定可重复操作且不存在差异，不需要任何人工干预。另外，再依赖复杂的情况直接使用二进制制品会缩短构建时长，满足业务对部署速度的需求，但是需要对制品进行管理，以保证构建过程的可重复和一致性。版本与仓库管理领域不同工具的选型分析如表 17-3 所示。

表 17-3　版本与仓库管理领域不同工具的选型分析

工具名称	选型分析
Artifactory	Artifactory 是目前较为流行的制品管理工具之一，它拥有强大的企业级特性和细粒度的控制，以及易用的用户界面。二进制制品库作为企业研发资产链条中一个重要的环节，当需要对研发过程中的数据进行统一管理，需要对以制品库为中心进行关联和追溯的需求关注时，企业可以考虑集成该工具
Nexus	Nexus 可以提供镜像私库服务，也可以提供二进制制品服务。其开源免费的版本可以完成企业用户的基本需求，也可以进行依赖库的统一管理，在需要的情况下还可以进行高可用架构的设定。当需要使用统一镜像仓、依赖及二进制制品的开源需求时，Nexus 是不错的选择
Harbor	Docker 原生态的 Registry 缺乏简单操作的 UI 及控制权限，只是提供了核心功能的镜像私库，在复杂情况下还需要用户额外进行操作，如用户的权限管理或者多个私库的控制。Harbor 提供的开源企业级镜像私库的解决方案，在 Registry 的基础上提供了更加强大的私库管理功能。作为 CNCF 在此领域的优秀功能提供者，Harbor 在 Docker Registry 的基础上集成了很多实际项目所需要的特性，如权限、安全及镜像扫描功能，故 Harbor 也是一个不错的选择

5. IDE 工具领域

作为 IDE 的一种云端实现，云 IDE 已经得到了广泛的推广和应用，从 AWS Cloud 9 到国内各大互联网企业，都已推出或正在推出云端 IDE 的功能支持。在开源 IDE 方面，既包括老牌的 IDE 工具 Eclipse Che，又有后起之秀，如 Code Server。IDE 工具领域不同工具的选型分析如表 17-4 所示。

表 17-4　IDE 工具领域不同工具的选型分析

工具名称	选型分析
Eclipse Che	Eclipse Che 提供了一键生成开发人员工作空间的功能，消除了团队在本地环境配置的操作。Che 可以使 K8s 应用更容易发布至开发环境，并且提供了一个基于浏览器的 IDE，使得开发人员可以从任何机器进行编码、测试和运行应用程序等操作
Code Server	作为对 VS Code 的 IDE 功能的支持，Code Server 一经推出，就快速得到 3.4 万星的认可。Code Server 可以借助于 Docker 进行部署和运行，支持快速上云。Coder 还提供了使用 Google Cloud、Amazon Web Services（AWS）和 Digital Ocean 的快速入门方式。使用 Code Server，通过浏览器，可以在任何设备上进行一致性的环境的代码编写。Code Server 主要的功能特性包括彻底摆脱环境的限制、将代码保留在企业服务器上、可以更快地开始代码的编写、安全性得到提升等

17.1.4　开源工具平台的搭建方式

在企业软件研发过程中，基于软件资产数据的形态，代码仓、二进制制品仓和镜像仓等研发数字化资产集中存放的中心得以形成。根据企业开源工具平台搭建重点关注的内容，围绕相关的工具，如 GitLab、Artifactory 等，可以进行中心化集成建设，而这些工具本身，如 GitLab 也提供了整体的工具集成方案，在开源工具平台搭建时可以进行借鉴。另外，以 Jenkins 为中心的工具集成，也是开源工具平台进行集成的常见方式之一。

1. 以流水线为中心的开源工具平台搭建方案

在开源工具平台中，Jenkins 以插件的方式实现了工具自动化集成的生态，基本已覆盖软件生命周期的各个阶段。目前，Jenkins 已支持 1000 多个插件，基本上包括软件生命周期涉及的所有优秀软件。通过插件方式结合 Jenkins 的流水线来完成开源工具平台的搭建是非常常见的一种方案。很多短、平、快的实现就体现为对 Jenkins 的封装，通过将 Jenkins 提供的 API 和 DSL 作为核心的持续集成引擎，对外部实现可视化的可拖曳的流水线编界面集成，核心仍是通过 Jenkins 来完成持续集成与部署。这种方案将持续集成中的自动化作为重点目标。自动化效率的提升是工具平台搭建的重要目标，也是研发能效关注的重点内容，在以流水线为中心的开源工具搭建方案中，流水线即代码的实现方式在实践中有较好的效果，其优势如表 17-5 所示。

表 17-5　流水线即代码的优势

优势	说　明
可重用性	可重用代码从提交到发布的流程，一旦通过流水线即代码的方式来实现，自动化的执行过程就可以作为一个被多种方式触发的机制存在,每次提交代码都可以重复相同的流水线

续表

优势	说　明
可靠性	手动流程容易出现各种问题，而自动化流程更加稳定，并且能够严格地遵循流程，降低出错的可能性。每次流水线的执行都是一次测试和验证，随着流水线不断被执行，我们可以通过反馈不断完善，从而降低出错的概率，使整体更加可靠
基础设施代码化	代码化的流水线可以在版本仓库中进行存储，每次组织流程的完善都会在流水线的代码上得到体现，并能通过版本管理工具进行存储和管理，而且对研发过程的优化也进行了版本管理，并可以进行追踪审计

以流水线为中心的开源工具平台在设计和落地时除了需要考虑基础框架即代码的落地，还需要对环境的一致性、资源的按需分配、工具及框架的自动化、持续测试的稳定性、部署自动化与策略及流水线的安全 6 个方面进行综合设计，具体如图 17-1 所示。

图 17-1　开源工具平台搭建需要考虑的因素

2. 以代码仓为中心的开源工具平台搭建方案

诸如 GitHub、GitLab、Git、SVN、Gerrit 都提供了不同程度的代码管理能力，而企业所需要的代码管理能力一般可以通过 GitLab 或者 GitHub 的企业版本进行集成，但是考虑到企业级用户的多样性需求、代码作为核心资产在安全和管控方面各个企业往往有着不同的合规和管控需求、需要结合编码检测工具实施自动化的编码检测、结合流程进行编码结果评审与合规审计、结合需求管理工具进行端到端的前向追溯、结合缺陷管理工具进行端到端的后向追溯等，目前的代码托管平台很难提供一站式的完整适配能力。另外，代码资产及对研发过程中与所有数据相关的价值的挖掘，也需要工具平台进行进一步的规划。代码管理应该具有代码托管、评审、安全、编码规约等功能。

以 GitLab 为例，它提供了有关 DevOps 的完整能力，因为整个研发资产中非常重要的源码都保存在 GitLab 上，所以导致 IDE 开发、代码安全、编码规约、代码评审与合入、规划、发布、监控等都在其上进行集成，形成的完整功能如图 17-2 所示，这也是在搭建开源工具平台时可参考的方案之一。

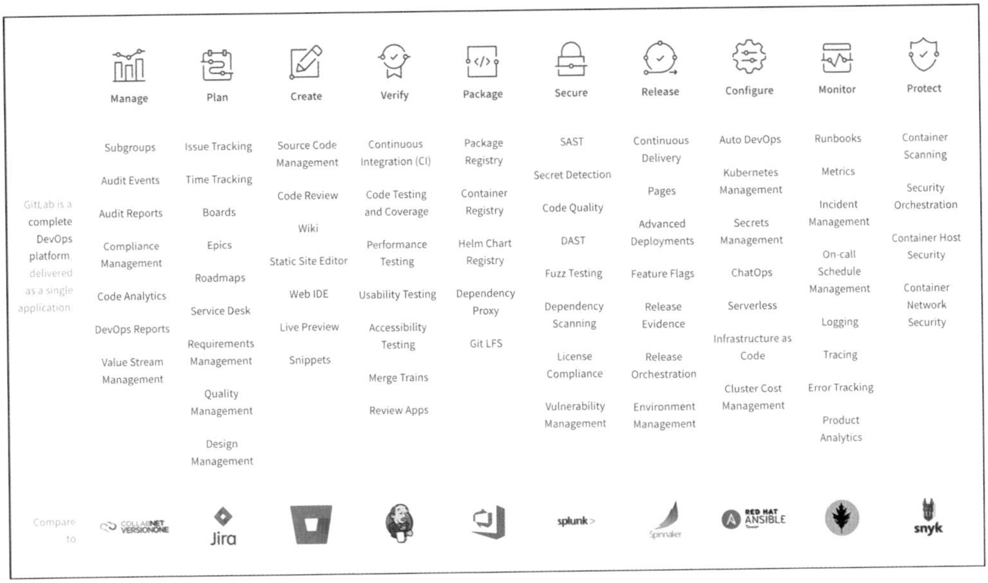
GitLab is a complete DevOps platform, delivered as a single application.
Manage
Subgroups
Audit Events
Audit Reports
Compliance Management
Code Analytics
DevOps Reports
Value Stream Management
Plan
Issue Tracking
Time Tracking
Boards
Epics
Roadmaps
Service Desk
Requirements Management
Quality Management
Design Management
Create
Source Code Management
Code Review
Wiki
Static Site Editor
Web IDE
Live Preview
Snippets
Verify
Continuous Integration (CI)
Code Testing and Coverage
Performance Testing
Usability Testing
Accessibility Testing
Merge Trains
Review Apps
Package
Package Registry
Container Registry
Helm Chart Registry
Dependency Proxy
Git LFS
Secure
SAST
Secret Detection
Code Quality
DAST
Fuzz Testing
Dependency Scanning
License Compliance
Vulnerability Management
Release
Continuous Delivery
Pages
Advanced Deployments
Feature Flags
Release Evidence
Release Orchestration
Environment Management
Configure
Auto DevOps
Kubernetes Management
Secrets Management
ChatOps
Serverless
Infrastructure as Code
Cluster Cost Management
Monitor
Runbooks
Metrics
Incident Management
On-call Schedule Management
Logging
Tracing
Error Tracking
Product Analytics
Protect
Container Scanning
Security Orchestration
Container Host Security
Container Network Security
Compare to
COLLABNET VERSIONONE
Jira
splunk>
Spinnaker
RED HAT ANSIBLE
snyk

图 17-2 GitLab 提供的完整的研发工具平台功能

代码仓是开发环节的关键资产库，而以代码仓为中心的开源工具平台方案可以以研发的实际过程为中心进行多方面的集成。借助于其得天独厚的位置优势，在代码质量、安全扫描、代码评审、合并检查等同等性能和体验的情况下，其往往更容易被开发人员接受。另外，在流水线、持续集成和部署、监控及需求和缺陷管理，以及和代码的追溯方面的集成也较为容易进行。在之前的方案中，我们还能看到基于 SVN 的一小部分方案，目前主流的方式是使用 Git 作为基础代码管理工具进行集成，也有很多直接在 GitLab 的基础上进行集成的。

3. 以制品仓为中心的开源工具平台搭建方案

与 GitLab 作为源码管理的中心类似，源码是软件研发过程中的核心与关键资产，在设计、开发与测试的作业流程中是研发阶段的重要成果，通过研发作业流连接设计人员、开发人员与测试人员等，是研发阶段的中心。由源码生成二进制制品部署到客户的生产环境实现价值的交付，二进制制品是持续部署阶段最重要的研发交付物，因此存放二进制制品的制品仓当仁不让地成为另外一个中心。提供二进制制品管理的工具有 Artifactory 和 Nexus。如果以软件包的交付为中心，先通过安全扫描能力和流水线的集成，再结合代码仓，就可以很容易形成以安全高效交付为重心的开源工具平台构建方案。JFrog Artifactory 作为对二进制制品包和容器镜像等进行统一管理的中心，其核心功能是提供二进制仓的管理功能，同时提供 JFrog Pipelines，以完成从构建、测试到部署端到端 DevOps 流水线的功能，在端到端 DevOps 流水线中可以完成版本控制、持续构建、持续部署、容器化等工具的打通和落地。JFrog Artifactory 官方工具平台的实现可参看图 17-3。

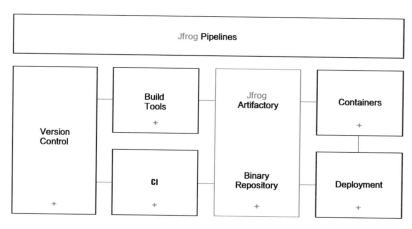

图 17-3　JFrog Artifactory 官方工具平台的实现参考

二进制制品仓作为部署到生产环境中最后一公里的关键资产库，以二进制制品仓为中心的方案可以很容易地满足一些实际的场景需求，如跨地域团队开发中遇到的二进制制品仓的更新、同步和备份等需求，或者需要对从操作系统组件和开发语言的依赖管理到容器镜像和 Helm Chart 等的统一管理等需求。

4. 开源工具平台搭建的方案示例

开源工具平台搭建的重点是实现业务价值真正端到端的流动，这是方案需要整体聚焦完成的。高交付效率并不一定等于持续高效交付，持续高效交付需要聚焦于两个重要因素：第一，价值的流动，即在工具层面上需要从价值的定义、关联、传递、衡量、反馈 5 个方面进行实现，以确保组织高优先度的需求能够得到满足；第二，价值交付的节奏，敏捷的开发手法能够真正通过工具平台来打通到研发的最后一公里，工具平台需要具备衡量价值交付的能力，从而保证价值链的流动是贯通的，同时需要保证交付价值的衡量和反馈机制是完整的。

首先，结合工具选型的方式，在工具平台的各个阶段进行集成；然后，结合示例工具的集成，将需求管理、版本管理、测试管理、部署管理、缺陷管理形成完整的工具链条。全生命周期管理的开源工具平台可以有多种实现方式，图 17-4 是一个示例。

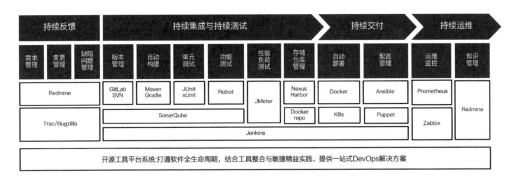

图 17-4　开源工具平台示例

具体开源选型的示例可能会因项目不同而不同，此处基于实际的项目示例给出一些解释，如表 17-6 所示。

表 17-6　开源工具选型分析与评估结论示例

工具选型	选型分析与评估结论示例
Redmine	在需求管理和缺陷追踪方面，虽然主流的开源免费工具 Redmine 和禅道都无法完全适应内部的相应流程和需求，但是由于对成本和速度的要求较高，对定制化与易用性的要求可以折中，因此可选择 API 和生态相对较好的 Redmine 进行集成
Jenkins	使用 Jenkins 的插件方式可以快速集成多种工具，快速实现自动化提升效率的需求。对于 Jenkins 复杂模式下的可视化编排，由于其频度较低，要求并不是很高，且对流水线模板和复用等能力的要求也较低，因此直接使用 Jenkins 和插件集成的方式即可满足初期的需求
Maven/Npm	使用脚本和插件方式并结合 Jenkins 进行集成实现持续构建，对于多语言的支持要求不高，场景多集中在 Java 系的后端和 JavaScript 系的前端应用
Harbor	由于镜像的功能只需要镜像的统一管理、用户权限管理，以及镜像安全扫描的功能，因此使用 Harbor 即可满足要求
SonarQube	当实际需求需要对 Java 和 JavaScript 的前端和后端代码进行代码质量扫描，对单体测试的覆盖率有可视化确认需求，对代码规则和安全相关的规则没有定制化需求时，SonarQube 即可满足要求
Nexus	当需要对多种类型的二进制制品进行管理，而对元数据的管理没有过多的需求时，Nexus 能够满足要求

17.2　自研工具平台搭建实践

使用开源工具平台还是进行自研是企业在进行研发工具平台搭建时需要考虑的问题，开源工具平台的搭建短平快、周期短、见效快并且成本低，但是在经验规模化的扩展方面会碰到很多问题。除了使用上的易用性、性能上的可扩展性，以及研发用户使用习惯的问题，当企业需要研发效能真正能够得到 7 天×24 小时的保障、问题的快速修复、定制化功能的开发、已有项目的集成等企业级 DevOps 工具平台能力的全面支撑时，仅仅使用开源工具平台往往也很难实现。

在搭建自研工具平台作为 DevOps 的实践探索活动时，自研工具平台搭建人员应该以实现组织目标为中心，以业务敏捷为方向，构造能够高效交付发布产品的工具和文化，让企业的 IT 部门真正以业务为导向来创造价值；应该结合外部理论和实践经验，深度把握企业内部的工具需求；应该使自研工具平台能够通过推动企业整体在项目管理、敏捷开发、测试管理与交付管理的能力提升，提供统一可视化、操作便捷的门户。同时，更重要的是，自研工具平台要能够结合企业的研发规范和合规性流程的要求，更好地适应组织要求，做到量体裁衣，真正能够成为适应企业自身发展的自主研发作业系统。

17.2.1　自研工具平台需求分析

在搭建自研工具平台之前，自研工具平台搭建人员应该对企业的研发"痛点"有深刻的理解。例如，企业在研发、测试、运维及项目管理方面有哪些困境需要解决，即在研发上需要考虑架构和新技术等因素的影响，在测试中需要平衡自动化测试的成本投入与交付速度需求之间的关系，在运维上需要考虑研发软件引入、多云运维、开源安全和数据维护等多方面的影响，只有深入了解并解决了这些问题，自研工具平台搭建之路才能更加稳定和高效。

为了更好地帮助自研工具平台搭建人员对研发需求有更好的把握，下面结合多个阶段实践的要素，重点聚焦在需要工具达成的能力方面，同时提供自研工具平台需求评估表（见表 17-7），辅助自研工具平台搭建人员判断需要自研的需求。

表 17-7　自研工具平台需求评估表

类型	待评估需求描述	是否达成
版本管理	支持代码仓对人员和角色的可定制的权限控制，可提供读/写的设定，支撑对不同角色的支持	是/否
	支撑分支管理（创建、删除、查看），可对分支和特定版本实施基线操作	是/否
	提供代码评审能力，支持审查人的自定义及和代码分支的关联，对评审结果提供审计和复查功能	是/否
	提供不同版本、不同分支、不同基线代码提交的文件内容、提交人、评审记录、评审结果、缺陷关联、需求关联、环境关联、修改文件列表、修改文件内容等详细信息的查看与追溯	是/否

续表

类型	待评估需求描述	是否达成
版本管理	支持加密方式访问及代码仓数据的加密保存，保证在数据传输和直接复制时无法轻易解密获取代码资产	是/否
	支撑多种定制化分支管理方式，包括 GitHub Flow 和 Git Flow 及在此基础上衍生的分支模型	是/否
	对代码评审能够提供流程上的支撑，可以对权限进行设定，且评审过程与结果信息可以通过多种方式通知关联人；可以对评审意见进行分级设定；可以根据评审结果设定评审阈值以决定是否同意代码上库等	是/否
	提供企业内部代码仓关联的元数据标准信息，用于描述代码追溯至需求或者缺陷和环境的标准关联方式，对代码提交的关联能够进行规范化和标准化，确保版本控制部分研发过程的数据准确并具有一定的结构化，便于对研发过程进行分析、监控和改善	是/否
持续构建	支持多种语言、编程框架和主流操作系统的构建和应用接入，并能提供 API 方式与其他系统进行集成	是/否
	支持构建任务的手工、定时、Webhook 等方式的触发方式，并支持构建参数的自定义及构建结果的制品库归档	是/否
	对于构建过程提供构建任务的实时查看、环境关联确认功能，以及支持任务的手工重新执行、中止、暂定等操作	是/否
	支持构建环境的统一管理和标准化场景下的一键生成，构建环境支持基础设施代码化，支持运行时动态生成与释放的弹性能力，形成统一管理的构建资源池	是/否
	支持虚拟机和容器化构建，构建结果可以以多种方式进行通知，包括邮件和即时通信工具等	是/否
	支持分布式编译或者增量编译等方式下的构建加速	是/否
	支持构建任务的定制化设定与结果的可视化显示，构建任务和环境的异常监控与日志审计等能力	是/否
部署流水线	支持流水线的分层分段自定义配置，可根据需要进行任务设定和编排，支持并行、串行及组合方式的流水线编排，流水线任务的参数支持默认参数和定制修改	是/否
	支持定时、手工、Webhook 等方式的流水线触发，支持流水线过程操作的实时查看、停止等，并可将流水线的结果与过程输出内容根据需要进行归档，以满足组织审计需要，流水线关键信息支持邮件或者即时通信工具等方式的通知	是/否
	支持流水线可视化显示，包括结果状态的统计及实时的执行状态和结果，并能对历史执行任务进行智能化分析，以确认流水线执行中的问题和瓶颈	是/否
	支持流水线的复用功能，包括流水线模板的裁剪、定制和复制，并支持流水线以代码化方式进行保存	是/否
	支持流水线条件判断和特定逻辑支持能力，包括组合流水线中后续流水线开始条件的设定方式、可定制阈值方式的能力支持、流水线在特定条件下跳过或者重复执行某任务等	是/否
	支持持续部署的权限设定、分层分段、并串行及组合部署方式设定、定时/手工/Webhook 方式触发、构建脚本的定制化配置、构建模板的生成/剪裁/复制，支持快速回滚能力和 API 方式的调用接口	是/否
	提供持续部署所需要部署策略的设定，包括滚动部署、蓝绿部署、金丝雀部署等，可根据需要设定部署相关的工作流程，提供部署中复杂或者过度场景中的人工评审阶段的设定，可根据部署流水线上下文获取的元数据自动生成 Release Note，部署的状态和重要信息支持邮件或者即时通信工具等方式的通知，部署失败可根据策略进行自动或者手工的回滚或修复	是/否

续表

类型	待评估需求描述	是否达成
环境与应用配置	支持包括开发、测试、准生产和生产环境类型的定义和配置，并和相应的主机、集群和设定信息的元数据信息进行关联，形成组织内部可查、可管的基于元数据的环境模型	是/否
	标准环境模型包含环境配置信息、环境依赖的资源信息和配置、环境支持的运行方式、所有依赖的基础设施和服务依赖的详细信息、所支持的环境主机的基本类型（如容器化、虚拟机）等，支持环境配置信息与应用关联，并可通过应用进一步和项目、人员等进行关联，形成完成的研发基础设施数据模型，为研发能力的智能化提升提供标准化的数据基础	是/否
	提供 API 来为其他平台集成提供能力，提供环境能力的验证方式，并可以通过 API 进行快速确认，支持环境的快速生成和销毁，支撑环境与持续构建能力的对接，从而更好地支撑多语言的构建需求，支持对构建结果与制品库的关联，支持环境的一致性检查能力	是/否
	支持基于应用程序的配置设定，支持多项目和多租户下的应用和分组设定，支持对配置的权限控制，并将基于标准元数据结构的环境模型进行版本控制，并支持回滚和自动恢复，已降低配置错误产生的风险	是/否
	支持多语言应用的配置操作，并可对配置相关的任务进行信息通知设定，以获取与配置变更相关的信息。结合发布后的故障情况，进行阈值时间内配置变更信息和部分智能故障定位决策辅助提示信息的推送	是/否
	提供基于应用的元数据管理模型，形成组织内部标准的应用数据的元数据标准格式，包括制品信息、校验和、版本信息、版本管理元数据模型信息、持续构建元数据模型信息、部署流水线元数据模型信息等，形成整体的元数据模型，并可根据此模型形成统一的检索能力、安全扫描及熔断机制等	是/否

17.2.2　自研工具选型

在搭建自研工具平台时，并非所有工具都需要进行自研，重点考虑现有工具是否能够完成企业对研发工具平台的特定需求，而在进行工具选型时，一般也可以延伸至其他商业工具，当然还是希望完成全生命周期工具平台搭建的企业是云服务提供商。一般企业搭建自研工具平台的重点是功能的集成，而不是所有研发工具平台的子领域都需要从零自行研发。表 17-8 列出了常用的自研选型工具。

表 17-8　常用的自研选型工具

类型/功能	工 具 名 称
需求管理与缺陷追踪	JIRA
需求管理与缺陷追踪	VersionOne
代码质量分析	Fortify
代码质量分析	Coverity
持续集成	CloudBee
持续部署	uDeploy

类型/功能	工 具 名 称
IDE 开发	AWS Cloud9
IDE 开发	Repl.it
IDE 开发	CodeSnadbox
IDE 开发	Cloud Studio
IDE 开发	CloudIDE
IDE 开发	GitHub Copilot

注：一些开源工具同时提供商业版本的方式，如 SonarQube 提供多种收费方式，不再重新列出，只列出一部分常用的工具。

17.2.3　自研工具平台搭建

在搭建自研工具平台之前，通过对"痛点"和需求的分析，自研工具平台搭建人员应该对自研工具平台的定位、价值和场景已经非常清晰，这是自研工具平台搭建的起点，即技术的实现需要保证业务目标不会跑偏。例如，对于自建的以企业研发上云为重点内容的自研工具平台搭建，搭建之前的目标和定位可能如下所示。

自研工具平台的定位：自研工具平台扮演企业研发中控的角色，满足各部门不同阶段的特定需求，当前阶段的定位是助力 IT 系统云化改造，作为连接应用系统和 PaaS 云平台的桥梁，加速组织新技术的架构转型。

自研工具平台的核心价值：通过自研工具平台提供的功能和实践经验的沉淀，加快组织 IT 系统基础框架改造速度；对研发过程做到统一化过程管控，支持业务系统的敏捷开发需求；提供规范安全开发流程落地的实施方法，结合云 IDE 等方式增强开发环境的一致性和安全性，集成测试平台，提供一致性的测试环境，结合持续集成和交付的环境管理，对准生产环境和生产环境能做到一致性管控。

自研工具平台的价值体现场景：在敏捷化或者集成化需求管理方面，可以为需求人员和产品经理提供可视化的需求进度和质量跟踪；在工具平台引入方面，可将研发人员的代码交付过程自动化、可视化，提高研发效率；在自动化测试方面，可以帮助测试人员执行接口测试、功能测试和简单的 UI 测试；在项目管理方面，可以为项目管理层人员提供可视化的仪表盘和数据统计分析；在 IT 系统云化实施方面，能够帮助运维人员实现快速发布上线、自动回滚、灰度发布等。

1. 自研工具平台设计的基本策略

基于管理实践的功能增强：通过对工具和流程的整合，实现全流程生命周期管理，打通需求、代码和部署，实现需求与代码发布的可追溯。面向复杂企业级客户，实现多项目、多系统、多角色的跨团队管理，灵活地支撑传统企业从矩阵式项目管理模式向 DevOps 转型，提供跨项目、多维度、多层次的指标统计和可视化管理视图，推动交付过程透明化和可视化，支持多种分支管理模式的流水线管理。以代码分支管理和版本管理为例，自研工具平台的设计需要考虑如图 17-5 所示的要素，这些都是版本管理实践增强的要点。

① 是否有一条基线，能够随时保持和生产环境中使用的代码一致

② 是否有一条基线，能够随时保证最新开发的内容可以随时发布

③ 是否考虑到临时紧急线上修正对团队开发的影响

④ 多团队并行开发之间能否做到尽可能小地相互影响

⑤ 发布是否能够兼顾例行发布和进行发布，并能随时确认影响

⑥ 团队是否熟悉版本管理工具，并能在项目中有效地使用

⑦ 版本相关操作是否有规范的流程，并被忠实地执行

图 17-5　版本管理实践增强的要点

源于开源但强于开源的工具集成：自研工具并不是拒绝开源工具，而是根据实际需要在既有系统范围内提供解决方案。对于开源工具，开发人员仍然需要提供一站式配齐的工具管理方法，使开源工具的使用简单化、标准化和规范化；提供可剪裁的流水线配置方式，以可视化方式实现流水线的管理和细粒度模板的重用，并提供历史数据的持久化、集中化管理。

灵活可扩展的技术架构：自研工具平台使用主流的开发框架和手法，易于维护和扩展、前后端分离、进行容器化和微服务化部署，使用同一种方式和接口对工具进行管理，便于工具的替换和升级维护。

面向企业内部流程的高度定制：自研工具平台除了将工具进行集成、将行业实践进行沉淀，还为支撑面向企业内部的开发、测试和运行维护的研发一体化，内置支持企业自身的研发规范和要求，提供和内部系统集成的接口，以便更好地推广使用。

2. 自研工具平台功能设计方案

自研工具平台的设计需要考虑多项内容，图 17-6 为某自研工具平台的功能设计方案，该方案主要包括如下功能。

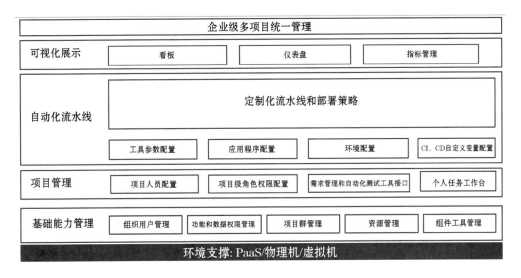

图 17-6 某自研工具平台的功能设计方案

敏捷项目管理功能：提供完善的敏捷项目，管理所需要的人员管理、组织管理、权限管理、角色管理、需求缺陷管理、各种类型看板等功能。

持续集成与部署：提供以业务应用为中心的持续集成和持续部署能力，并提供可复用的模板和定制化实施方式。

安全管控：对应用及相应依赖进行从代码到二进制及相关中间件的安全评估和监控。

可视化与 KPI 度量：提供全面的指标度量和展示的可视化功能，从流程到各项业务指标，以多维度的方式予以提供。

统一门户管理：提供统一的用户门户管理和操作方式。

3. 自研工具平台工具选型方案

自研工具平台的工具选型方案设计需要考虑如下因素。

第一，对软件生命周期及 DevOps 的反馈回路所需的工具与系统进行选择，包括持续集成、持续测试、持续交付与持续运维，以及持续反馈阶段。根据需求，对需求与缺陷管理、版本管理、自动构建、单元测试、仓库管理、配置部署、运维监控等进行覆盖。

第二，需要结合需求分析和选型指标进行综合考虑。

第三，结合需求分析工具所能提供的核心价值，如快速的开发支持、软件开发框架的标准化、对业务云化需求的支撑等，抓住核心价值的定位。

第四，明确自动化效率提升、研发管理效能提升、基础设施与技术框架标准化规范、安全与合规、过程和结果可衡量与可视等角度工具需要完成的目标。

在明确这些因素之后，即可进行自研工具平台的工具选型方案设计。自研工具平台工具选型设计示例如图 17-7 所示。

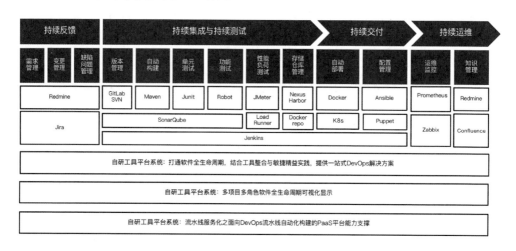

图 17-7   自研工具平台工具选型设计示例

4. 自研工具平台设计方案与重点

搭建自研工具平台的重点在于工具的选型，而自研工具平台自身较为简单，和普通的系统差别较小，自研工具平台搭建人员在设计时可以从前端、后端、数据库等多个角度进行考虑，具体示例如表 17-9 所示。

表 17-9　自研工具平台架构的设计重点示例

序号	设计重点	详细说明
1	前端设计	定期通过前端工具确认各组件部分的大小，以保证系统加载时间不会过长。同时，结合懒加载与异步操作等常见技术手段进行设定，以保证前端页面的功能在不断更新的情况下，性能也能达到要求
2	后端设计	利用微服务的设计理念，后端可以非常容易地以独立的方式进行部署。同时，结合 Redis 的使用，保证后端可以根据需要进行横向扩展，在性能需求扩大时，利用容器化技术在容器云平台层进行横向扩容来适应要求，通过提供连接池等方式对数据库等较为耗时的访问和操作提高性能
3	数据库设计	使用多种方式对 MySQL 数据库的性能进行监控和优化。首先，激活 MySQL 的慢查询，设定不影响系统性能的慢查询时间阈值，对影响系统性能的慢查询进行监控，做到当数据库性能问题出现时，能在最早的时间点发现。根据需要对数据库进行整体性能优化，包括并不仅限于对一些性能参数的调节。其次，定期对索引进行创建和优化，以保证在操作正确的前提下进行性能提升；对超过百万条数据的单个表进行分库、分表操作；在单节点无法实现需求的情况下，提供 MySQL 集群和读写分离等方式；在普通集群无法实现需求的情况下，结合 MyCat 等分布式数据库框架，提供更加高效的数据库服务

为了保证系统的功能和性能具有可靠性、可用性及可扩展性，在性能、安全等方面的设计重点如表 17-10 所示。

表 17-10　自研工具平台的设计重点示例

序号	设计重点	详细说明
1	单实例基础指标	前后端分离，前端页面和后端 API 提供明确的最大性能指标，即在系统正常运行时，要满足主要前端页面加载不超过 200ms、后端执行不超过 300ms、用户操作最长等待时间不超过 3s 等基础性能要求，以保证用户在使用上的友好性
2	Nginx 优化（前端）	通过 Nginx 应用服务器的优化选项，结合压缩比等常见的设定，确保不断扩大的系统能够满足性能的要求
3	性能测试	使用 JMeter 进行 API 的性能测试，并将自动化性能测试融入常规的开发过程中，以保证性能始终能够满足用户的需求
4	开源工具设定优化	对于开源工具，在与性能相关的缺省设定选项上，要根据环境状况进行调节，如 Jenkins 可以并行执行的最大 Job 数量可以根据分配给 Jenkins 的 CPU 的核数量进行设定，从而达到更好的性能
5	登录认证	结合验证码进行双因子验证，以确保安全；密码信息以加密方式进行传输，以确保传输过程中的安全性
6	防越权访问	前后端分离，结合整体基于角色的权限管理机制，对后端的 API 访问提供验证机制，降低直接通过后端 API 越权访问的可能性
7	会话安全	通过对用户的会话标识进行管理，对用户身份进行识别和追踪，从而确保会话安全
8	数据输入输出	对密码、Token 等密件信息进行统一管控，不以明文方式直接保存密码信息，结合非对称加密算法对密码等信息进行加密，对密码的输出和显示进行特殊处理，如密码的输入使用特定的组件，显示也进行特殊的处理，传输和数据库的保存避免使用明文方式，以便从多个阶段进行安全控制

续表

序号	设计重点	详细说明
9	代码质量	系统本身的代码也使用 SonarQube 等工具进行质量扫描，对与安全性相关的内容逐条确认，确保代码质量不会产生脆弱性的隐患
10	镜像安全	系统运行所在的基础镜像的安全通过镜像安全扫描予以保障，避免基础镜像的脆弱性问题所带来的安全风险
11	木马病毒	对所有内容进行木马病毒扫描，防范可能以伪装方式出现的木马病毒对系统产生的影响
12	开源工具	对系统提供的各种开源工具进行木马病毒扫描、镜像分层安全扫描，以及工具自身安全性补丁的定期更新，以保证能够更加安全地使用开源工具
13	数据备份恢复	为避免平台整体数据丢失或损坏带来的风险，定期对数据进行备份，并以加密方式保存备份数据，以降低在不确定因素下系统数据使用的风险
14	开源合规分析	对于开源工具在软件协议上使用的合规性、开源片段引用、开源漏洞管理、下层依赖关联的开源漏洞扫描等都需要进行扫描，并对结果进行分析和审计

17.2.4　实施经验总结

下面对自研工具平台的搭建、使用、持续评估和改善的完整闭环中的一些实践经验进行总结。

1. 基于产品化的思维推动自研工具平台搭建

从内部平台到平台团队：根据 2020 年 DORA 的报告，高达 63% 的受访用户在使用内部平台，而内部平台是否以产品化的思维和方式推动，对 DevOps 的实践起到非常显著的作用。例如，平台团队是否从内部用户中收集需求、是否存在类似于产品经理的角色、是否有产品的特性发布规划、是否提供在线帮助和运维支撑、是否卷入用户测试新的功能特性等方面。产品化思维在高绩效团队中的占比达到 34%，而在低绩效团队中只有 7%。平台团队（在很多组织中可能被称为研发工具团队）的责任是提供自服务的内部平台，帮助其他团队完成应用的构建到交付。

搭建成本与周期：由于自研工具平台搭建是为企业 DevOps 实践提供服务的，因此搭建过程最好符合快速迭代与交付的特点。一般来说，自研工具平台包含商业软件与开源软件，商业软件重点需要关注软件协议的成本与方式，以确保在不同网络条件下或者随着研发业务的提升部署多套服务不会带来成本的快速增加，能够提供开放的方式进行特性的扩展；开源软件则需要重点关注社区对安全问题支持的速度，以及软件自身的稳定性和可用性。工具团队不断收集内部用户的需求，聚焦于业务交付，一般按周稳定交付功能特性，保障研发用户的体验得到改善、"痛点"得到解决，不断提升研发效率。

2. 按需提供的自服务能力

自研工具并不一定需要完全云化，但是美国国家标准与技术研究院提出的有关云计算的 5 项核心能力对自研工具平台来说具有较大的参考意义，DORA 2021 年的调查也印证了这一点。高绩效团队达成 5 项核心能力的比例（57%）远远大于低绩效团队（5%），尤其是按需提供的自服务能力（用户可以根据需要自行配置所需服务，而不需要人工干预）是自研工具平台需要考虑的重要内容。根据在项目中的实际经验来看，如果自服务能力不好，那么自研工具平台推广的运营和运维会产生大量的沟通成本，效率也不高。自服务能力对于自研工具平台的推广来说非常重要，在自研工具平台整体的权限配置、可自定义工程配置、工作流的自定义支持、基于规则的代码扫描规则、人员角色与工程的组合设定、自研工具平台自解释服务等方面，提供灵活性、可用性与易用性较强的自服务能力对于自研工具平台的运营和运维效率的提升至关重要。

3. 开源软件、商业软件与自研软件的使用参考

开源软件、商业软件与自研软件并没有一个严格的比例，这一点在 DORA 2019 年的调查中也得到了印证。调查结果显示，混合使用开源软件、商业软件与定制软件（自研软件）是企业在工具平台搭建中最为常见的场景。

（1）混合使用方式最为常见：无论是高绩效团队还是低绩效团队，开源软件和商业软件混合使用的方式占比最高，使用混合方式，再进行一定程度的定制方式占到整体的 60% 以上。

（2）仅使用开源软件的情况在高绩效团队中更为常见：主要使用开源软件结合深度定制或者少量定制的方式，高绩效团队达到 27%，低绩效团队只有 11%。

（3）仅使用商用软件的比例较小，在高绩效团队中只占 4%。

（4）不使用开源软件与商业软件的纯自研方式在低绩效团队中的比例最大：低绩效团队达到 20%，高绩效团队只有 6%。

4. 开源软件、商业软件与自研软件的重心

在混合使用 3 种软件的场景中，笔者建议开源软件、商业软件与自研软件按如下方式各司其职。

（1）开源软件。一般的自研工具平台以开源软件为主要的能力基础，尤其是云原生技术架构下的开源工具平台，基于开源软件进行功能集成，在可用性、易用性和工程最佳实践结合等方面进行强化。

（2）商业软件。商业软件分为两类，一类是本身是工具平台某个细分领域中的佼佼者，但是同时会提供全生命周期的工具平台服务，如 GitLab 的 EE 版本或者 Artifactory 等，使用此类软件一般可以进行深度定制，发挥其完整工具平台的能力，也可以重点发挥其在细分场景中的功能，如 Artifactory 主要用于对二进制制品的统一管理；另一类商业软件可被用于细分领域，如 Fortify 和 Coverity 主要进行代码质量扫描，提供开源软件不能实现的一些功能特性。对于代码质量，尤其是对安全性要求比较高的企业往往会在工具平台的这些节点上采购商业软件，以满足业务需求。

（3）自研软件。根据目前企业的实践，自研软件一般会将重点放在集成开源软件和商业软件上，统一用户使用入口方面的功能，如提供统一的操作界面和租户管理等能力，使研发用户可以一站式配齐并使用开源软件与商业软件，通过提供统一的度量和展示平台对研发效能进行管理等。

5. 自研工具平台的集成方式

在自研工具平台组建的过程中，除了简单的 API 方式的集成调用及功能界面的嵌入等，往往还需要对现有工具进行扩展甚至二次开发，一般以插件机制为主，常见的方式如下。

（1）原生集成。以 Jenkins 为例，其提供以插件方式进行功能扩展的标准方式，已支持超过 1000 个插件。对于常见的主流研发工具，它都有插件支持，同时提供插件开发与接入的标准方式。对于可使用 Jenkins 原生页面解决的集成场景，插件方式大大提升了自研工具平台集成的效率。

（2）规则扩展。以 SonarQube 为例，其支持超过 20 种语言的代码质量扫描，扫描规则在 SonarQube 中也可以进行规则扩展与自定义，如可以通过插件方式实现特定语言和特定规则的扩展，使定制开发相对较为容易上手。

（3）定制开发。以 JIRA 为例，其对工作流的支持非常强大，简单的工作流定制基本无须编码。另外，结合 JIRA 提供的标准接口可以进行集成和功能扩展，还可以进行更加复杂的集成，如对工作流的用户权限和数据权限进行控制、某些字段只能由研发人员进行更新、对现有的 JIRA 页面进行控制和调整、在具体创建或者编辑之后添加扩展逻辑或者计算逻辑等，JIRA 的这种方式实际上也是以插件方式实现的。

（4）DSL 方式。以 Jenkins 为例，Jenkins 2.0 之后的版本提供了 DSL 方式对任务编排的代码化进行支持，使得与 Jenkins 的集成更加方便和灵活。Jenkinsfile 支持 Groovy，这使集成更加容易，与 Jenkins 的集成只需要保证相应的任务满足 Jenkins 的 DSL 即可，可以快速使用 Jenkins 的能力。

6. 研发规范的标准化

工具解决的重点在于自动化提升效率方面（如版本管理、构建、部署），但是还是存在很多由团队协作与工程策略方法导致的无法简单地实现"万法归一"的情况，如分支策略、分支管理方式、需求定义与拆分方法、测试与运维的连通方式等。这些不但需要对工具非常熟悉，还需要对各种流程与协作方式有清晰的理解和抽象，并能在此基础上对研发作业管理进行规范化、标准化及定制化的支撑，这也是自研工具平台搭建所要发挥的重要指导作用。

7. 基础设施即代码

消除对个人、管理动作、手工操作、软硬件环境依赖带来的问题，将整个研发过程中所有的自动化资源、代码、操作，全部以代码的方式进行保存等整个软件生命周期，都可以通过规范的版本管理和基线管理来实现。

8. 全链条多维度的分层流水线

理想的流水线应该能够实现全链条打通和定制，即在满足标准化的同时，可以进行规则与策略的定制，从需求拆分、开发测试、部署运维的全生命周期进行端到端的流程打通，支持开发人员在最早的阶段实现需求设计、代码质量、安全合规等多个角度问题的发现和定位，提供敏捷价值交付的能力支撑。

流水线分层分级机制的实施非常重要，通过代码质量扫描、测试等阶段的分层分级，可保障软件工程实践左移的同时能够兼顾时间和投入的成本，这在一些大型项目中尤其如此。例如，回答持续交付开卷的实际问题：一行代码的改动需要多久才能上到生产环境？这是一个非常简单的问题，但是当代码规模超过百万或者千万行、底层代码已经有几十年的积累、技术债复杂、技术框架和业务非常复杂时，就没有人能够对业务和技术有全盘的把控，这行代码的改动会不会像多米诺骨牌一样抽掉一张而导致全盘崩溃？会不会是压倒骆驼的最后一根稻草？因此，完整的代码质量扫描和对照动辄万行的检查清单，以及数十万个测试用例的回归验证，是修改这行代码需要付出的代价。当然，更多时候完整代码质量扫描能力的欠缺、检查清单的不足、回归测试的用例没有得到更新，这样的技术债会让这一切变得更加困难。这里，我们假设所有企业都不存在这样的技术债，都有完善的代码检查规范和工具，能清晰地列出一行代码修改后各阶段的问题，但是在大型复杂的项目中，单单检查修正完一行代码之后的代码质量扫描，以及数十万个测试用例的完整执行和结果确认所需的时间都不容小觑，因此分层分级的机制势在必行。对工具来说，提供分层分级流水线的定制化机制、提供代码扫描的增量检查能力等是必需的；对组织来说，对测试用例的维护和进行分层分级这样的研发动作，是需要在每日的工作中进行实践的。

9. 协作沟通消除"信息孤岛"，提升沟通效率

C（文化）、A（自动化）、M（度量）、S（分享）是 DevOps 的基本原则和实践要素，团队沟通所需要的时间是实践要重点改善的。分享的仅仅只是经验和知识，实际上企业应该更多地考虑如何通过流程的规范或者改善，保证信息分享的透明和清晰，有效降低沟通模型之间无谓的时间成本，最终通过自研工具平台进行体现。

10. 全生命周期研发元数据模型的构建

无论是 JFrog 推行的元数据还是其他概念，随着 DevOps 实践的深入，研发链条数据会逐渐形成体系，这对后续软件工程的变革将会产生非常重大的影响。在传统方式下，我们无法获取数据的全量数据，由于规范性差、获取困难、开放性差，智能化能力只能在研发阶段的局部进行，无法获得全体对研发数据的治理并在此基础上形成智能化软件工程能力的支撑。全生命周期研发元数据模式相较于传统方式，具有较高的准确性和标准化程度，以及更高的结构化程度，可以得到更好的数据治理与清洗的研发过程数据，具有更高的价值。

11. 云端 IDE 方式启动编码革命

通过云 IDE 方式开启的开发形态，天然具有云化特点，开发人员不必再关心开发环境的一致性。另外，其他能力的左移必将在开发阶段得到越来越多的融合，智能化的能力不会仅限于代码的智能补齐和自动化代码片段或者自动化测试用例片段的自动生成。

12. 持续评估与演进

持续评估是了解当前发展状况的重要手段，是学习业界经验的有效途径，持续

评估与演进也是自研工具平台演进的重要方式。为了保证自研工具平台能够根据业内最佳实践和企业的实际需求不断成长与演化，自研工具平台不仅要关注与持续构建、持续集成和持续部署相关的基本功能和高级功能，还要关注部署管理和发布管理等重要特性，从而使企业的研发能够提供更高效的能力支撑。

自研工具平台的持续评估与演进也要考虑策略，在项目接入时要考虑项目的特点和阶段，建立适合自身演进的方式。初始阶段的团队往往是彼此独立的，各团队拥有不同的 KPI 和规划目标，各自为战。经过改进，各团队有了一定程度的沟通，并聚焦于交付时间与部署频度等指标进行跨团队规划，有统一的目标。而在各团队进行充分沟通的基础上，团队的合作和分享逐渐变好，各团队能够确定统一目标，开发团队和运维团队能够实现很好的部署频率和成功率，通过规划实现团队目标的高度统一，明确规划的各项标准，聚焦于交付时间与响应时间，并将用户的满意度也纳入规划度量中，确保整体规划能够更充分地与客户价值关联，而整个团队也能充分理解且对趋势进行跟踪和分析。在此基础上，规划聚焦于更具竞争性的业务服务能力和更好的市场收益，结合持续部署的能力和信心，通过不断规划生产环境的实验，保证服务更具弹性、功能更具竞争性。

13. 自研工具平台的优化是一个长期的过程

自研工具平台的搭建和优化是一个长期的过程，需要通过不断评估当前的状态持续进行改善；对于项目的接入，也需要考虑其相应的阶段和状态，从手工作业较多和交付过程不稳定的状态开始，通过流程标准化、部分作业自动化，结合手工完成可重复的交付；对于整体标准有清晰的定义，大部分作业可自动化进行，能够较稳定地提供可预期的交付；对于整体过程可度量、结果可视、状态可追踪、数据可分析，以及全生命周期统一管理和基本无手工操作等不断优化改善的阶段，都需要进行不断的评估，逐步推进，直至更好的阶段，这很难一蹴而就。

第 18 章 腾讯 TEG 的研发效能平台建设

本章思维导图

腾讯 TEG 的研发效能平台建设

建设理念：以产品化为建设思想，强调工具是为人服务的根本
- 一站式：统一研发各环节能力到一个入口，打造一致的使用体验
- 一键式：提交代码后的构建、自动化测试、部署上线一键化的效果
- 易用性：用户从初次接触到深入使用都需要具备高效的友好性
- 工具式与产品式理念的探讨：我们为何坚持走产品式建设路线

平台建设实践：从需求、代码到线上运营各阶段的几个关键点
- 核心实体：以应用作为串通从需求到线上运营各环节的实体
- 主推的研发模式：划分研发过程为 5 个阶段，以此达到一键式的效果
- 需求管理：强调适合研发过程的需求管理，而非通用的项目需求管理
- 代码分支模型：找到合适自身业务的代码分支模型
- 多环境能力：测试环境管理的自动化能力在很大程度上影响了研发效率
- 测试能力：自动化测试、人工测试需要更顺畅地融入研发工具平台中
- 部署能力：需要兼顾主机、容器多场景下的部署能力
- 监控日志：在实时性、灵活性与成本间的权衡，以及与 Dev 阶段的互通联动

总结与其他探讨
- 研效度量：工具建设先行，度量数据为果，让用户无感是关键
- 开放能力：用开放来尊重不同业务的差异性，践行产品化建设理念

本章主要聚焦于研发效能工具平台的建设实践，也包含少量的研发效能工程师能力提升、研发效能制度约束等方面的探讨。

腾讯的 TEG（Technology and Engineering Group，技术工程事业群）主要为企业其他事业群的业务提供基础支撑服务，如为全企业提供机房、网络、服务器、操作系统（tlinux）、大数据平台、腾讯云 COS/CBS/TDSQL/CDN 等的后端服务。TEG 业务研发的主要特点是面向 tlinux 的服务器端平台系统，较少有桌面端、移动端等场景。

18.1　产品化设计理念

智研是腾讯 TEG 主推的一个研发效能平台，包括需求、代码、构建、测试、部署、监控日志、脚本运维等功能，覆盖服务器端类型的业务在研发运营过程中相对较为独立的功能部分，其主要采用产品化的设计理念。

为什么要以产品的理念来做研发效能？研发效能其实与每一位研发人员相关，但研发人员的工作目标并不是研发效能本身，如果研发效能工具复杂、难用，研发人员的效率提升就是谎言。怎么理解这句话呢？下面先来看两个例子。

例如，钓鱼就很专业也很复杂，渔具可以具有多种功能，鱼饵也有多种，要搞懂这些必须先下一番功夫。因为钓鱼的目标对象很具体，只有真正喜欢钓鱼的人才会坚持下去，钓鱼被用于满足垂钓者的心理需求，而不是吃鱼的需求，所以垂钓者愿意花费时间和精力来研究钓鱼这件事。

而开车就不能被设计得很复杂，因为并不是真正喜欢开车的人才需要开车，开车更多地被用于满足用户从 A 地到 B 地的快捷需求，而不是开车本身的需求，所以选择手动挡汽车的用户越来越少，选择自动挡汽车的用户越来越多。

同理，研发效能工具要满足的是工程师解决业务需求过程中的效率化问题的需求，而不是工程师喜欢研究研发效能工具本身的需求，因此研发效能工具需要倾向于简单化，能让用户快速上手。

因此，这里的问题就演变为做减法，让最终做出来的东西更简单易用。

后面主要围绕这个核心理念来探讨智研在腾讯 TEG 的建设实践。

18.2　一站式

智研明确提出了一站式的建设概念。一站式是指把所有功能都放在同一个入口，它是相对于分散的多个单一功能产品而言的。

一站式的优势主要有以下两点。

第一，可以让用户不用记住那么多入口，对新入职的员工非常友好。在研发效能方面，腾讯内部单一功能的产品有 TAPD（需求管理）、工蜂（Git 代码仓库）、软件源（镜像、制品仓库）、蓝盾（CI 流水线）、七彩石（业务程序配置管理）、北极星（业务服务间调用路由管理）、TKE（K8s 平台）等，如果不采用一站式，用户就需要记住所有的单一功能产品的域名才能完成研发工作。

第二，统一单一功能产品的项目、权限等基础能力，可以避免出现用户对这些基础概念乱用的扩大化。例如，在非一站式下，笔者负责的一个业务在 TAPD 中只有一个项目，而这个业务的多名开发人员都可能会在蓝盾中自建项目，在采用了一站式后，便不会再出现这种情况。

基于上述两点优势，建设一站式平台还是非常有必要的。当然，智研在一站式的各种能力方面也不是进行全新的建设，而是尽力复用企业内部现有的单一功能产品，如智研需求池背后对接了 TAPD、智研代码库背后对接了工蜂、智研交付流背后对接了软件源和蓝盾等。

智研一站式的产品组成如图 18-1 所示。

图 18-1　智研一站式的产品组成

工作项：列出进行中的需求、代码分支、测试任务、部署任务，用户快捷入口。

需求池：具有需求、缺陷、迭代计划等功能。

代码库：具有代码查看、分支管理、MR 状态等功能。

交付流：具有 CI、CD、流水线等功能。

测试堂：具有自动化测试、人工测试、用例及计划管理等功能。

监控宝：具有基础环境监控、业务 SLA（Service-Level Agreement，服务等级协议）多维监控、智能异常检测等功能。

日志汇：具有日志收集、处理、高效检索等功能。

脚本箱：具有业务自定义的脚本流程编排、调度下发到服务器执行等功能。

18.3　一键式

一站式解决的问题有限，尤其是其第一点优势基本只对新员工才能得以发挥，而一键式才是真正提升研发过程效率的利器。

一键式是指让研发人员只关心具有创造性价值的工作内容，如做架构设计、写代码、写 UnitTest（UT）、做代码评审，而不需要处理机器能够自动做的事情，如流程流转、搭建测试环境、部署程序、执行测试用例等。

一键式最理想的效果是用户在提交代码后，可以不再需要盯着整个流程等待下一步，而是可以转向处理其他事情，机器会自动执行代码规范扫描、构建、执行 UT、自动部署到测试环境且执行接口自动化测试用例、合入代码，并最终自动变更版本上线生效，只有当过程中出现错误时才需要研发人员介入处理。一键式的研发流程如图 18-2 所示。

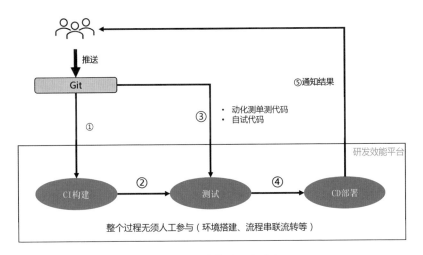

图 18-2　一键式的研发流程

18.4 降低初始使用门槛

当然，如果要实现一键式的效果，就需要提前初始化业务的各种配置，如代码的分支管理模式、开发框架的 RPC、如何构建、如何执行 UT、测试环境如何管理、程序间调用的路由如何管理等。

如果整个企业用一套开发框架、一种代码分支管理模式、一种研发流程，初始化配置就很简单，只需要针对各种语言做几套初始化的模板，在不同业务接入时选用自己语言的模板即可。但是，如果各团队都有自己不同的技术栈和研发流程，初始化配置就需要企业花一番心思进行设计。

其实，大型组织或多或少地都有技术债，也就是在组织规模较小时全力发展业务，忽视了技术栈、研发流程规范等的统一建设，直到出现研发效率阻碍了业务的发展后，才决心进行治理。因此，技术栈和研发流程的"多态"是研发效能工具在现实中几乎要面临的必然问题。

智研在新项目接入时设计了多种方式来降低使用门槛，以提升新项目初始化的效率。

第一，新建项目脚手架的设计理念。这里的脚手架类似于前端开发的脚手架，本质都是降低新建项目的成本，智研的脚手架与用户所在组织（小组、部门或中心）绑定，每个组织都可以在智研上定制新项目初始化的模板。当该组织的用户创建新项目时，智研会自动展示这些模板供用户选择，甚至还为具备统一技术栈的组织提供了强制使用其定制模板的能力，以便组织下的所有员工创建的项目都具有统一的研发模式，便于组织的统一管理。创建新项目脚手架的流程如图 18-3 所示。

第二，新项目创建好之后的用户初始化指引。对于没有定制模板的组织，在新项目创建完成后的初始化环节，智研采用了明确的交互式指引设计，来降低用户对各种概念的认知难度，提升自助初始化的成功率。在明确的交互式指引中，智研采用全貌+分段+明确的 step 1、step 2、step 3 等指示来指引用户，如图 18-4 所示。全貌是指把初始化的全流程一次性展示出来，以便用户知道整体需要做的事情；分段是指把研发全流程划分为多个阶段来初始化；明确的 step 1、step 2、step 3 等是指对各分段明确标号，清晰地指示用户先做什么、后做什么，使用户按这个既定步骤做下去就可以完成，避免用户出现模棱两可的想法。

图 18-3　创建新项目脚手架的流程

图 18-4　新项目创建好之后的明确的交互式初始化指引

18.5 对业务研发全流程支持方式的选择

既然技术栈和研发流程的"多态"是大型组织常见的情况，是不是就表明研发效能工具也要提供相应的各种定制化、细粒度功能组合的能力，以供业务方按需配置和使用呢？

智研在进行产品设计时，对这个问题进行过激烈的讨论。

观点 1：研发效能平台必然要做各种适配业务的工作，否则业务方难以从以往的平台顺利迁移到新平台，导致业务方的严重吐槽，使得研发效能最终做不下去，像各种云上的 DevOps 产品基本都具备很强的定制化能力，以供云上的客户定制使用一样。

观点 2：工具平台的使用应当倾向于简单化，同时在兼容业务以往的研发效能平台方面，也不应该尽量适配，而是要总结出组织内部主要的业务特点，提炼出几种用得最多的研发模式（或流程），让各业务依据自身特点尽量向这些标准的研发模式靠拢。

观点 1 与观点 2 其实对应了两种理念：工具化与产品化，如图 18-5 所示。所有各种公有云上的 DevOps 产品的本质都是工具，而所有在研发效能方面做得成功的组织内部的研发效能工具的本质都是产品，如何理解这句话？

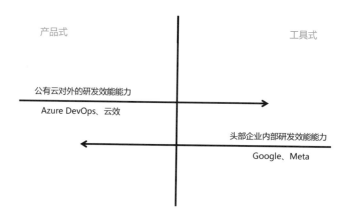

图 18-5　公有云 DevOps 产品的工具化实质与头部企业内部研发效能的产品化实质

工具化的核心是各种零散工具，用户可以灵活取用、自由组合来满足自身需求，就像自己买各种配件来组装计算机一样。其优势在于用户的各种自定义需求几乎都被能满足且成本可以很低，其劣势是难以统一管理以保障全局的效率与质量。而产品化的核心是精准探查用户需求，打造几个集成度高的产品，而用户只能在有限的产品中选择一个，就像 MacBook 一样。其优势在于容易控制产品本身的质量与交付效率，其劣势是无法满足各种用户的不同需求或成本偏高。

工具化的思路在大型组织中的结果就是难以管理，难以管理就难以提升研发效率和研发质量。例如，当团队负责人要求各业务的单测覆盖率必须达到 80% 才能交付上线时，如果各业务采用流水线自由编排配置的方式来实现，那么只能由 QA 团队人工一对一梳理各流水线，这样就完全进入手工作坊式的管理模式。

而这恰恰是产品化思路最大的优势。当然，产品化思路也需要具备一定的前提，就是要先对业务所用的技术进行治理，书同文、车同轨，不能任由各业务自由使用各种技术栈，采用各种研发流程。只有向统一的一种或几种模式靠拢，之后基于这几种相对固定模式下的动作来定量分析改进，才能最终提升研发效率和质量。我们也看到，像 Google、Meta 等内部都统一采用了大仓、主干开发、单测、代码评审等开发模式，不允许各业务自由发挥，其实就是让研发模式趋向于一致性。工具化与产品化的对比如图 18-6 所示。

图 18-6　工具化与产品化的对比

出于以下两点考虑，智研最终选择了观点 2。

考虑 1：如果新的研发效能平台是为了适配各业务的旧研发模式，势必会一步步走入复杂化，就需要再建一个新的工具平台了，这样就会形成恶性循环。

考虑 2：各种云上的 DevOps 产品具备很强的定制化能力的原因在于，云上的客户并不是一体的，云厂商也并不能强制要求客户改变以往的技术栈或使用习惯。如果这样做了，那么结果可能是客户都跑到竞争对手那里去了。

18.6　关键的几个设计点

在明确了以观点 2 作为建设理念后，智研在很多方面都做了有针对性的设计。

- 引入应用的概念，作为贯通 Dev 与 Ops 两大环节的实体。

- 一套可局部开关功能的标准研发流程。

- 需求仅支持需求、开发任务、缺陷、迭代的概念，不再拓展 Epic、User Story、Feature、Task 等敏捷常见的多种概念。

- 支持主干开发和 Aone Flow 两种代码分支管理模式。

- 多环境支持，如测试环境、预发布环境、生产环境等。

- 全自动化的测试环境管理，包括测试环境所用设备资源、环境内模块间调用路由、模块配置管理的自动化，以及支持基线测试环境和特性测试环境。

- 支持物理机/VM、容器化多种部署模式。

- 与 Dev 共用"应用"实体，并在多种场景中具备自动联动能力的监控日志。

下面分别来看这些功能设计。

18.6.1　"应用"的概念

在业界的很多 DevOps 产品中都可以见到制品库的概念。制品库主要有两种作用：一是存放构建出来的制品、版本等信息；二是充当连接 CI 与 CD 的中间角色。CI 的构建产物是制品，会把制品存放在制品库中；CD 部署的输入也是制品，会从制品库中选择需要部署的制品。

而智研明确提出了应用，并向用户隐藏了制品库的概念。应用是比制品库更大的概念，是在 Dev 及 Ops 阶段都有明确含义的实体。在 Dev 阶段，研发人员就是在开发应用，在 Ops 阶段的监控日志原始数据也来自应用。例如，如果把 MySQL 项目放在智研中研发，那么 mysqld、mysql、mysqladmin 等都是具体的应用，如图 18-7 所示。

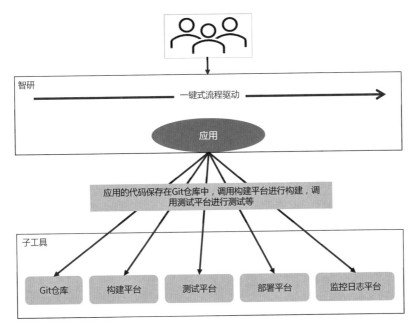

图 18-7　以应用为视角的 Dev-Ops 全流程

应用带的属性比较多，下面介绍一些主要的。

- 代码仓库/目录、构建命令、与 Dockerfile 相关的配置：用于构建应用的制品或 docker image，以及知晓用户在修改 Git 仓库的某个文件时，需要触发构建的应用。

- 单测相关的信息：以便执行单测，输出单测覆盖率数据。

- 接口自动化测试用例集：用于在合适的时候自动发起接口自动化测试，并输出测试质量结果数据。

- 服务名字信息：每个应用都会有一个服务的名称，企业所有业务全局唯一，用于自动管理多个环境内应用间调用的路由，服务名字类似于域名，可实现在不同环境中解析出不同的真实 IP 地址。例如，在测试环境 1 中可解析部署在该环境内该应用的实例 IP，而不会解析其他环境内该应用的实例 IP。服务名字对于实现测试环境的全自动化管理非常重要，后面在介绍多环境中的路由自动管理时会有详细描述。

- 各环境中的部署资源信息：资源来源可以是物理机或 VM，也可以是 K8s 集群。如果是前者，就需要指定具体的设备资产编号；如果是后者，那么除了要指定 K8s 集群的 kubeconfig，还需要指定资源规格，如 1 核心 2GB 内存、16 核心 32GB 内存等。每个应用都可以有很多个环境，如果选用了智研平台托管的 K8s 公共资源池，那么用户只需指定所需规格，无须指定 kubeconfig。

- 研发流程、质量红线信息：应用的研发过程是否要开启代码规范扫描、单测、接口自动化测试等，以及当这些质量数据得分低于多少时禁止研发流程继续向后流转。

- 所涉及的维度信息：既可用于自动部署时按维度编排部署策略，又可用于按维度汇聚查看业务的监控日志数据，如一个应用会部署在北京、上海、深圳的机房，则维度就有"区域"，并且维度子项取值为"北京""上海""深圳"。

2. 主推的标准研发流程

智研的定位是把研发过程规范化管理起来，同时串通 Dev 与 Ops，因此其涵盖了需求、代码、构建、测试、部署等 Dev 阶段的功能，以及监控、日志、脚本运维等 Ops 阶段的功能。

既然要把研发过程规范化管理起来，就不能直接给用户提供类似 Jenkins 这样的流水线，否则用户就会随意使用流水线，导致组织层面无法进行有效管理。

设想一种场景：如果用户都直接使用类似 Jenkins 这样的流水线来配置自己业务的研发过程，一旦组织管理者想统一管控本组织下的所有项目，就要遵从制定的质量要求才能发布上线，如单测覆盖率达到 30%、代码安全扫描得分达到 90 分等，则只能依靠 QA 人工跟进所有流水线来梳理并分别配置这些质量阈值要求，这个管理要求是否能真正落地执行，在直接用流水线的做法下是难以得到保障的。

而统一化的研发流程并落地到研发效能平台的做法，使得工具系统层面真正具备严格意义上的质量管控能力，组织管理者或质量人员可一键开启本团队或本组织下所有业务的质量红线设定，而不需要依赖各业务的具体研发人员人工执行该制度要求。

同时，研发人员应把主要精力放在讨论需求、架构设计、写代码等高价值的事情上，而不应该把精力花费在研发过程的流程设计、流程学习、流程日常流转等机器自动化可以完成的事情上。

因此，智研在产品设计上尽力避免这种问题的出现，而这主要依赖智研内置定义的一套标准的研发流程来实现。这套标准的研发流程包括 5 个阶段，如图 18-8 所示。

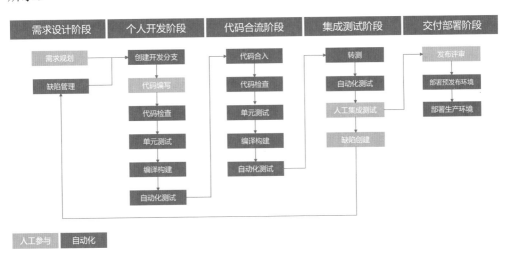

图 18-8　智研研发流程的 5 个阶段

需求设计阶段：主要涉及需求讨论，拆分子需求、开发任务、管理版本迭代计划、管理版本缺陷等场景。

个人开发阶段：针对某个需求或开发任务或缺陷，开发人员拉取相应的代码分支并在此分支上做开发、测试。在此阶段，智研会为该功能代码分支自动生成相应的测试环境，并在提交代码到 Git 后，自动构建该功能代码分支涉及的制品，把制品自动部署到该个人开发阶段的测试环境中，而后自动发起接口自动化测试用例来检查编写的功能代码是否正常。这里，由于功能代码分支在用户查看需求时可直接被拉取出来，因此智研便完成了需求与代码提交记录的自动关联推导，以及借助于智研串通了 Dev 与 Ops，后续当监控发现线上某个版本的质量有异常时，能够自动推导出异常可能是由哪个版本、哪次代码提交、哪些需求引入的，以便快速分析异常原因。

代码合流阶段：在个人开发阶段结束后，开发人员便会把这部分的功能代码以 MR 的方式发起合流到主干（主干开发模式下）或者到最近的发布分支（Aone Flow 模式下）。在此阶段，智研同样会自动生成相应的合流阶段测试环境、执行单测代码规范扫描，并自动部署构建的制品，之后发起接口自动化测试用例等检查合流后的代码是否正常。这些自动化的结果会被作为代码评审负责人是否通过的参考依据。

集成测试阶段：有些业务在正式上线前，还需要经过人工测试或者用户验证，而集成测试阶段就是用来解决这个问题的。在此阶段，智研也会自动生成独立的集成测试环境，用于人工测试或用户验证，不使用代码合流阶段的环境，主要是为了避免与代码合流阶段相互干扰。当然，此阶段的业务视情况可选择是否开启。

交付部署阶段：顾名思义，此阶段是把前面阶段产生的经过重重验证的制品部署到生产环境中，以最终为用户提供服务。

由于后面介绍的各部分的内容都是与这个标准的研发流程结合起来的，这样才能最终达到一键式的研发全流程效果，因此充分了解这几个阶段对后续内容的理解非常有帮助。

18.6.2　需求管理能力

业界有不少需求管理的产品，如 TAPD、JIRA 等，这些产品本身的定位不全是面向研发领域的需求管理，因此有不少非研发类的场景也在使用这些产品，如设计、策划、活动运营等场景。而因为智研本身对需求管理的能力要求明确是在研发领域，且会与代码、构建、测试、部署，甚至监控告警等直接相连，所以并不会直接照搬这些业界比较成熟的需求管理产品的功能设计。

业界很多与敏捷相关的需求管理产品都明确区分了 Epic、User Story、Feature、Task 等概念，如 Azure DevOps 和华为云 DevCloud。从敏捷的视角来看，这些概念比较清晰，但在日常工作中，我们会发现很多用户分不清这些概念之间的区别，导致在实际使用时会随意使用这些概念。

因为智研的用户大多是研发人员，而非专业的产品人员，很多小项目的开发人员就几个人，并不会配备专业的产品人员，所以很难让大量的开发人员在使用智研需求管理功能前进行学习，甚至进行考试，以便使他们足够清楚 Epic、User Story、Feature 与 Task 的区别。

因此，智研需求管理的能力只提供了需求（User Story）和开发任务（Task）两种概念。前者从用户视角的需求描述；后者从代码开发任务视角进行拆解，用户也可以不使用开发任务，而仅使用需求，这样的设计可以明显降低用户误用各种概念的风险，使得现网实际录入的各需求和开发任务更符合其真实属性。

每个需求或开发任务都可以被直接拉取或关联一个代码分支，以便开始代码开发工作。在开发人员提交代码后，系统可自动计算出该需求会与哪些应用相关联（每个应用都会有代码仓库/目录等配置信息），这便解决了需求、应用、构建、测试、部署与版本之间的对应关系。后续，当智研 Ops 的监控服务发现现网某个应用的某个版本有异常进行告警时，便可以自动回溯可能是由哪些需求、哪些代码行、哪些开发人员引入的。

基于需求与开发任务，智研还提供了迭代能力。迭代是多个需求或开发任务的集合，常用于固定周期发布版本的团队，如双周迭代。迭代的整体进度会被自动计算为所包含的需求/开发任务的平均进度，如迭代包含了 10 个需求，有 5 个需求对应的开发分支代码已经通过 MR 合并到主干，则迭代的开发进度为 50%。当迭代中的所有需求或开发任务状态都已成功合并到主干时，整个迭代的开发状态便自动扭转为开发完成，这也是有别于像 TAPD 这类需求管理产品中的迭代的管理能力，如图 18-9 所示。

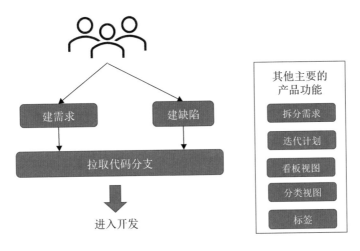

图 18-9　智研需求池的产品能力

下面来看父子需求、需求分类、需求的标签、迭代计划的相似性与不同。

这几种功能的本质都是一种分类，但对用户展现的场景并不相同，我们最需要关注的是如何尽可能地防止用户误用。例如，在实际中，父需求叫作客户端、服务端、8 月份开发计划等，其实都是在把父子需求误用为需求分类、迭代计划。不正确的使用方式会对研发效能度量数据产生一定的影响，虽然难以 100% 保证用户不会误用，但是可以通过一定的产品设计来尽量避免，如可以进行文本检测，一旦发现用户新建的需求与上述文字强相关，产品层面就可给予用户一些提醒，建议用户使用分类或迭代计划。

18.6.3　代码管理能力

业界有多种类型的代码分支管理模式，典型的有 Git Flow、GitHub Flow、GitLab Flow、Trunk Based Development、Aone Flow 等。下面选几种来探讨相应的适用场景。

（1）Git Flow：这种分支管理模式比较复杂，包含的分支类型比较多，较适合无约束组织的项目使用，如开源项目。其关键点在于划分了 Develop 与 Release 两个分支，原因在于 Release 分支是待发布版本的代码，是不允许 Feature 来合入的。其包含的功能要被单独管控，而开源项目可能会有很多贡献者，大家本着开源贡献精神做事，项目的管理方对这些贡献者并没有强制的管理约束能力，因此各 Feature 分支代码都可以自由但只能先合并到 Develop 分支，而不能直接合并到某个 Release 分支，故只能再划分出 Develop 分支，以便大家可以随时向 Develop 分支发起代码合入。当项目发布版本时，负责人就从 Develop 分支拉出一个 Release 分支，而由于不允许各贡献者直接向 Release 分支合入代码，因此可以放心地管理本次待发布的功能、测试等后续操作。

（2）Trunk Based Development：也就是主干开发，就分支管理模式本身来说该模式是最简单的，理论上只有主干和发布两个分支。不过，实际上基于通用 Git 的实践一般会采用拉取 Feature 分支做功能开发，并在短时间内便合并到主干的做法，而不是每个人都直接修改主干代码。主干开发模式非常适合直接面向用户的业务，因为当任何时候需要发布和上线一个新功能时，研发效能平台都可以自动从主干拉取一个 Release 分支，来直接构建并完成发布。当然，这种分支管理模式并不一定适合所有组织，因为它对组织的配套工具、研发的代码质量、工程师的素养等都有较高的要求。

（3）Aone Flow：随着阿里巴巴的 Aone 研发效能平台推出的一种分支管理模式，更适合有固定迭代周期、有组织约束力的项目，如果与需求管理功能联动，就可以实现每周或双周等时间粒度规划好迭代上线哪些需求的效果。Aone Flow 没有 Develop 分支，这是与 Git Flow 在形式上的最大区别，但其本身蕴含的意义与 Git Flow 的最大不同点在于"组织是否有约束力"，没有约束力就用 Git Flow，有约束力就用 Aone Flow。

　　智研支持 Trunk Based Development 和 Aone Flow 两种分支管理模式。更贴近用户，需要随时随地能够发版本的业务可选择前者；而偏底层，有固定迭代周期的业务可选择后者。由于直接支持这两种分支管理模式，智研在产品侧也采用了一些封装设计的方法，以便向用户隐藏两种分支管理模式的具体差异点，包括代码合入哪个分支、如何拉取发布分支等事项。

　　智研在产品侧向用户提供了开发分支、合流分支和发布分支 3 个概念，如图 18-10 所示。

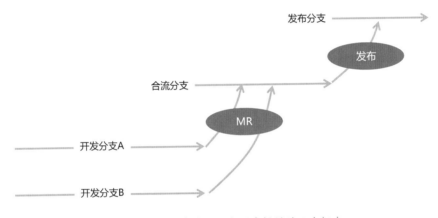

图 18-10　智研在产品侧向用户提供的 3 个概念

　　（1）开发分支。项目所有的功能需求都需要拉一个开发分支或关联一个已有的分支做开发，智研会自动为每位开发人员的每个开发分支生成相应的个人开发阶段的测试环境，包括测试环境所需的资源申请，以及在当前分支构建完成后自动把构建的版本部署到该个人的测试环境中，以便项目的每位研发人员都有自己独立的不受影响的测试环境。研发人员每次推送代码后，都会自动触发智研对该开发分支做构建、单测、代码规范安全扫描、自动部署到个人测试环境中、执行接口自动化测试等动作，如果有不通过的，那么该开发分支代码便无法合流到合流分支，以保障合流分支代码的质量。在实践中，笔者建议将开发分支尽量短周期快速提交合流，避免有冲突无法合流。

　　（2）合流分支。在完成上一阶段的独立开发工作后，研发人员便可以发起合流。在主干开发模式下，智研会自动向主干发起合入；在 Aone Flow 模式下，智研会把最近进行中的一个或多个 Release 分支列举出来，供用户选择一个来发起合入。智研也会像开发分支一样为每个合流分支自动管理相关的合流测试环境，包括资源及部署。在每个开发分支发起合入时，智研都会自动执行 Pre MR 策略，也就是预合并检查，包括代码预合并，对预合并后的代码执行构建、单元测试、代码规范安全扫描、接口自动化测试等，同时会把这些信息传给代码评审人员，以便作为代码评审是否通过的参考。在 Aone Flow 模式下，在实践中，笔者不建议有很多进行中的 Release 分支，因为每个 Release 分支都代表一个迭代版本，而一个项目很难同时迭代很多个版本。

（3）发布分支。该分支构建的制品可直接被发布到现网上。在主干开发模式下，智研会自动从主干拉出一个 Release 分支用于发布；在 Aone Flow 模式下，发布分支等同于合流分支，在正在进行中的 Release 分支中均可以用于发布，在发布完后，智研会自动把 Release 代码合入主干，在这期间会禁止其他进行中的 Release 分支执行发布任务，同时，在发布完成后还会把本次发布的代码合入其他进行中的 Release 分支。

当然，在实际中还会有一些其他分支，如 BugFix 分支，都需要在合适的地方做合适的处理，这里不再展开探讨。

对于代码仓库，腾讯内部采用的是工蜂；对于构建流水线，腾讯内部采用的是基于蓝鲸体系的自研蓝盾平台。

探讨 1：代码管理到底应该采用大仓还是小仓？

这个话题在腾讯内部一直被探讨，既有坚定的大仓主义者，又有小仓拥护者，而且各自都能拿出相应的实践案例。在行业中，Google、Meta 等都是使用大仓的代表，但 Amazon、阿里巴巴等使用的是小仓。

在讨论这个问题前，我们需要清楚到底是在解决什么问题，本源在于随着企业的代码量越来越多，我们都会面临以下两个方面的问题。

- 代码共享：避免公共组件代码在多个地方重复，使得公共组件难以升级和维护。
- 代码质量：统一管控保障所有代码的质量，如 UT、合入规则、代码评审规则等。

可以肯定的是，不论是采用大仓还是采用小仓，上面两个问题都不应该依靠人工来解决，而应该依靠配套的工具及落到工具中的研发流程来解决。在现实中，并不存在只有大仓能解决而小仓解决不了的问题，反之亦然。Google 采用大仓是因为它在很早的时候就已经采用大仓模式了，并不是近几年才升级为大仓的。

因此，决策者需要思考改造工具和业务转换的成本，与转换到大仓/小仓所能带来的收益是否匹配，而不是企图寻找一颗能解决所有问题的"银弹"。

探讨 2：代码分支管理是使用主干开发还是使用分支开发？

主干开发比分支开发少了一个 Feature 开发分支，如果想让代码质量得到尽可能大的保障，那么二者都需要快速小批量提交，都需要有 UT 自动化检查质量等措施。

但本着越多越复杂、越难用越可能错用的观点，也就是极致体验的时候就是最少的时候的观点，业务更应该倾向于使用主干开发。但使用主干开发也有一个不容忽视的缺点——当代码保障机制不够完善时，使用主干开发可能会导致更多的错误，使得研发流程被卡住，从而使效率比使用分支开发的效率更低。

因此，业务需要视自身团队的当前状况来选择使用主干开发还是分支开发，这里同样没有"银弹"能解决所有问题。

18.6.4　多环境能力

多环境支持是一个全流程研发效能平台必须具备的能力。多人协作的完整研发流程一般包含开发自测、合流测试、人工集成测试、预发布验证等其中的一个或多个环节。

（1）开发自测：开发人员用于测试自己改动的代码构建的应用，每位开发人员都需要独立于其他人员的自测环境，以避免相互干扰。例如，当多名开发人员同时修改同一个应用时，如果共用同一个开发自测环境，就可能出现 A 刚把自己要测试的应用部署上去准备自测，B 也把自己要测试的同一个应用部署上去准备自测，这时便出现了干扰，导致出错。

（2）合流测试：因为一个版本涉及的所有改动的代码构建的多个应用都需要一同进行测试，所以每个版本都需要有自己的集成测试环境。

（3）人工集成测试：针对项目有单独人工测试的情况，需要为测试人员单独部署一套环境，以避免与开发人员所用环境相互干扰。

（4）预发布验证：同人工集成测试一样需要单独的环境，主要面向产品人员或用户来验证功能是否达到预期。

各种不同用途环境之间的关系如图 18-11 所示。

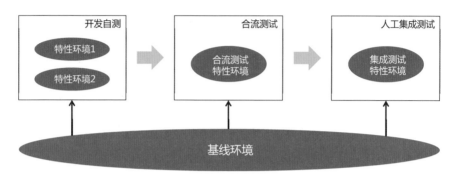

图 18-11　各种不同用途环境之间的关系

多环境支持需要具备两种核心能力。

（1）资源自动管理。从上面的介绍中，我们可以看到全流程研发模式下的环境有很多，每个环境都有相应的设备资源，以便部署应用做各种自动化测试，因为物理机和 VM 的资源管理模式很难满足快速、高效的申请与释放，所以一般采用 K8s 容器化的方案。智研对接了腾讯内的统一开发测试资源平台——DevCloud，该平台基于 K8s 做资源管理，在需要的时候便可以自动从 DevCloud 平台申请容器资源，使用完即时释放给 DevCloud。测试环境资源自动管理如图 18-12 所示。

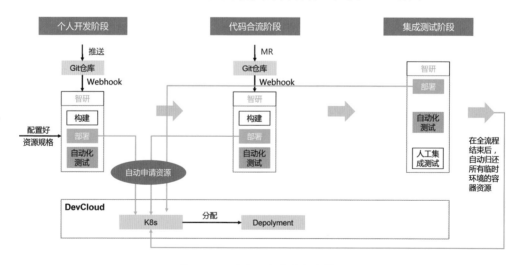

图 18-12　测试环境资源自动管理

（2）路由自动管理。一般一个项目包含多个应用，应用之间会相互调用。在研发效能平台自动把应用部署到相应的环境中后，在把应用启动前还需要具备自动维护同一个环境内的多个应用在本环境内的各实例间相互调用，而不是调用其他环境内的同名应用实例的能力。如果多环境不能实现路由的自动管理，而需要研发人员手工管理，就会严重降低整体的研发效率。智研采用对接腾讯内的统一名字服务——北极星（已对外开源）来解决应用之间访问的路由自动管理问题，如图 18-13 所示。

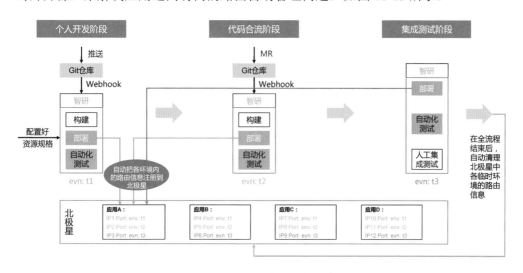

图 18-13　测试环境路由自动管理

配置自动管理不是多环境的核心要求，下面介绍其涉及的工作内容。因为有些业务存在测试环境的配置与正式生产环境不同的情况，如连接的 DB 不同，在测试时连接测试环境的 DB，在正式生产环境中连接生产的 DB。如果不用任何研发效能工具来辅助管理不同环境的差异化配置，就只能依靠研发人员手工调整各环境中的配置文件。智研采用对接腾讯内的统一配置中心——七彩石来解决多环境中的配置管理需求，由于七彩石本身支持多环境，智研便可以把七彩石作为一个底层能力，通过 API 封装的方式统一向用户展示智研的多环境概念即可。在项目接入智研后，智研便自动为其在七彩石中创建相应的环境，用户直接修改不同环境中的差异化配置即可。

多环境之间也不是单纯的逻辑上的隔离，也存在不同环境中服务间的调用需求，常见的环境包括基线环境和特性环境两种类型，主要解决当大型项目包括很多应用时产生的问题，即如果某位研发人员只修改一个应用，在不使用基线或特性环境的情况下，就需要为这次修改准备一个包括所有应用的测试环境，但如果有很多研发人员同时工作，仅测试环境所需要的资源就非常可观，这在大型项目下是无法接受的。

- 基线环境：一般一个项目只有一个基线环境，这个环境中部署了项目下的所有应用，主要为各特性环境内的应用提供统一的公共调用服务，以避免在特性环境中部署并没有改动的应用。

- 特性环境：一个项目可能同时存在很多个特性环境，每次的代码修改都会对应一些需要测试的应用，这时可以先新建一个特性环境，把这些应用都部署在这个特性环境中做测试，再通过路由自动管理能力，使特性环境中的某个应用可以自动调用本环境中不存在而在基线环境中存在的其他应用。同时，基线环境中的该应用又会自动调用特性环境中存在的其他应用，而不会调用基线环境中的相同应用，从而实现了基线环境共用的效果。这对编写应用的RPC 框架有一定的要求，需要 RPC 框架在调用时带上最初发起调用的应用所在的特性环境的名称，才能实现基线环境中的应用自动调用原特性环境中存在的其他应用的效果。在图 18-14 中，特性环境 f1 中只部署了本次有改动的应用 A 和应用 D，但在自动路由与 RPC 框架的帮助下，基线环境中的应用 B 只会调用基线环境中的应用 C，因为特性环境 f1 中没有应用 C；同理，基线环境中的应用 C 只会调用特性环境 f1 中的应用 D，而不会调用基线环境中的应用 D。

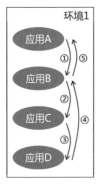
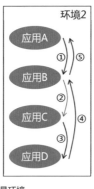
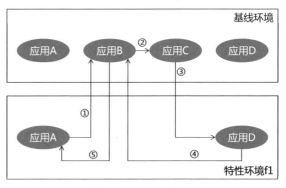

图 18-14　普通全量环境、基线环境与特性环境

　　智研默认为每个项目自动建立一个基线环境，而个人开发阶段、代码合流阶段等的测试环境都是特性环境。

　　探讨：测试环境自动管理的重要性。

　　在多人协作的项目开发过程中，如果没有测试环境自动管理功能，那么每位开发人员都需要自己手工维护自己的开发环境和集成测试环境，包括找设备资源、是否与他人共用、在共用时如何保障不相互影响、手工修改测试环境内的配置、如何处理设备故障等很多问题，这是高效研发协作过程中非常大的阻碍。如果没有较好的解决办法，甚至有些用户会直接拿现网生产环境做测试，则一不留意就可能造成业务故障。

　　简单的解决方法是企业创建统一的测试环境，并向员工提供统一的测试资源申请入口，这样做能保证在需要测试资源时不用到处找身边的同事拆借，但所能带来的好处也仅限于此。此方法会面临测试资源的 CPU 利用率不高，要被企业资源团队做运营成本考核等问题，除非在每次测试结束后，员工便立即释放测试资源。但频繁地申请释放同样会降低研发过程的效率，或当测试环境管理系统检测到测试资源在一段时间内的利用率很低时便会自动回收，就可能误伤部分还在使用中的业务测试场景。

18.6.5　测试能力

　　测试是从将业务需求转换为代码到部署上线的全流程自动化过程中的重要质量保障手段，智研支持单测、接口自动化测试、人工测试 3 种场景，单测、接口自动化测试用于自动化保障代码质量，人工测试用于 UI 测试、人工验证等场景。

　　（1）单测。在研发人员提交代码到 Git 或发起 MR 后，智研便会自动对最新的代码执行代码规范检查、代码安全检查、单测等与质量相关的事项，并输出代码规范得分、安全得分、单测覆盖率等数据。智研本身并不会要求各业务的这些得分一定要达到多少才允许发布上线，而是各业务视自己的需求来设置质量红线。单测环节可以做的事情很多，如在 IDE 工具中集成执行单测的能力，以方便研发人员在开发过程中快速调试单测代码，以及开发一些工具用于辅助智能生成单测用例等，如果这些方面做得好，就能明显提升研发效率。

　　（2）接口自动化测试。在单测结束、质量红线（若有设置）通过、构建成功后，智研便会自动生成测试环境并执行接口自动化测试用例，其中效率提升点在于做到了对运行测试任务的资源进行自动管理。智研在自动生成某个特性环境，把待测试的应用部署完成，且已自动设置好该应用访问的下游其他应用的路由配置后，便会把待执行的接口自动化测试程序或脚本部署到与待测应用同 Pod 的新自动生成的 Container 中。这样，研发人员便无须寻找并维护自己的接口自动化测试机器，也不需要手工修改测试程序中要访问的待测应用的 IP 地址，可以在测试程序中直接使用名字来访问待测应用，同样一个名字在不同环境中被解析到的是自己环境中的应用 IP 地址。这一切都是由智研在后台全链路自动完成的，用户在提交代码到 Git 或发起 MR 后便无须再做其他操作，稍等片刻便能收到智研已完成接口自动化测试的报告数据。

（3）人工测试。人工测试主要是一些人工测试用例的管理、测试计划的管理等，更偏向于直接面向用户产品的人工测试使用。

一站式流程中自动调用测试能力完成功能验证如图 18-15 所示。

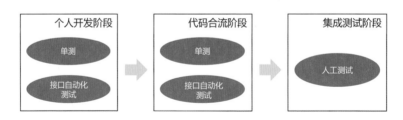

图 18-15　一站式流程中自动调用测试能力完成功能验证

工具建设只是测试领域中的一部分，在实际中，测试环节的很多点都需要针对不同的业务场景做各自的平衡选择，如衡量单测的标准在不同业务形态下是不同的，并不是行覆盖率高、条件覆盖率高就是最优解。

典型的偏用户运营场景的业务代码就不适合很高的行覆盖率，因为写单测本身往往就需要花费很多开发时间，而运营活动一般都要求很快上线，同时活动不会持续很长时间。如果这时候单纯追求单测的高覆盖率，那么一方面势必无法满足业务上线的时间要求，而另一方面，单测代码在活动结束后便再没有价值，这与单测本身倡导的代替人来长期自动保障代码质量相违背。反之，对于偏后台底层的平台系统，如数据库、存储系统，其功能一般都是经过反复思考和规划后才决定做的，这些功能本身的存活周期也会很长，单测在业务长期发展过程中都会起到应有的作用，在这种场景下的价值会得到最大化的体现，追求高覆盖率便是很好的决定。

18.6.6　部署能力

因为腾讯 TEG 主要是为企业其他事业群提供基础支撑服务，支撑服务的特点常常都比较偏后端底层，所以不少服务都需要直接运行在物理机/VM 中，如底层的数据库、分布式文件存储系统等，而又因为面临着要提升设备资源利用率和业务交付效率，所以会让偏逻辑处理的服务跑在 K8s 中，如图片视频转码、机器学习等。因此，智研既要支持容器化的业务交付部署，又要支持物理机/VM 交付部署的多种模式，导致其无法像业界不少企业那样全部采用 K8s 容器化这样纯粹的做法。

物理机/VM 与容器化对研发效能平台的主要差异点及智研的解决方案如下。

（1）业务运行资源的管理方式不同。物理机/VM 模式下有明确且严格的设备运转管理流程，一般由 CMDB（Configuration Management Database，配置管理数据库）做这些事情，CMDB 会标识每台设备当前的状态，如待运营、运营中、故障中、退役处理中，以及设备所属的业务信息等，以避免设备被错用，导致业务出现故障，如某业务正在使用的一台物理机，如果被随意分配给其他业务使用，就可能出现共享内存、网络端口等资源冲突的问题。这本质上是因为物理机面对同机部署的多个业务模块做不到资源隔离，所以需要对业务如何使用物理机做出很多限制。通常申请物理机需要人工审批，这也导致物理机资源的申请与释放难以做到即时、高效。而容器平台很好地解决了这个问题，向下封装了物理机/VM，向上对用户提供了可随时申请释放资源的能力，不管是哪种方式，在研发效能平台中的本质都是把某个应用的某个版本部署到某些资源中，只要紧紧抓住用户使用研发效能平台的这个目的，就不至于明显走偏。智研通过"环境+应用"向用户封装二者的区别，每个应用在每个环境中需要使用什么资源来部署，是需要用户提前定义清楚的。对于物理机/VM，需要关联 CMDB 中的指定设备；对于容器化，直接指定所需的容器规格即可（核数、内存大小）。后续，在具体部署时就是一键执行部署任务，智研会根据具体资源的类型来做具体的部署工作并向用户展示部署进展信息，类似于部署是个抽象基类，而物理机/VM、容器化是继承并实现的子类。

（2）业务发布变更方式不同。针对资源管理方式，物理机/VM 一般是程序原地升级，而容器化则是一边增加新版本，一边同步缩减老版本的容器。因此，物理机/VM 模式下的业务变更一般先指定一批具体实例设备做灰度变更并观察效果，若无异常，则继续扩大变更范围直至所有实例设备全部完成，甚至复杂部署形态的业务还需要做变更编排的自动化执行，也就是把上面的灰度过程做成自动化调度，以提升变更效率。而容器化下最常使用的 Deployment 变更相对简单得多，只需要简单指定升级到某个指定镜像版本即可。智研针对两种场景分别提供了部署操作界面能力，通过"环境+应用"即可知道用户某次想变更的背后对应的是物理机/VM 还是容器，并有针对性地展示对应的操作界面，并没有强制物理机/VM 的变更方式向容器化方式靠齐，或反之。

通过环境对应用的部署资源进行包装如图 18-16 所示。

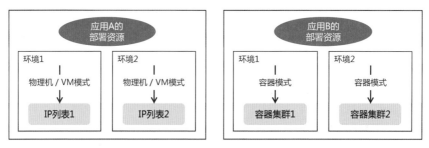

图 18-16   通过环境对应用的部署资源进行包装

图 18-17 为应用变更的原地升级逻辑。

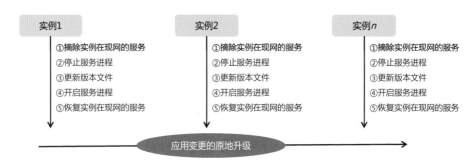

图 18-17   应用变更的原地升级逻辑

（3）其他方面。容器网络 IP 地址的管理、Service、名字服务、负载均衡、监控日志采集等，都是业务在从物理机/VM 转向容器化时需要解决的问题，这里不展开讨论。

腾讯 TEG 内部原本有单独的容器管理平台，包含 K8s 集群管理、Workload 管理与变更、Pod 状态监控与操作、HPA 等能力，但实际上有部分能力与智研重合，如业务镜像的管理与变更等。基于同一个功能不要放在多个地方以避免用户混淆的原则，腾讯需要将智研与容器管理平台进行整合，也就是把容器管理平台的功能都放到智研，但因为智研本身的范畴比容器管理平台大，所以又面临着这种面向研发全流程的研发效能平台如何与 K8s 容器平台整合，同时又要保障原有的容器管理能力的使用体验不下降的难题。这可以主要从以下几点考虑。

（1）基础概念的对齐。智研用应用来封装 K8s 的 Workload 概念，用户在智研中变更操作的对象是应用，而不再是直接的 Workload。例如，对应用版本的变更，智研在背后向 K8s 提交 Deployment 变更的 YAML，用户不需要直接修改或管理该 YAML 文件，因为智研已经做了一层封装。这样做可使得智研更像是一个产品，而不是由一个个工具组成的大杂烩平台。

（2）容器集群资源的封装。智研向用户直接隐藏了 K8s 的集群概念，取而代之的是建设大公共资源池，用户只需要指定应用部署所需资源的地域、规格、数量即可。在实际部署前，智研会对接企业预算平台自动检查业务本次部署所需的资源预算是否足够，若足够，则采取一定的策略从大公共资源池分配所需区域和数量的资源。这样做可使用户只需要关注业务本身，而不再需要花费时间和精力寻找资源、申请资源、搭建集群、维护集群等这类本质上与研发高价值活动关系不大的事情上。容器化逻辑公共大池子如图 18-18 所示。

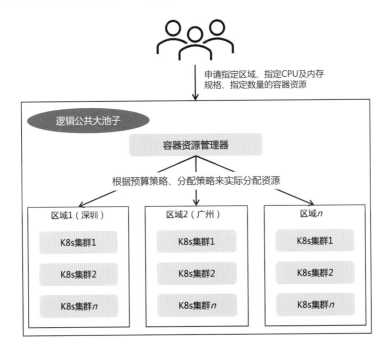

图 18-18　容器化逻辑公共大池子

即使做了上面的考虑，也仍然会面临一些其他挑战，导致体验相对以往有所下降，如对 Workload 的管理，对于 K8s 老手来说并没有在以往容器管理平台下来得简单、直接。这也是一个产品在做大并集成了很多功能后必然面临的问题，一方面需要长期不断思考打磨；另一方面需要产品本身做减法控制，不能一味地直接集成各种功能，而更应该让平台走向开放，以便不同熟练级别的用户和业务都可以基于平台的开放能力来打造自己的快捷方式。

18.6.7　监控日志能力

智研不仅具备从需求到交付上线的研发全流程功能，还具备监控日志脚本操作运维阶段的能力。

监控的数据上报协议支持业界的 OpenTelemetry 标准，也支持直接抓取符合 Prometheus 协议的数据源，在功能层面具备了基础环境监控（如 CPU、流量等）、业务自定义 SLA 多维监控（如每分钟的用户请求量、请求失败率、请求平均延时等）、数据异常的智能判定告警，以及与日志联动的 APM 监控等能力。

（1）监控的输入和输出：输入是程序输出的日志或统计数据，输出是汇聚数据或告警，这相对比较清晰且不同人员的理解较容易达成一致，不像在 Dev 阶段，大家想要什么很多时候难以达成一致（开发人员觉得好用、易用、不要妨碍我是目标；管理者觉得每个人在做的每一件事要反映在度量指标上，且度量指标达标是目标，但度量指标的达标与好用、易用之间并不能画等号）。

（2）监控的技术挑战：每分钟要处理数十亿级别的时序数据，同时每天又要应对数千万次的查询且 P95 的查询延时要求在 1s 之内，首先可以明确的是业界的各种开源监控方案难以满足；其次，在这种体量下必须面临监控平台自身的成本、实时性、灵活性之间的平衡。

- 成本是指监控平台自身消耗的资源成本，因为这个体量的监控平台很可能自身就需要上千台服务器的规模，所以自身成本是必须考虑的。

- 实时性可以用数据查询的 P95 延时来衡量，人查看监控数据视图的延时在 1s 内是比较好的，同时实时性也要求延时不能随查询量发生线性变化，如查询 1 张视图延时是 1s，查询 100 张视图的延时是 100s，即使是 20s，也是不可接受的。

- 灵活性是指是否可以随时查询任意多维组合的汇聚数据，有些监控平台的方案是所有需要使用的数据都提前预聚合并存储下来,以供后面查询使用。如果查询的数据是未提前聚合的,就需要从原始数据即时汇聚,可能会耗时较长。

智研认为实时性最重要,是最应当优先保障的,因为只有这样才能提升人的使用效率,契合 DevOps 的理念,所以也牺牲了一部分的成本与灵活性。注意,这里并不是说智研的成本一定会高于同类平台的成本,只是在成本、实时性、灵活性中,智研优先选择了实时性。在技术方面,智研主要基于 Flink 对生产系统直接上报的数据做实时计算,以及把汇聚后的数据存储到腾讯云的 CES 时序数据库中,核心点在于能智能地把可能会影响查询耗时的多维查询组合做预聚合并存储下来,而对不影响的不做预聚合,这样在增加一部分成本的同时,也降低了成本。监控实时性、灵活性、成本的选择如图 18-19 所示。

(3) Ops 阶段的监控与 Dev 阶段的联动。在具体说到 DevOps 时,大家都清楚这是一个整体,但业界常见的 DevOps 平台常常只有 Dev 的能力,而缺少 Ops,更别提 Dev 与 Ops 能够做自动的联动了。由于智研本身已经包含了 Dev 与 Ops 具体的能力,因此目前已经在部分场景中做了自动化的联动尝试。

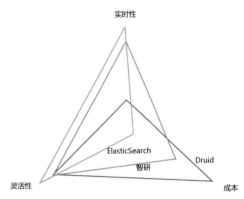

图 18-19　监控实时性、灵活性、成本的选择

当在 Dev 阶段自动化部署时,Ops 阶段的监控能够自动发现业务是否出现异常,若有异常,则自动暂停自动化部署,等待人工处理或自动执行回滚操作。Dev 阶段的交付流发起与 Ops 阶段的监控联动如图 18-20 所示。

当在 Ops 阶段监控发现业务有关键异常时,监控能够自动录入 Dev 阶段的缺陷单,并把缺陷单的负责人设置为该应用的负责人,后续该负责人就可以针对这个缺陷走标准的研发流程,拉取一个开发分支修复 Bug,这样就能确保线上的关键异常始终有人跟进处理,且整个处理过程都被闭环记录在智研平台上,使其可追溯。Ops 阶段的监控宝发起与 Dev 阶段的需求池联动如图 18-21 所示。

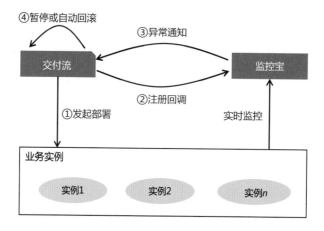

图 18-20　Dev 阶段的交付流发起与 Ops 阶段的监控联动

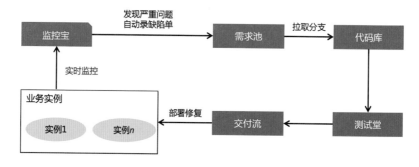

图 18-21　Ops 阶段的监控宝发起与 Dev 阶段的需求池联动

日志平台要解决的问题相对来说更加清晰和明确：能够支持结构化、非结构化的日志数据上报，以及对数据在日志服务端进行用户自定义的加工处理，且最终的查询搜索速度要快。日志的数据上报协议也采用业界的 OpenTelemetry 标准。每天需要处理数十万亿条日志数据的平台同样需要面临对成本和实时性的平衡，智研提供了 ES、Clickhouse、COS（腾讯云上面的对象存储）等多种存储方案，以适应不同场景的业务成本需要。

18.7　总结

至此，腾讯 TEG 近几年在研发效能方面的实践——智研的建设就基本介绍完了，最后我们来回顾一下几个核心要点。

（1）强调产品化的建设理念。既然定位是研发效率提升的工具，那么自然是让用户使用起来更顺畅，才能谈得上帮助用户提升研发效率，同时又因为工具本身是直接面向所有研发人员的，所以它在腾讯拥有成千上万名用户。这时，如果只是将一堆零散的工具放在一起，让用户自己先进行各种琢磨再做选择，或者企图写一个文档，让用户先学习教程再按步骤使用，那么当用户只有几十人时，这样是可行的，即使强制开设培训课程，手把手教用户也能行得通，但当用户为有千上万人时，这样做就行不通了，只能通过产品自身的设计逻辑来向用户表达最佳的使用方式，否则设计者是不会想到用户到底是怎么使用这些工具的。

（2）依靠应用的概念串联了 Dev 阶段的研发部署，以及 Ops 阶段的监控日志。这是智研非常重要的思想，Dev 阶段主要是研发交付某个应用，Ops 阶段主要是监控告警运维某个应用，同时 Dev 与 Ops 在某些场景又可以自动联动。

（3）智研提供了从需求到交付上线全过程的标准的研发流程。研发过程本身是一个流程而不是功能片段，如先在各自的 Feature 分支上开发，在自测通过后再合流到 Release 分支，这是一个完整的研发过程。如果研发效能平台只是提供一堆零散单一的功能工具，那么整个过程只能依赖研发人员以"八仙过海，各显神通"的方式自己来完成，这时你会发现大家所用的方式各不相同。如果研发过程不在平台上被管理，那么整个研效质量的管理、度量数据的获取都会变得很难落地，这也是只提供流水线给研发人员使用的弊端，因为你不知道别人会怎么使用你的流水线。

（4）智研提供了统一的测试环境托管管理，包括资源管理与路由管理。测试环境的自动化管理是大企业研发效率提升中很重要的一环，有了内置的全过程标准的研发流程，测试环境的统一管理更具备可落地性。

（5）速度要快，包括构建速度、单测执行速度、代码扫描检查速度等，这部分是用户开发阶段体验感受较明显的。因为智研对接了腾讯内的相应其他平台来完成构建、代码扫描等功能，所以主要由这些平台来负责解决性能需求。

18.8　其他探讨

探讨 1：对研发效能度量的看法。

阿里巴巴的研发效能度量"211"交付愿景在业界的知名度比较高（85% 的需求在 2 周内交付完成，85% 的需求在 1 周内开发完成，创建变更后在 1 小时内完成发布）。近几年，腾讯的一些业务也在强调研发效能度量，甚至部分业务已经把度量指标与绩效挂钩。

度量这件事本身无关对错，整件事的关键点在于，如果不先做好工具建设，就指望通过度量数据的反向驱动来要求工程师改进研发中的各种流程、环节和能力，肯定是不靠谱的做法。这就类似于不修好跑道，就要求百米赛跑运动员通过对每次训练的用时分析来改进训练方法和身体素质，获得奥运比赛名次。"工欲善其事，必先利其器""要想富，先修路"，都是这个道理。推荐的做法如下。

（1）从工具这种看得见、可分析改进、可累积传承的地方来落地，采用产品的建设理念，就用户当前最"痛"的点来收拢打造，以及持续迭代优化工具平台，并且把对工程师的各种流程、制度要求都集成到工具平台中，做到让用户只需关注与代码逻辑和质量相关的事，而无须关注机器能做到的事，避免出现研发效能的提升都是管理层面的口头要求、各业务各显神通的局面。最终，要能够达到润物细无声，让工程师用得舒服、用得好的效果。如果工程师始终觉得用得很痛苦，即使反馈在度量上的数据变好了，那么也算不上真正的研发效能提升。

（2）在做好工具后，度量数据自然就有了，之后从数据反向洞察用户的使用是否合理、工具的设计是否合理、在某一环节面临的效率问题是否可以采用技术来解决等，这才是良性的循环。

探讨 2：现有业务存在大量旧的研发效能工具，新的研发效能工具是否要适配兼容。

核心观点是新的路径有新的玩法，如果决定要做研发效能变革，那么笔者建议采用一次性迁移旧平台数据的做法，如将旧制品包统一由人工梳理并迁移到新的平台、将旧监控平台的数据一次性迁移到新的平台等，而不要过多考虑是否与旧工具兼容并适配旧模式，否则新工具迟早也会不堪重负，变成一个大杂烩，继而出现需要再造新工具的局面。

行业案例：容器统一了制品交付标准，而不是容器要去兼容、适配各种旧制品包及其发布更新机制，K8s 统一了云原生的标准，而不是 K8s 去适配各种旧业务架构。

这里反向也隐含了一层意思：新平台本身更应当采用业界标准，尽量避免走自己私有化的标准，如制品包统一向容器镜像模式靠拢，监控日志数据上报协议向

OpenTelemetry 标准靠拢，以便当未来真的有新平台要取代当前平台时，让迁移工作变得更容易一些。

探讨 3：产品自身灵活性的取舍，更应注重 SaaS 化建设还是 PaaS 化建设。

（1）产品需要具有 SaaS 化能力，而且 SaaS 化能力重要。SaaS 化能力做得越好，用户使用门槛就越低，用户留存率就会越高，否则又会出现用户自己"造轮子"的局面。

（2）产品也必须有 PaaS 化能力，而且 PaaS 化是长期可持续发展的必要路径。因为做产品一般都希望做到对用户闭环，所以功能常常会越积累越多。但功能越多不一定是好事，因为它会干扰不需要使用这些功能的用户，同时研发效能本身又是一个定义模糊的"混沌"领域，"研发效能是个筐，研发运营环节的各种问题都可以往里装"，所以实际上一个只有 SaaS 化能力的产品是难以适应各种用户、各种业务需求的。PaaS 化背后对应的是开放能力，允许用户依托平台底层能力，再加上平台的 OpenAPI 来建设更适合自身业务场景的上层功能，只有 PaaS 化能力建设到位了，才能让研发效能产品真正深入业务中，并处处开花。

第 19 章 招行支持精益管理体系落地的工具平台建设

本章思维导图

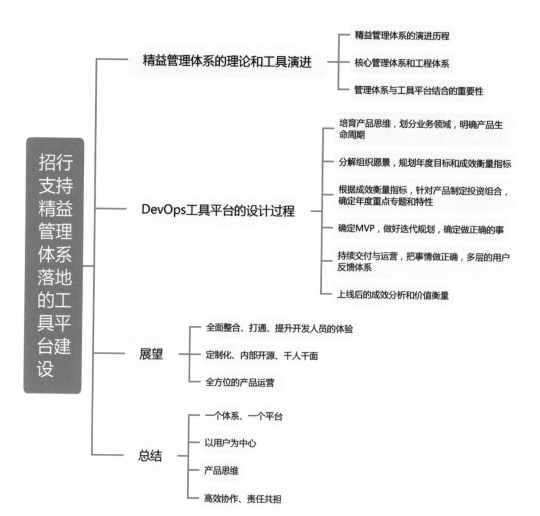

本章首先介绍了招商银行（以下简称招行）精益管理体系理论和工具演进的历史，阐述了精益管理体系和工具平台结合的重要性；其次，重点介绍了招行 DevOps 工具平台的设计和建设过程；最后，对未来的建设方向进行了展望和总结。

19.1　招行精益管理体系的理论和工具演进

19.1.1　精益管理体系的演进历程

招行的精益管理体系紧紧围绕自己的重要战略，同时又参考业界研发管理方法论的发展趋势，并结合自身情况进行落地和规模化。

1. 第一阶段（2008—2013 年）："一体两翼"

关键词：迈向规范化、CMMI、提升软件开发过程成熟度。

面临的挑战：业务发展迅速，需求激增，市场竞争日益激烈，IT 规模激增，系统开发复杂度增加，软件质量问题凸显。

举措：在组织级层面成立 EPG 工作组，牵头软件总体过程改进工作；组建 QA 队伍，推行和监督体系执行；引入 CMMI 模型，围绕软件产品生命周期，建立组织级覆盖需求、开发、测试、运维全生命周期的过程管理体系；建立过程资产库，建立协同工作和度量分析平台；每年形成改进专题和目标，调研问题、讨论方案、修订体系，形成持续的改进闭环。

2. 第二阶段（2014—2016 年）："轻型银行"

关键词：敏捷化、轻型化、CMMI+看板+敏捷方法+DevOps。

面临的挑战：互联网、云计算、大数据、人工智能等信息技术突飞猛进，管理模式日新月异；在全新的战略引导下，创新的、价值不确定的需求涌现，快速响应和快速交付呼声高；IT 规模（人、系统等）逐年扩大，如何充分发挥资源效能，提高研发管理能力，发挥 IT 的核心作用，始终是企业面临的挑战。

举措：持续提升 IT 管理的规范化、轻型化、融合化。在确保现有 CMMI 过程管理体系稳健运行的基础上，学习、分析和研究精益交付的管理思想和具体实践，提高快速响应、持续交付、质量内建等工程管理能力。引入敏捷开发模式，在交互类属性比较强的系统中进行试点探索；引入看板工具，提升基层自组织管理能力；引入持续集成、持续交付等多种 XP 实践和 DevOps 实践。探索研究精益开发模式，聚焦快速响应和持续交付。

3. 第三阶段（2017—2020 年）："Fintech 战略"

关键词：价值驱动的精益转型、CMMI+价值驱动的精益管理+精益之星平台。

面临的挑战：互联网企业以行业颠覆者的角色出现，金融脱媒的进程大大加速，业务与 IT 如何更好地协作？如何从价值导向出发，在保障质量的前提下快速响应市场的变化，高效地产出？

举措：在业务与 IT 紧密融合、业务片区划分更加清晰的背景下，加大转管控为赋能的力度，坚持精益原则，形成价值驱动的端到端的精益管理体系，构建业务 IT 统一的协同工作平台，助力招行实现数字化转型。

4. 第四阶段（2021 年至今）："3.0 模式"

关键词：大财富管理的业务模式、数字化的运营模式、开放融合的组织模式。

面临的挑战：企业对科技底层能力和客户体验的打磨要求越来越高，一线员工对科技获得感的要求提升，"开放融合"和"打破竖井、赋能减负"基层落地不足，对内需要提高协同意识，对外需要进一步开放构造生态圈。

举措：加快数字化、平台化和生态化转型。对齐业务战略和目标，打破组织壁垒，业务、开发、测试、运维、管理等高效协作、开放融合、责任共担，面向价值持续交付。以产品思维为导向，深化价值驱动的精益转型，继续强化转管控为赋能，加大力度推动"一个体系、一个平台"的建设，纵向狠抓精益实践落地的有效性，横向狠抓端到端的数字产品治理能力与价值创造，助力招行"3.0 模式"的落地。

19.1.2 核心管理体系和工程体系

1. 明确"价值驱动的精益管理框架（6+2）"为体系核心方法论

在 VUCA 时代，业界涌现出很多验证有效的思想和方法，包括精益思想、设计思维、精益创业、敏捷开发、看板方法、精益产品开发、DevOps 等，这些方法都在解决大型企业某些方面的问题。招行在参考这些先进思想和方法的基础上，基于价值驱动的数字化转型方法论，结合自身的业务和研发特点，创新性地提出了价值驱动的精益管理框架（6+2），如图 19-1 所示。

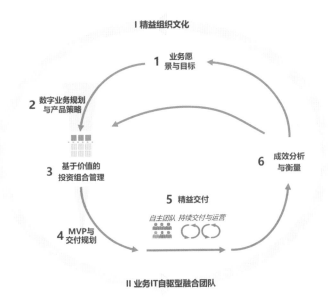

图 19-1　价值驱动的精益管理框架（6+2）

此框架第一次从企业级高度，以业务愿景与目标为北极星指标，将业务和 IT 融合在一起，建立既各有侧重又相互支撑、唇齿相依的关系；以成效分析与衡量为关键节点，驱动两个飞轮（步骤 1~6 和步骤 3~6）的转动；业务 IT 的融合团队和精益文化氛围是推动框架落地的重要因素。

（1）业务愿景与目标：通过战略分解与业务洞察，确定中长期发展愿景和目标，确定北极星与群星指标，形成成效衡量指标体系。

（2）数字业务规划与产品策略：梳理业务领域及数字产品全景图，定义数字产品价值主张及产品成效指标，形成产品演进路线图，开展年度数字业务规划工作，滚动检视愿景与目标，持续更新路线图。

（3）基于价值的投资组合管理：建立业务 IT 的 PVR（定期价值评审）机制，定期召开 PVR 会议，对专题进行价值决策及优先级排序。

（4）MVP 与交付规划：对专题特性进行 MVP 切片，持续推动高价值交付，定期进行滚动交付规划，快速响应变化。

（5）精益交付：定制选择精益交付模式与实践，持续小批量、高质量地快速迭代交付，持续开展业务领域及数字产品运营。

（6）成效分析与衡量：对成效指标进行数据收集、分析与展示，对照目标衡量达成情况，推动持续改进与决策。

精益组织文化：搭建精益社区和分享交流舞台，开展丰富多彩的活动等，传播精益敏捷思想，营造精益氛围和文化。

业务 IT 自驱型融合团队：建立业务 IT 自驱型跨职能融合团队，开放透明，责任共担，高效协同。

2. 升级价值驱动的精益管理体系

招行的精益管理体系如图 19-2 所示，它提供了如下功能。

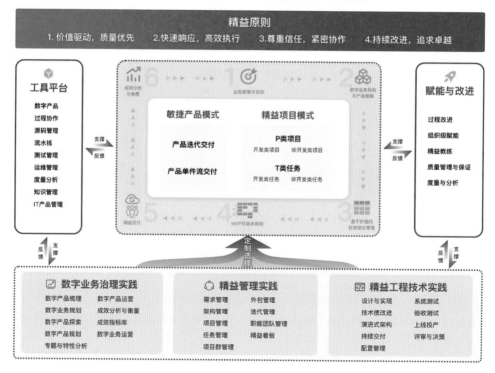

图 19-2　招行的精益管理体系

（1）提供统一方法论、共识的精益原则。

（2）端到端统一的过程规范及定制选择原则。

（3）明确的角色职责、协同机制。

（4）定制化的过程及赋能体系。

（5）持续的过程审计及改进机制。

（6）开展精益社区与文化建设等。

3. 建设 DevOps 工具平台

招行的 DevOps 工具平台如图 19-3 所示，其意义如下。

图 19-3　招行 DevOps 工具平台架构

（1）打破需求与交付的工具竖井，提供与精益管理体系相匹配的端到端的开放透明、高效协同的工具平台生态。

（2）支持数字产品治理、精益交付、过程管理、度量分析；提供过程数字化、自动化、可视化、定制化服务。

19.1.3　管理体系与工具平台结合的重要性

在精益管理体系的演进过程中，我们也逐步意识到其与工具平台结合的重要性。

第一阶段，也就是引入 CMMI 的阶段，更多的制度和流程是通过线下的方式实现的，依靠的是项目经理的经验、QA 的人工检查。对于试点项目或者 QA 参与比较多的项目，执行的过程和效果相对好一点，但是缺点也很明显，执行时间长了，员工会抱怨流程烦琐，很多动作流于形式，无法大规模实施。

为了解决第一阶段的问题，我们在第二阶段开始接触各类自动化手段，学习和借鉴业界的先进经验，并在内部的试点项目中进行尝试。正如古语所说"如人饮水，冷暖自知"，业界的经验在不同的上下文和不同的企业环境中，会产生不同的效果，生搬硬套到头来换来的是两头不到岸。工具的自动化也给制度和流程的轻型化带来了难得的契机，是继续因循守旧还是顺势而为进行优化，决定着未来能否迎接互联网大厂的挑战。

第三阶段是 IT 部门全面练就内功的关键时期。通过第二阶段的兼收并蓄、广泛发散试点，第三阶段要总结经验，将试点的成果收敛到适合企业内部大规模推广的实践。这时，工具平台的支持和配合就成为第三阶段的关键。而此阶段关键中的关键是管理体系的维护者与工具平台的建设者的密切配合、相互理解与支持。康威法则在管理体系的维护者与工具平台的建设者的关系中同样适用。如果可能，那么二者最好来自同一个部门，有相同的汇报路径，这样才能最有效地发挥协同效应。

第四阶段，IT 练好"内功"后，就要更好地赋能业务侧。IT 再强，也要有结果导向。第三阶段强调把事情做正确，但是这样不够，还需要强调做正确的事。为了实现做正确的事，IT 战略要对齐业务战略，即大财富管理的业务模式；同时以数字化的运营模式来实现从愿景目标到投资组合决策，再到持续交付，在上线后还要持续回检反馈；为了落地上面两个目标，IT 和业务更紧密地协作，形成开放融合的组织模式。

19.2　招行 DevOps 工具平台的设计过程

1. 培育产品思维，划分业务领域，明确产品生命周期

为了支撑精益管理体系的落地，招行从 2017 年开始，自主研发多个 DevOps 工具平台，包括基于 JIRA 的电子看板、基于 Docker 和 K8s 的持续交付流水线平台，以及基于 Tableau 的度量分析平台等，经过 4 年的努力，逐步形成了具有自己特色的 DevOps 工具平台。随着业务场景的逐渐丰富，涉及的工具链、交付团队越来越多，工具间的边界也逐步模糊起来。对于一些看似"有价值"的需求，A 产品希望做，B 产品也希望做；而另外一些看似"无价值"或者"不好实现"的需求，所有产品都不想做。这样，随着时间的推移，不同产品之间就有了类似或相同的功能。

为了解决上述问题，招行对 DevOps 工具平台进行了一次业务架构蓝图的全面梳理。通过对齐组织战略目标和执行策略，在组织内形成统一的组织业务蓝图。业务架构包括 3 个核心要素：价值流（业务子域）、业务能力和核心信息（领域模型），通过厘清业务架构，牵引方案域软件总体架构能够响应业务外界的变化，有机、持续地进行演进。通过定义产品的核心价值主张和边界，可以指导产品后续的迭代开发。梳理后的业务架构如图 19-4 所示。

除了梳理业务架构，招行还需要了解产品所处的生命周期。只有了解 DevOps 工具平台各产品所处的生命周期，产品在进行用户画像、迭代规划、用户服务时才会

有的放矢，有所为、有所不为。

DevOps 工具平台各产品所处的生命周期如图 19-5 所示。

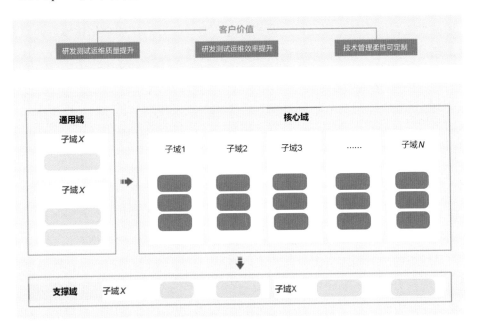

图 19-4　梳理后的业务架构

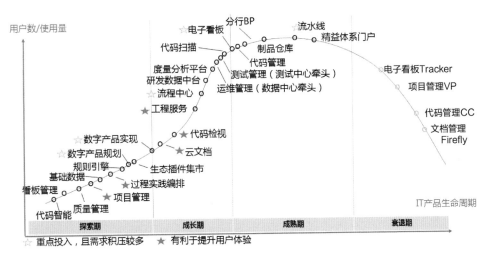

图 19-5　DevOps 工具平台各产品所处的生命周期

2. 分解组织愿景，规划年度目标和成效衡量指标

各业务系统要根据组织的愿景分解目标，同样，支持精益管理体系落地的

DevOps 工具平台建设的需求也要对齐招行的愿景。招行 2021 年的愿景是建立大财富管理的业务模式、数字化的运营模式和开放融合的组织模式。因此，DevOps 工具平台在 2021 年确定了"通过一体化和智能化的手段，建设端到端的精益管理工具平台，通过可定制化精益价值交付一站式解决方案，助力招行数字化转型"的愿景。同时，还对愿景进行了进一步分解，设定了提升精益交付能力、支撑数字产品治理机制落地、提升用户体验、支撑各级管理者需要、支持可定制和构建开放生态等目标，并针对每个目标制定了 1~3 个可量化的成效衡量指标 MoS。通过确定工具平台建设的北极星指标和群星指标，有效地牵引工具平台的各产品在规划、设计和交付过程中时刻关注"价值"。

3. 根据成效衡量指标，针对产品制定投资组合，确定年度重点专题和特性

由于所处的生命周期不同，工具平台各产品的主要需求来源会有所不同。对于探索期的产品，典型的场景是处于 MVP 验证阶段，用户量和功能相对比较少，主要依靠产品经理的规划确定资源投向及重点的需求；对于成长期的产品，既要兼顾大规模推广的压力，快速响应用户的需求，又要保持产品的设计理念和整体功能的规划，需要在两方面取得平衡；对于成熟期的产品，更多的是响应长尾需求，同时探索下一个"划时代"的功能。在企业内部建设工具平台，不仅要关注每个产品所处的阶段，还要跟整个组织的成效衡量指标对齐，这样才能把有限的资源投放在符合组织战略的方向上。基于上述两个维度，招行工具平台的各产品会在年初规划全年的重点专题，按照季度规划重点投入的特性，并在每个季度都进行滚动规划和回顾，确保资源投入有一定的方向性和计划性，同时也积极响应变化。

4. 确定 MVP，做好迭代规划，确定做正确的事

招行将"专题+特性"作为表征需求的形式，通过专题分析支撑业务价值的实现，将特性作为需求的最小交付单位。同时，在 PVR 会议上对专题进行优先排序和调整，在交付规划时对特性的优先级进行排序和调整，从而实现聚焦价值的价值交付。

"专题"分为解决方案类和零星优化类两种，解决方案类专题是业务或 IT 为了解决特定问题、实现既定目标设计的解决方案。实现一个专题的工作量比较大，往往意味着要进行一笔 IT 投资，且专题下所有的细粒度需求都是紧密相关的。在工具平台的场景中，往往会涉及多个工具平台的打通和交互。在专题分析过程中，招行一般会从客户/用户价值、企业价值和生态价值者 3 个方面思考，也要跟组织级的成

效指标进行关联；与此同时，会用到一些业界通用的做法和工具，如用户画像、干系人分析、用户地图、用户旅程地图、业务流程图、领域模型-服务边界等；在方案设计过程中，会充分考虑业务、技术、法律法规、质量安全、资源等方面的风险、问题、假设和依赖；对于比较大的专题，还会进行特性全景分析和规划。零星优化类专题是对已经上线的功能进行比较小的功能增强或者对生产缺陷的修复，通常不涉及新增服务，也不涉及对架构进行大的变动。

"特性"就是对解决方案的进一步拆解，以此作为需求的最小交付单位。特性是站在业务视角描述的一个完整、可独立发布的需求，通常解决用户某个场景的具体问题，同时可以支撑专题中的某个价值指标的实现。通过识别优先级的特性，形成 MVP。

在把"特性"放入产品交付池之前，还要进行优先级排序，充分考虑价值（业务价值和商业收益等），同时兼顾考虑风险、实施成本和依赖关系。最终的优先级需要专题负责人、产品经理和 IT 团队共同协商确定。

5. 持续交付与运营，把事情做正确，多层的用户反馈体系

相信读者对持续交付都不会太陌生。聚焦到招行的大规模落地场景，持续交付可以被简化为内部的 3 个层级。招行的持续交付成熟度模型如图 19-6 所示。

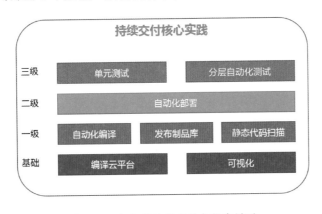

图 19-6　招行的持续交付成熟度模型

（1）自动化编译：通过脚本或者特定编译工具实现源码下载、编译、打包、发布到制品仓库等操作，是持续交付基本的要求。目前，比较流行的编译框架包括 Maven、Gradle、Ant、Xcode、MSBuild 等。

（2）发布制品库：管理内部程序发布包的版本；管理编译过程中依赖的包，让源码的第三方类库可以被集中管理，优化配置库存储结构和大小，缩短编译时间；

作为开源软件的合法仓库，统一管理开源资产，控制风险。

（3）静态代码扫描：通过扫描了解代码资源组成、资源的质量属性（包括技术债、重复率、圈复杂度）、匹配质量规则记录代码违规情况，整体评价和度量内在质量。

（4）自动化部署：通过预先定义的部署流程，从制品库中自动获取发布包，按照预定义流程将其部署到目标环境中，实现对多环境进行重复可靠的自动化持续部署和灰度发布。

（5）单元测试及分层自动化测试：根据投入产出比和历史技术债情况，参考测试橄榄球模型，首先提升自动化接口测试的覆盖率，然后依次加强单元测试和界面自动化测试。

随着 DevSecOps 的不断发展，招行的流水线也在不断地扩展相关的功能，引入各类扫描工具，包括开源组件扫描、IAST（交互式应用程序安全测试）、DAST（动态应用程序安全测试）、SAST（静态应用程序安全测试）等。

对内部工具平台来说，由于涉及的工具很多，管理流程比较长，具体用到的技术栈的种类繁多，为了更好地对内部用户进行支持，及时收集用户的反馈，招行的工具平台建立了智能运营体系。下面以流水线为例进行具体说明，如图 19-7 所示。

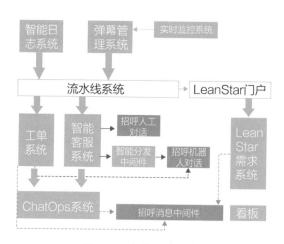

图 19-7　智能运营体系

其中，主要工作流程包括流水线问题修复流程、工单处理流程、招呼机器人智能问答＋转人工支持流程、ChatOps 系统工作流程、弹幕管理系统工作流程、需求管理流程、招呼消息中间件工作流程和用户自主查询流程。

6. 上线后的成效分析和价值衡量

一般来说，成效分析会从组织效率/效能、资源成本节省、客户体验类、客户行为类、数据质量类、组合效能/效率、直接收益类、战略影响、产品数据等方面进行分析。由于 DevOps 工具平台不直接作为利润中心，缺少很多财务上的指标，那么，如何进行成效分析和价值衡量呢？一方面，从用户最直观的感受出发思考，如用户满意度、流程耗时、停留耗时；另一方面，从功能使用量、活跃用户数、推荐 NPS 数等方面进行思考。

在选定成效分析和衡量指标后，还需要把相关的指标与专题、特性、交付的投入进行关联，通过定期的 PVR 会议进行回顾，以便对后续的滚动规划进行决策，决定是继续投入还是终止投入。如果确信是一个有价值的功能，但是没有收到预期的效果，就要分析相关的运营、宣传工作是否到位。只有端到端地形成闭环，才能更好地促进工具平台的建设工作。

19.3　展望

1. 全面整合、打通、提升开发人员的体验

随着管理体系的逐步完善，工具平台也要向全面整合的方向改进，持续关注开发人员的体验，提高工具平台的顺畅程度，让管理和流程充分落地在工具上。为了获得第一手资料，需要在工具上进行充分的前后端埋点，通过分析关键流程的用户停留时间、交互次数、新老手耗时等指标，精准地找到改进的重点。

2. 定制化、内部开源、千人千面

工具平台的建设，首先，要从组织级的角度自上而下进行设计，落地组织战略；其次，要充分尊重不同团队的现状和实际场景，在体系裁剪的机制上，支持工具的定制化；再次，要充分考虑员工体验，不仅流程要轻型化，工作界面也应该具备千人千面的能力，帮助员工快速聚焦其核心关注点。组织级的工具平台团队更多的是搭好平台框架，开放定制化能力和 API，对牵涉面较广的工具平台进行内部开源，共同孵化好产品。

3. 全方位的产品运营

为了打造更好的员工体验，工具平台建设一方面要采用 2C 产品的运营理念，持

续关注合适的运营指标，了解产品所处的精益创业阶段（共情、黏性、病毒、大规模），甄别"真正"的用户需求，设计好产品。

另一方面，工具平台建设要充分利用全链路追踪系统的功能，还原用户在工具平台使用过程中遇到的问题，为一、二线支持和运营的人员提供快速排错的工具；同时利用全链路追踪系统，将相关链路染色技术应用到系统的端到端测试过程中，提升工具平台的测试质量。

工具平台沉淀了从需求、规划、设计、开发、测试、上线到运营的整个端到端流程研发过程的大数据，其为管理改进、流程优化、效能提升提供了重要的数据支撑。

19.4　总结

在当今这个充满着不确定性的时代，随着移动互联、云计算、大数据、区块链、人工智能等新一代信息技术不断取得新突破，金融与科技加快融合，催生出许多金融新业态，新的业务模式层出不穷，金融业面临的复杂性和各类风险日益增加，金融科技在创新快速发展的同时，更需要强化标准的建设与执行，确保行稳致远。

招行将继续以用户为中心，以标准化精益管理体系建设为抓手，以精益之星平台为依托，以产品思维为导向，对齐业务战略和目标，继续深化体系和平台的建设，不断促进业务和 IT 在"一个体系、一个平台"下高效协作、责任共担，描绘出战略→技术→业务的同心圆（见图 19-8），以实现更快的交付速度、更高的产品质量、更高的客户满意度、更高的业务价值的目标。招行发挥标准的规范和引领作用，持续提升数字产品管理水平，打造可持续的快速交付能力，有力支撑自己的数字化转型和金融科技战略的落地；同时，结合行内标准体系和工具的建设应用效果，积极参与行业标准化工作，分享自己的成功经验，促进同业合作共赢，为我国金融行业的标准化体系建设贡献自己的力量。

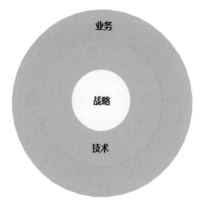

图 19-8　战略→技术→业务的同心圆

综合案例解析篇

第 20 章　4 场战役，细说 KL 银行的数字化研发管理转型之路

本章思维导图

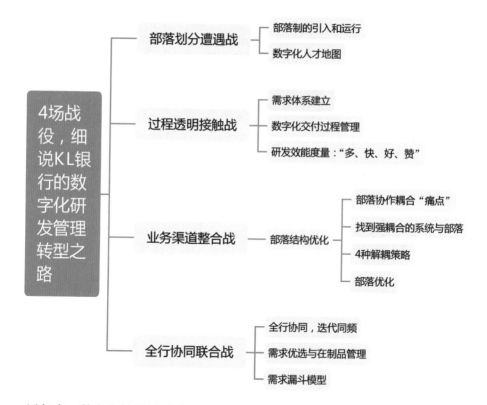

近年来，数字化转型日益成为国内银行的战略方向。而研发和管理的数字化转型是银行数字化转型的基础，只有建立一个快速响应、质量稳健的科技交付底座，才能支撑在数字化转型过程中科技团队对海量客户需求的快速交付。与互联网企业相比，银行的业务复杂、系统间耦合度高、技术积累偏弱、人才资源相对不足，转型时遇到的阻力往往也更大。银行业破除障碍、快速成功的关键不在于照搬他人的经验，而是因地制宜地采用适合自己的方式，在组织治理、流程体系、管理制度、

软件工具、实地教辅、人员培养等方面多管齐下，在短时间内以最高的效率进行转型。其中，凝聚力来自打胜仗，转型成功的信心来自每个月在产能、交付速度、管理效率等方面的量化进步。

下面以国内某城商行数字化研发转型实践为例，该城商行在历时一年半的时间内，完成了整个数字化研发管理体系的搭建与持续性的高效运作，其研发交付前置时间缩短约 35%，需求月度吞吐量提升近 30%。下文统一以 KL 银行来表示该城商行。

回溯 KL 银行的转型之路，它是一个持续提升、不断迭代的过程。下面以 4 场战役来介绍其主要的核心实践。

20.1　第一场战役，部落划分遭遇战

内部人员与外部人员高比例和人员负责的系统数量多的双重压力逐渐催生了恶性循环：行方内部人员一人同时负责多个系统，每天忙于日常事务，没有时间深入了解系统和业务，更没时间学习和成长；外包人员的归属感差，流动性强，进取动力普遍不足；时间久了，研发对业务响应的周期变长，业务部门对科技的满意度下降，距离科技赋能业务的大方向越来越远。

20.1.1　部落制的引入和运行

1. "痛点"：资源划分不明确

业务与研发复杂的多对多关系导致研发资源的公地悲剧[①]，使业务满意度提升困难。

KL 银行的科技条线之前包括两个部门：IT 规划部门和科技中心。业务部门提需求给 IT 规划部门，IT 规划部门将任务派发给科技中心来完成。科技中心的内部人员较少，往往一人负责多个系统，虽然系统也有一定业务属主的概念，但实际上团队负责哪些系统受到诸多因素的影响。例如，合作厂商因素，如果某几个系统由同

---

① 公地悲剧是由哈定提出的。哈定举例：一群牧民面对向他们开放的草地，每个牧民都想多养一头牛，因为多养一头牛增加的收益大于其购养成本，是合算的。但是因平均草量下降，可能使整个牧区的牛的单位收益下降。每个牧民都可能多增加一头牛，草地将可能被过度放牧，从而不能满足牛的食量，致使所有牧民的牛都被饿死，这就是公共资源的悲剧。

一个厂商开发，就很可能被放在一个团队中进行管理；又如，如果某个具体的系统由特定员工负责，当该员工进行内部调整时，系统管理关系暂时只能跟着人走。这样造成的后果就是，业务部门和科技团队往往会形成一个复杂的多对多的关系：一个业务部门要面对好几个研发团队、运维团队；一个研发团队也要平衡多个业务部门的需求，最终造成大量的任务交叉和拥堵，如图 20-1 所示。

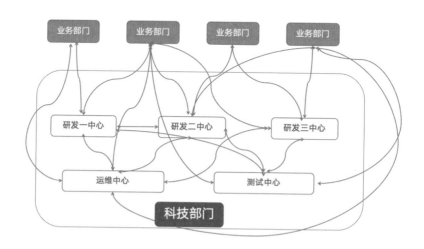

图 20-1　银行科技条线图

久而久之，从业务部门来看，行员＋合作厂商已经将近 1000 人，需求却总是做得很慢。而科技人员面对的情况是，每个需求到自己手里时都十万火急，工作堆积成山，加班加点也很难做完。

这样很容易导致对研发资源的无谓争抢，引发公地悲剧。所有业务部门都有冲动去争夺尽量多的科技资源，也很难产生需求优先级排序的动力。因为如果某个业务部门的需求被标识成低优先级，科技部门就可能将资源调去支持其他部门。而且，这种复杂的多对多关系会导致一个业务部门对接多个科技部门，导致业务满意度低。有的组织为了解决这个问题，会在业务部门和科技部门之间增加一个规划部门，这种看似有效的做法很多时候会导致沟通效率进一步降低。规划部门容易变成二传手，或者沦为负责走流程的边缘角色。

最后，由于业务需求往往需要多系统跨团队协作，因此在许多城商行中，宝贵的科技人员逐步变成脱离一线开发的项目经理，每天的工作主要是沟通协作，失去了对系统的把控力。

2. 部落制的引入：建立对齐业务部门的虚拟研发部落，资源划分明确

为了解决上述问题，我们推行了面向业务的虚拟研发部落制结构。

部落制是一种柔性网状的敏捷组织结构，包含部落、小队、分会、行会 4 种组织单元。

部落：好比一支作战部队，内部包括各种角色，如侦察兵、狙击手、指挥官等。其职能齐全，可以独立作战，以"用好兵"为目的。而传统职能部门好似练兵场，针对专业技能进行培养，以"练好兵"为目的。二者既相互结合又相互制约，形成矩阵式组织架构。

小队：业务端到端交付的最小单位团队，包含产品经理、研发人员、测试人员，总人数一般约为 10 人。小队长常由研发负责人或产品经理担任。

分会：由在同一个部落中相同的能力领域，拥有相似技能的人员组成的跨小队团队。分会会长负责发展员工、设置薪水等，一般由职能中心的负责人担任。

行会：跨部落的兴趣社区，定期进行知识、工具、技术等实践分享，设置行会会长来组织与管理团队的目标与赋能。

虚拟：之所以称为虚拟机制，是因为原有的 IT 规划部门、科技中心等职能部门依然存在，它们分别对应部落制中的分会和行会，主要成员被分配进入部落，部落是在原有实体部门之上的虚拟组织。

部落制结构示意如图 20-2 所示。

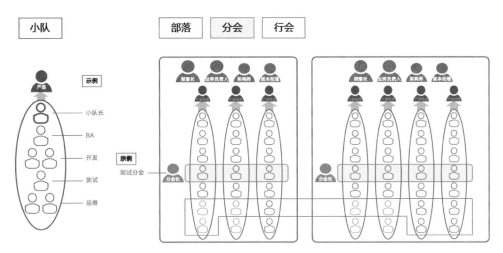

图 20-2　部落制结构示意

　　推行部落制，本质上是一种产权改革，即包产到户、耕者有其田。划分出来的每个部落都会明确支持一个业务部门或业务条线，部落有清晰的职责目标，可以用数字化的方式管理部落产出。

　　解决思路简单清晰，但落地过程中需要解决很多现实问题。例如，部落划分有一个强制要求，即任何人只允许对应一个小队或部落，不允许跨部落或跨小队。这一要求必须对原有组织进行整体交付资源重组，导致了强烈的反弹，但这样也避免了和稀泥的情况，充分地把原有的各种不合理的分工、协作问题暴露出来。例如，某系统只有一个人熟悉，但在划分时人和系统应该被划入不同部落等。

　　3. 部落划分的核心思路

　　将 KL 银行上千名科技人员分进部落，是一个非常有挑战性的过程。在划分时我们主要考虑以下两点。

　　（1）该成员主要负责的系统。

　　（2）该系统主要支持的业务领域。

　　请注意"主要"这个词。由于很多行员同时负责不同业务领域的系统，而不少系统同时支持多个业务领域，这些历史问题不可能在短期内得到解决，因此我们需要采用逐步过渡的方式。

　　在划分部落时，有一条原则不能妥协：人员一定要专属，不可以跨部落，这样量化机制才可以顺畅运转。针对前面提到的过渡状态，部落间要逐步进行系统剥离，长期目标是 85% 的业务需求可以由其对应的部落独自完成。部落合理的规模为 50～150 人。KL 银行有近 300 个系统，系统之间存在众多复杂的依赖关系。我们根据业务条线和属性，最终划分出 7 个部落：零售、互金、资管、公司、公共基础、数据中台和业务中台部落，每个业务部门都有对应的部落，负责衔接需求的输入和输出。

　　将每个部落划分成若干小队，每个小队约为 10 人。小队为跨职能团队（包含产品小队、研发小队、测试小队），能完成独立的需求交付，响应需求的变化。

　　有的小队只负责一小块业务，如信用卡产品小队；有的小队负责几个系统，如柜面渠道前端小队或 ESB 后端小队。前一种为业务小队，后一种为系统小队。业务小队是更理想的状态，但系统小队也是可以被接受的。在不违背大原则的情况下，划分小队可能需要做一些必要的权衡和妥协。例如，由于内部人力不足等原因，有些小队的规模可能不遵循 10 人团队的原则；有些系统暂时跟人走，因为短期进行系统交接比较困难。

千万不要因为得不到 100 分的方案而裹足不前，一个 60 分的方案就可以作为一个不断演进的基础，最重要的是行动起来。由于我们采用的是虚拟研发部落制结构，因此在 KL 银行中不仅可以快速动起来，还可以快速调整，不需要经历漫长的规划和申请流程。我们按照部落制，不断将更合适的人用在更合适的位置。例如，请几位 IT 规划部门的专家作为部落长，将需求沟通人员纳入部落中，这样大大缩短了沟通链路。

最后，KL 银行将 1000 多个科技人员分别分配进了七大部落及对应小队，每个部落约 150 人，如图 20-3 所示。这个部落规模正好符合邓巴数原则，处于人类能够有效进行社交的规模范围内。

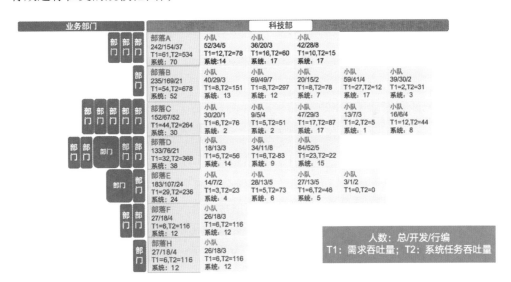

图 20-3　部落数据库

在建立部落制后，每个业务部门都有唯一对接的需求受理部落，业务部门与科技部门的沟通链路变短，大幅缩短了需求澄清前置时间。业务有了专属人力，业务优先级排序成为可能，这非常有利于组织集中力量进行重点突破。

4. 部落制 OVER 资源池模式

行为心理学表明，合适的组织规模和明确的目标可以激发员工的责任感，部落制恰好符合这一要求。要想推行部落制，科技侧领导必须放弃事无巨细的调配管理方式。

在金融机构中，相当一部分科技侧领导很喜欢研发人力资源池模式，他们认为这样可以保持更高的灵活度和更强的响应力，哪里有火就可以派多人去救火，但不断的工作切换并不利于研发人员的能力沉淀与效率提升，也不利于业务部门与研发部门协作，只能"头痛医头，脚痛医脚"。长此以往，最后的结果往往是火越救越多，所有人都疲于奔命，而科技侧领导也需要不断调配资源，持续进行"危机管理"。部落制恰恰相反，看似灵活度较低，但通过向下授权构建部落生态，促进了效率提升和协作提效。

20.1.2 数字化人才地图

数字化转型是一个长期的、持续的组织升级工程，我们需要持续打造适合科技部门特征的人力资源数字化管理生态，以适应数字化发展的需要。

"痛点"：由于其交付的复杂性、工作过程的"不可见"性、工作成果与业绩不直接关联等，因此针对金融机构科技部门的人力资源管理一直是一个难题，更不用说对科技人员的能力和效能产出进行合理的数字化评估了。针对这一"痛点"，我们引入更加灵活、开放的数字化人才管理体系——数字化人才地图。

解决方案：在 KL 银行的实践中，通过定期集中培训与过程日常辅导等一系列赋能手段，持续提升人员的能力（第二场战役会详细介绍辅导实践）。结合数字化管理工具，积累了大量的人员行为数据，如小队成员今天有没有"点亮"任务（正在工作的任务）、有没有更新任务状态等数据；小队研发效能数据，如版本排期需求完成率、版本内需求变更率、投入人天与月投产需求数等。通过分析人员的行为模式，展示实际的人员投入分布、产出、各阶段的交付前置时间，持续跟进改进过程中的数据变化，最大化激发科技侧员工的创造性和能动性。

这一实践不仅提升了对 KL 银行研发人才的管理水平，还能将研发投入成本转化为银行的核心资产之一。

实践示例：人力资源与科技对话。

灵活的人力结构管理，建立数字化人才储备。科技创新类工作需要新的、更细化的、灵活可变的管理体系，以进行实时的人力盘点和人才画像。打造一个优秀的交付团队，需要产品经理、研发人员、测试人员、架构师、数据科学家的共同协同，特别是在建立纵横网状的部落制人力结构后，对人力资源管理的信息准确性、灵活性、时效性都提出了更高的要求。要想深度落实数字化转型，建立数字化人才地图尤为重要。KL 银行的数字化人才地图如图 20-4 所示。

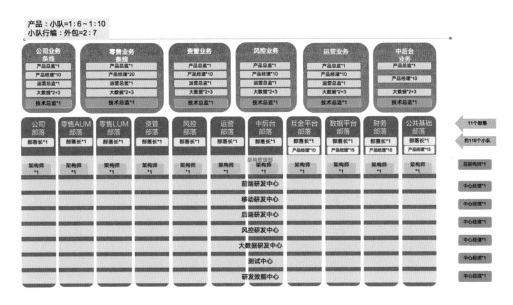

图 20-4　KL 银行的数字化人才地图

数字化人才地图建设：纵向深化，人才标签。建立专业的数字化人才管理体系，在组织中建立统一、正确的数字化管理理念，系统地建设核心数字化转型能力。提升数据梳理、分类、清洗、建模、分析、治理能力，建立人才体系标签，有计划、有组织地培养数字化专业人才，深耕专业领域，提高综合能力。

数字化人才地图建设：横向扩展，吸纳人才。数字化转型需要高度专业的人才，要对专职专岗建立专业化人才画像，因为对外吸纳优秀人才是加快数字化转型的必要手段。

在 KL 银行，通过人力标签体系实现了人员分布的实时人才地图。根据人才地图，我们可以持续优化人才分布结构，进一步分析出各岗位在团队中的比例，为规划决策提供依据。例如，当项目管理：研发岗位为 1：5 时，我们就要考虑管理成本是否过高。

20.2　第二场战役，过程透明接触战

部落小队的建立构建了研发组织精细化管理的骨架，但我们还需要明确研发组织中每天流动的血液——工作内容，才能对研发组织进行真正的精细化管理。

"痛点"：价值交付口径不统一，研发内容不透明。

在城商行的研发管理体系当中，大多数已经自建了一个用于业务和研发接口的需求管理平台，这个平台负责接受需求，有的也用于外包管理、外包付款等。有的城商行会尝试对研发过程进行管理，但是大多数思路都是计划管控型的，即需要研发人员填写大量信息，才能让产品上线。面对这种"粗暴"的研发流程管控，研发人员的真实反应往往是绕开，在上线的最后一天，突击补充大量信息，从表面上看是满足了管理要求，其实只是浪费了时间，留下了一堆垃圾数据。

解决方案：建立需求管理体系，明确需求与任务层级划分口径，透明数字化交付管理全过程，建立度量研发效能度量体系并持续改进。

20.2.1　建立统一的3层需求任务精细化管理体系

为了让研发组织的精细化管理成为可能，我们需要从方法论上统一思想，统一度量衡，明确全行如何把业务需求逐层分解到个人。为此，我们引入3层需求任务分解体系：业务需求-系统功能-个人任务，如图20-5所示。

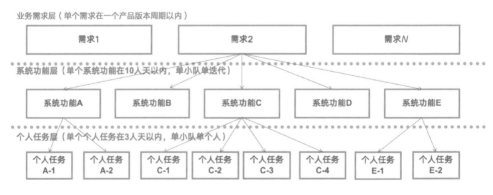

图 20-5　3 层需求任务分解体系

3 层需求任务分解体系的核心要求如下。

（1）需求面向业务侧，能单次上线交付。

（2）系统功能面向科技侧，明确主办部落和主办小队。

（3）系统功能拆到单系统、可测试、10 人天以内。

（4）个人任务面向个人，拆到 1～3 人天左右。在 KL 银行，我们提高了要求，个人任务规模要控制在 1 人天左右。

（1）和（2）结合降低了估算的复杂度。（4）的目的是将系统功能分解到个人，解决多人协作过程中职责明确的问题，同时通过天数限制让个人任务每天流动，这样在小队站会同步时，每个人每天的工作都有目标、有进展，每个人都对自己的目标负责。再结合（3），由个人任务关联到系统功能再到需求，整体进展和各系统的进展就不再是"大概估计"了。小队长根据成员报出的风险与进度反推到需求，都有明确的跟进处理事项与优先级，使决策更有依据、管理更加细致。

为了让组织能够接受 3 层需求任务分解体系，我们一开始并不需要对业务需求做太多变化，只需要对需求进行可视化管理，这样需求全流程的计划和管理就变得透明，业务和科技有明确的共同定义和每个状态的完成标准，沟通时可以快速达成共识，科技人员能够聚焦于手头任务的完成，并且能对变化进行快速响应。

根据 KL 银行的实际数据统计，全行每年交付 2000 个左右的业务需求，这个数据基本是稳定的。如果我们把业务研发组织想象成一个有机体，那么这个组织实际上有自己的行为习惯。经过这个组织产生的需求，虽然看起来有大有小，但是从统计上看，规模大致还是均匀的，只是由于马太效应，参与者会记住极大需求和极小需求，从而加重对需求颗粒度不稳定的偏见。

导入 3 层需求任务分解体系的重点和难点是对系统功能的拆分，因为和用户故事拆分类似，需要有一定的专业技能和上下文背景。

需要注意的是，其实不存在唯一的拆分方式，只要拆分出来的系统功能测试有办法验收就可以。拆分的核心目标是可以通过测试的系统功能数量来客观反映需求进展及小队产能。

在 KL 银行，我们通过培训、工作坊、现场辅导等方式，先从标杆小队突破，然后进行老带新，最后推广到全员。经过 3 个月，KL 银行全行接受了系统功能拆分。

3 层需求任务体系分解就像书同文、车同轨一样，统一了不同层面的价值交付口径。结合 3 层需求任务分解体系与敏捷迭代管理机制，将整个需求研发和发布全过程牢牢地构建在数字化管理工具上，也透视了研发过程，在系统上留下了相对真实的研发过程数据、工时数据，还为后续的研发效能管理打下了坚实的基础。

20.2.2 透明数字化交付管理全过程

1. 在个人任务的基础上，推行工时管理机制

个人任务是 3 层需求任务分解体系的源头，也是工时管理的基础，需要所有人坚持执行，其重要性和推广难度不言而喻。

在 KL 银行的实践中，我们通过两个举措，大大减少了推行阻力。

一方面，在合作厂商工时结算过程中，KL 银行明确要求工时要绑定个人任务，这就解决了合作厂商的执行力问题。

KL 银行有几十个合作厂商，要求所有成员每天"点亮"自己的任务卡，系统根据成员考勤数据与"点亮"任务自动分配工时。通过定期统计合作厂商的任务工时分布并进行分析对比，可捕获一些异常数据。

厂商管理数据的指标参考。

（1）合作厂商人数按系统分布：可以观察合作厂商的资源按系统分布的情况。

（2）各部落合作厂商按月统计人数与工时数对比：可以分析各部落合作厂商的月度工时投入。

（3）各部落合作厂商人均工时数与人均代码行数：主要用于捕获异常行为，如研发岗位工时数有 30 人天，代码行数不到 100 行。

（4）合作厂商闲置资源数：当天没有"点亮"个人任务的合作厂商资源数，用于做资源利用调整参考。

另一方面，采用数字化站会，建立个人任务管理在一线基层的活水源头。

2. 迭代过程协同：进展与风险透明

在 KL 银行，我们面向全员推行了电子看板站会。在站会上，每个人都需要讲解个人任务卡片的进展，"点亮"自己工作的卡片。

实践示例：参加站会你获得了什么？

在 KL 银行辅导的前 3 个月，29 个小队都陆续开启了站会。站会有 3 个标准回

答：①我昨天完成了什么？②我今天计划完成什么？③有没有风险与阻碍？在参加了一段时间的站会后，笔者发现大家开展得都"很好"，机器式站会，例行问答绝不超过 15 分钟。于是笔者问几个小队长："你们在站会中获得了什么？"他们的回答基本一致："我能知道我的团队昨天完成了什么、今天计划做什么。"我继续问他们："你知道当前版本的进展吗？有多少在正常研发？有多少可能延期？关联方有没有按预计的时间在配合联调？正在测试中的需求有多少缺陷，优先级清楚吗？"五连问把小队长问懵了，回答当然都是否定的。这一现象就是典型的"只见树木，不见森林"。后来，笔者把大家站会的"标准话术"做了修改，但也是回答 3 个问题。

- 研发进度：我正做 0403 版本中的 A 系统功能，昨天完成了技术方案设计，今天计划完成某接口的编写并与前端联调通过，预计 A 系统功能还需要两天研发自测完成。

- 测试进度：0403 版本，我负责的 B 系统功能已提测两天，目前还有两个缺陷，预计今天上午修改完。

- 风险与阻碍：我负责 A 系统功能自测需要协调某团队配合造数，昨天联系了对方还没有回复，需要持续跟进。

针对上述问题，结合个人任务拆分出一人一天的工作量。在站会上，除了查看个人任务进展，还需要切换至系统功能与需求看板。交付的协同不仅是工作量可见，还是整体的交付进度可见、风险可见。在短短的 15 分钟内，小队成员只有都能获知当前版本的整体进展与风险，才能真正达到站会快速对齐的目的，大家才会自主地在站会前认真执行"点亮"的动作。

完成了这个简单的"点亮"工作，就完成了个人的工时记录，其他汇总和统计工作都由系统自动完成。站会实践进一步减少了个人任务和卡片"点亮"的推广阻力。

每周四，管理员会上传上周经过确认的考勤工作打卡数据，系统根据上周每天"点亮"的工作任务，自动将工作分钟数平均分配到工作任务上。如果研发人员觉得有必要，就可以自己手工调整工作任务的具体时间，但实际上很少有人这样做。

绝对精确的工时管理只是理想化的一厢情愿。

有的人可能觉得这样不够精确，希望像秒表一样，每个人都可以准确记录、登记每个任务的实际工时分钟数。这实际上只是一种一厢情愿，实际情况是研发人员每周只选一个任务填满所有工时，连正确性都无法保证。目前，对 KL 银行推行的这种做法已经是我们在经过多次实验之后找到的可以被千人团队接受的、相对最准确的工时记录方式了。

20.2.3 效能分析：高效协同，持续改进

部落是研发组织最上层的组织单元。每个需求都需要明确主办部落，部落的主要职责是快速、高质量地交付需求。小队可以被分成特性小队和系统小队两种。

- 特性小队负责相对比较独立的系统，也可以端到端地交付需求。因此，特性小队的职责是快速、高质量地交付需求。

- 系统小队负责和其他系统关联度比较高的系统，不能完整地交付需求，只能交付系统功能，需要和其他小队，甚至其他部落一起协作才能完整交付需求。因此，系统小队的职责是快速、高质量地交付系统功能。

根据上述原则，我们在 KL 银行优化了部落级和小队级研发效能度量体系。部落与小队层级的度量覆盖了"多、快、好、赞"4 个维度。

（1）产能多。

需求月度吞吐量：表示一个月内团队完成的需求个数，是最直观的研发产能度量指标，表述通常为"上个月完成了××个需求"。该指标不仅可以观察团队的需求完成数，还可以作为月度需求排期的重要参考指标。

（2）响应快。

- 前置时间（Lead Time）：业务感知效能的重要指示灯，是指从业务提出需求到最终发布上线的时间间隔（自然日），主要衡量研发团队的需求交付速度，反映研发团队的快速响应能力。

- 需求分段前置时间：通过工具的分段统计能力，展示需求在各阶段的耗时，如需求分析、设计、研发、测试、验收等各状态分别停留的时长，如图 20-6 所示。通过需求分段前置时间可以分析耗时较长的阶段，分析问题成因并改进此阶段的流程，持续观察变化趋势。

（3）质量好。

生产事件：将生产事件进行分类、分等级可视化看板管理，统计出不同时间周期、不同团队的生产事件。该指标主要检视生产环境的质量。

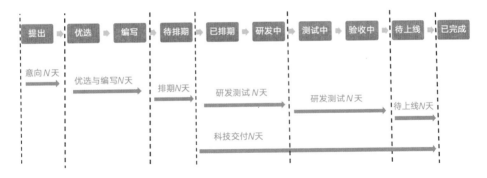

图 20-6　各阶段的交付时效

（4）业务赞。

业务满意度：按月举行部落与业务的回顾会，收集业务满意度和产出阶段的改进目标数据，双方进行持续改进。

效能分析不仅是识别问题的重要手段，还是促进团队建立成功信念、促使团队成员在工作中付出更大努力的有效手段。在设计效能度量体系时，我们需要避免落入研发度量的常见陷阱中。

- 指标过多导致失焦。

- 指标无法拆分和下钻，容易被平均，产生误导。

- 仅关注指标的绝对值，忽视了指标的变化趋势。

数字化转型是一个浩大的工程，而研发过程的可视化开启了 KL 银行数字化转型的第一篇章，并结合部落制运作的各项数据，实现了跨职能协同和团队的自组织可视化管理。工时数据与需求的依赖关系为优化部落结构和减少跨部落需求提供了高可用的数据，为后续深入融合奠定了数据基础。

20.3　第三场战役，业务渠道整合战：部落结构优化

"痛点"：之前运行的部落制是针对转型初期的问题进行设计的，经过一年时间的推广运作，主要"痛点"已经出现了变化——部落耦合度高，跨部落协同交付成为主要瓶颈之一。

以手机银行为例，我们发现手机银行的开发工作落在渠道研发团队身上，但实

际上大量工作需要零售信贷业务研发团队的配合才能开展，存在高耦合。针对这种典型的问题，我们需要进一步优化部落和人员结构。例如，将手机银行从渠道研发团队身上剥离，前置给业务研发团队（如零贷），减少跨部落耦合与沟通成本，让业务人员与技术人员都更为聚焦，进一步提升交付效率。另外，团队剥离也缩减了渠道小队的人数规模，加强了精细化管理。

解决方案：业务渠道整合，部落结构优化，减少跨部落依赖。

前期积累的各项研发、工时等数据，为分析跨部落需求依赖情况、优化部落结构提供了客观的数据基础。提升部落制交付协同效率的主要策略有部落系统归属调整、系统平台化建设、明确跨部落协同机制等。结合 KL 银行的实践，第三场战役共分为以下 4 个步骤。

1. 找到强耦合的系统与部落

在 3 层需求任务分解体系的个人任务层，所有成员每天都对个人任务进行"点亮"报工，最终工时会通过个人任务关联到系统功能/需求/部落/小队/负责人/系统/厂商中。于是，我们可以知道各系统在某一周期内产生的工时情况，从而识别出占用最多开发资源的系统和部落。

2. 减少跨部落依赖，4 种解耦策略

由于银行业务种类众多，系统设置也相对复杂，各系统都有自己明确的业务定位，因此科技侧也将综合考虑系统复杂度、需求颗粒度、业务系统架构等因素进行解耦。

通过统计各系统的工时分布，分析出各部落的需求依赖占比情况，如表 20-1 所示：

表 20-1　各部落的需求依赖占比情况

系统名称	所属部落	4—6 月系统总工时	A 部落需求涉及该系统的工时汇总	B 部落需求涉及该系统的工时汇总	C 部落需求涉及该系统的工时汇总
系统 M	A 部落	6000	2800	1800	1400
系统 N	B 部落	4000	2600	1200	200
系统 L	C 部落	3700	300	200	3200

通过以上数据，按"4—6 月系统总工时"进行降序，分析产生工时的主要系统。实践中采取了如下 4 种策略。

（1）平台与业务分离。

如果数据中的系统 M 被许多部落的业务需求依赖，这种系统就应该被抽象为一个平台层。平台层由一个部落负责，上面可以搭载不同的业务，由不同部落负责。

（2）系统与归属调整。

系统 N 属于 B 部落，但 A 部落的需求对此系统的依赖更大，建议调整系统划分，把系统的所属部落改成对系统依赖更大的部落 A。

（3）小队内嵌。

在将系统 N 调整所属部落到 A 部落后，B 部落仍有一部分需求对系统产生依赖，建议在 B 部落内增加一个小队负责系统 N。采用小队内嵌策略，可以避免出现跨部落排期资源协调困难的问题。在现实场景中，如风控类系统和业务系统的划分，对应关系非常明确，可以考虑从风控系统中划出一个小队加入业务部落，支持需求交付，所有风控开发团队最好属于同一个实体部门。

（4）跨部落需求协作。

系统 L 属于 C 部落，需求绝大多数来自 C 部落本身，整体交付可控，由于其他部落对系统 L 的依赖较少，无法用小队内嵌策略，因此必须采用跨部落需求协作策略。在 KL 银行部落制运行的第一年中，我们将所有小队的迭代都调整为同频交付，所以跨部落需求协作需要特别注意跨部落联合排期。在每个月的下旬做下一个月的交付排期时，提前分析出跨部落的依赖需求进行联合排期。每个版本都具有明确的排期时间点，若错过排期日，则在原则上只能等待下一次排期。

3. 部落优化准备：利用工时反推部落应有人数

通过各系统在一定周期内的工时，以及周期内的工作时间，计算出所需的资源与岗位。例如，A 系统在 4—6 月内，共产生工时 3850 小时，而 4—6 月的常规工作日有 60 天，所以估算 A 系统需要 3850/60/8≈8（人）。这个数据就可以作为团队人力资源划分与补充调整的参考依据，如图 20-7 所示。

4. 部落优化方案：领域细分，与团队校准形成正式方案

部落的优化以细分业务领域、对齐分管行领导和减少跨部落协作为目标。

首先，根据工时数据调整系统划分和小队人数，初步形成调整方案。

A业务部		非重点系统	工时
积分商城系统*	8 11	银保通系统*	292
财富管理系统*	14 20	理财公共*	152
农民工工资*	4 7	综合理财平台*	108
结构性存款系统*	4 3	金融IC卡数据准备系统*	0
理财销售系统*	6 6	公交平台*	0
贵金属管理*	3 2	快乐小象系统*	0
农金站管理系统*	3 2	金融IC卡密钥管理系统*	0
基金代销系统*	6 6	金融IC卡前置*	0
综合积分系统*	1 2	电子式储蓄国债系统*	0
添现宝*	2 1	快乐e族（下线）	0
客户权益系统*	1 1		

图 20-7　利用工时反推落应有人数

其次，与部门领导人对齐部落与业务领域细分是否符合业务发展方向。同时，明确部落长与小队长人选。

再次，与具体部落对齐新的方案，确定是否存在客观落地困难。对于现阶段的确不适合拆分或合并的地方进行相应的调整。

最终，进入实施阶段，开展相关的系统交接工作并提前通知业务部门。

20.4　第四战，全行协同联合战

"痛点"：根据自身的行业特点，KL 银行针对优选后的需求上线计划时间做倒排期，常常遇到"一句话需求"、需求插队、进行中需求并行过多交付时间长、过程信息不对齐等问题，研发人员忙不停，业务人员不满意，交付习惯性延期。

解决方案：从全量承诺到价值优选，全行迭代同频，进行需求漏斗管理，建立统一的数字心跳。

20.4.1　全行协同，迭代同频

导入版本火车发布机制，业务和科技共同参与排期，建立统一的版本发布节奏，设置专人维护系统版本的发布也成为此阶段的主要实践。根据小队容量进行需求优选与拆分，在完成版本排期后，研发小队基于流式提测的思路（错开时间提交功能

测试，避免统一时间集中提测）进一步制订系统功能迭代计划。系统迭代周期一般为两周，迭代内对系统功能进行分步提测，提前暴露验收风险。

研发团队内部通过每日站立会议对齐迭代进展与风险，进行有效的提前反馈来适应变更，并通过数字化管理工具，从多个维度度量研发产能，使全流程管理问题透明化，逐步让团队自己具备分析和改进问题的能力，从而加快交付前置时间。

20.4.2　从全量承诺到价值优选，控制在制品，加速需求流动

值得注意的是，在小队排期完成后，按双周迭代的方式运行常常变成"小瀑布"，即在迭代的第一周以研发为主，在第二周进行测试和缺陷修复。为了避免这种情况，我们以流式提测的方式达到快速验证与交付的目的。我们强烈建议控制在制品，即同一时刻并行的需求数不能过多，如图 20-8 所示。这不仅有利于优先聚焦业务价值更高的需求，实现 MVP 交付原则，还能减少频繁任务切换带来的效率损失。

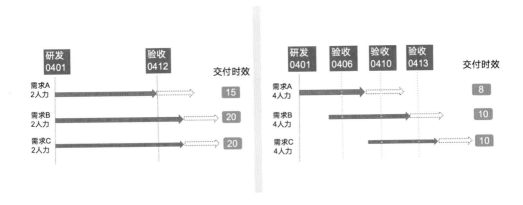

图 20-8　时效优化：在制品管理

20.4.3　引入需求漏斗模型，数字化管理需求各阶段的流动情况

在探索适应 KL 银行现状的业务与科技融合的道路上，我们引入了需求漏斗模型来进行需求流动管理。需求漏斗是根据团队需求吞吐量、各状态需求个数等真实数据生成的用于反映团队需求管理状况的漏斗工具。

1. 需求漏斗模型的意义

（1）需求状态多，看不清问题。通过需求漏斗模型，需求体现在不同价值流归

类中更高层级的视角，体现产品经理的创新能力（需求意向数）、内部梳理需求详情（编写评审中需求数）的能力、通过研发初步评估需求情况（待排期需求数）的能力，以及研发团队需求吞吐量（本月研发测试需求数）和需求吞吐量波动情况（上月需求吞量）。通过状态归类，可以对是否有阻塞、流动是否健康一收眼底。

（2）研发前置难以推行。需求漏斗模型体现了需求加工的全过程，可以推进产品经理的规划，让研发前置变得有效、可行。需求打磨是否充分、可研发需求量是否充足——研发前置规划离不开需求的前置规划，编写评审中的需求是一个显而易见的信号。

（3）产能分配混乱。根据待排期及之前的需求规划，需求漏斗模型为产能分配提供了数据参考，让团队从"靠嗓子喊，谁声音大就支持谁"的混乱状况，转向数据支撑的产能预分配，让研发资源真正用在刀刃上。

（4）每件事都很急，应急能力跟不上。需求漏斗模型帮助团队聚焦目标，让团队告别"哪件事都很急、总是迫在眉睫"的窘况，真正提升研发应急能力；让能规划的需求得到有效规划，需要紧急响应的事得到快速响应，保持研发的稳（质量好）与快（响应变化）。

（5）产品经理又忙又乱。需求漏斗模型让前置需求规划得到充分澄清，可减少研发过程中的低效沟通和无效的需求变更，使验收一次通过，使研发质量提升与产能提升并存。这样可以释放出产品经理的产能，使其能投入更多时间进行规划与编写需求，形成良性循环。

2. 需求漏斗模型的定义

需求漏斗模型如图 20-9 所示。

（1）需求漏斗模型的基数 T 值：部落近半年每月上线需求数的平均值，可以根据实际情况调整，取部落近一年的月度平均上线需求个数作为基准值。

（2）需求漏斗模型的第一层"意向需求数"：在部落所有主办需求中，需求状态为提出的需求总数，此处为需求漏斗模型的第一层，建议范围是 $1T \sim 6T$。从产品管理的角度来说，将产品的需求规划为 $1 \sim 6$ 个月是相对合理的。假设某部落的 T 值为 50，则意向需求数应为 $50 \sim 300$。若数量少于 50，则说明创新与规划不足，有可能造成需求漏斗模型第二层的断流。若数量多于 300，则需要对意向需求进行清理，因为需求作为产品的最小交付单元，要想适应快速变化的市场，若规划过于久远的需求，则不确定性更高，这时投入资源可能会造成事倍功半的效果。

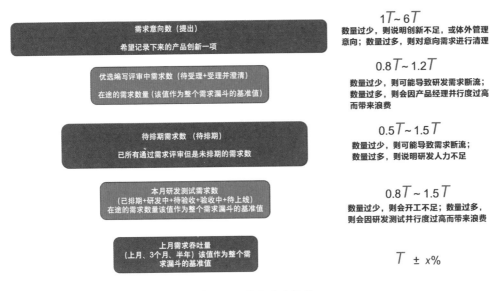

图 20-9　需求漏斗模型

（3）需求漏斗模型的第二层"编写评审中需求数"：在部落所有主办需求中，需求状态属于优选、编写中、评审中的需求总数。此阶段为需求漏斗模型的第二层，建议范围是 $0.8T\sim1.2T$，主要与科技交付节奏相吻合，若产品经理与部落是按月进行排期的，则提前准备好部落一个月能交付的需求量即可。如果能将资源聚焦在这些需求的细化上，就既能防止研发需求断流，又能有效提升排期需求的质量，为后续部落的快速交付打下基础。

（4）需求漏斗模型的第三层"待排期需求数"：在部落所有主办需求中，需求状态在待排期状态的需求总数。此阶段为需求漏斗模型的第三层，要想达到待排期的需求状态，一般包含以下几个标准：需求的业务价值分析已完成；需求已完成澄清；需求验收条件清晰；需求交互明确，UI、UE 定稿；需求能识别所涉及的系统，完成系统功能拆分与人天估算；涉及的关联系统已沟通好联调及转测时间。部落按月度进行需求排期，待排期需求数为 $0.5T\sim1.5T$。若需求已达排期标准，但在此阶段常常超过 $1.5T$，则要考虑是否是科技资源不足，并按需补充资源。若数量过少，则可能造成研发断流或排期需求质量差、交付时间长等。

（5）需求漏斗模型的第四层"本月研发测试数"：在部落所有主办需求中，需求状态在已排期、研发中、测试与验收中的需求总数。此阶段为需求漏斗模型的第四层，指部落已排期的受理中的需求数，建议为 $0.8T$～$1.5T$。若数量过少，则可能资源利用不足；若数量过多，则会引起在制品过多，而在制品过多容易造成协同排期困难、加大阻塞的可能性、需求流动缓慢、资源浪费等。

（6）需求漏斗模型的底层"上月需求吞吐量"：在部落所有主办需求中，上个月上线的需求总数，反映了部落上个月的需求产出，可用于计算部落需求交付月度偏差率。

20.5　4 场战役的联合成果

1. 交付前置时间与吞吐量大幅提升

（1）科技交付前置时间比 2020 年年初缩短约 35%。受新型冠状病毒肺炎疫情的影响，KL 银行从 2020 年 2 月开始出现了需求积压，业务交付前置时间最高时达到近 170 天。通过对存量需求进行一段时间的梳理，到 7 月初，交付前置时间已逐步降低至 104 天，整体效率提升超过 35%。

（2）科技交付效能月度需求吞吐量提升约 30%。

2019 年 9—12 月，仅通过部落制的运行和可视化管理实践，KL 银行的每月需求吞吐量都以 15% 左右的趋势递增。2020 年上半年，在疫情及各种节假日的影响下，科技侧上半年业务需求平均月吞吐量较去年第四季度提升约 30%。

通过这 4 场战役的组合落地，KL 银行初步建立了科技敏捷机制。通过对整体机制进行建模，确保所有人都能看到体系如何运作，以及与自己相关的待处理信息。

2. 数字的背后：建立机制，并持续演进

建立机制不是终点，更重要的是维护机制持续运行和不断优化演进。在这一点上，同步运行的数字化管理工具发挥了重要作用，让我们能够实时了解机制运行情况，并在过程中及时纠偏。截至目前，我们可以自信地说，KL 银行的转型已经取得了不错的效果。

- "业务-部落-小队"的端到端需求交付流程落地，大幅改善了科技人员身兼数职的情况。科技侧聚焦于优选和排期后的需求，流程中插队的情况也明显减少。

- 业务需求有明确的优选机制，每个业务需求的责任指定都会细化到小队的主办负责人，确保过程可跟踪、可管理。

- 从使用 Excel 到使用电子看板工具进行更为精细化的管理。得益于工具的强大特性，每个月在产能、交付速度、管理效率等方面都有看得见、可量化的进步，这也增强了我们对转型的信心。

总结这一段转型历程，下面 4 项举措发挥了重要作用。

- 落地了设计合理的虚拟部落制，扭转了过往刚性的管理机制，形成了与数字化敏捷银行适配的网状柔性治理体系。

- 建立了端到端价值交付管理体系，形成了高效的创意、执行、反馈、改进闭环，在迭代中不断优化科技侧对业务侧的支持。

- 导入了科技侧由基础到进阶的敏捷实践，使得科技侧的管理和工程能力逐步提升。

- 引入了数字化管理工具，提升了量化统计和效能分析能力，为整套转型机制落地持续护航。

金融科技，简而言之，就是以业务驱动科技应用，以科技赋能业务发展，使二者无缝融合，发挥乘数效应。在科技侧实现突破后，我们开始思考如何利用多类型的数字化渠道和手段，设计能够切中客户"痛点"的数字化产品，以无感知、不干扰的方式，提供让客户满意的服务。

更宏观地说，未来银行要向平台化、智能化、生态化的方向演进。虽然每家银行的情况不同，实现路径也多种多样，但唯有实现行业的"数字孪生"，金融服务才能真正无处不在，银行机构才能在自我增长的第二曲线上，完成快速顺畅切换。

第 21 章 京东金融 App 研发效能提升之路

本章思维导图

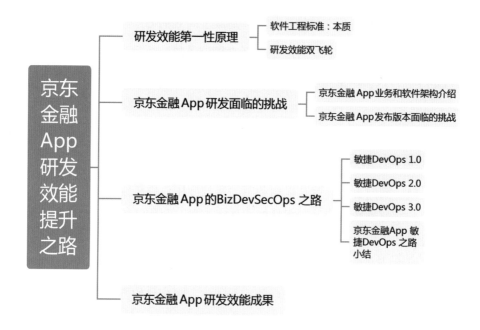

21.1 研发效能第一性原理

提到高科技企业的研发效能，就不得不说流程、工具平台及度量。但是只有再深入挖掘研发效能的底层逻辑，即软件研发的本质，才能从系统思考的全局视角，将复杂的软件研发领域解构清楚，分离出关注点，帮助团队在软件开发过程中找到瓶颈并突破瓶颈，避免局部优化，从而持续达成系统全局层面的改进。

2014 年 11 月 2 日，软件工程的国际标准《本质——软件工程方法的内核和语言》

在国际性非营利协会对象管理组正式发布。本质（Essence）可以说是研发效能的第一性原理，有了它作为参考和指导，我们就可以更容易地进行降本增效，提升研发效能。

21.1.1　软件工程标准：本质

　　首先，本质包含软件工程涉及的代表进展和演进的最本质的基本要素，即阿尔法（Alphas）。如图 21-1 所示，3 个离散的关注域为客户/用户、解决方案和努力，客户/用户关注域中的要素为机会和利益相关者，解决方案关注域中的要素为需求和软件系统，努力关注域中的要素为工作、团队和工作方式。

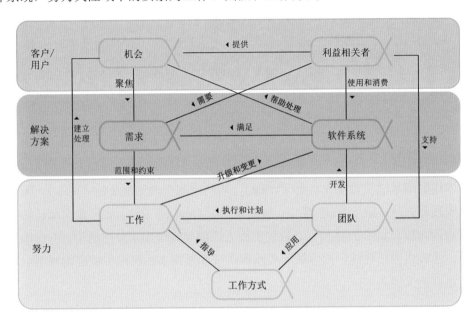

图 21-1　软件工程的内核之阿尔法（本质元素）

　　这 7 个阿尔法构成了软件工程内核的核心，每个阿尔法都有不同的状态，代表阿尔法的进展。例如，需求阿尔法的状态是概念形成、范围确定、具有一致性、可接受的、基本功能实现、系统功能满足。对于需求阿尔法，无论什么需求实践，都在推动需求的进展。

　　其次，本质也包含软件工程涉及的代表做什么的最本质的基本活动，即活动空间（Activity Spaces）。如图 21-2 所示，在 3 个离散关注域中，由虚线构成的箭头框即代表活动空间。例如，探索可能性活动空间，可以有各种具体的活动，目的都是进行业务探索，探索有何目标客户/用户群体、目标客户/用户群体有何值得待解决的问题和"痛点"、有何潜在的方案等。对于活动空间，无论是什么活动，都是在活动空间的框定下进行软件开发的。

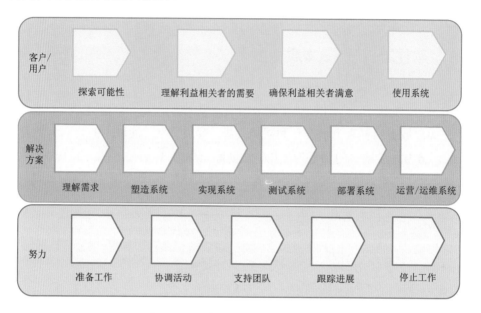

图 21-2　软件工程的内核之活动空间

本质的阿尔法代表工作对象（What），活动空间代表如何去做（How）。无论是什么实践和方法，如"瀑布"模型、敏捷模式或 DevOps 方法，底层逻辑都是这个软件工程的内核。如图 21-3 所示，软件工程方法的架构使用了分层结构，方法由实践组成，实践由内核描述，而方法、实践和内核都是由本质标准中特定领域中的软件工程语言定义的。

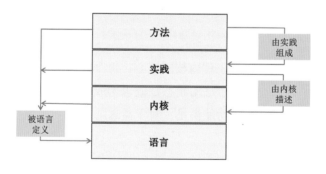

图 21-3　软件工程方法的架构

根据研发效能的第一性原理，我们可以看到研发效能的关注点（见表 21-1），从提升研发效能的角度来看，需要评估和改进每个关注点是否有价值、是否有效果，以及是否高效等。

表 21-1　研发效能的关注点

关注域	阿尔法（What）	活动空间（How）	研发效能的关注点（有价值、有效果或高效）
客户/用户	机会	探索可能性	利益相关者被识别 商业机会价值建立
	利益相关者	理解利益相关者的需要	利益相关者被确认 业务机会是切实可行的 解决方案为客户提供收益
		确保利益相关者满意	利益相关者对部署满意 商业机会得到处理和满足
		使用系统	利益相关者满意使用 商业机会带来的收益得到增加
解决方案	需求	理解需求	软件系统的范围 软件系统如何带来价值 如何使用和测试软件系统 需求具备一致性
	软件系统	塑造系统	需求可接受 软件架构选定 需求被分解成架构模块任务
		实现系统	开发、集成、测试软件系统 增加系统功能 修复缺陷 优化系统
		测试系统	需求被系统满足 软件系统部署就绪
		部署系统	软件系统被部署 软件系统运营就绪
		运营/运维系统	软件系统持续运营 软件系统持续运维
努力	工作	跟踪进展	团队能高效运作 工作方式工作良好 工作项已完成
		停止工作	团队解散 工作关闭 工作方式存档
	工作方式	协调活动	团队已组建 工作方式使用中 对工作项排定优先级 调整计划 工作受控
		支持团队	团队可协作 工作方式就位 移除障碍 改进工作方式
	团队	准备工作	团队已形成 工作方式原则建立 工作方式基础建立 工作准备完毕

21.1.2 研发效能双飞轮

回归研发效能的第一性原理，由于研发效能要解决价值（Outcome）、有效和高效（Output）问题，因此从软件工程方法来说，业界流行的敏捷和 DevOps 方法是组织提效的方法论和体系，其已经不仅仅局限于研发人员，而是扩展到整个软件生命周期，涉及所有人员、开发和经营活动，即整个组织及商业模式。如图 21-4 所示，研发效能实际上代表着业务敏捷的双飞轮，一个是组织能力是否有指数级的效能，另一个是商业模式是否有指数级的增长。

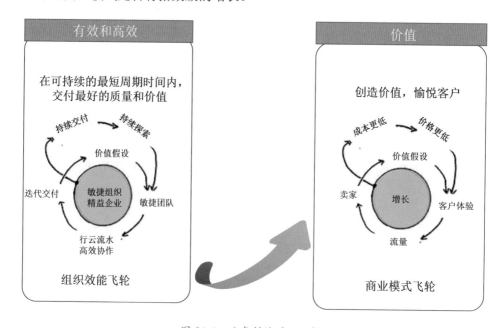

图 21-4 业务敏捷的双飞轮

组织要想基业长青，首先商业模式要形成持续增长的飞轮，这是组织可以存在的前提，说明组织发现了值得解决的客户问题，并且组织提供的解决方案或者服务可以为客户/用户带来与竞争对手差异化的价值，客户/用户愿意为之付费，客户/用户数量、收入和利润都在以 10 倍、100 倍甚至指数级的速度增长；其次要挖掘和提升组织内在的能力，如果可以持续降低运营和软件开发成本，提高运营效率、开发效率、生产力、软件质量，组织就可以转变成加载了效能引擎的精益敏捷企业，组织效能就可以持续加速形成持续加速的效能飞轮。

21.2　京东金融 App 研发面临的挑战

21.2.1　京东金融 App 业务和软件架构介绍

京东金融以智能化、内容化为核心能力，与银行、保险公司、基金公司等近千家金融机构共同为用户提供专业、安全的个人金融服务。京东金融 App 包含 Android 移动端和 iOS 移动端，主要有几个频道页，如"推荐"频道页、"财富"频道页、"分期"频道页、"花生社区"频道页、"我的"频道页等，如图 21-5 所示。在这些频道页中，用户可以获得理财、保险、借贷等服务。

图 21-5　京东金融 App 频道页示意图

京东金融 App 除了进行 Android 和苹果 iOS 的原生开发，还需要支持 H5 页面的开发，既可以给用户带来良好的原生体验，又可以快速支持业务的高速迭代和持续上线。京东金融 App 的完整运行还需很多其他系统的配合和联动，整体解决方案的软件架构示意图如图 21-6 所示，京东金融 App 通过网关访问后台的各种系统。

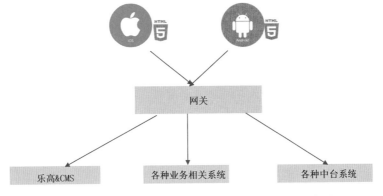

图 21-6　京东金融 App 整体解决方案的软件架构示意图

后台的各种系统分为几类：第一类是原生页面自动搭建的系统，如乐高&CMS（内容管理系统）；第二类是起支撑作用并且可以重用的各种中台系统，如产品中心、数字化运营平台等；第三类是各种业务系统，如与财富相关的系统、与保险相关的系统。

21.2.2　京东金融 App 发布版本面临的挑战

1. 版本挑战

在 2019 年 6 月之前，京东金融 App 的版本是 3 周发布一个版本。这 3 周是做开发和测试的时间，而正式发布到苹果 AppStore 和 Andriod 各渠道还需要两周的时间做打包、回归测试、灰度测试，才能正式发布。因此，需求从开发到发布的周期为 5 周。

在进行计划活动时，实际上是针对需求采用瀑布方式进行工作量估算及排期，由于版本是班车制，因此在需求具备了可以发布的质量后，要看是否能赶上当前班车，如果可以，就在当前班车发布，否则就得等到下一个班车。具体的工作流程如下。

首先，产品经理在产品需求文档就绪之后，随时召开需求评审会议，对开发人员和测试团队负责人讲解产品需求文档。

开发人员将代码编写完成并提交给测试人员，这一过程被简称为开发提测。

其次，测试团队负责人先根据测试团队人员的工作饱和情况调配相应人员，针对产品需求文档进行工作量估算并进行排期，确定分工和测试工作的开始日期和结束日期，并将计划同步给开发人员。

再次，测试人员根据计划进行测试用例编写和执行测试工作，并在缺陷管理系统中创建发现的 Bug。

最后，在开发人员已经修复完缺陷，测试人员完成测试并发出测试报告后，根据版本日历规划，如果能赶上当前版本，就进行封版，将这个功能集成到当前版本进行发布，否则就等下一个版本日期再发布。

在上述工作过程中，主要存在以下几个问题。

第一个问题（也是最大的一个问题），所有人包括运营人员、产品经理、开发人员和测试人员等，在开发人员排期之后，都不知道当前要发布的版本包含哪些需求，要等到最后一刻才知道。也就是说，没有可预测性，带来的后果就是运营活动与 App 版本功能之间的协同很差。

第二个问题，存在大量的随时召开的会议，大量的干扰使团队不能专注地工作，并且存在不同角色之间的工作交接，也带来了交接之间的巨大的等待和浪费。

第三个问题，封版时才进行代码的集成，并且手工使用脚本打包，耗时较长。

第四个问题，上线前各方各环节的配合不顺畅。

2. 团队挑战

整个京东金融有众多业务线，每个业务线都包含很多运营人员、产品经理、业务人员，还有一些共用的数据科学家/量化策略人员。这些人员会提出大量的业务需求、产品需求。而承接需求的是 Android 原生开发团队、苹果 iOS 原生开发团队、App 测试团队，以及各系统的开发和测试团队。

尽管移动端团队的汇报线会区分 Android 和苹果 iOS 原生开发团队，但是在实际的开发中，会组建按照业务线划分的需求开发小组，如保险开发小组包含 Android 和苹果 iOS 开发人员，因为从 App 功能角度来说，团队会确保两个移动端的功能是一致的。不同业务线的移动端原生开发人员会各自按自己方向的需求进行开发，对不同业务方向的原生开发之间的依赖缺乏及时和透明的全局的认知，往往在开发后期带来很多临时的协调和集成的工作。

App 测试团队采用的是人力池子的方式，开发人员将开发完成的代码提交给测试人员，测试人员没有按照业务线进行划分，所以开发找不到固定的测试人员来估算测试工作量和排期，都是由测试团队负责人先进行初步工作量估算，然后调配当前空闲的测试人员来进行测试工作。

上述开发和测试带来诸多问题。

（1）开发人员依赖比较多，协调联调对齐，成本高。

（2）集中的测试人员池子与按照业务线划分的开发人员的衔接存在时延和等待，开发人员在提交测试之后，经过测试人员的排期，才能知道测试计划。

（3）测试团队负责人不能在需求评审当场给出排期，测试计划是在提测之后安排的，高优紧急需求处理的时间余地比较小。

（4）真正进行测试的测试人员没有在第一时间参加产品经理的需求评审会议，在接受测试团队负责人分配的测试任务之后，要等之前分配的任务完成，才能找产品经理进行测试人员的需求评审，这不但带来测试任务开始的等待，也带来单独进行需求评审时间的浪费。

（5）在测试人员的视角中，工作对象是测试任务，仅仅关注测试任务的开始和结束，而不关注怎样满足业务的目标、怎样与开发人员共同保证质量以实现快速交付，这样需求交付周期实际上是比较长的。

3. 业务方挑战

京东金融 App 的业务方包括 App 不同频道页的产品经理，如保险基金等的业务运营人员、用户运营人员、社区内容运营人员，以及各保险基金等业务的产品经理。各业务方从自己的视角给研发团队和测试团队提需求，会带来如下问题：

（1）业务方众多，缺少 App 主产品经理。

（2）各自都只关心自己的需求，认为其优先级是最高的，这样从多方来源的需求来看，需求优先级不明确，高优先级需求前置准备时间短，产品需求文档的质量不高。

（3）需求颗粒度往往比较粗，所需开发和测试的时间较长。

（4）各业务方不太关注 App 版本整体的需求及各需求之间的关系和依赖。

21.3　京东金融 App 的 BizDevSecOps 之路

面对如上挑战，根据研发效能的第一性原理，即软件工程的本质，京东金融 App 的原生产品经理、研发团队和测试团队一开始就确定了敏捷 DevOps 的愿景，创建了端到端开发价值流（见图 21-7），用于打破各职能筒仓，拆除部门之间厚重的部门墙，并围绕端到端开发价值流组建敏捷团队，使用 DevOps 平台加速价值流动和反馈闭环，这使得版本发布更频繁、需求周期更短、版本的计划更具备可预测性。

从系统的角度来说，狭义的敏捷聚焦在软件开发上，狭义的 DevOps 聚焦在开发和运维之间的协作上，而无论是敏捷还是 DevOps，实际上都扩大了原来局部的概念。广义的敏捷和 DevOps 其实都聚焦在系统全局和端到端的价值交付上，再加上与安全和合规相关的活动，实际就构成了 BizDevSecOps 的价值链。尽管京东金融 App 一开始就瞄准了 BizDevSecOps 的全链路，但是在团队变化及交付效果方面，采取的是迭代的演进过程。

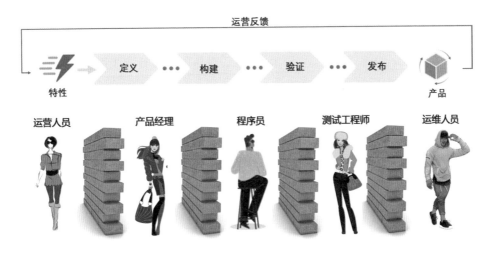

图 21-7　端到端开发价值流

1. 敏捷 DevOps 1.0

从 2019 年 6 月开始，京东金融 App 引入敏捷思想和实践，以及部分 DevOps 工具。目标是在 2019 年年底之前，将交付周期变为 4 周（2 周的时间做开发和测试，2 周的时间做集成、打包、回归测试、灰度测试和发布），之前的交付周期是 5 周（3 周的时间做开发和测试，2 周的时间做集成、打包、回归测试、灰度测试和发布）。

首先，我们对部分团队进行了敏捷转型，然后在有了切入点之后，从 2019 年 7 月开始对全员进行敏捷运作。7 月初，我们面向所有有关人员发布了一份敏捷 DevOps 公告，包含如下内容。

（1）公告说明。请大家周知，京东金融 App 原生&统一运营平台将会正式按照敏捷的方式运作，涉及的主要角色有项目经理、产品经理、开发人员和测试人员。敏捷 DevOps 实施的难点不是如何做，而是做不做，只要下定决心实施，我们将不断尝试并持续优化自己的敏捷实践。因此，请大家周知并践行敏捷的落地运作。

（2）敏捷 DevOps 愿景。我们将把业界最先进、最流行的敏捷思想和方法应用到京东金融 App 原生和乐高及统一运营平台，以及其他业务系统，以便进一步聚焦业务价值、响应变化、提高质量和效能，服务好业务。除了我们要转变到小步快跑、响应变化、不断实验的敏捷思维，业务人员、产品经理、开发人员、测试人员等也需要围绕共同的价值交付目标，"有纪律的"严格按照敏捷方法的要求和套路落地实践。未来，随着敏捷经验的积累，我们将不断持续改进、调整实践，以更加适合自身的环境。

（3）敏捷 DevOps 启动会。我们将请各关键角色和部分一线管理者参加京东金融 App 和统一运营平台的敏捷启动会，以便理解其背景和落地方式，统一思想。

（4）敏捷 DevOps 培训。我们将对涉及京东金融 App 原生的所有一线项目经理、产品经理、开发人员及测试人员进行全员培训。

（5）敏捷组织。我们将围绕各业务线的与京东金融 App 原生相关的项目经理、产品经理、开发人员、测试人员，分别组建小闭环的敏捷团队，进行敏捷运作。

- 京东金融 App 敏捷团队——支付。

- 京东金融 App 敏捷团队——消金。

- 金融 App 敏捷团队——财富。

- 金融 App 敏捷团队——用户中心。

- 金融 App 敏捷团队——基础平台 iOS。

- 金融 App 敏捷团队——基础平台 Android。

- 金融 App 敏捷团队——乐高&统一运营平台。

（6）敏捷运作。

- 部分团队敏捷迭代先行：京东金融 App 基础、乐高&统一运营平台，于 2019 年 6 月启动。

- 与京东金融 App 原生相关的全员按敏捷运作：从 2019 年 7 月 2 日开始，各敏捷团队进行 2 周敏捷迭代开发（开展迭代计划、每日站立会议、迭代评审及迭代回顾）。

- 敏捷教练赵卫将对每个敏捷团队进行贴身辅导，并且对各团队的关键角色进行辅导。

这个敏捷 DevOps 公告标志着所有人员开始进入 DevOps 1.0 阶段：在保证版本

周期 5 周（3 周的时间做开发和测试，2 周的时间做集成、打包、回归测试、灰度测试、上线）不变的情况下，按业务线组建特性闭环的敏捷团队（固定相应的产品经理、开发人员和测试人员）。如图 21-8 所示，每个小敏捷团队按周期为 2 周进行迭代，7 个敏捷团队每 3 周进行一次联合发布计划会议，确定整体版本交付计划。

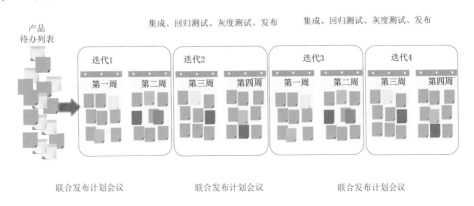

图 21-8　迭代和发布

在每 3 周一次的联合发布计划会议中，7 个敏捷团队的所有成员都必须参加，进行半天的会议，明确 3 周内每周的计划。如图 21-9 所示，横向代表每个敏捷团队，纵向代表一周，绿色便签条代表用户故事，粉色便签条代表依赖项，并且使用毛线将用户故事与其依赖项连接起来。

图 21-9　京东金融 App 发布计划看板

　　在可视化各团队的计划和依赖之后，各团队代表会每周两次在京东金融 App 发布计划看板前进行同步，一起处理团队之间的问题和风险，以及最新的变化，这样可以确保所有团队的目标一致，即版本目标一致。

　　随着所有人员对敏捷运作的熟悉，以及我们对敏捷流程的规范，逐渐有人提出迭代 2 周和发布 3 周之间不协调。如图 21-10 所示，迭代和版本节奏不一致，不好理解，也不好执行，不是特别顺畅。我们顺势而为将迭代和版本节奏统一，变成 2 周版本迭代，交付周期由 5 周变成 4 周，团队持续进行 2 周迭代，一个迭代结束再启动新一轮的迭代，每个迭代结束后都产出一个版本，并行地进行回归测试、灰度测试和发布。

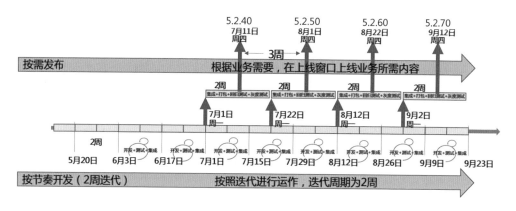

图 21-10　迭代 2 周和发布 3 周的节奏

　　在迭代运作过程中，团队也开始统一 DevOps 平台工具，统一使用京东 DevOps 平台"行云"来管理业务需求、产品待办列表、团队迭代、缺陷、测试用例、代码仓库、代码扫描、单元测试等。

　　如图 21-11 所示，在 DevOps 1.0 阶段，从 5 周班车制改为 4 周发布火车制。

图 21-11　DevOps 1.0 的举措

2. 敏捷 DevOps 2.0

团队经过半年的熟悉、体会、坚持和执行，进入 2020 年上半年，进一步优化了如下重点工作方式。

- 架构解耦、组件化。

- 在 2 周迭代内持续集成。

- 细化需求就绪定义（DoR）和完成定义（DoD）。

- 强化敏捷产品需求文档和用户故事。

- 强化迭代内变更管理。

- 建设移动研发平台。

- 引入自动化单元测试。

- 使用 IDE 代码评审插件。

- 建设质量门户和自动化测试工具，提高测试自动化占比。

- 规范强化安全和合规，引入 DevSecOps 的相关工具。

- 度量和跟踪研发效能数据。

在软件架构上，团队不断重构和优化，将代码进行拆分，形成组件，其中每个组件都是一个单独的代码仓库。这样在一个迭代内，在一个代码仓库上，无论是团队内还是团队间，多人同时修改一个代码仓库的概率大大降低，所以团队间依赖的数量也大幅减少。团队可以采用主干开发的方式，进行持续集成，减少代码合并带来的开销和问题。

如图 21-12 所示，经过架构解耦，京东金融 App 发布计划看板逐渐发生了变化，对团队间协作的帮助也逐渐减小，最后慢慢被废弃。

在 DevOps 2.0 阶段，除了如上提到的重点改进事项，整个端到端的 DevOps 闭环过程也得到了加强。

1）持续探索

使用影响地图统一业务和团队的目标；使用用户故事地图明确产品的需求全局，

以及规划最小可行产品；针对需求，产品经理根据安全需求检查表进行自查及安全体验的评审，开发人员进行安全威胁建模并根据安全设计检查表进行自查等；每 2 周进行一次全员联合发布计划会议；在 DevOps 平台上明确每个团队的迭代计划。

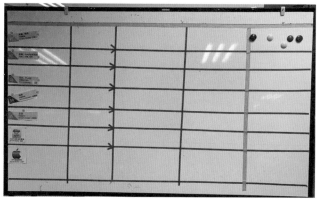

图 21-12　京东金融 App 发布计划看板的变化

　　这里需要重点强调与安全和合规相关的活动。随着社会的进步，用户对安全和隐私越来越重视，并且国家各相关部门也不断开展对各公司安全隐私的相关检查和提出相应的整改要求。同样，京东金融 App 也持续跟进和增强其安全性和合规性，给用户带来安全可信的应用。

　　京东金融 App 的安全团队、子公司的安全部门、集团的安全部门对京东金融 App 的安全和合规的治理，采取的措施有两项：一是在京东金融 App 上线前进行安全扫描、安全审查；二是持续进行安全和合规的专项治理，将需要整改的工作项排入迭代中。这种做法的思维方式是典型的瀑布思维，将安全和合规当作下游和事后的活

动，安全人员作为下游环节，在工作时非常被动，发现的任何安全事项都是重要且
紧急的，也会给原来的版本计划带来压力和干扰。

为了改善这种状况，根据安全开发生命周期方法和 DevSecOps 方法，安全和合
规活动需要左移和内嵌到软件开发活动中，并且每个产品经理、开发人员、测试人
员都要提高对安全的关注度，并提前进行一些安全活动。安全团队做了大量的工作，
制定了各角色的安全自查的检查表，并对全员进行了安全培训，以此来提高全员的
安全意识，也明确了安全的相关流程和活动。并且安全团队有针对性地对重点业务、
重点需求进行安全需求检查和威胁建模。经过一段时间的试运行，各角色逐渐形成
了安全意识，并具备了一定的安全技能。借助于安全人员专业的技能，京东金融 App
的安全性和合规性得到了大幅提升。

　　2）持续集成

在开发中，每个小团队都使用物理看板进行每日站立会议；开发人员和测试人
员使用用户故事对齐需求的目标客群和收益，并驱动团队按用户故事逐一进行开发
和测试，实现测试左移、测试先行的实践；对 App 原生进行组件化开发，对应的后
台服务端采用 DDD 和微服务，达到架构解耦的目的，并同步建设移动研发平台，提
高构建和打包的速度；对于在迭代计划会议上明确上线的需求，使用主干开发，对
于有风险或者迭代内不上线的需求，使用特性分支；代码编写除了正常的代码规范，
还增加了安全开发规范；在开发人员的本地开发环境 IDE 中，嵌入了相应的插件——
——京东安全编码规约扫描、京东风险组件扫描等；而测试人员也在逐步增加更多的
接口测试自动化代码。

开发人员在提交代码之后，DevOps 平台在服务端对代码进行静态代码扫描、静
态应用安全测试、软件组件分析、动态应用程序安全测试、合规扫描；为了固化工
程实践活动，在 DevOps 平台上对每个代码仓库强制打开了代码扫描、单元测试、集
成测试、代码评审的质量门禁，并设置了相应的阈值，如代码扫描结果阻断性问题
需要全部修复，严重问题在 10 个以内，主要问题在 20 个以内，若超过这个阈值，
则 DevOps 平台不允许提测。

单元测试、代码评审、接口自动化测试，以及自动化安全和合规检查等几个方
面，在领导层的大力支持下，也有如下各方面的重大进展和成果。

开发人员以前编写的单元测试不符合规范，所以 DevOps 平台区分了单元测试

和集成测试，将使用了网络通信、数据库访问等耗时比较长的，归结到集成测试，DevOps 平台在触发调用单元测试时，不规范的单元测试用例被视为失败，这样就可以统计单元测试用例的个数、成功和失败的个数，以及被测对象源代码被单元测试覆盖的代码比率。单元测试覆盖率分为类覆盖、方法覆盖、圈复杂度覆盖、行覆盖、分支覆盖和指令覆盖。每个月的效能度量报告都会跟踪方法覆盖数据，每个团队都根据应用的特点，对重点应用和重点组件设定每个月的单元测试方法覆盖率目标。

代码评审原来是在 DevOps 平台上进行线上评审的，但是线上网页仅仅显示单个源代码文件的两个版本的代码差异对比，不能像在本地 IDE 上点击函数那样进行跳转。为了提高代码评审效率，一个本地 IDE 插件被开发出来，在进行代码评审时，本地 IDE 中显示源代码文件两个版本之间的差异，同时可以在本地 IDE 中进行函数的跳转，代码的评审意见被及时地同步到 DevOps 平台。这样，团队就可以根据自己的使用习惯选择在本地或者在线上进行代码评审。

测试人员在这个阶段也开始向开发人员学习如何编写代码级别的单元测试代码，对 App 的一些组件进行组件的接口测试，这项举措对所有测试人员来说都是一个巨大的挑战，只有少数几个人逐渐培养出 App 的代码级别的自动化测试能力。相对而言，服务端的测试人员会编写使用 JUnit 或者 TestNG 去做自动化接口测试的代码，大部分核心资深测试人员基本上具备了编写代码的能力。

安全和合规的自动化也有了巨大的进步，安全团队建设了合规检测平台和漏洞检查平台。合规检测平台可以根据合规的规则自动扫描匹配和分析 App 的包，得出需要整改的报告；漏洞检查平台可以根据漏洞库中的特征，自动扫描源代码文件，生成漏洞报告。

3）持续部署

上线部署使用统一的 DevOps 平台进行自动化部署，由于 App 的特殊性，需要针对不同的应用市场和渠道，进行自动化的发布；在上线之后，也有应用监控系统来监控性能、问题等；安全监控系统对网络和应用进行保护；若有安全问题出现，则有相应的安全事件管理及应急响应流程。

4）按需发布

移动端 App 是 2 周发布一个版本,而服务端系统是每周二和周四都有上线窗口；

每周都有相关人员的运营数据周会，以此持续打磨产品，并且每个团队、每个迭代都会进行迭代回顾会议，以此改进研发效能。

3. 敏捷 DevOps 3.0

经过半年的 DevOps 2.0 阶段，团队进入深水区，通过从 2020 年下半年到 2021 年上半年整整一年的精耕细作，京东金融 App 保持 2 周的迭代不变，但是版本交付周期从 DevOps 2.0 阶段的 4 周发布火车制（2 周的迭代加上 2 周的打包、回归测试和灰度测试），变成 3 周发布火车制（2 周的迭代加上 1 周的打包、回归测试和灰度测试）。

在这一年里，除了流程的优化，重点就是工程实践得以有纪律地遵守和执行，以及集团 DevOps 平台能力的大幅提升。

- 架构解耦、组件化触发更顺畅的持续交付流水线。

- 需求、缺陷管理、测试用例、测试计划的统一管理。

- 代码评审和单元测试覆盖率的增加，相应度量数据的跟踪。

- 接口自动化测试平台建设。

- 自动化测试用例的增加，相应度量数据的跟踪。

- 金融移动研发平台 fmPaaS 的演进。

- 无须发版的 App 的页面配置化和离线动态化。

- 支持业务增长实验的数字化运营平台建设。

- 集团统一的效能度量指标和 DevOps 平台效能度量能力的提升。

- 效能度量的月度跟踪报告。

（1）在京东金融 App 的场景中，所有的需求，无论是运营人员提出的需求，还是不同部门的产品经理转化或者设计的产品需求，包含京东金融 App 原生需求及服务端需求，都必须在京东 DevOps 平台上进行录入，否则不允许开发人员和测试人员处理，这个原则和规范，在 DevOps 3.0 阶段已经深入人心，得到所有人的支持。一些刚加入京东的产品经理，经过初期的适应，也开始按照规则通过 DevOps 平台录入需求。京东 DevOps 平台的一个特色就是支持原始业务需求，通过采用不限层级的树形结构体现从业务需求到产品需求，以及到拆分的用户故事的多级分解关系，并且各叶子节点即用户故事，可以被分配到不同的敏捷团队的待办列表中，敏捷团队就可以进行团队的迭代计划，将用户故事规划到某个迭代中。从这个角度来说，京东 DevOps 平台也促进了细粒度需求的拆解习惯，加速了交付的流动。

（2）在对缺陷进行统一管理时，开始深挖缺陷描述的质量，并且权衡必要信息的录入成本和信息不足的沟通成本，最终强制测试人员在 DevOps 平台上录入缺陷时，必须输入"必要"的必填项，如缺陷复现步骤、预期结果&实际结果、Bug 截图等。这样使得看不懂缺陷描述造成额外沟通的浪费降至较低的水平，同时录入的成本最低。例如，缺陷的处理人是一名程序员，他在处理测试人员录入的缺陷时，发现看不太懂或者对缺陷的描述存在疑问，于是他开始给提出缺陷的测试人员发送即时消息，并期望能很快得到回复。可是他左等右等都等不到回复，便亲自去对方的工位去找人，然而人不在工位上，他只好回来切换到其他任务上。一般而言，任务切换将会带来 20%的额外的开销，所以整个过程存在大量的等待时间和任务切换带来的开销，而真正解决缺陷的时间并不需要花费较长的时间。

（3）为了鼓励和提倡测试人员编写专业、高质量的测试用例，促进敏捷 DevOps 落地，提高质量和降低漏测反复修复的成本，倡导"挑战自我、攻坚克难"的极客精神，挖掘测试工艺工匠精神，兼具竞技性和趣味性的"寻找最美测试大师——最美 Test Case 竞技场"大赛历经一个半月的策划、准备、宣讲、报名、海选、评选、决战，得到了所有测试人员的积极参与和好评，以及作为决战评委的产品部门和开发部门领导的赞许。大赛的主要过程如下。

① 大赛启动会。对所有测试人员宣讲大赛的过程、时间点、赛事规则、优秀测试用例评估标准等。例如，好的测试用例要具有可读性和规范性、有优先顺序、结构清晰、分类全面、需求覆盖全面、包含逆向和场景测试用例等。邀请两位资深的测试工程师分享好的测试经验，展示卓越测试人员的经验和优秀的测试用例。

② 测试用例提交阶段。在开启提交参赛作品渠道之后，每隔两天就通过邮件、即时消息、办公云文档等渠道发送专业测试小贴士的电子海报（见图 21-13），为大赛预热。

③ 海选阶段。每支参赛的队伍都可以通过各种方式去拉票，让观众参与投票，各队伍的人气值被展示在人气排行榜上。海选评委（各部门代表）对各队伍的参赛

作品进行打分。

　　④ 决战队伍筛选阶段。专业评委（质量效能部各测试管理者）选出在人气排行榜上排名第一的队伍，以及在海选评委会的打分结果中排名前 8 的队伍，使其进入决战队伍筛选阶段。这 9 支队伍依次展示各自的 PPT 和使用 XMind 工具按思维导图方式编写的测试用例。PPT 要介绍背景、自惭（自己测试用例的不足之处）、自夸（自己测试用例中的亮点），每支队伍都要回答专业评委的挑战性问题，与此同时，专业评委现场出题，队伍在 10 分钟后提交答题结果。据此，专业评委给每支队伍打分，最终筛选出参与决战的 4 支队伍。

　　⑤ 决战阶段。参与决战的 4 支队伍通过投硬币的方式决定哪两支队伍先进行对战，并且互相提供拜师费，对战胜利的队伍将获得失败队伍的拜师费。半决赛开始，每支队伍除了陈述背景、自惭、自夸，还要回答观众和评委的问题，之后双方现场互评，先互捧（找出对方值得学习和借鉴的地方），再互踩（找出对方存在的问题，以及自己会如何编写测试用例）。现场评委通过打分选出两支队伍参与决赛。决赛是现场针对测试场景和测试对象，编写测试用

图 21-13　专业测试小贴士的电子海报示例

例，并在 PPT 和 XMind 工具上呈现，之后进行展示和互捧与互踩。如图 21-14 所示，最终决出一支冠军队伍、一支亚军队伍，以及两支季军队伍。

亚军：啄木鸟队伍　　　　　冠军：蜜雪冰城队伍　　　　　季军：达人队伍、牛个Case队伍

图 21-14　冠军队伍、亚军队伍和季军队伍

（4）测试人员经常反馈阻碍测试效率的一个现象是，在开发人员对某个功能提交测试后，测试人员在测试时发现缺陷比较多，或者基本流程都无法运转，于是反馈给开发人员，待其修复之后再进行测试，这样多次反复地提交测试和打回去修复，说明提交测试的质量较差。为了改善这种状况，测试人员需要确定提测的冒烟测试用例，开发人员在提交测试之前，要针对冒烟测试用例进行自测，保证所有的冒烟测试用例通过，才可以正式地提交测试。在对冒烟测试通过率进行跟踪之后，开发人员的冒烟测试通过率逐步提高，消除了等待、多次反复处理及任务切换的额外开销等，提高了测试的顺畅性和效率。

（5）大力推广单元测试，明确每个产品的单元测试覆盖率的目标，让一线团队自己定义什么类型、模式的功能代码最需要单元测试，以及每个月的单元测试覆盖率的目标，从而可以自主并且有计划地真正进行单元测试的编码、执行和修复。在这个过程中，团队遇到了各种问题：一是 DevOps 平台使用方面的问题，这倒逼 DevOps 平台逐步完善单元测试功能；二是团队编写单元测试代码方面的问题，这倒逼团队逐步养成规范编写单元测试的习惯和技能。经过统计相应度量数据，发现单元测试覆盖率和缺陷的数量存在负相关性，即单元测试覆盖率越高，缺陷的数量越少。还有一种场景是系统在演进和重构时，团队反馈单元测试非常有帮助，可以增强团队进行重构的信心，以及帮助团队提高重构的质量。

（6）进行了低代码接口自动化测试平台的建设，大大降低了测试人员编写自动化接口测试的门槛，后期也拓展了单接口测试用例、场景测试用例、幂等测试用例、UI 测试用例等。例如，对于单接口自动化测试用例，测试人员只需要在平台的表单页面上输入相应的接口信息，根据具体测试用例的复杂程度，进行包含全局变量、前置条件、后置条件、验证点等信息的设置。随着自动化测试平台功能的丰富，每个敏捷团队使用平台编写的自动化测试用例的数量也在逐步增加，并且开始按周进行统计和推进。这样整个部门核心接口的自动化测试覆盖率系统地得到了巨大的提高。每个版本的回归测试的效率大大提高，成本也有明显的下降。

另外，除了深入打造 DevOps 平台一站式端到端平台，还向开放平台的方向演进，构建了应用市场，这样整个京东体系的不同业务单元和子集团的一些特定场景工具作为应用可以插入集成到 DevOps 平台上，供跨子集团的用户重复使用，也避免了重复造轮子，节约了工具开发的投入。同时，大力发展研发效能度量体系及效能度量功能。所有子集团和业务单元相关的 PMO 和质量效能部门的代表组建成效能度量标准化小组，每周进行指标定义的分享和共识，这样核心指标在整个京东体系层面得到统一，如需求交付周期、需求吞吐量、新增缺陷数等。每个部门使用 DevOps 平台的效能度量功能，每个月可以出具月度效能报告，并进行分析和提出改建建议，促进每个团队进一步制订自己的改进计划。

值得一提的是，敏捷 DevOps 业务闭环的建设，如数字化运营平台的建设，包含诸如用户生命周期策略的管理、用户使用 App 行为的触发或者定时触发、对照实验等。简单来说，针对配置的用户群体，对用户的行为按条件进行分类，在某种条件下，触发某种运营策略，如通过发放优惠券来促进用户活跃，或者召回、唤醒非活跃用户等。通过数字化运营平台，结合 App 最新发布的功能来拉新、召回、促活、留存用户。使用 A/B 测试功能进行对比实验，能帮助运营人员和产品经理决策哪些功能或者交互最吸引用户，对敏捷团队来说也能形成新的优化需求。

4. 京东金融 App 敏捷 DevOps 之路小结

京东金融 App 敏捷 DevOps 之路如图 21-15 所示。

为了实现研发效能最大化，系统上线之后的运营需要和需求开发形成闭环，才可以形成组织效能飞轮和商业模式飞轮的双轮效应。如图 21-16 所示，为了让商业模式飞轮本身加速转动起来，我们需要持续快速地做业务增长实验，这就需要与数字化运营相关的工具和平台的支撑，一些主要的工具和平台也是在敏捷 DevOps

3.0 期间同步开始建设的。

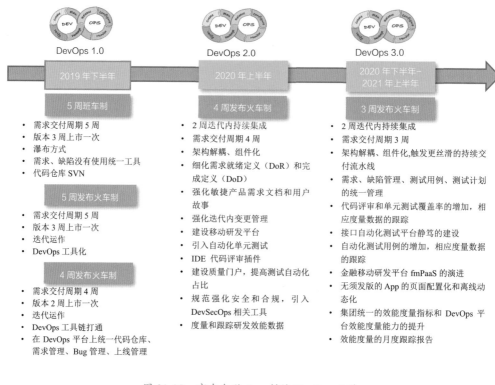

图 21-15   京东金融 App 敏捷 DevOps 之路

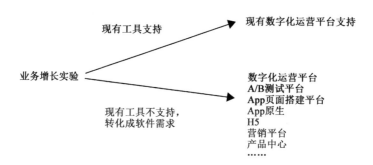

图 21-16   业务增长实验工具支撑策略

21.4   京东金融 App 的研发效能成果

经过大概两年的敏捷转型和 DevOps 平台建设,京东金融 App 取得了如图 21-17
所示的研发效能成果。

需求交付周期
由2个月
缩短到1个月
上市时间提速一倍

App发版周期
由5周
缩短到3周
发版速度提速40%

研发周期
由3周
缩短到2周
效率提速约33%

App发版需求数
由月均20
提高到月均40
产能提高一倍

千行代码Bug率
由1.75
降低到1.21
质量提升约30%

图 21-17　京东金融 App 的研发效能成果

这些数据来源于京东 DevOps 平台"行云",因为 DevOps 平台是逐渐建设和丰富的,所以在初期数据不完备、不标准,随着团队有纪律地采用敏捷实践和规范地使用 DevOps 平台,数据越来越丰富、越来越准确。需要说明的是,以上数据,部分是在一年之内统计的平均数据,部分是转型前和转型后最新的平均数据的对比。各效能指标的详细说明如下。

(1)需求交付周期:需求从提出到 App 发布到应用市场的时间。

(2)App 发版周期:在需求就绪之后,从排入版本计划、编码、功能测试、回归测试、灰度测试到 App 发布到应用市场的时间。

(3)研发周期:编码和功能测试的时间,实际上就是迭代开发周期(2 周)。

(4)App 发版需求数:App 原生团队的产能,即每个月平均发布的需求个数。

(5)千行代码 Bug 率:发布到应用市场前的 Bug 数量与新增有效千行代码数的比值。

敏捷 DevOps 没有尽头,这是一个持续追求高绩效和持续改进的过程,京东金融 App 原生团队也是这样,整个团队将持续深耕工程实践和优化工作方式,同时京东 DevOps 平台"行云"也在持续优化升级,使得产品经理、开发人员、测试人员和运维人员使用平台的体验更好、工作更顺畅、效率更高。

笔者希望未来每个人都具备敏捷 DevOps 思维和理念,每个人都更加专注于工作本身,而 DevOps 平台可以更加智能,成为每个人提效的好帮手。

第 22 章 把效能带到游戏里! 仙峰红海蜕变突破之路

本章思维导图

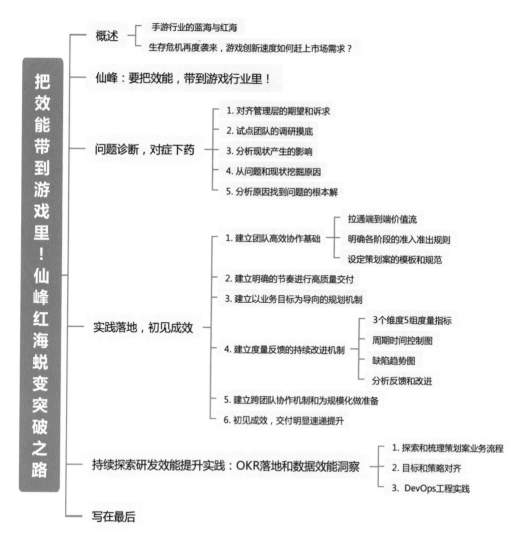

22.1　概述

22.1.1　手游行业的蓝海与红海

传奇是在 2001 年出现的游戏产品，当时国内的很多大型公司都在传统端游的海洋里干得热火朝天，难以抽身。随着移动互联网爆发期的到来，仙峰（全称为苏州仙峰网络科技股份有限公司）敏锐地察觉到手游的蓝海即将到来。其旗下的自研产品包括《烈焰》系列等多款旗舰作，先后在市场上取得了优异的成绩，成为传奇类游戏细分领域的现象级作品。

"当时，手游市场以偏休闲类游戏为主，缺少像传奇类游戏这样较重度的游戏，而重度游戏能够让用户有更多的社交空间和话题。仙峰抓住了机会，推出传奇类游戏，由于竞争对手相对较少，快速找到了自己的市场定位。"仙峰游戏的研发总监林澄说。

22.1.2　生存危机再度袭来，游戏创新速度如何赶上市场需求？

但问题也随之而来，游戏行业的周期性强，中小型公司时刻都面临着生存问题。

从 2014 年开始，移动互联网经历了一个大的暴增，到 2017 年后，移动手机的普及率相对已经到了增长上限。加之游戏行业的排他性，一个用户在一个固定时间内只能玩一个大型游戏，因此内部竞争更加激烈。

"对传奇手游来说，游戏用户的年龄层为 30~50 岁，大部分游戏用户都是在年轻时玩过类似的游戏，希望在手机平台找寻过去体验的用户。新增用户较少，用户盘子稳定，如何给用户提供差异化的游戏体验，成为各游戏厂家争取各自用户的手段。"林澄说。

22.2　仙峰：要把效能带到游戏行业中

在这个过程中，游戏公司如何跑得更快、更准？试错一直是游戏行业比较关键的事情，而如何提高仙峰产品整体的试错效率是目前最需要做的，因为游戏行业很难评估正确的方向和结果的好坏。目前，各游戏厂商的比拼主要分为两种：一种是对方向的判断；另一种是通过阶段性的产出快速验证这个方向是否适合自己。

因为充分的数据可以让业务对方向的判断更加合理，所以仙峰花费较大的精力去调研行业内通用的数据，包括引入 App Annie 做移动数据分析，希望能够降低成本。另外，还会做数据 AB 面的比较、海外数据的比较，并接入数数科技平台，以确定游戏的每次优化是否能进一步提升用户体验。

人员不稳定、团队内部沟通不畅等问题导致的开发效率低是仙峰急需解决的"痛点"。仙峰团队在一年内从几十人剧增到一二百人，当时存在较大的协调问题，很希望能找到一款协作软件，让大团队的效率和当初小团队一样高效。

在内忧外患之际，一次合作的机缘给仙峰带来了机会和更多的可能性。

2019 年 8 月，林澄参与了云效在上海举办的一次精益敏捷开发实践的分享，培训老师正是这次合作的负责人（阿里巴巴研发效能专家、云效效能专家团成员）洪永潮，他给了林澄一本书，是云效效能专家团负责人何勉写的，书中有关于精益开发实践和研发效能的一些基础定义。

"最触动我的是说如何顺畅、高质量地交付价值。第一是顺，第二是质量，第三是交付价值。在进行交流后，我觉得工具背后其实更应该看重大家的一些观念和实际情况。"林澄说。而仙峰当时的状态是组织架构调整迫在眉睫。书中提到的很多观念，包括团队如何协作、需求如何澄清等，都让林澄觉得非常符合仙峰当下的发展需求。

其实这些问题在业务发展较快阶段不是很明显，后来在 2018、2019 年以后，整个行业的问题才慢慢暴露出来，当时只有大概的概念，没有办法落地，不确定方法是否正确，仙峰需要把效能带到游戏行业中。

到了 2020 年，仙峰希望通过更少的协同和浪费提升自身的研发效率，于是与阿里巴巴建立了合作，希望能够切实解决管理问题。

22.3 问题诊断，对症下药

其实，阿里云云效没有涉猎过游戏行业的精益敏捷咨询，面向游戏行业的精益敏捷咨询对阿里云云效来说是一个全新的行业，也是一个新的挑战。在实际的交付过程中，阿里云云效一方面需要赋能客户，另一方面需要重新理解和探索这个行业，向客户学习游戏行业的一些实践和方法，更要向游戏行业的专家请教。

22.3.1　对齐管理层的期望和诉求

在咨询入场前，咨询师就和仙峰的管理层对齐了本次咨询的期望——主要是提升研发效能，即在缩短需求交付周期的同时保证策划案的交付质量，同时提高业务上线的准确性和降低试错成本。

在效能提升的过程中，咨询师要能逐步解决团队碰到的问题和障碍，沉淀优秀的实践并能将其复制到试点团队之外的团队中。

22.3.2　对试点团队的调研摸底

通过对仙峰的研发现状进行调研，发现团队基于瀑布式的开发偏多，沟通和协作还是利用比较原始的模式，暴露出需求内容不明确、需求（策划案）目标不清晰、策划人员和程序人员对策划案的理解偏差大、需求抛接式现象严重且缺入需求澄清环节、策划案边做边确认、需求自测标准不明确、各环节都会出现需求变更、打包时间长、大批量集中验证和发布、部门间沟通成本高等问题，如图 22-1 所示。同时，他们也明确了对效能提升的诉求，期望策划案能快速高质量上线，满足游戏行业快速试错的诉求。

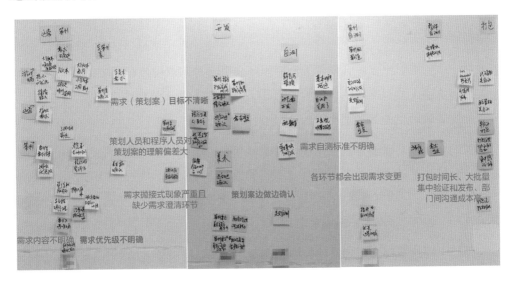

图 22-1　试点团队的调研情况

各团队之间有共同点，也有不同点，但总体上还是比较接近的，差别不大。

22.3.3　分析现状产生的影响

通过对以上问题进行梳理和归类,整理出 5 个关键问题:未形成业务价值闭环、需求优先级不明确、需求边做边确认、提测质量差和批量集中发布,如图 22-2 所示。

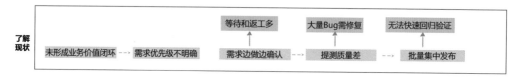

图 22-2　了解现状

未形成业务价值闭环是因为对需求做成什么样、要达成的结果比较模糊,从而导致需求优先级不够明确。需求优先级不明确就会进一步导致交付的需求不一定是最高价值的,也容易形成大批量的交付需求,而且在上线后无法清楚地知道结果如何(见图 22-3)。

需求边做边确认说明需求考虑得不清晰和不全面,同时由于需求澄清环节的缺失,很容易出现各方(策划、程序和质检)对需求的理解不一致,自然会带来后续的等待和返工,包括编码的返工、需求的返工、设计的返工等,从而导致提测质量差,直接导致团队将大量的时间花在修复缺陷上(见图 22-3)。这种情况就会倾向于集中提测和集中发布,而集中修复一个版本的缺陷,难以进行快速的回归和验证。

进一步分析影响,未形成业务价值闭环会引起对需求价值存疑(见图 22-3),程序人员和质检人员对需求的价值保持疑虑,不清楚为什么要做这个需求,也不知道需求上线后能给业务带来哪些价值。

需求优先级不明确导致交付的不是最高价值的需求,从投入产出比和机会成本来看,交付效率是比较低的。另外,等待和返工多也会导致交付效率低,交付效率低会导致需求交付速度慢,从而使需求交付周期拉长,对业务的响应速度就变慢了(见图 22-3)。

提测质量差导致大量的缺陷需要被修复(这是交付质量差的一种),进一步导致需求的交付周期变长;批量集中发布导致无法快速回归验证,无法小批量快速上线(见图 22-3)。

需求价值存疑、交付效率低、交付周期长和交付质量差会导致创新效率低和业务响应慢(见图 22-3),而这两点正是当前仙峰的"痛点"所在。

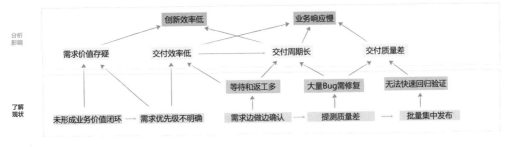

图 22-3　分析影响

从现状到产生的影响来看，如果不做改变，就很容易形成恶性循环，降低业务的试错能力和拉长反馈周期，导致无法快速响应市场的变化。

22.3.4　从现状和影响挖掘原因

在了解了现状并分析了影响之后，要进一步挖掘原因。

挖掘原因应从现状入手。

- 需求优先级不明确是由版本目标不明确导致的，而版本目标不明确往往是由业务目标未能被清晰地定义和传达导致的（见图 22-4）。这里有个前提，一般我们都会相信，无论是做一个产品，还是一款游戏，产品经理或策划运营人员的心中一定是有业务目标的，也一定能根据目标和需求的理解排出优先级，关键是要能把清晰的优先级定义传达给团队的所有成员。

- 需求边做边确认是由于需求澄清环节缺失。策划人员（产品经理）按照自己的理解写出策划案（需求），而程序人员（开发人员）按照自己的认知与背景去理解，这种情况特别容易导致双方（策划人员和程序人员）甚至三方（策划人员、程序人员和质检人员）对策划案的理解不一致，并且没有澄清就直接进行开发编码工作，当然会导致需求边做边确认的情况，而需求自测标准不明确，从而导致需求的提测质量差（见图 22-4）。对于需求澄清，我们期望能以终为始地进行实践，在进入开发之前就要明确需求的验收条件和验收规则，需要清晰地传达需求的业务流程和业务规则，保证需求流转的质量。

- 批量集中发布是在手工测试阶段经常发生的事。由于是手工测试，每次发布前的测试和回归的成本都比较高，因此我们会想方设法减少回归的次数，使得回归的时间间隔较长，这就导致每次回归和发布的需求数量都比较大，增加了发布的难度和对人力与物力的投入。这些主要是由回归成本高和发布成本高引起的（见图 22-4），我们需要引入自动化测试，持续集成、持续测试，把成本降下来。

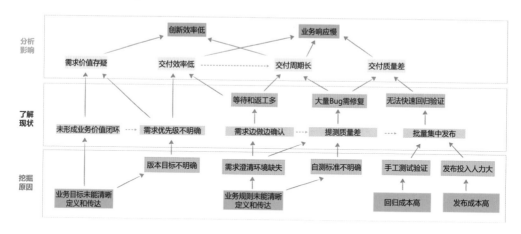

图 22-4　挖掘原因

22.3.5　分析原因，找到问题的根本解

下面针对分析的原因，找到解决问题的办法。

第一，业务目标未能被清晰地被定义和传达，这个问题是源头，是必须解决的，同时解决这个问题对企业来说也至关重要。建立以业务目标为驱动的业务反馈机制可以解决这个问题（见图 22-5），其包括两个方面：一方面是作为项目和产品，开始就需要有明确的目标，再把目标和策略分解到具体的需求中去；另一方面是在需求上线后，需要验证当初的假设是否正确，并根据目标的达成情况进行下一步的决策和规划。

第二，业务规则未能被清晰地定义和传达，这个问题是需要被最先解决的，以便让整个需求的交付过程端到端的可视化并明确，同时要建立团队良好的协作节奏和共识，我们称之为拉通各类角色的落地持续交付机制（见图 22-5）。我们希望做到又快又多又好，既要保证需求的快速交付，又要确保团队的吞吐量可以持续提高，更要有明确的质量保障。

第三，针对回归成本和发布成本高这个问题，很显然，我们要从手工测试和手工部署的高成本投入中解放出来，引入分层自动化测试和自动化的部署机制，我们称之为建立分层自动化测试的 DevOps 工程实践（见图 22-5）。

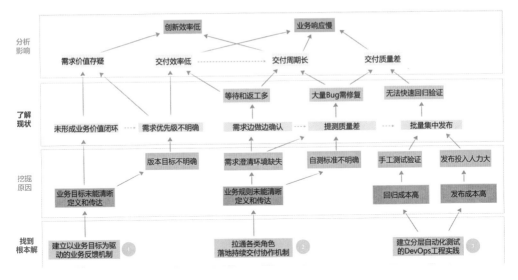

图 22-5 找到根本解

针对这 3 个解，一般从拉通各类角色的落地持续交付机制开始，往前做目标设定、业务梳理和业务反馈，往后做 DevOps 工程实践。

针对拉通各类角色的落地持续交付机制，主要分 5 步走。

- 建立团队高效协作基础。

- 建立明确的节奏，进行高质量交付。

- 建立以业务目标为导向的规划机制。

- 建立度量反馈的持续改进机制。

- 建立跨团队协作机制，为规模化做准备。

下一节主要阐述这 5 步实践落地的情况。

22.4 实践落地，初见成效

22.4.1 建立团队高效协作基础

一个高效能团队的协作基础，一定是要和团队的全体成员一起达成共识并建立的，否则会出现无法落地和实施的情况。同时，团队协作基础可以根据团队的情况进行适时的完善（包括添加、删除和修改）。

1. 拉通端到端价值流

拉通从运营、策划、程序、质检到运维的完整流程，并明确各阶段的状态和具体代表的意义（策划案待选择、策划案已选择、策划制作、美术制作、待程序选择、程序开发、策划自测、待发布、已发布），让策划案的交付过程清晰且完整地可视化（见图 22-6）。

图 22-6　建立端到端价值流

2. 明确各阶段的准入规则

由于需求边做边确认和提测质量差的现象比较严重，因此明确各角色之间的策划案的协作规则就变得至关重要，尤其是策划案从策划人员流到程序侧和策划案的提测要求，这两点需要先行落地（见图 22-7）。

设定流转规则的目的是从源头上把控策划案的质量，这也是团队一起坚守的共识，可以减少无谓的损耗和返工，因此这些规则需要团队一起来守护和更新。

对于准入规则，在刚开始落地时，需要关注可落地和可执行。可落地是指团队确认可以做到。可执行是指可逐条检查是否已经做到，而不是模棱两可。

3. 设定策划案的模板和规范

说到策划案在各阶段的准入规则，就一定涉及策划案的模板和规范，虽然之前仙峰有一定的规范，但执行和落地都不理想，因此我们将其进行了完善，使其更加全面，在各关键节点明确了对策划案的规范和要求。这在前期帮助团队解决了很多问题

在明确好模板后，我们定义了优先级机制等协作共识，这里不做详述。

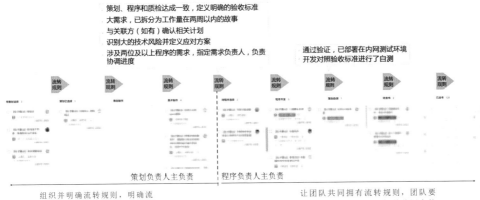

图 22-7　明确各阶段的准入规则

22.4.2　建立明确的节奏，进行高质量交付

下面要建立敏捷的迭代节奏，这可以说是团队共识的一部分，其中比较重要的一点是团队的协作节奏要与效能目标相匹配，否则目标很难达成。当时，仙峰期望达成的效能目标是策划案的交付周期能缩短到一个月，这与建立双周迭代的节奏正好匹配，因此团队的节奏至少要按照双周迭代的节奏进行，更进一步可以按照单周迭代进行。仙峰的几个试点团队对两种迭代节奏都有所采用。

如图 22-8 和图 22-9 所示，建立节奏主要包括 3 个部分：每月的运营和策划规划、每周或每双周的迭代排期和每日同步对齐的节奏，它们对应 3 个活动，即规划活动、排期活动和每日站立会议。其中，每日站立会议往往最先开始，而规划活动和排期活动都需要结合团队的实际情况进一步明确，往往会滞后几天。

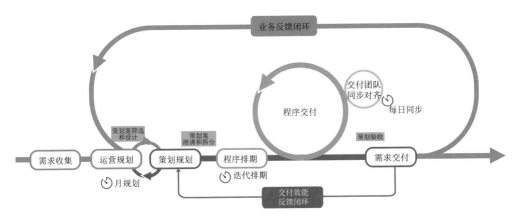

图 22-8　整体交付流程

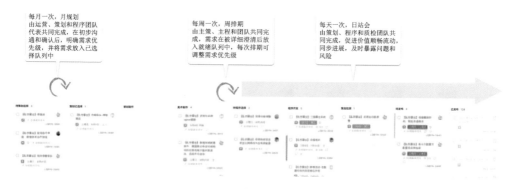

图 22-9　建立明确的节奏

每月的运营和策划规划：规划的目的是从业务目标出发，通过实现活动或战斗发现并设计对应的策划案，最终形成有效组织的活动或战斗、策划案的列表，并形成具体的交付节奏。整个活动主要由策划负责人（主策）负责，运营和程序负责人（主程）互相支持，其他角色一起配合。

每周或每双周的迭代排期：在需求交付过程中，迭代排期是一个很重要的环节，是上下游衔接的关键。这里一方面需要做好排期活动的准备工作，包括策划案列表的梳理、策划案的分析与设计、美术的设计、策划案的澄清、策划案对应的技术方案的设计等；另一方面在排期完成后，需要给出排期的计划，并对其进行跟进和监控，确保迭代按预期推进。

图 22-10 是一个双周迭代各角色协作的示意图，在这个节奏的基础上，比较理想的是设计出团队协作的日历图，方便大家知道什么时候需要做什么事情，尤其是将几个关键活动的时间相对固定下来，可以减少很多协调成本。

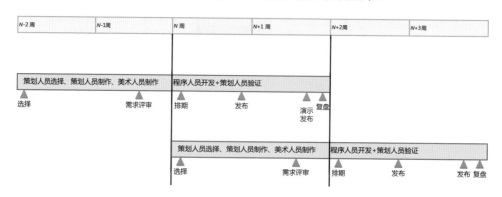

图 22-10　双周迭代各角色协作的示意图

每日同步对齐：主要是为了同步和对齐进展，同时暴露问题和风险等。可参考如图 20-11 所示的每日站立会议 "6+1"。

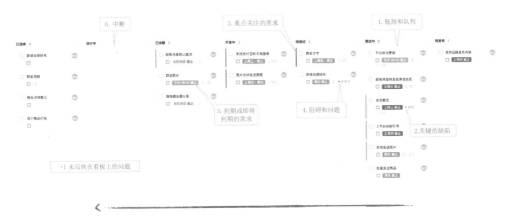

站会：聚焦完成，从右向左检视各列，体现价值拉动，促进价值顺畅流动

图 22-11　每日站立会议 "6+1"

22.4.3　建立以业务目标为导向的规划机制

要改变未形成业务价值闭环这种状态，团队至少需要进行两个转变：一个是在策划案输入时就需要明确用户问题和业务目标，拒绝目标不清晰的策划案；另一个是在策划案上线后 N 天，要验证目标的达成情况并进行下一步的调整，N 的大小可以根据具体的项目或产品来设定（见图 22-12）。例如，按照次日留存，N 可以是 1，按照 7 日留存，N 可以是 7。

图 22-12　建立反馈闭环

提升效能很重要的方式是建立快速交付价值的能力，并得到快速的反馈。因为

只有建立快速交付价值的能力，才能提高整个仙峰产品的试错效率。此时，仙峰不仅要建立明确的节奏，还要能进行小批量的输入，而小批量的输入和小批量的输出是提高试错效率的一个关键点，这就需要找到合适的目标，明确策划案或迭代的业务目标，同时明确对应的策略，并找到达成目标的最短路径。这里，我们建议团队采用如图 22-13 所示的黄金圈的方式来寻找目标、策略和实现目标的最小功能集，会起到事半功倍的效果。

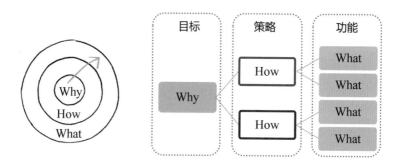

图 22-13   找到合适的目标并明确路径

22.4.4   建立度量反馈的持续改进机制

度量可以帮助我们更深刻地认识研发效能，设定改进方向并衡量改进效果。那么，什么是好的度量呢？

在产品开发过程中会产生大量的数据，但数据不是度量。好的度量的标准是，它要为回答一个根本的问题讲述完整的故事，不但能快速反馈向外度量，而且能引导出行为的正确改变。

效能度量要回答的根本问题就是一个组织的持续快速交付价值的能力如何？

1. 3 个维度的 5 组指标

基于阿里巴巴内部多个部门的持续实践和探索，我们发展并验证了系统的研发效能指标体系。如图 22-14 所示，它由 5 组指标构成。

（1）需求响应周期。需求响应周期包含以下两个细分指标。

● 交付周期：从确认用户提出的需求开始，到需求上线所经历的平均时长，反映团队（包含策划、程序和质检等职能团队）对用户问题或业务机会的响应速度。

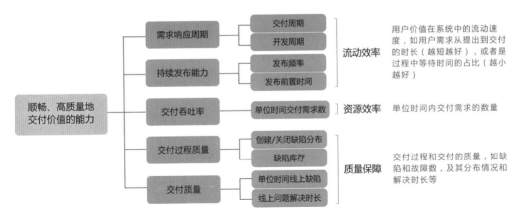

图 22-14　系统的研发效能指标体系

- 开发周期：从程序团队理解需求开始，到需求可以上线所经历的平均时长，反映技术团队的响应能力。

区分交付周期和开发周期是为了解耦并明确问题，以做出有针对性的改进。其中，缩短交付周期是最终的目标，而交付周期也是最终的检验标准。

（2）持续发布能力。持续发布能力包含以下两个细分指标。

- 发布频率：约束团队对外响应和价值的流动速度，团队对外响应的速度不会大于其交付频率。它的衡量标准是单位时间内的有效发布次数。

- 发布前置时间（也称变更前置时间）：从代码提交到功能上线花费的时间，反映团队发布的基本能力。如果发布前置时间很长，就不适合提高发版频率。

（3）交付吞吐率：单位时间内交付需求的数量。关于这一点，常见的问题是个数能准确反映交付效率吗？因此，我们更多地强调单个团队的需求吞吐率的前后对比，从统计意义上看，它足以反映趋势和问题。

（4）交付过程质量。交付过程质量包含以下两个细分指标。

- 开发过程中缺陷的创建和修复时间分布：我们希望尽快修复并关闭缺陷。

- 缺陷库存：我们希望在整个开发过程中能控制缺陷库存量，让产品始终处于可发布的状态，以奠定持续交付的基础。

交付过程质量的核心是内建质量，也就是全过程和全时段的质量，而非依赖特定的阶段，如测试阶段；或特定的时段，如项目后期。内建质量是持续交付的基础。

（5）对外交付质量。对外交付质量包含以下两个细分指标：单位时间线上缺陷和线上问题解决时长，二者共同决定了系统的可用性。

如图 22-14 所示，5 组指标从流动效率、资源效率和质量保障 3 个方面讲述了一个完整的故事，回答了组织持续交付价值的能力如何这个核心问题。其中，需求响应周期和持续发布能力这两组指标反映价值的流动效率；交付吞吐率反映资源效率；交付过程质量和对外交付质量这两组指标共同反映质量保障。

2. 周期时间控制图

在图 22-15 中，点代表已经发布的需求，横坐标是日期，纵坐标是天数，其中被圈中的点代表 7 月 8 日发布的，交付周期为 11 天的需求。

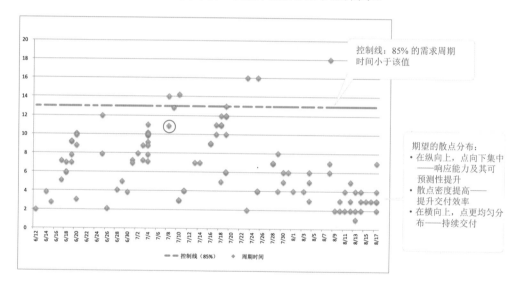

图 22-15　周期时间控制图

下面从 5 个方面来看周期时间控制图。

（1）在纵向上，点越向下越好，说明周期越短，需求响应能力越快，可预测性越好。

（2）在横向上，点分布越密越好，说明需求交付越频繁，也就是发布频率越高。

（3）在横向上，点分布越均匀越好，说明更趋向于持续交付；如果点比较集中，就基本上是批量发布。

（4）在纵向上，85% 的控制线代表团队当前交付周期的一个水位，该水位越低越好。

（5）随着时间的推移，如果点有往下走的趋势，就说明团队的响应能力在逐步提升。

因此，通过周期时间控制图可以看出团队是否已具备持续快速交付需求的能力。

3. 缺陷趋势图

如图 22-16 所示，横坐标是日期，竖坐标是数量，横坐标上方的红色柱子代表这一天发现的缺陷数量；横坐标下方的绿色柱子代表这一天解决的缺陷数量；橙色曲线代表缺陷存量；左、右两个部分比较了两种交付模式。

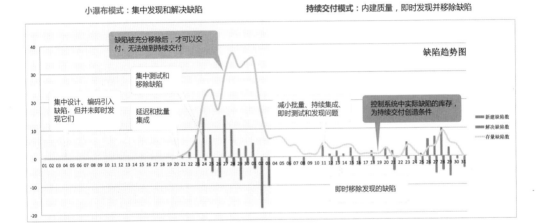

图 22-16　缺陷趋势图

在左半部分，团队采用的是小瀑布模式。在迭代前期，团队集中设计、编码，引入缺陷，但并未即时集成和验证。在 1—20 日，团队一直在引入缺陷（写缺陷），而未能及时地发现它们。缺陷一直被隐藏在系统中，直到项目后期，团队才开始集成和测试，这时缺陷集中爆发。越在后期发现的缺陷，修复难度越大，修复成本也会大幅增加。

在小瀑布模式下，过程质量差会带来大量的返工、延期和交付质量的问题。在该模式下，产品的交付时间取决于缺陷何时能被全部移除，由于不能做到持续交付，因此也无法快速响应外部的需求和变化。这一模式通常会导致后期赶工，埋下交付质量的隐患。

在右半部分，团队开始向持续交付模式演进。在整个迭代过程中，团队以细粒度的需求为单位开发，持续地集成和测试，即时发现和解决问题，缺陷库存得到有效控制，系统始终处于接近可发布状态，团队对外的响应能力随之增强。

缺陷趋势图从侧面反映了团队的开发和交付模式，引导团队持续且尽早发现缺陷并及时移除它们；控制缺陷库存，让系统始终处于接近可发布状态，可以保障团队的持续交付能力和对外响应能力。

4. 分析、反馈和改进

通过日常、质量和交付效能的反馈，团队会定期进行复盘分析，确定改进行动，并持续进行反馈、分析和改进；改进行动往往会落在流程操作、基础设施、代码及设计、交付及测试守护和人员技能 5 个方面，如图 22-17 所示。

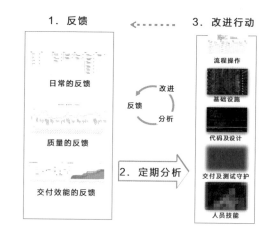

图 22-17　建立效能反馈和改进闭环

22.4.5　建立跨团队协作机制，为规模化做准备

如图 22-18 所示，把整个公司的协作分成 3 层：公司级、业务线和开发线。公司高层关注的是各业务线的投资组合、各业务单元的目标和关键结果等。业务线的运营人员和策划人员主要关注业务达成结果，以及策划案是否被快速交付、项目组与平台组的依赖关系的快速对齐。开发线的程序人员、质检人员和运维人员主要关注策划案的高质量快速交付，即在效能反馈和改进闭环中，如何更快、更高质量地交付策划案。

在这种协作模式下，各团队之间的依赖在业务线已被识别并被推动解决，这让策划案的整个流动过程变得更加顺畅，同时各团队之间的目标也更容易对齐。

对规模化来说，只是业务线的不断拓展，形成比较容易的水平扩展方式。

图 22-18　跨业务线协作

22.4.6　初见成效，交付速度明显提升

仙峰和阿里巴巴的合作渐入佳境，也取得一些初步成果：打破了运营组、项目组、平台组、运维组的部门竖井，整体的协作沟通成本明显下降，效率明显提高。

跨部门的需求澄清更容易，在需求提测后，功能性问题的数量减少了一半以上，从之前的 40%～50%降低到 20%。同时，需求队列实现了按照优先级排期，形成周期性的迭代实践。

在入场前，仙峰策划案的交付周期在 6 周以上；在方案落地后，交付周期会缩短到 4 周，平台组的交付周期已缩短到 2 周。

22.5　持续探索研发效能提升实践：OKR 落地和数据效能洞察

持续提升研发效能是一个艰巨的、长期的过程。在这个过程中，笔者与仙峰还对 3 个关键问题进行了深层次的探索与实践。

22.5.1　探索和梳理策划案的业务流程

由于策划案的问题层出不穷，如策划案的流程不顺畅、关键业务流程的缺失和冗余、对异常环节考虑不全面、设计缺陷多、上下文容易遗漏等，因采用事件风暴探索和梳理策划案的业务流程可以让策划案的业务流程更加顺畅、设计缺陷更容易被发现、功能考虑得更全面、业务规划和拆分更容易（见图 22-19）。

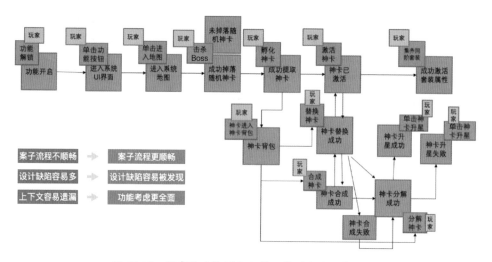

图 22-19   用事件风暴探索和梳理策划案的业务流程

22.5.2   目标和策略对齐

在梳理业务流程时，我们很自然会被问到为什么要这样设计？流程还可以优化吗？流程还可以更简单吗？有没有更好的业务流程？这些问题的背后始终有目标和策略在牵引着，但这些在项目组没有被清晰地呈现和同步出来，因此我们需要联合发行人员、运营人员和策划人员一起梳理该业务的目标、策划和验证方式，让整个项目的打法明确。图 22-20 展示了需求对应的目标、策略和验证方式，以及达成的时间情况。由于涉及敏捷信息，内容部分不方便展示。

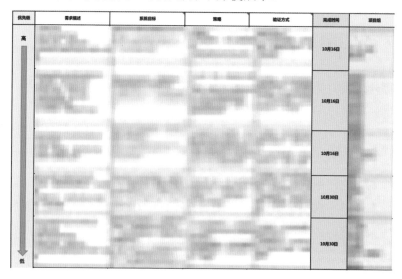

图 22-20   对齐目标、策略、验证方式和完成时间

在实际落地时，我们发现只是对齐某个项目或业务的目标与策略是不够的，还需要对齐各业务之间和公司的目标，于是进行了 OKR 的培训、设定和实施（见图 22-21），使得整个公司的目标可以透明化地上传下达，让大家的目标感更明确。

目标设定
- 每季度（或两个月）进行一次OKR的设定
- 先设定组织的OKR
- 各团队设定OKR，并确保底层OKR对上层OKR的支持

组织对齐
- 对齐不同层级的OKR，做到上下同欲
- 对齐相关部门的OKR，保证OKR的相互支持
- OKR录入系统，对组织全体成员透明

关联重要事项　在平时工作中，将重要事项（KA）关联至对应的O或KR

月度跟进
- 将OKR方法与周会、周报等日常管理沟通机制融合
- 每月对OKR进行跟进和必要调整

评估反馈
- 每季度进行正式的评估、反馈和正向激励（非薪酬）
- 设定下一季度的目标

图 22-21　目标设定、组织对齐和评估反馈

22.5.3　DevOps 工程实践

为了更好地支撑公司游戏业务的发展，需要进一步缩短运营需求交付时长和提升发布成功率。图 22-22 展示了中后台的完整链路，并进行了服务划分，同时在工程上落地了分得清、看得见、改得了、高可用和高性能这 5 个方面，具体如下。

- 分得清：各服务权责明确、接口清晰。
- 看得见：服务状况、线上问题、应用性能可观测和可追踪。
- 改得了：服务发布对用户无影响，有问题能快速回滚，缩短发布时间，提升发布成功率。
- 高可用：无单点问题，如进程单点、主机单点、IP 单点等。
- 高性能：可水平扩展，有性能基线和目标性能。

在阿里巴巴的协作平台上，我们可以看到其中一个试点团队的需求交付周期的 85% 控制线在 21 天（见图 21-23），这比刚入场时的需求交付周期几乎缩短了一半。

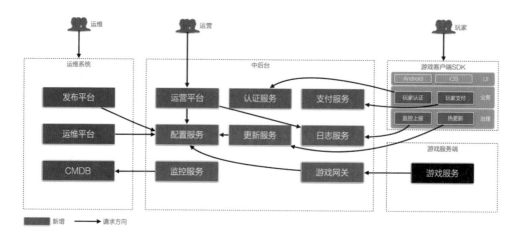

图 22-22   中后台服务划分实施方案

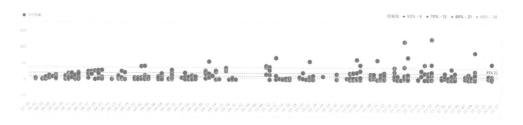

图 22-23   一个试点团队的需求交付周期控制图

大家建立起意识后，观念也有改变，包括一些数据的回顾、推进目标管理 OKR 等。当团队协作的事情捋顺以后，对于目标的追求和对业务结果的一致评判的要求自然也就出现了。阿里巴巴整体的管理和营销思路是对仙峰最大的帮助，包括用户思维、工作方式等。未来，仙峰希望跟阿里巴巴具体探讨一些内容，包括一些 DevOps 机制，以加快整个公司在工程领域中的协作等。

持续提升研发效能，一方面需要方法的赋能，另一方面需要研发工具的支撑，二者相辅相成，共同打造组织的敏捷能力和研发的敏捷能力，并助力仙峰在数字化时代走向双敏组织，最终提升公司的核心竞争力。

源自《阿里云云效助力企业 10 倍效能提升案例集》

第 23 章　电信行业研发效能
提升综合案例

本章思维导图

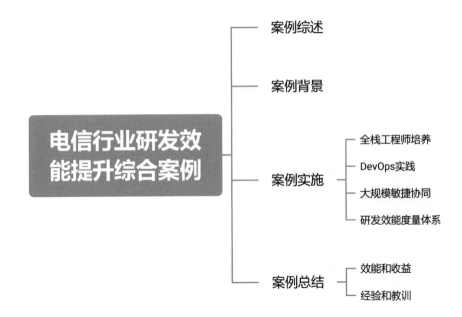

23.1　案例综述

随着我国互联网产业和信息技术的快速发展，作为国家基础性和战略性建设的软件行业的整体规模近年来呈现快速增长态势，并已成为我国增长最快的朝阳产业之一。在新的经济发展格局中，软件行业的快速发展大大加速了我国传统行业的数字化转型，并为我国的数字经济建设提供了有力支撑。与此同时，越来越多的软件企业为了在信息化建设领域中占据更多的市场份额和发展先机，以 BATJ（B 为百度，A 为阿里巴巴，T 为腾讯，J 为京东）等为代表的互联网软件企业敏锐应对市场带来的变化，通过更快地重构研发交付和更好的工程效能研发生产交付模式来快速响应软件行业的市场需求并供给产品，从而使得软件研发质量及其工程效能提升成为当下软件企业关注的焦点。尤其是，目前大中型传统软件企业在"快鱼吃慢鱼"的时代如何构建更加高效的软件产品敏捷研发交付体系，以实现研发敏捷向业务敏捷的转型，并为客户和用户提供交付更快、质量更高和成本更低的软件产品及服务已经成为当下值得深入思考和改进提升的重要课题。

本案例以电信行业项目为实践，从全栈工程师培养、DevOps 实践、大规模敏捷协同和研效度量体系构建等几个方面，同时结合电信行业信息系统工程项目的实际情况，详细介绍作为中型国有软件企业，电信企业在当前国家新基建和"互联网+"信息化浪潮下，如何充分利用自身优势、积极拥抱互联网和把握软件行业市场变化，如何基于"互联网+"平台化战略逐步建设以客户为中心的规模化敏捷研发交付协同体系，如何快速建设研发运维一体化和自动化的持续集成交付生产流水线，如何有序推进基于 CMMI 5 级的量化管理、研发度量和效能提升工程，并通过持续改进达到提升研发质量和工程效能的目的，进一步更好地支撑企业和客户实现价值双提升。

23.2　案例背景

本案例以生态环保业务某综合性大数据管理平台项目建设为背景进行实践。本案例具有专业性强、复杂度高和涉及面广等特点，由于整体项目建设规模较为庞大，该项目团队共包含 19 个子项目团队，21 个外部合作伙伴和 1 个高级专业咨询团队。本案例的项目建设内容共包括 7 大类 936 个建设任务，由于该项目涉及的业务链条较长、各子项目间交互协作频繁和项目整体复杂度较高，因此该项目在建设的具体过程中遇到了以下主要问题及挑战。

（1）项目团队人员补给不足且新人较多，跨团队协作人员能力参差不齐，不同子项目团队在能力栈和工具使用上不统一，在一定程度上存在人员复用率低及整体管理难度大等问题。

（2）各子项目的跨团队知识没有被统一管理和共享、价值流缺乏宏观视图、研发过程的可视性不足，同时研发运维一体化程度不够高。

（3）研发效能度量工作不够体系化和标准化，交付效率和交付质量缺乏参考和数据依据。

针对以上背景和存在的问题，如何统筹应对人员、工具、协作和管理等问题，有效突破效率竖井，以流动效率为核心进行各项目团队持续交付能力的提升，并在有效的时间内向客户交付高质量的产品，对整个团队提出了不小的挑战。

23.3　案例实施

23.3.1　全栈工程师培养

无论是在软件开发还是在项目实施过程中，人才都是重中之重，并对项目的成功起到了决定性作用。同时，项目所需要的各类技术人员是否齐备、技能是否足够，更是项目能否如期完成的直接保证。在本案例中，前端研发人员主要负责前端页面的重构和交互代码的编写等工作，后端研发人员主要负责数据库设计和业务功能接口开发等工作，前后端研发资源必须符合一定的比例要求才能发挥最大的研发效能。因此，通过对比分析业界主流企业前后端研发资源比例并结合本案例的生产现状，得出前后端研发资源的最佳比例为 1∶1.5，但目前只有前端研发人员 25 人、后端研发人员 100 人，前后端研发资源比例为 1∶4，与最佳比例差距较大，即前端研发资源严重不足。因此，前端研发资源短缺成为亟待解决的问题。

基于此，我们提出了培养全栈工程师的新思路，目的是着力提升后端研发人员的前端开发能力，让他们成为前后端全栈人才。这样，不仅能有效解决前端研发资源短缺的问题，还能通过这种一专多能的形式直接省掉沟通环节。这不仅增强了信息传递的准确性、降低了项目管理成本，还极大地提升了软件的生产效率，可谓一举多得。全栈工程师的培养流程如图 23-1 所示。

1. 培养计划

在按照上述方式进行全栈工程师培养时，由于现有后端研发人员的前端技能水平参差不齐，因此培养方式必须因地制宜、因材施教。首先，我们根据调研结果将现有后端研发人员分成 5 个小组，并对不同的分组制订差异化的培养方式、培养内容、培养目标和考核方式的培养计划，如表 23-1 所示。

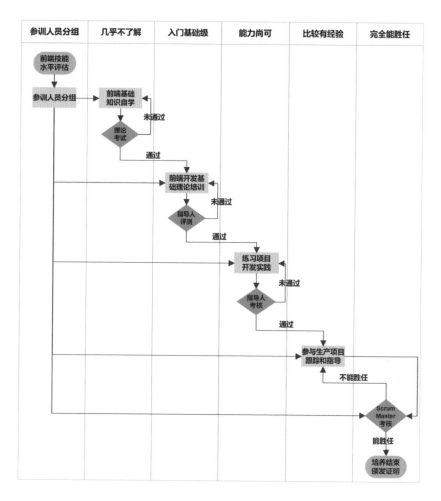

图 23-1 全栈工程师的培养流程

表 23-1 全栈工程师分组培养计划

人员分组	前端技能	培养方式	培养内容	培养目标	考核方式
第一组	几乎不了解	重点是快速提升前端基础能力，先安排自学和指导，然后并入入门基础级进行统一培养	1.HTML、CSS、JavaScript基础知识自学。 2.页面重构基础理论自学。 3.Vue.js 技术栈基础知识自学	1.理解前端开发基础理论及过程。 2.完成进阶培养的知识储备	理论考试
第二组	入门基础级	该水平的研发人员仅了解前端开发技术基础，缺乏结构性的知识体系。指导人主要提供整体的前端基础知识培训及简单项目实践练习	1.前端开发基础理论培训。 2.前端开发常用工具使用方法培训。 3.页面重构基础培训。 4.页面重构实战演练培训。 5.前后端分离基础理论培训	1.掌握前端开发整体流程及各部分基础技能。 2.具备简单页面重构及前后端分离任务开发能力	指导人测评

续表

人员分组	前端技能	培养方式	培养内容	培养目标	考核方式
第三组	能力尚可	该水平的研发人员对前端基础知识掌握较好，但缺乏实际项目开发能力，对结构化的前端开发流程没有整体性的认知，需要由指导人对人员进行二次分组，每组单独指定练习项目，并对研发任务进行拆分，落实到每个组员，边实践边指导，在必要时针对共性问题进行集中培训，保证全员具备实际前后分离项目中的前端开发能力	1.参加入门基础级别全部培训。2.完成 3 个中等规模的项目实践开发工作	能独立完成前后端分离项目中的前端框架构建、前端模块开发及后端模块开发等工作	指导人考核
第四组	比较有经验	该水平的研发人员有一定的前端技能储备，能完成简单的前端开发任务，建议小组成员直接参与具体项目，在实际项目中提升前端开发能力，并根据需要自行提出培训需求，由指导人制定培训课程	就近投入实际生产项目中，跟踪与监督前端开发任务的完成情况。在考核周期结束后由项目 Scrum Master 评估开发工作的完成效果，并给出岗位胜任结果：若能胜任，则视为最终完成培养工作；若不能胜任，则视情况使其自行提升或对其重新进行培养		跟踪和指导、Scrum Master 考核
第五组	完全能胜任	该水平的研发人员完全能独立完成前后端分离项目的开发工作，因此对其不再安排具体培训任务，只定期跟踪其工作安排、资源使用情况			定期跟踪检查、Scrum Master 考核

由于第四和第五组人员已经具备了实际项目开发能力，对这两组人员主要以跟踪和检查为主，不再让他们参加基础技能的集中培训，只需要定期核查他们提交的代码，确认是否真正达到全栈开发要求即可。因此，整体实施计划主要针对前 3 组人员，以他们的前端技能水平为依据进行阶梯形递增和递减迭代，在达到本级别要求后使其升级到下一级别继续进行学习，若未达到，则使其重复学习或对其进行降级培养，在多数人员达到"完全胜任"水平后，本次培训结束。

针对本项目的实际情况，我们经过分析确定项目所需要的全栈人员培养周期计划为 4 个月，同时将整体划分为 3 个考核周期并设置了关键检查点。具体实施阶段计划如下。

第一阶段：该阶段计划培养时长为 0.5 个月，主要进行基础技能的统一培训。在该阶段，我们通过多场次集中式培训，详细讲解前端页面重构基础、前后端分离开发基础、前端基础框架及常用组件库和工具库，帮助研发人员形成统一的前端研发体系和框架思维。

第二阶段：该阶段计划培养时长为 1.5 个月，在完成第一阶段前端基础知识的培训后，分小组重点进行页面重构能力和前后端分离开发技术能力的提升。在该阶段，我们要对研发人员进行前端研发能力水平的评估并根据项目业务划分为培养小组，委派前端技术骨干担任组长并负责组织小组成员进行页面重构能力和前后端分离开发技术能力的提升；同时，在考核周期末检查关键点完成情况并对培养结果进行评分。

在第二阶段结束后，由组长综合前两个阶段的完成情况，评定和筛选出初步完成培养计划的研发人员转入第三阶段，剩余人员根据能力提升情况返回第一或第二阶段继续培养。

第三阶段：该阶段计划培养时长为 2 个月，选取初步完成培养计划的研发人员尽快投入实际项目提供生产支撑。在该阶段，我们应及时跟踪与监督前端开发任务的完成情况，在考核周期结束后由项目 Scrum Master 评估开发工作的完成效果并给出岗位胜任结果：若能胜任，则视为最终完成培养工作；若不能胜任，则视情况使其自行提升或对其重新进行培养。

2. 成果评估

在经过四五个月的培养实践后，我们基本完成了培养计划。经过对培养结果进行检验和评估，共计有 74 人达到了全栈工程师的岗位要求，前后端研发资源比例达到 1∶1.25，超过了最佳比例，前端研发资源短缺的问题得以解决。

全栈工程师的培养工作的完成并不意味着研发效能提升工作的完成。我们应该及时关注并跟踪全栈工程师能否充分发挥作用和能否胜任工作。针对最终完成培养工作并获得相关证明的研发人员，我们建立了持续跟踪与监督机制，定期核查他们的情况，及时纠正低效和不恰当利用前端研发资源的错误行为，在必要时调整支撑团队及其分组，从而保障这些宝贵的全能型研发资源能够科学、准确和高效地发挥作用。

23.3.2　DevOps 实践

DevOps 的核心是一组工具和实践，可以帮助企业及其项目团队更加可靠地、更快地构建和高效测试及部署软件产品。DevOps 打通了端到端交付价值流体系，形成了可视化交付价值流管道，为研发团队进行研效赋能、改善沟通和软件生命周期中不同角色间的流程配合提供有效手段，并帮助团队缩短发布周期、提升交付质量和快速获取产品反馈。本项目涉及的 DevOps 实施过程及工具导览如图 23-2 所示。

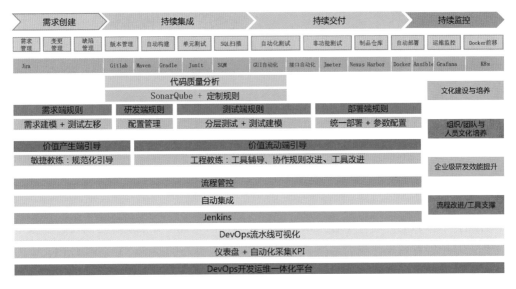

图 23-2　本项目涉及的 DevOps 实施过程及工具导览

本项目的 DevOps 实践集成了涵盖需求、项目管理、持续集成、自动化测试、自动化部署和持续运维等业内最佳的工具实践，以帮助研发人员提升技能和生产效率。作为企业落地 DevOps 的具体实践，本项目以持续交付流水线为基础，遵循低采集成本原则，通过自动化生产过程数据采集并展现在仪表盘上，使得交付过程透明化并能基于数据进行项目生产预测。

1. 项目工具链和用户体系

在项目工具链实践中，本项目的项目经理通过企业内部生产管理系统执行项目立项流程和人力资源申请流程，这些信息被自动同步到 DevOps 开发运维一体化系统，形成自始而终唯一的和准确的项目基本信息链条，保证了后期项目研发生产数据的准确性和真实性。同时，内部生产管理系统负责把项目和人员信息分发到工具链，工具链数据以项目为单位，实现数据隔离和安全。例如，GitLab 代码仓库群组对应项目，仓库对应应用。在统一的用户体系构建方面，在每一位新员工入职审批办理结束后，内部生产系统都自动同步人员信息到 DevOps 开发运维一体化系统，DevOps 把人员信息分发到工具链，完成用户的自动创建，从而保证人员信息的一致性。

该实践很好地提高了企业和项目管理的信息化程度，DevOps 用户和项目数据与企业内部生产管理系统高度一致，为后续 DevOps 实践和度量分析体系的建设奠定了数据基础。

2. 代码分支模型

高效的持续交付必定需要一个合适的代码分支模型。代码分支模型有利于规范开发团队遵循统一的规则来执行功能开发、问题修复、分支合并、版本迭代及发布等操作，合适的分支策略可以使团队的合作变得更加高效，也能使开发工作井然有序。因此，研发团队通常需要慎重地选择代码分支模型。

代码分支模型从大的原则上分为 3 类：第一类是主干开发、分支发布；第二类是分支开发、主干发布；第三类是主干开发、主干发布。这些代码分支原则的沉淀，一方面是由代码管理工具的历史发展所导致的，另一方面也受业务发布的时效诉求和管理诉求的影响。对一个百人以上的研发大团队来说，各小团队之间还存在很多交集，基于现有场景，我们遵循了分支开发、主干发布的原则，并采用 Git Flow 的分支模型，这样的选择更有利于实现对源代码的强管控。Git Flow 存在两个长期的独立分支：主分支和开发分支。主分支用于版本发布且每个版本都是质量稳定和功能齐全的发布版；开发分支用于日常开发工作，以存放最新的开发版代码。当开发分支的代码达到稳定状态并可以发布版本时，代码先需要被合并到主分支，然后标记上对应的版本标签（Tag）。

3. 持续集成

CI 流水线作为持续集成的核心要素，在持续交付的整个过程中起到至关重要的作用。在本项目中，通过持续集成，开发人员能够频繁地将其代码集成到公共代码仓库的主分支中。开发人员能够在任何时候多次向仓库提交作品，而不是独立地开发每个功能模块并在开发周期结束时一一提交。通过让开发人员更快、更频繁地做到这一点，降低了代码集成的开销。同时，在微服务转型的浪潮中，CI 流水线设计必须满足企业主流技术框架的支持，满足 Java 单体、微服务架构、Vue 和 Gradle 项目等的自动构建。面对多分支、Tag 的代码分支管理原型，负责项目技术管理的人员根据需求在页面上选择界面化构建 Stage、执行流水线和查看流水线日志等功能。同时，针对代码递交做到合并触发构建，并将构建信息发送给本项目的每个代码开发人员，从而规避代码合入主干的风险。

4. 静态代码扫描

在本项目中，开发人员作为开发者进行编码就一定有 Bug 和技术债，如果一味地忽视这些技术债，那么项目整体研发质量及交付进度等情况必然恶化。因此，团队需要就代码质量达成一致，具体包括代码规范、复杂度和重复率等指标，都需要得到开发团队的一致认可。在这个环节上，我们使用自动化扫描工具 SonarQube，在流水线中集成检查代码质量，对技术债进行扫描，并分析找出不合要求的代码且自动发给开发人员。开发人员可以在系统中查看代码扫描报告，并依据报告建议优化各自的代码，以提高编码质量。

在对代码质量持续改进的工作中，为了严格把控质量关，我们在工具层面设置了相应的质量阀，限制了不合格代码的准入，以降低技术债。在这个工作中，我们需要持续集成等实践的保障，包括强制的代码评审和结对编程。项目团队以产品的长远发展为目标，通过代码质量的严格控制和不断提升，项目的整体质量及稳定性不断提升，从而降低了上线后的潜在风险。

对于代码安全工作，在具体项目实践中，我们引入了 Fortify 代码安全扫描工具，在制度上严格约束项目提交交付验收测试。同时，在开发环节增强源码的安全审计，项目开发团队的每个人员都需要结合 Fortify 的扫描结果，针对源码进行修改和安全漏洞修复。

5. 版本规则

版本作为软件配置管理的必要行为，应对作为代码的中间产物的不同制品进行基于基线的版本管理。在持续集成结束以后，项目团队完成代码打包和制品上传。针对制品或在制品，我们与项目开发团队深入沟通，以 PI 计划作为大版本来源进行制品大版本管理，这里的 PI 是 SAFe 中的一个基本概念，一般以一两个月为周期，由需求、研发、业务的负责人对产品大版本的计划、研发、协同、上线等进行讨论。对于软件版本的具体定义，PI 下的每次迭代发布 Sprint 都以大版本开头，小版本按照迭代周期累加。对于两个 Sprint 之间的版本升级，由 PI 版本+Sprint 版本+修复版本号组成。以 V2.3.2 为例，版本规则如表 23-2 所示。

表 23-2　基于 SAFe 研发的软件制品版本规则示例

PI 版本	Sprint 版本	修复版本
V2	V2.3	V2.3.2
项目第二个 PI 计划	第二个 PI 计划中的第三个迭代冲刺	第三个迭代中的第二次紧急发布版本

　　本项目的开发人员在持续构建过程中指定组件或制品的版本，DevOps 会根据要求生成对应版本的制品，以便于项目团队在持续部署时选择对应版本的制品。在上线成功后，针对代码的发布分支，打上与软件版本一致的 Tag，从而做到代码、制品、软件产品的版本保持高度一致。如果上线失败，则用户可根据历史版本制品回溯到上一个版本。由此看来，版本规则在项目落地过程中起到了不可小觑的作用，结合业务和开发的持续反馈，以及工具的持续改进，DevOps 最终作为最佳实践较好地支撑了本项目的开发。

6. 自动化测试

　　测试本身是一个系统工程，需要覆盖从测试场景分析、测试设计、测试执行到测试评估等软件的整个生命周期。DevOps 为开发及质量保障运维团队提供各类软件系统的 UI 自动化测试、接口自动化测试、性能自动化测试和自动化测试建模等专业的测试过程和活动。

　　在 UI 自动化测试方面，DevOps 通过关键字+数据+用例的混合驱动方式，集成或封装浏览器操作、Web 系统操作和操作系统操作等关键字，以零编码实现了各类浏览器下的自动化测试。同时，系统通过异常计划、异常场景自动重定向、测试用例执行失败自动熔断等技术，实现测试异常的自动恢复。在复杂测试场景方面，DevOps 通过测试计划、测试用例分级管理可以实现大型软件系统复杂场景下的自动化测试。

　　在接口自动化测试方面，DevOps 支持 SOAP、Restful 等接口，以及 HTTP、HTTPS 协议下各类请求的功能测试，同时可以对软件系统的内外部接口、小程序和微服务的接口进行功能验证测试。DevOps 采用自主研发的会话保持技术，实现业务场景下的多接口会话保持调用，同时利用自定义变量、参数上下文传递调用等实现组合业务场景测试。在运行执行方面，DevOps 支持接口调用状态码的自动判断及接口响应内容的全文或子集校验，提高了接口测试的准确性。

　　在性能自动化测试方面，DevOps 可以对各类接口和 Web 系统页面请求发起快速的高并发测试，同时可以模拟真实用户进行并发测试、负载测试、压力测试等。DevOps 支持对性能测试脚本中各类请求数据进行多种形式的参数化，保证测试结果的准确性，同时支持变量的自由定义、上下文变量传递等，灵活还原真实的业务场景。在测试执行方面，DevOps 可以实现多台负载机同时发起并发测试，同时自动采集业务系统的应用服务器、数据库服务器的 CPU、内存、I/O、网络等指标数据，并结合实时采集的 TPS、响应时间、成功率等指标数据，自动生成专业、全面的测试报告。

在自动化测试建模方面，我们自主研发了自动化测试建模架构，引入 IPO 算法实现测试用例和测试数据自动生成，实现了必填校验、特殊字符校验等校验类测试用例的一键自动生成。通过大量真实测试数据的自定义函数存取、系统关键字的封装等，DevOps 为接口自动化测试和性能自动化测试提供了测试数据的自动生成和读取，大幅提高了软件产品测试环节的工程效率。

7. 持续交付

持续部署意味着更快、更频繁的部署节奏。在 DevOps 实践的关键环节中，部署频率是度量项目 DevOps 能力的一个重要指标。在本项目中，我们所需的 DevOps 以传统虚拟机模式完成了对服务器的虚拟化管理。在云容器方面，采用 K8s 作为容器部署架构的基础设施层。因此，我们构建的 DevOps 开发运维一体化系统支持传统虚拟机应用部署，同时兼容 K8s 云原生部署方案。

在具体的容器化实践上，我们通过容器消除了线上线下的环境差异，保证了应用生命周期的软件环境具有一致性和标准化，从而使得容器化后的应用与工具更容易部署和迁移。一方面，相对于基于代码的版本控制，基于容器制品的版本控制就是对应用的运行环境的版本控制，一旦出现问题，就可以快速回滚，无须重新对代码进行编译打包；另一方面，容器没有管理程序的额外开销，与底层共享操作系统资源，使应用性能更加优良和系统负载更低，在同等条件下可以运行更多的应用实例，以充分利用系统资源。同时，容器拥有不错的资源隔离与限制能力，可以精确地对应用分配 CPU、内存等资源，从而保证了应用间不会相互影响。在容器技术方面，我们采用了轻量级虚拟化技术，从而加速了 DevOps 在本项目中的落地。

当然，本项目容器化的过程肯定避免不了制品管理、容器编排等问题。为了解决这些问题，在 DevOps 落地实践中，我们开发了 Caas（容器即服务）容器管理系统，系统底层对接了 K8s 容器编排引擎，使用 Agent 与其交互实现了集群管理、镜像仓库管理、容器化组件管理、共享存储、容器资源管理、日志收集、动态扩容、PaaS 组件商店、应用自动化部署等功能。

8. 持续监控

为了解决大规模的服务器、应用、集群的管理问题，同时提升问题感知、定位和处理速度，我们在 DevOps 具体实践中引入了节点和应用指标监控功能，在技术上选取了操作简易和更能与容器、集群贴合的 Prometheus+Grafana 分布式监控方案。在探针安装、监控配置、告警配置、监控数据可视化显示方面，我们都做了自动装配处理。由于是分布式监控体系，即使处于复杂的网络环境，也可以通过 Prometheus 的联邦机制对监控数据进行统一收集和集中展示。

对于本项目服务器的日常监控，我们通过 DevOps 配置健康检查、CPU、内存、磁盘、网络等健康指标。在服务器指标异常时，系统会发送告警邮件给系统运维人员。Java 应用监控则配置了 JVM 内存、应用错误日志、异常请求、QPS 等指标。在应用监控指标设置、监控数据展示、告警配置方面，也支持用户根据自己的需要进行个性化设置。

23.3.3 大规模敏捷协同

大规模敏捷协同是本项目进行跨团队工作协同和项目团队整体工作管理及执行的主要手段。大规模敏捷协同借鉴了 SAFe 的精益思想和最佳实践，同时结合企业的生产现状，基于"CMMI 5+SAFe+敏捷"建立了符合我们自身软件研发的流程体系，构建了企业规模化敏捷框架，以促进大规模多个敏捷研发团队之间的协调、协作、同步和交付，通过各团队间的协作，确保在最短的时间内实现客户业务价值和目标。规模化敏捷开发工艺流程如图 23-3 所示。

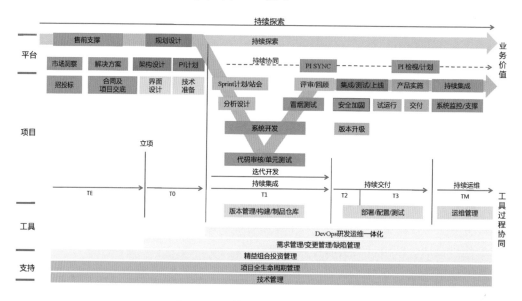

图 23-3　规模化敏捷开发工艺流程

1. 内部协同

本项目团队内部的协同按照 SAFe 的要求执行团队层敏捷。各团队负责在短迭代（一般每 2 周执行一次迭代）时间内完成系统小版本的需求、设计、开发、测试和交付工作。各团队内部重点执行的工作有计划会、每日站立会议、评审会和回顾会，该项目的每个子项目团队通过持续开发、持续集成和持续交付的活动，确保在每个团队内部按照良好的协作机制执行每一项具体的工作。

在团队具体组成上，我们按照业务分类划分了不同的业务团队，又根据业务大小把业务团队划分成不同的小组，每组 3~7 人，形成最小单元的敏捷团队。每个最小敏捷团队的人员采取"固定+动态分配"的方式，其中每个业务核心技术经理采取固定方式，开发人员根据系统开发的优先级动态分配调整，这样可以促进开发人员之间的流动并充分提高团队资源的使用效率，从而确保客户的一些重要系统得以优先研发交付和上线。

在团队敏捷过程执行中，各小组按照 PI 计划分解制定出迭代计划及目标，在每个迭代周期内严格执行计划会、每日站立会议、评审会及回顾会，完成设计、开发、测试、部署、演示等具体活动。其中，计划会梳理用户故事或任务，排列出任务优先级，估算任务时间，以帮助敏捷团队理解迭代目标。每日站立会议用于了解团队成员的工作进展，并协调解决团队内部间的问题。评审会用于团队成员演示开发成果。回顾会用于团队反思迭代过程中好的做法和存在的障碍，以帮助团队进行持续改进。另外，敏捷过程执行组严格控制整体项目迭代节奏，确保所有团队步调一致，并在项目周报中及时跟踪控制，以减少项目整体偏差。本项目通过团队内部间的良好协作缩短了交付周期，使客户更早地接触并使用系统，同时增加了团队内部和客户的沟通和获得感，不断提升了每个团队研发交付的综合能力。

2. 跨团队协同

由于本项目存在多个不同职能的团队，为了满足多个跨职能团队的协同要求，参照 SAFe 的项目群层和跨层级面板进行实践和探索，我们在不同的子项目团队之间主要开展 PI 计划会、PI SYNC、系统演示、检视和调整的一些工作，随着这些工作的开展，团队间有条不紊地同步能够促使大家围绕共同的愿景和使命去完成工作，以减少部门间或团队间不必要的交接和步骤，进一步加快了价值交付的进程和速度。

（1）确定项目愿景和路线图。跨团队协同的首要工作任务是确定项目共同的愿景及路线图,通过制定项目愿景和路线图,使所有项目干系人清楚项目的整体目标、进度安排及关键里程碑,同时明确各里程碑的主要目标及交付成果。这样做的主要目的是确保整个大项目团队在思想上达成统一。

(2)确定分项负责人。在本项目整体工作执行的过程中,由本项目的大项目经理协调项目各干系部门并确定专门的分项工作负责人。例如,财务部门要确定专人负责跟踪人员及采购成本、付款及回款工作,商务部门要确定专人负责项目采购及合同签订工作,人力资源管理部门要确定专人负责项目人员招聘工作,项目管理部门要确定专人负责项目进度、范围、成本、质量等监控工作。这样就能够确保每项工作都有专人负责并衔接,通过参与定期的 PI 计划会和 PI SYNC 会议,以确保大家在统一的目标下开展工作和解决相关问题。同时,过程专员以周为单位,每周向各子项目团队负责人采集成本、进度、采购、付款、过程和质量等数据,形成项目执行监控周报并及时发送至项目干系人,以确保每个项目干系人都能清楚项目的具体进展,并且在出现项目协同问题时以便协调相关项目干系人快速处理项目障碍。

(3)按节奏开发及按需发布。为了确保各不同子项目团队和项目干系人均能按照一定的节奏进行工作,各业务团队重点要参与 PI 计划会、PI SYNC 及检视和调整会议,这些会议由大项目经理主持召开并向参会人员汇报项目的整体执行情况,过程监控组负责通报本阶段目标完成情况、敏捷过程执行情况、项目量化管理情况和系统上线及使用情况。同时,会议还解决各分项负责人提出的项目问题,各团队在会上及时汇报本阶段的项目建设成果,如果各子项目团队之间存在偏差,就应及时调整,使所有团队步调一致并按照预定的节奏进行开发和发布,这种节奏可以减少因等待而造成的浪费。

(4)过程质量监控。过程监控组负责整体项目的过程、质量、安全监控,分别由特定的过程专员、质量专员和安全专员等组成。过程专员负责项目整个过程的监控,在每次迭代完成后收集各项目组的过程执行数据。质量专员进行量化分析,对项目目标完成情况、人均速率、发布偏差等指标进行分析,找出影响目标完成的关键因素并指导团队持续改进。安全专员负责整体安全符合性检查,以确保项目满足安全要求。每个项目团队每周召开项目周例会,尽可能早地发现和解决内部存在的问题,以减少项目偏差。各项目团队每月召开PI同步会,与跨部门间的团队进行沟通协作,共同解决团队及整体项目中存在的问题。

3. 生态合作

为了有效解决我们自身存在的部分业务的专业性不强、资源短缺、交付质量不高、维护成本大、利润率低的问题，本项目积极通过外部合作构建了良好的合作生态，借助外部合作伙伴的业务优势，按照统筹规划、利润最大化等原则，将内外部团队的资源高效地整合在一起，并按照大规模敏捷团队的协作模式快速进行相应子产品的研发交付，同时快速验证产品可行性，降低了试错成本，并逐步推动我们自身生产模式的优化和转变。图 23-4 为我们在本项目中构建的内外部团队协作管理流程。

图 23-4　内外部团队协作管理流程

（1）合作伙伴的选择。通过对行业内一些潜在的和优质的供应商进行分析和筛选，对符合条件的潜在合作伙伴通过发送邀请函等方式邀请其参与现场交流会（会议主要介绍产品及能力），根据各业务外部合作伙伴沟通交流情况进行现场评价，并按业务优势及能力进行排序，最后项目组梳理交流过程，形成交流选择建议结果，为本项目外部产品采购合作决策提供参考。企业领导和商务部门、财务部门、项目管理部门及开发部门共同组成采购委员会，对优秀供应商入围情况进行集体决策并形成会议纪要。采购组根据会议纪要情况向入围合作伙伴发送入围通知，并负责后续合同签订等相关事宜。

（2）合作过程的管理。与外部合作伙伴的日常管理由合作管理组负责。合作管理组在企业内部组建由项目经理、技术经理、过程管控人员组成的两三人的小团队，按照实施方案与合作伙伴开展业务合作，以完成项目目标。在外部合作管理的过程中，合作管理组探索"小团队、大合作"的合作共赢模式，通过合作中的竞争、竞争中的合作实现共存共荣。在具体业务合作的过程中，相关的子项目经理负责业务沟通、需求讲解、项目管控、绩效评价、合同管理等相关工作。子项目技术经理则按照统一的整体架构设计，对合作伙伴的技术架构、界面风格、统一用户、统一权限、统一认证、统一日志等技术层面进行协调统筹，使合作伙伴交付的产品从整体上与企业的产品保持一致，以便后期维护和管理。另外，负责过程管控的人员重点负责对合作伙伴的过程规范性进行监督，确保合作伙伴的开发节奏与企业内部的节奏保持一致。

① 进度管理。在与外部合作伙伴共建的项目中，合作伙伴根据双方的合同要求制定自己的项目实施方案，项目经理则根据制定的路线图和 PI 计划，将任务分解后下达至合作伙伴研发团队，每周将工作计划和完成情况报给项目经理，每 2 周迭代完成后进行系统演示，项目经理负责进行确认并提出持续改进意见。过程专员则对每次迭代完成后的数据进行跟踪收集，并在周例会或 PI 同步会上通报进度执行情况。项目经理督促合作伙伴对存在的问题进行整改。

② 质量管理。对于外部合作伙伴交付的项目，技术经理负责对合作伙伴开发的内容进行质量把关，统一按照项目功能、性能和安全等要求和约束进行外部系统的开发管理；在开发完成后统一提交测试部门进行放行验收测试，对测试质量较差或不通过的，要求合作伙伴限期整改，同时对多次整改不到位的合作伙伴进行质量评价，在必要时采取扣款等措施。另外，质量专员通过对交付质量数据进行分析监控，在周例会或 PI 同步会上通报质量情况，项目经理负责督促相应的合作伙伴进行质量问题整改并由项目经理进行确收。

③ 风险管理。合作伙伴在合作过程中面临的风险通常比企业定制开发面临的风险要多，如技术框架不统一、界面风格不统一、数据结构不统一、客户提出超合同范围的需求、开发节奏不一致、项目质量差、人员不足或能力不够等问题，这些问题将直接影响项目整体交付的进度和质量，因此对项目经理提出了更高的管理要求。项目经理必须具备识别风险的能力，在项目周例会或 PI 同步时，项目经理应及时提

出这些可能存在的问题，过程专员负责进行统一风险跟踪并建立风险跟踪台账，及时解决遇到的各种问题。

④ 验收管理。对合作伙伴交付产品的验收主要包括系统功能验收和文档材料验收。系统功能不仅需要满足客户的业务需求和合同要求，还要达到本项目所要求的用户统一、架构统一、权限统一、风格统一、日志统一等要求，最后满足上线条件并开始项目的试运行等后续工作。文档材料则需按照统一的模板进行编制，通过审核后与系统功能进行统一验收。

（3）考核及评价。在本项目建设的整个过程中，我们建立了对合作伙伴的进度、质量、服务等评价体系和规范。评价一般每两月或每季度进行一次，针对质量较差、进度滞后、配合不到位等问题，我们督促合作伙伴限时整改，帮助合作伙伴不断提升合作能力。在项目建设完成后，我们对所有合作伙伴进行总体考核及评价，与考核和评价优秀的合作伙伴建立长期合作意向，形成优势互补、合作共赢的长效合作生态圈，将考核和评价较差的合作伙伴淘汰，以保证合作生态圈健康、稳定地发展。

23.3.4　研发效能度量体系

提升持续快速交付价值的能力是效能改进的核心目标，效能的本质是对价值流动速度和质量的评价。为了提高价值的流动效率，我们必须关注用户价值在系统中端到端的流动过程。通过对本项目的持续探索和实践，我们初步建立了组织级的研发效能度量系统，形成了基于价值流的研发效能度量指标体系，将度量聚焦于全局指标而不是局部指标，聚焦于结果产出而不是某阶段的工作输出。

1. 关键指标

整个研发效能度量体系以价值流为主线，围绕交付效率、交付质量、交付能力、过程质量 4 个方面开展，以周、月、季为单位，输出业务线、团队、人员等多维度的报告分析，为研发效能度量和改进提供最重要的依据。

关键效能度量指标示例如表 23-3 所示，这些指标也反映出研发效能改进的关键点，即以端到端的流动效率为核心（流动效率是指需求在整个系统中跨域不同职能和团队间流动的速度，速度越快，则需求交付的效率越高，交付时长越短）。

表 23-3 关键效能度量指标示例

维度	指标项	定义
交付效率	需求交付周期	从需求创建到完成分析、开发，再到需求验收的时间周期
	故事交付周期	从用户故事创建到完成澄清、开发、测试，再到故事完成的时间周期
	需求吞吐量	单位时间内交付的需求个数
	故事吞吐量	单位时间内交付的用户故事个数
交付质量	部署成功率	衡量统计周期内部署成功的次数占上线总数的比例
	安全事故数	统计周期内线上出现安全事故的次数
交付能力	部署频率	统计周期内部署成功的次数
过程质量	放行测试缺陷密度	统计迭代周期内放行测试发现的缺陷数量与实际调整代码行的比例

以上指标的提升需要组织进行管理、技术、协作等多方面的系统性改进。

1）交付效率

需求交付周期：反映业务团队和研发团队对用户问题或业务机会的交付（响应）速度，依赖整个组织中各职能部门的协调一致和紧密协作。

故事交付周期：反映研发团队对需求的交付（响应）速度，依赖研发团队的协调一致和紧密协作。

需求吞吐量：环比反映产品线交付能力的变化趋势。在查看产品线需求吞吐量的前后对比时，我们需要注意让需求颗粒度保持一致，避免出现由需求大小不统一导致的数据偏差。

故事吞吐量：环比反映研发团队交付能力的变化趋势。在查看产品用户故事吞吐量的前后对比时，我们需要注意让用户故事颗粒度保持一致，避免出现由用户故事大小不统一导致的数据偏差。

2）交付质量

部署成功率：体现系统部署和发布质量。

安全事故数：通过线上安全事故数来体现安全和合规的情况。

3）交付能力

部署频率：反映团队持续部署的能力。部署频率约束团队对外响应和价值流动的速度。

4）过程质量

放行测试缺陷密度：反映代码质量及放行测试发现缺陷的能力。

图 23-5 为本项目某一阶段放行测试缺陷密度的控制图。放行测试缺陷密度恒定在 0 – 0.321 – 1.150（缺陷数/KLOC）的范围内，控制上下限超出目标范围内（目标值为 0.05 – 0.4 个/KLOC）。第 12 个点显示异常的原因是，某个子团队中的新人占比高，开发质量较低；同时团队未解决本地开发环境和部署测试环境差异的问题，导致放行质量较差。第 13 个点显示异常的原因是，某个子系统为新产品研发且工期紧张，需求量大造成项目放行测试缺陷密度较大。

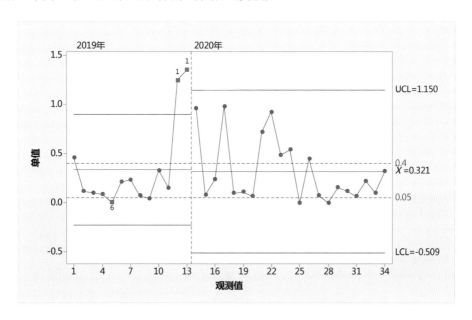

图 23-5　本项目某一阶段放行测试缺陷密度的控制图

2. 持续改进

度量的目标之一是帮助我们更深刻地认识研发效能，设定改进方向和衡量改进效果。同时，度量指标和方法应该是持续演进的，而不是固定不变的。随着内外部环境的变化，设计研发效能度量体系所期望满足的目标和优先级也可能发生变化，因而我们需要随之增加、减少或修改当前的指标。当增加一个指标时，一定要记住重新审视一下已有的指标，是否有可以减去的，否则指标体系会越来越重，指标体系的投资回报会逐渐降低。

度量指标的持续改进受到多个因素的影响。

（1）业务目标的演进。在不同的阶段，组织应该对目标定义不同的优先级，而目标的优先级会对指标体系的裁剪产生影响。

（2）指标数据的收集和分析工具。指标设计的选取需要考虑有效性、可靠性和成本 3 个因素，而数据收集和分析工具的适用性对这几个因素都有至关重要的影响，组织逐步有意识地部署、定制和改进相关的工具，就能够以较低的成本为度量指标的选择和数据采集提供更多的灵活性，使指标体系更加契合目标的需求。

（3）团队成熟度。团队对指标的使用经验也是指标体系演讲的重要输入，有经验的团队能够从覆盖不同领域和目标的指标中做出选择，从而获得更有意义的综合信息。

23.4 案例总结

研发效能重在提升持续高质量地交付有效价值的能力，研发效能的提升要落实到具体的研发生产和管理实践中才能有效执行。在本案例中，我们从培养全栈工程师以提升持续交付能力、结合精益敏捷思想落地 DevOps 实践、基于 SAFe 的大规模敏捷协同实践、建立持续改进的研发效能度量体系 4 个方面构筑了研发效能的提升之路。

综上所述，对于研发效能的提升，提升团队的持续交付能力、打通端到端交付价值流、改进研发生产方法和持续演进研发效能度量体系缺一不可且相辅相成。同时，随着数据价值的逐渐积累和挖掘，我们终将基于数据及其度量实现更有效的反馈和更精确的赋能，让研发协作真正变得透明、简单和高效，并持续促进研发效能的整体提升。

23.4.1 效能和收益

通过上述工程实践并在其具体项目中的应用，本案例在研发效能整体上得到了较好改善，主要集中体现在以下几个方面。

在人员效能改善和提升方面，通过全栈工程师培养计划的执行，后端 Java 等开发人员的页面前端开发能力都有了明显的提升，为研发效能的整体提升奠定了基础。一方面，对前端页面技能短板的补足使得后端人员不仅在生产中少犯错误，还能修复普通的前端缺陷，根据该类工作占比分析得出并经过换算相当于节省了约 30% 的前端资源；另一方面，和业界最佳前后端资源配比（1∶1.5）对标，本案例采用全栈工程师的方式，在实际的开发过程中按照每 10 名全栈工程师再配置一两名专职的前端人员即可顺利完成所有研发任务，因此人力资源配置和使用效率都得到了较好的改善和提升。

在 DevOps 建设实践方面，DevOps 工具平台在本案例中得到了最佳实践。首先，通过低代码编程和自主研发 JDP 代码生成工具，在开发人员完成数据库的设计后，JDP 代码生成工具可自动生成前后端代码，使得本案例代码编程的效率提升了约20%；其次，在集成测试时，通过应用自动化测试提供的接口测试、UI 测试和性能测试等自动化服务能力，有效提高了软件开发阶段代码调试和测试阶段的效率，同时自动化测试执行的稳定性达到了 99% 以上，从而更快、更好地保障了开发调试和系统测试；再次，本案例持续交付项目达到了 30% 子系统可按需发布和 40% 子系统可按天发布的能力，这在很大程度上提高了研发团队的持续交付效率和能力。

在大规模敏捷及流程持续改进方面，本案例通过大规模敏捷的执行，使所有团队形成统一的项目愿景并共同付诸努力，通过团队间有节奏的同步和持续迭代，有效解决了团队之间沟通和协同的障碍。团队之间等待和消耗的时间也因此得到了明显的降低和状况的改善。同时，项目中遇到的问题和风险能够尽可能早地被发现和及时解决，从而确保了本项目的按期交付及验收。

在研发效能度量体系建设方面，本案例围绕企业的战略目标，根据业务场景建立了适当的和基于价值流的度量指标，并在组织上下形成了统一共识，更重要的是统一了对目标的认识且让目标更加明确；在案例实施过程中，研发效能度量体系将经验模型转化为量化模型，通过对目标位置、相对位置和移动方向等数据的分析和评估，对生产效率和质量进行精细化度量，分析交付价值流的产出和瓶颈，让现状更加清晰；同时，定期对过程和产品质量趋势进行预测，通过数据洞察效能趋势并持续发现问题和差异，为研发效能度量提供改进依据，让改进更加精准。

23.4.2　经验和教训

通过本案例的实践，我们在实际的项目研发生产过程中获得了整体研发能力和研发效能的提升，积累了良好的研发项目实施经验。但与此同时，在一些具体的研发生产活动中，我们也碰到了一些困难，发现了我们在研发生产环节中存在的不足，我们对本案例的实施结果进行简要的经验和教训总结，希望能对大家有所帮助。

在人员培养过程中，参训人员如何有效组织、如何保证培训效果，成为一个重要的问题，因为大部分参训人员因工作繁忙而无法按时参训，所以我们采取的培训机制为讲师统一录屏、参训人员线下自学和组长定期考核相结合的方式，这样既不影响生产，又保障了培训效果。同时，由于参训人员过多，因此我们在实践练习环节中无法实现单人单项目操作而采用了相同的实践内容，这就导致部分参训人员在练习和考核过程中出现了投机取巧、依赖他人等情况，人员能力培养提升的效果没有达到最佳。

在 DevOps 实践方面，我们采取了积极的 DevOps 实践和支撑模式，使研发团队很快体会到了 DevOps 容器技术环境迁移、应用动态伸缩、应用回滚等很多好处。同时，本案例的容器化程度达到 95%，极大地提升了开发、测试和部署等效率。但也正因为如此，产生了一定的容器化应用风险，导致后期出现容器化集群"雪崩效应"，在一定程度上造成了业务的中断。通过这次"血"的教训，我们及时改进了集群并对每个 Work Node 的 System 资源做了预留配置，为后续本案例的"长治久安"奠定了坚实的基础。

在大规模敏捷过程持续改进方面，本案例规模化敏捷过程的执行，一方面为团队积累了大型项目研发过程管理和研发实施的宝贵经验；另一方面通过大规模敏捷的方式，使多个团队间同步和协同的能力得到了较大提升。同时，团队能够以尽可能快的迭代节奏持续进行项目产品交付，并通过迭代不断优化和完善系统，以持续为客户创造更大的价值。另外，通过对本案例的总结，我们发现在运维环节实践中还存在一定的不足，主要表现为运维协作体系不够完备、运维协作效果不佳。由于本案例的子系统数量大，所依赖的组件也较多，导致出现系统问题定位难度加大、问题解决时间加长等状况，这是亟待需要的，我们在今后会通过持续完善和探索，使运维阶段的效能能够得到更好的改进。

在研发效能度量体系建设方面，通过设置北极星指标，本案例能够清晰地体现出产品价值与客户价值之间的逻辑关系和指标关系，并能够通过指标趋势的变化，及时为团队向正确的前行方向实时把航，最终为组织的业务增长、利润收益和客户满意度等组织效能提供支持。诚然，度量不是免费的，研发效能度量体系的设计和实施，以及体系运转过程中需要数据的收集、分析和汇报，这些环节要做到位，所需的投入并不是一个可以忽略的小数目，试图实施一个大而全的研发效能度量体系通常弊大于利。因此，根据本案例的实施经验，研发效能度量的实施过程应该从小范围开始并分阶段实施，对于度量目标，我们也应该有优先级、有选择地逐步将其纳入研发效能度量体系中，一蹴而就的实施方式可能会为整个项目的实施带来巨大的挑战！

第 24 章　中台型团队效能提升的挑战、破局和实践

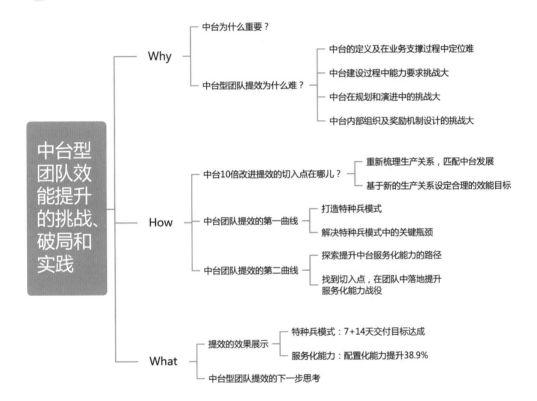

本章思维导图

中台型团队效能提升的挑战、破局和实践

- Why
  - 中台为什么重要？
  - 中台型团队提效为什么难？
    - 中台的定义及在业务支撑过程中定位难
    - 中台建设过程中能力要求挑战大
    - 中台在规划和演进中的挑战大
    - 中台内部组织及奖励机制设计的挑战大
- How
  - 中台10倍改进提效的切入点在哪儿？
    - 重新梳理生产关系，匹配中台发展
    - 基于新的生产关系设定合理的效能目标
  - 中台团队提效的第一曲线
    - 打造特种兵模式
    - 解决特种兵模式中的关键瓶颈
  - 中台团队提效的第二曲线
    - 探索提升中台服务化能力的路径
    - 找到切入点，在团队中落地提升服务化能力战役
- What
  - 提效的效果展示
    - 特种兵模式：7+14天交付目标达成
    - 服务化能力：配置化能力提升38.9%
  - 中台型团队提效的下一步思考

24.1　中台做不好真的生死攸关吗

"中台"是企业数字化转型领域最热门的词之一。搭建中台一般是指搭建一个灵活、快速应对变化的架构，从而快速实现前端提的需求，避免重复建设，达到提高工作效率的目的。例如，阿里巴巴在 2015 年 12 月进行组织升级，采用的就是"大

中台，小前台"的模式。主要的思路是打破原来的树状结构，小前台距离一线更近，业务全能，这样便于快速决策、敏捷行动；支持类的业务被放在中台，扮演平台支撑的角色。

但我曾剖析过一个观点："如果缺乏统一的协同机制，中台战略就会让组织协作复杂度呈指数级增长。"

从业务方的视角来看，实施中台战略后，业务需求交付的协作链路可能会很复杂。

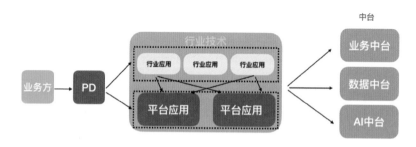

图 24-1　实施中台战略后组织的协作链路

业务方的需求，除了要在本 BU 内协同行业和平台的产研团队，还要跨 BU 协同一个或者多个中台。如果 BU 内的协作成本是可控的，则跨 BU 的协作就像一个黑洞。因为 BU 间的重心和 KPI 大概率是不同的，而很多时候业务又绕不过中台的系统、产品和能力等。

当为了完成一个业务需求，且跨多部门、跨多 BU 时，排期的高度不确定性可能带来"死锁"效应，最后产生的影响是业务响应慢、创新效率低。

企业的估值是对企业未来增速的预期，在中台战略的背景下，尽快建设强大的中台是事关企业生死的重要因素。

24.2　为什么做好中台这么难

我们都知道中台的重要性和它带来的巨大价值，可是做好中台的确很有挑战。

为什么做好中台这么难？

笔者总结了 10 条中台建设常常遇到的挑战，如图 24-2 所示。

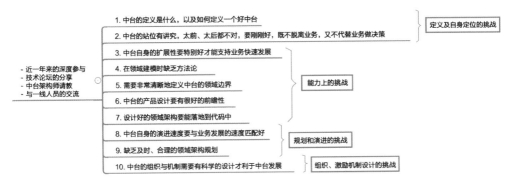

图 24-2　中台建设常常遇到的挑战

总结来说，这些挑战可以分为 4 类。

● 中台的定义及在业务支撑过程中如何定位的挑战。

● 中台建设过程中能力上的挑战。

● 中台规划和演进中面临的挑战。

● 中台内部组织及激励机制设计面临的挑战。

当你尝试认真回答这些问题时，就会发现每个问题都极具挑战性。

24.3　寻找中台型团队提效的 10 倍改进机遇

2020 年 8 月，笔者得到的命题是提升组织的交付效能。因为起初没有在线的交付数据，所以笔者在行业技术团队中调研了几个记录相对详细的项目，从有限的数据可见，当时的交付情况还是比较糟糕的：平均研发周期高达 7 周，平均交付周期为 9 周。而这个时间还剔除了排期等待的时间，业务的实际体感可能更长。

针对这种现状，如何找到合适的切入点和改进路径，是摆在我们前面亟待解决的问题。

如果从系统内部入手解决复杂的系统问题，就很容易迷失在细节里，因此我们可以尝试从外部的视角来看这个系统是如何运转并与外部协同的，如图 24-3 所示。

● 由外向里看，当由上游的业务方协同中台时，因为是跨业务部门协同，所以就像一个黑洞。

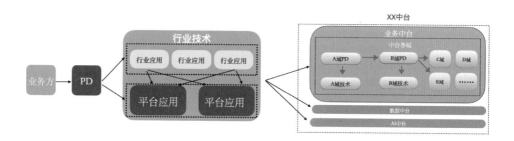

图 24-3   从外部视角看与中台的协作

- 从内向外看，一个稍微复杂的业务场景常常涉及中台的多个域，给协同方的感觉就像是在黑洞中穿针引线。

通过初步调研，我们发现由各域组成的中台的组织构成就像大泥球。对内进行生产关系的梳理是第一个可以切入的点。

如果把中台当成一个复杂系统，那么系统的核心要素应该如何拆解呢？

《第二曲线创新》一书提出了一个简单且实用的要素拆解法，即供需连组合法。其核心是任何一个经济体都可以被拆分成供给方、需求方和连接方。

基于这种拆解方法，中台可以被拆解为如图 24-4 所示的结构。

图 24-4   供需连模型视角下中台的拆解

- 供给方：提供中台的核心产品能力的一方。

- 需求方：代表业务的一方，对中台有需求。

- 连接方：让需求方的诉求与供给方的核心产品能力之间实现通畅连接的某种平台或机制。

为此，我们给组织提出建议——重新梳理生产关系。

- 供给方：将以前既要建设平台又要承接业务的中台域，调整为更专注于中台能力建设的中台团队。

- 需求方：成立快速响应行业的团队，即特种兵团队。

这样，新调整的生产关系可以更好地协作，并设定了合理的效能目标，且在核心领导层就目标达成如下一致意见。

O1：加速各行业需求的交付速度（由特种兵和中台共同负责）。

KR1：将业务需求的交付周期缩短 50%。

KR2：将特种兵闭环交付的需求占比提高到 50%。

O2：持续提高中台的服务化能力（由中台各域负责）。

KR3：拆解到各域的产品需求要满足"3-6-1"（30%配置，60%可扩展，10%定制化）的要求。

至此，为了提高中台团队的交付效率，我们找到的关键切入点如下。

（1）生产关系的梳理。

- 成立特种兵团队，专注于快速响应业务。
- 建设中台更强大的服务化能力，为特种兵（服务的行业）提供充足的"炮火"。
- 通过顺畅的连接，让特种兵与中台各域之间更好地协作。

（2）基于新的生产关系，设定合理的效能目标："5-5"（将业务需求的交付周期缩短 50%，将特种兵闭环交付的需求占比提高到 50%）和"3-6-1"。

24.4　提效第一曲线：如何跑通特种兵模式

在有了新的生产关系和效能目标后，特种兵团队专门负责快速响应业务，中台作为一个整体，交付效率会像第一曲线一样得到改进，如图 24-5 所示。

根据特种兵团队的目标，将业务需求的交付周期要缩短 50%，将闭环交付的需求占比提高到 50%，其中最大的挑战在于，在中台的服务化、配置化和可扩展化能力很弱的情况下，很多业务需求需要多个中台域的配合。那么，如何拉动各域来快速完成业务需求的交付呢？

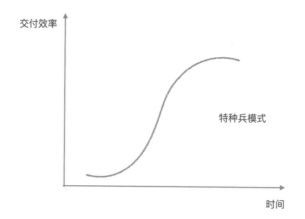

图 24-5　期待中特种兵模式带来交付效率的提升

　　为了解决这个问题，我们在特种兵团队中引入了业务驱动的全链路分层协作机制，如图 24-6 所示。该机制的核心思想是以业务需求为核心，拉动中台各域快速交付业务需求，若在过程中遇到问题，则再解决。

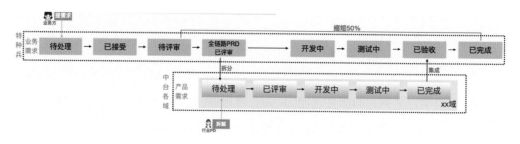

图 24-6　业务驱动的全链路分层协作机制

　　从实践的角度来看，让特种兵团队以业务需求为核心，拆分产品需求给各域，并让各域进行配合，以实现业务的快速响应。

　　为了确保业务驱动的全链路分层协作机制的顺利落地，我们采取了以下 5 项措施。

　　（1）梳理各角色的协作流程。

　　（2）确保需求在线。

　　（3）在特种兵团队中建立基于站会的机制。

　　（4）建立堵塞看板。

　　（5）解决过程中的关键瓶颈问题。

在开始正式实施之前，梳理协作流程和需求在线的工具建设是必备的前置工作，如图 24-7 所示。

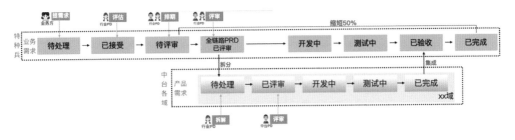

图 24-7　关键角色的协作流程

图 24-7 中几个关键角色的协作过程如下。

- 业务方要把需求以在线化的形式管理起来。

- 行业 PD 在收到需求后，评估需求的价值，可驳回不符合价值的需求，但要尽快响应业务方。

- 对于接受的需求，行业 PD 要尽快进行分析并在特种兵技术和中台技术团队排期。

- 对于确定排期的业务需求，行业 PD 产出全链路 PRD，并召集评审。

- 对于评审完成的业务需求，针对涉及中台域的需求，行业 PD 要拆分成产品需求给各产品域。

- 产品各域在接到拆分的产品需求后，产出域 PRD 要尽快进行评审，以进入开发阶段。

在协作流程定义清楚后，针对在线化的工具，我们采用了需求在线管理工具 AONE（见图 24-8），让业务需求和产品分层并在线。对于涉及多域协同的业务需求，由行业 PD 进行拆分。

下面找项目进行试点，期望解决过程中的各种瓶颈问题，达到"5-5"的目标。

由于项目是热启动，因此关键挑战是要重新聚集交付目标，这可能会对目前的工作产生一定的影响。不过，在项目开始时，技术 TL、PM 和 PD 达成一个共识：努力达到缩短 50% 的目标，如果无法达到，就一定要找到原因。

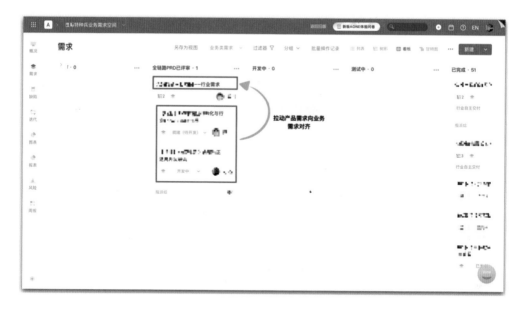

图 24-8　需求在线管理工具 AONE

针对第一个试点项目，项目的计划节奏和实际节奏分别如图 24-9 所示。

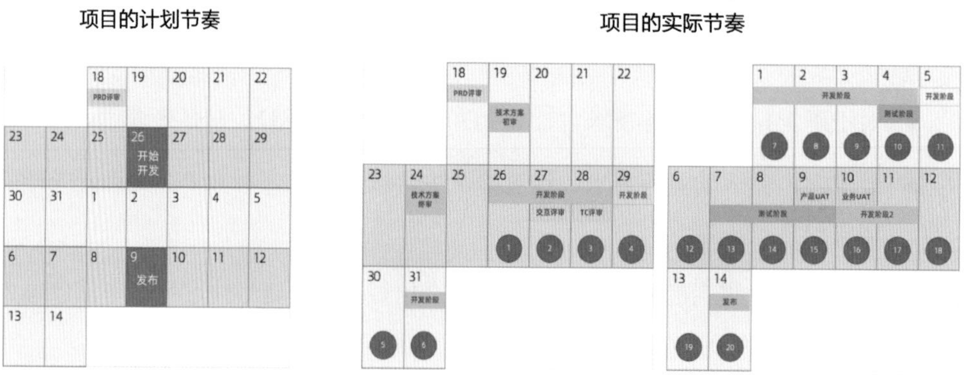

项目的计划节奏

	18 PRD评审	19	20	21	22
23	24	25	26 开始开发	27	28	29
30	31	1	2	3	4	5
6	7	8	9 发布	10	11	12
13	14				

项目的实际节奏

图 24-9　项目的计划节奏和实际节奏

8 月 18 日确定要做，9 月 9 日开发基本完成，历时 21 天。9 日产品进行了一次 UAT，修复了一些问题，最终项目在 9 月 14 号发布上线，目标基本达成。

对于第一次尝试，我们进行了复盘，很多问题也被暴露出来。

（1）在需求分析过程中，场景分析不充分，后续遗留问题或返工较多。

（2）随着开发的深入，我们发现较多前期未能识别的接口和技术问题被遗漏，带来风险和额外的工作。

（3）测试团队和前端团队作为职能团队，尚未专注于特种兵团队的业务需求交付节奏。

（4）测试环境和数据的准备时间较长，环境不稳定，需要预留较多测试时间。

（5）特种兵团队与业务团队倾向于一次批量搞定尽量多的需求，以 MVP 模式交付的意识和意愿都不足。

（6）由于项目是热启动，中台各域都有自己的节奏，拆解的需求不能及时配合。

但这个项目把"湖水岩石"效应展现得淋漓尽致。从改进的角度来讲，这非常符合我们一开始期望的暴露问题的设想。

"湖水岩石"效应是指在一个湖里，湖水下面有很多岩石，当水位比较高时，这些石头被淹没在水面下，是看不到的，但当水位下降时，岩石便会显露出来。

如图 24-10 所示，如果我们把交付周期比作水位，把交付过程中的问题比作水下的岩石，就会发现，随着交付周期 21 天这个目标的提出，很多问题会显露出来：有沟通效率问题（1）和（2），有组织协作问题（3），有工程问题（4），有团队信任问题（5）等。

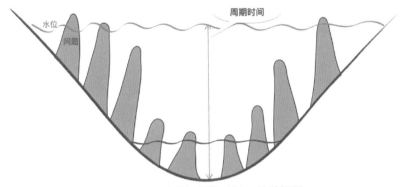

策略：通过缩短周期时间，暴露问题

图 24-10　"湖水岩石"效应

针对这些问题，经过内部的多轮讨论和打磨，我们尝试去找一些解法。我们意识到靠加班、拆东墙补西墙的方式不能持续地达到将交付周期缩短 50% 的目标。

图 24-11 是经过第一次打磨后关键的改进策略。

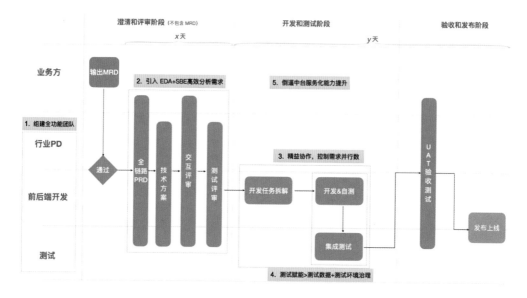

图 24-11　经过第一次打磨后关键的改进策略

第一次改进策略的核心是做了如下 5 件事。

（1）组建全功能团队，以行业为独立战区，确保战区中有独立的建制，包括行业 PD、前后端开发、测试。而不是分散在各个其他团队中，当需求来时还要内部横向去排期。[解决问题（3）]

（2）引入一些高效的需求分析方法，减少因为需求沟通不清楚带来的后期返工。[解决问题（1）和问题（2）]

（3）建立行业级的精益协作模式：让行业的业务需求在线，回归价值交付，重建以业务需求为核心的协作机制；按照团队的实际情况，适当控制需求并行数，但确保管道内的需求交付更高效，重建与业务方的信任。[解决问题（5）]

（4）成立工程专项：解决测试环境和测试数据难的问题。[解决问题（4）]

（5）建立倒逼中台服务化能力提升的机制，提升自闭环交付率。[解决问题（6）]

通过做以上 5 件事，基本可以解决特种兵内部的一些关键瓶颈问题。

但更有挑战性的是，在以业务需求为核心的开发模式中，由于系统的深度依赖，中台又有自己的产品节奏，常常会拉不动中台各域的配合，为此，我们引入了数据看板，内部称其为堵塞看板，如图 24-12 所示。

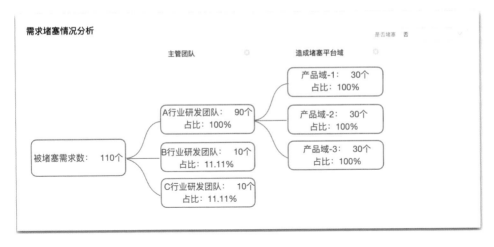

图 24-12　堵塞看板

通过堵塞看板，我们可以很清楚地看到团队的业务需求被谁堵塞了，还能基于堵塞看板做一些决策。

- 利用堵塞数据，行业 PD 和特种兵团队的技术 TL 定期（双周）对造成堵塞的产品域进行对焦，若信息没拉齐，则现场即可解决；若是其他原因，则可以有一个明确的结论。

- 对于常常造成堵塞的域，可能需要从技术架构的角度进行领域模型的梳理。

- 如果造成堵塞的域，信息不能立刻拉齐，而且重构的成本很高，这时特种兵团队就要在一些局部能力上进行自建了。

通过以上"5＋1"的改进策略，我们引入业务驱动的全链路分层协作机制的实践经过验证，被证明可以在一个复杂的项目中落地。

为了不断打磨机制的可规模化，带着这些改进的策略，我们来到第二个"陷入困境"的项目。该项目是某行业的"双 11"项目，时间紧急，涉及的改造量和范围都比较大。

而事实上，该项目在我们进去之前，已经做了一期且以失败告终，技术 PM 整理了项目一期中遇到的关键问题。

- 在 PRD 阶段，因为域边界不清晰，行业和平台 PD 各自输出了一份 PRD，导致多次交互评审。

- 项目较复杂，涉及的域多，仅技术评估就用了两周的时间，导致后期的开发时间被压缩，上线比预期延期 6 天。

- 在 UAT 验收时，发现并不满足平台业务要求，开始大规模修改业务规则。

- 在上线后，发现其他行业原本计划可复用的能力并不满足业务要求。

另外，笔者还观察到以下几个现象。

- 项目一期因为没有梳理清楚业务规则，导致大量返工，技术人员不太信任业务方。

- 因为项目一期耗费很多时间，且业务规则还在不断地被修改，而这个项目又是"双 11"的必要项目，但是距离大促时间越来越近，大家承受着巨大的交付压力。

要解决的问题很多，然而，当时技术 PM 最担心的问题是，如何尽可能一次做对，避免重蹈项目一期的覆辙，否则肯定无法赶在大促前准时上线项目。

其实这个问题非常典型：提升需求分析的效率和质量是确保高效交付的必要条件，是做正确的事的保证，笔者把它定位为需要解决的关键瓶颈问题。

围绕这个亟待解决的问题，笔者一边参考行业需求分析的方法，一边思考：在中台场景中，上下游依赖紧密，存在诸多未达成共识的领域语言，一个业务需求又涉及多方；引入什么方法可以提升需求分析的效率和质量。先跳出来看，当我们谈需求分析时，究竟在分析什么？

这里借用"黄金思维圈+金字塔原则"来梳理这个问题，如图 24-13 所示。

- Why：当我们分析一个需求时，首先要回答的问题是，为什么我们做完需求，业务目标就能得到满足？这应该是做这件事的灵魂拷问，用一句阿里巴巴的话来说就是"做正确的事"。这个是 1，如果没有这个 1，那么即使后面的项目执行得再好，也都等于 0。

- How：在我们清楚目标后，接下来的分析应该回到业务流程的层面，核心是要回答以什么路径达到目标，这时不要太注重细节，不要太在意你到底是飞过去，还是乘高铁或自驾过去，更不要关心在自驾时是加 92 号汽油还是 95 号汽油。

- **What**：我们在完成业务流程的梳理后，要注重实现的细节，即通过什么操作
  步骤、遵循什么业务规则完成业务流程。

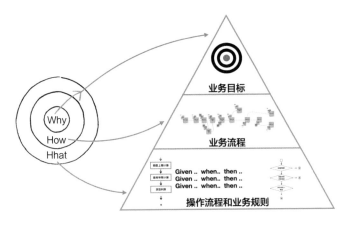

图 24-13　需求分析的内容

通过对行业的调研和分析，结合中台复制场景的实际情况，笔者把以上 How 和
What 结构化成两种方法：EDA（Event Driven Analysis，事件驱动架构）和 SBE
（Specification By Example，实例化需求）。

EDA 是一种事件驱动的，针对复杂场景的业务流程分析方法（来源于 DDD 领
域事件）。

SBE 是精益需求分析实例化需求的一部分，通过以这种方式重构，使其更专注
于产品功能的分析。

这两种方法在大促二期项目中进行了第一次探索，实践过程如下。

首先，确定业务目标，由业务方陈述，PD、技术人员、测试人员、交互人员进
行提问，主要是让大家对这件事的重要性达成共识。

然后，梳理业务流程，现场核心角色都到齐了，有前台业务的运营代表，有中
台的业务方代表，有技术 PM、测试人员、前端人员。

用 EDA 方法梳理业务流程可按以下 4 个步骤进行。

（1）确定终态业务事件并画出时间线。

（2）以终为始构建完整的事件流。

（3）挑战和调整事件流并补充分支流程。

（4）添加 Actor 和操作。

图 24-14 是通过 EDA 方法梳理的完整的业务流程，呈现的是线下产出的电子版产物。

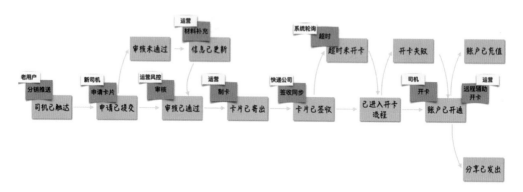

图 24-14   通过 EDA 方法梳理的完整业务流程

通过对业务流程的梳理，大家对整个业务流程形成了很高的共识度。

这时，开发人员还没法进入 Coding 阶段。接下来，产品人员和研发人员还需要基于业务流程做进一步的产品功能设计。

再来看实例化需求的原理，如图 24-15 所示，针对功能点，用一个例子来描述其具体的操作流程和规则，而这个例子最终也会成为产品验收的测试用例。

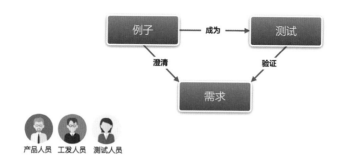

图 24-15   实例化需求进行产品功能分析的原理

实例化需求的 4 个步骤如下。

（1）确定功能的背景和设计目标。

（2）画出用户操作流程。

（3）澄清业务规则。

（4）梳理操作流程和规则。

图 24-16 是通过实例化需求进行产品功能分析的现场，在完成操作流程和业务规则的梳理后，测试人员现场把测试用例讲给开发人员和 PD，确保理解一致，而这一部分的产出也是后续冒烟测试和验收的输入。

图 24-16　通过实例化需求进行产品功能分析的现场

通过以上两步的分析和梳理，我们梳理出如图 24-17 所示的产物，清晰地呈现出一些关键信息。

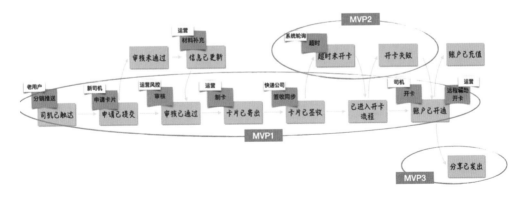

图 24-17　找到 MVP 和功能点

- 快速找到 MVP，基于 MVP 可以较好地讨论迭代节奏。

- 快速定位功能点，蓝色标注块清晰地显示实现功能的中台区域。

- 下钻到产品功能点，建立从业务流程到功能明细的全局共识。

通过上述方法的梳理，在项目二期，PM 最担心的因需求梳理不清楚而导致返工的问题被有效地避免了。至此，通过引入两种需求分析方法，我们较好地解决了需求分析低效和质量差的关键瓶颈问题。

事实上，还有不少其他瓶颈，如测试数据、测试环境等；但是在建立了业务驱动的全链路分层协作机制后，关键在于整个组织的快速响应，为高效交付建立改进的主脉络。

在特种兵模式实行几个月之后，团队交付情况的变化如图 24-18 所示。

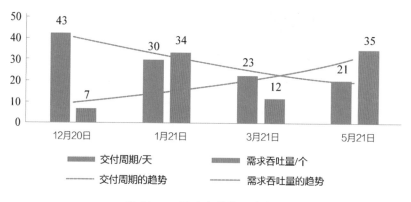

图 24-18　团队交付情况的变化

由以上数据可知，从 12 月数据逐步开始在线以来，业务需求的交付周期有 50% 的降幅，基本达到目标；同时，团队的需求吞吐量也逐步提升（因春节在 2 月，需求吞吐量少，所以 2 月为异常点）。

24.5　提效第二曲线：探索中台服务化能力提升

通过第一阶段对生产关系的优化，以及在特种兵团队建立业务驱动的全链路分层协作机制，来逐一解决过程中的瓶颈，明显提高了中台型研发组织的交付效率。

但是，中台型研发组织的另外一个重要使命是建设强大的中台能力，而事实上，这也是第一阶段很难解决的关键问题，即便开发节奏逐步拉齐，但是各域基本还是靠定制化开发，降低了整体的交付效率。因此，建设强大的中台服务化能力是中台型研发组织交付效率提升的第二曲线。

我们不妨先从理论的角度来看第一曲线的终局，如图 24-19 所示。

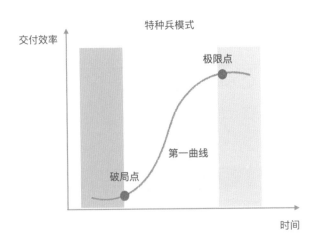

图 24-19　第一曲线的一线、两点、三阶段

基本结论是，第一曲线必然会遭遇极限点，映射到实际的场景中可以被理解为：在一个中台型研发组织中，短期来说，特种兵模式可以带来交付效率的提升；但是如果没有强大的中台服务化能力支撑，终究还是会面临交付效率的极限点，交付效率就会被最终限制在某个阈值。

而事实上，数据也印证了这一看法，如图 24-20 所示。

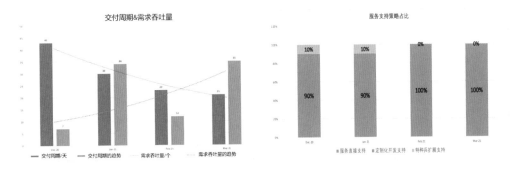

图 24-20　交付效率的提升并不直接受益于中台服务化能力的跃升

● 通过第一阶段对特种兵模式的实践，业务需求的交付周期和需求吞吐情况都有较好的改善，其需求吞吐量逐步平缓。

- 与此同时，在代表中台域产品对所支持的需求采取的支持策略中，各域产品需求定制化占比非常高，这是中台服务化能力差的体现。

针对中台服务化能力不够的情况，我们有必要进行深入分析。首先，基于中台现有的技术架构来看中台当时遇到的问题，如图 24-21 所示。

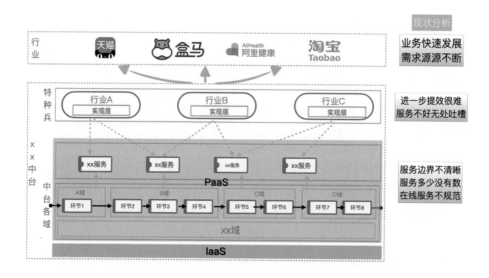

图 24-21　某中台的技术架构与现状分析

我们发现，中台各域的边界不清晰，服务不规范，即便有服务，质量也不高，底层的改动常影响上层业务。在这种情况下，特种兵团队想进一步提效很难，而且由于缺乏服务化评价机制，特种兵团队在使用各域产品的能力时得不到好的支持，体验较差。然而，业务还处于蓬勃发展的阶段，需求源源不断。在这种情况下，整个中台团队非常容易陷入泥潭。

这其实是一个非常糟糕的恶性循环，如图 24-22 所示。

因为业务本身在快速发展，需求源源不断地需要支持，但是定制化又占据团队大量的时间，这就导致团队根本没时间进行服务治理。无暇顾及服务治理就会阻挠团队建立服务化评价的反馈机制。而一旦缺乏有效反馈，让中台服务化能力进一步腐化，定制化开发占比就会变得越来越高。

针对这样的恶性循环，如果不进行系统化的治理，中台就容易成为业务支撑上的关键瓶颈。

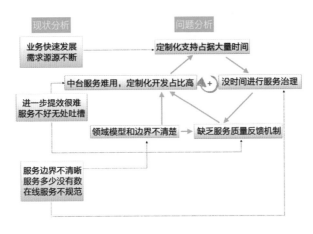

图 24-22　基于现状的问题分析

那么，如何提升服务化能力？路径是什么？

我们先来回答一个灵魂拷问：当我们谈提升各域的服务化能力时，究竟在讨论什么？

提升各域的服务化能力＝提升＋各域＋服务化能力。

下面逐一进行分解。

● 提升：能让服务化能力变得更好的手段。

● 各域：关键是要定义什么是一个域，以及域的边界。

● 服务化能力：核心是到底能提供什么能力，而且以服务化的方式提供。

基于这个脉络，我们再来看提升各域服务化能力的关键事项和可能路径，如图 24-23 所示。

● 首先清晰地梳理好域的边界，这样后续的服务化能力的建设才有更清晰的权责利，才有可能在域中实现服务化。

● 服务化能力既是组织的核心资产，又是中台对外提供软件能力的载体。但外部和内部的能力是有区别的，建设内部能力是为了更好地服务于外部能力，是提供服务的必要条件。

● 提升是一种改进的手段，可能是方法、方案，也可能是规范，甚至是定义，目的是从内部入手，最终体现在外部的可扩展、可配置化的服务能力上。

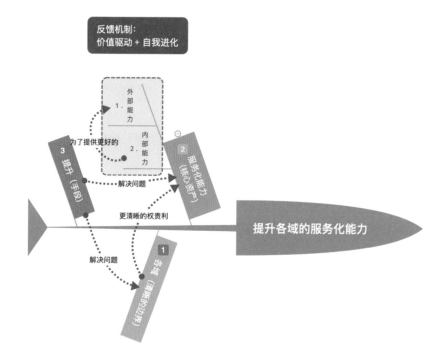

图 24-23　提升各域服务化能力的关键事项和可能路径

有了对现状和问题的分析，以及对提升服务化能力策略的思考，下面从实践层面来看如何在一个较大规模的中台中找到合适的改进路径。

如果想要改善这个恶性循环，那么我以可以从以下 3 个切入点切入。

● 团队疲于现状，没有时间进行服务治理。

● 缺乏服务质量反馈机制。

● 领域模型和边界不清晰。

针对团队的实际情况，最终服务化能提升的落地路径如图 24-24 所示。

● 成立专项治理项目，明确各域治理接口人，从组织角度对齐治理目标。

● 效能专家与架构师团队一起，从数据的角度定义衡量服务化能力的指标，通过数据发掘和诊断问题。

● 在发现问题后，进入各域逐一进行治理，核心是推动服务在线，这是后续治理的必要条件。

● 打通并收集多渠道对各域服务化能力的问题，对于问题突出的域，通过专题方式进入团队，和团队一起梳理领域模型和边界。

图 24-24　服务化能力提升的落地路径

● 通过建立机制，保障长期的效果，架构师双周会处理不同渠道反馈的领域问题，成立专项解决问题，并建立产品月会，让各域主动规划服务、发布服务。

通过持续的治理和改进，最终服务化能力（平台定制化开发占比下降）有比较明显的改进，如图 24-25 所示。

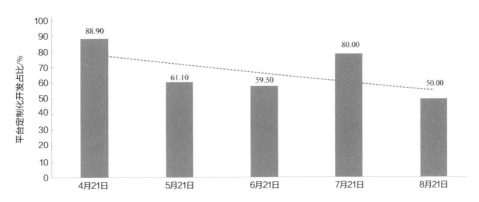

图 24-25　部分经过治理的域的平台定制化开发占比的变化

中台型研发组织所遇到的低效问题，在很多非中台型组织中也存在，但对于中台型研发组织而言，如何提升中台自身的服务化能力是需要解决的关键瓶颈问题。在此实践中，我们首先定义了服务化能力的数据模型，通过数据发现和诊断问题，基于问题来推动服务化的规范化。长期而言，对问题域进行领域模型和边界的治理是改进的关键点。

事实上，服务化能力的提升会体现在最终的业务交付效率上。经过改进的产品域所提供的服务 80%以上都可以扩展或通过配置化实现，这给特种兵团队（业务）的快速交付提供了充足的能力支撑，行业需求的交付周期和吞吐量有第二次明显的改善，这是服务化能力提升带来的第二曲线的效能突破。